EDA技术与Verilog HDL

（第4版）

黄继业 黄汐威
潘 松 陈 龙 ◎ 编著

清華大學出版社
北 京

内 容 简 介

本书系统地介绍了 EDA 技术和 Verilog HDL 硬件描述语言，将 Verilog HDL 的基础知识、编程技巧和实用方法与实际工程开发技术在 Quartus/Vivado 上很好地结合起来，使读者通过本书的学习能迅速了解并掌握 EDA 技术的基本理论和工程开发实用技术，为后续的深入学习和发展打下坚实的理论与实践基础。

笔者依据高校课堂教学和实验操作的规律与要求，并以提高学生的实际工程设计能力和自主创新能力为目的，合理编排全书内容。全书共分为 6 个部分：EDA 技术概述、Verilog HDL 语法知识及其实用技术、FPGA 仿真与硬件实现（Quartus/Vivado 工具应用）及 IP 核的详细使用方法、有限状态机设计技术、16/32 位实用 CPU 设计技术、Verilog 仿真与 Test Bench 编写方法。除个别章节外，大多数章节都安排了相应的习题和大量针对性强的实验与设计项目。书中列举的 Verilog HDL 示例都经编译通过或经硬件测试通过。

本书主要面向高等院校本、专科的 EDA 技术和 Verilog HDL 语言基础课，推荐作为电子信息类、通信、自动化、计算机类、电子对抗、仪器仪表、人工智能等学科专业和相关实验指导课的教材用书或主要参考书，同时也可作为电子设计竞赛、FPGA 开发应用的自学参考书。

与此教材配套的还有教学课件、实验指导课件、实验源程序以及与实验设计项目相关的详细技术资料等，读者都可以免费获取。

图书在版编目（CIP）数据

EDA 技术与 Verilog HDL / 黄继业等编著. -- 4 版.
北京：清华大学出版社，2024. 6. -- ISBN 978-7-302
-66616-5
Ⅰ. TN702.2；TP312
中国国家版本馆 CIP 数据核字第 2024WE1700 号

责任编辑： 邓　艳
封面设计： 刘　超
版式设计： 文森时代
责任校对： 马军令
责任印制： 宋　林

出版发行： 清华大学出版社
网　　址： https://www.tup.com.cn，https://www.wqxuetang.com
地　　址： 北京清华大学学研大厦 A 座　　**邮　　编：** 100084
社 总 机： 010-83470000　　**邮　　购：** 010-62786544
投稿与读者服务： 010-62776969，c-service@tup.tsinghua.edu.cn
质量反馈： 010-62772015，zhiliang@tup.tsinghua.edu.cn
印 装 者： 三河市科茂嘉荣印务有限公司
经　　销： 全国新华书店
开　　本： 185mm×260mm　　**印　　张：** 19.75　　**字　　数：** 518 千字
版　　次： 2010 年 4 月第 1 版　　2024 年 6 月第 4 版　　**印　　次：** 2024 年 6 月第 1 次印刷
定　　价： 79.80 元

产品编号：091124-01

前 言

基于工程领域中 EDA 技术的巨大实用价值，以及对 EDA 教学中实践能力和创新意识培养的极端重视，本书的特色主要体现在如下两个方面。

1. 注重实践能力和创新能力的培养

本书在绝大部分章节中都安排了针对性较强的实验与设计项目，使学生对每一章的课堂教学内容和教学效果能及时通过实验得以消化和强化，并尽可能地从开始学习时就有机会将理论知识与实践、自主设计紧密联系起来。

全书包含数十个实验及其相关的设计项目，这些项目不仅涉及的 EDA 工具软件类型较多、技术领域较宽、知识涉猎密集且针对性强，而且自主创新意识的启示性好。与书中的示例相同，所有的实验项目都通过了 EDA 工具的仿真测试及 FPGA 平台的硬件验证。每一个实验项目除给出详细的实验目的、实验原理和实验报告要求之外，都有 2～5 个子项目或子任务。它们通常分为以下几个层次。第一个层次的实验是与该章某个阐述内容相关的验证性实验，并通常提供详细的且被验证的设计源程序和实验方法。学生只需将提供的设计程序输入计算机，并按要求进行编译仿真，在实验系统上实现即可。这可使学生有一个初步的感性认识，也有利于提高实验的效率。第二个层次的实验任务是要求在上一实验基础上做一些改进和发挥。第三个层次的实验通常是提出自主设计的要求和任务。第四、第五个层次的实验则是在仅给出一些提示的情况下提出自主创新性设计的要求。因此，教师可以根据学时数、教学实验的要求以及不同的学生对象，布置不同层次含不同任务的实验项目。

2. 注重教学选材的灵活性和完整性相结合

本教材的结构特点决定了授课学时数十分灵活，即可长可短，应视具体的专业特点、课程定位及学习者的前期教育程度等因素而定，在 30～54 学时。考虑到 EDA 技术课程的特质和本教材的特色，具体教学可以是粗放型的，其中多数内容，特别是实践项目，都可放手让学生更多地自己去查阅资料、提出问题、解决问题，乃至创新与创造；而授课教师只需做一个启蒙者、引导者、鼓励者和学生成果的检验者与评判者。授课的过程多数情况只需点到为止，大可不必拘泥于细节、面面俱到地讲解。但有一个原则，即安排的实验学时数应多多益善。

事实上，任何一门课程的学时数总是有限的，为了有效增加学生的实践和自主设计的时间，可以借鉴清华大学的一项教改措施，即其电子系本科生从一入学就每人获得一块 FPGA 实验开发板，可从本科一年级用到研究生毕业。这是因为 EDA 技术本身就是一个可把全部实验和设计带回家的课程。

杭州电子科技大学对于这门课程也基本采用了这一措施，即每个上 EDA 课程的同学都可借出一套 EDA 实验板，使他们能利用自己的计算机在课余时间完成自主设计项目，强化学习效果。实践表明，这种安排使实验课时得到有效延长，教学成效自然显著。

我们建议积极鼓励学生利用课余时间学完本书的全部内容，掌握本书介绍的所有 EDA 工具软件和相关开发手段，并尽可能多地完成本书配置的实验和设计任务，甚至能参考教材中的要求，安排相关的创新设计竞赛，进一步调动学生的学习积极性和主动性，并强化他们的动手能力和自主创新能力。

还有一个问题有必要在此探讨，即自主创新能力的培养尽管重要，但对其有效提高绝非一朝一夕之事。多年的教学实践告诉我们，针对这一问题的教改必须从两方面入手，一是教学内容，二是设课时间。二者密切联系，不可偏废。

前者主要指建立一个内在相关性好、设课时间灵活且易于将创新能力培养寓于知识传播之中的课程体系。

后者主要指在课程安排的时段上，将这一体系的课程尽可能地提前。这一举措是自主创新能力培养成功的关键，因为我们不可能到了本科三、四年级才去关注能力培养，并期待奇迹发生，更不可能指望一两门课程就能解决问题，尤其是以卓越工程师为培养目标的工科高等教育，自主创新能力的培养本身就是一项教学双方必须投入密集实践和探索的创新活动。杭州电子科技大学的 EDA 技术国家级精品课程正是针对这一教改目标建立的课程体系，而"数字电子技术基础"是这一体系的组成部分和先导课程，它的提前设课是整个课程体系提前的必要条件。

通过数年的试点教学实践和经验总结，现已成功在部分本科学生中将数电课程的设课时间从原来的第四或第五学期提前到了第二学期。而这一体系的其他相关课程，如 EDA 技术、单片机（相关教材是清华大学出版社出版的《嵌入式系统设计——基于 Cortex-M 处理器与 FreeRTOS 构建》，曾毓、黄继业编著）、SoC 片上系统、计算机接口、嵌入式操作系统和 DSP 等也相应提前，从而使学生在本科二年级时就具备了培养工程实践和自主开发能力的条件。

另外有一个问题须在此说明，即针对本教材中的实验和实践项目所能提供的演示示例原设计文件的问题。本书中多数实验都能提供经硬件验证调试好的演示示例原设计，目的是使读者能顺利完成实验设计和验证；有的示例的设计目的是希望能启发或引导读者完成更有创意的设计，其中一些示例尽管看上去颇有创意，但都不能说是最佳或最终结果，这给读者留有许多改进和发挥的余地。此外，还有少数示例无法提供源代码（只能提供演示文件），是考虑到本书笔者以外的设计者的著作权，但这些示例仍能在设计的可行性、创意和创新方面给读者以宝贵的启示。

与第 3 版教材相比，第 4 版修订主要体现在如下几个方面。① EDA 开发软件。主要使用 Quartus Prime Standard 18.1 版本，但也有使用 Quartus II 13.1 版本和 Quartus Prime Standard 16.1 版本的情况，与 18.1 版本差异较小，不进行单独说明版本。仍旧保留 13.1 版本的原因是这个版本支持器件较多。② 全新引入了 Vivado 软件。③ 删除了第 3 版中最后讲述 DSP Builder 的两章，去除的原因主要是考虑篇幅因素。④ 在 CPU 章节增加了少量 32 位 RISC CPU 的内容。⑤ 由于 EDA 技术与 FPGA 发展较快，该版次对全书多个部分进行了小幅度更新。

第 4 版除介绍 Vivado 软件的内容外，其余内容与已出版的《EDA 技术与 Verilog HDL（英文版）》（清华大学出版社，2019 年）基本可以一一对应，方便国内教师开展双语教学，也方便无缝对接留学生教学。

为了尽可能降低本书的成本和售价，本书不再配置光盘。与本书相关的其他资料，包括本书的配套课件、实验示例源程序资料、相关设计项目的参考资料和附录中提到的.mif 文件编辑生成软件、HX1006A ProjectBuilder 软件等文件资料都可免费获取。此外，对于一些与本教材相关的工具软件，包括 Quartus、Vivado、ModelSim 等 EDA 软件的安装、使用等问题的咨询（包括教学课件与实验课件，实验系统的 FPGA 引脚查询及对照表等的免费索取，也同时可以协助读者向 Intel-Altera 申请评估用的 license）可发送邮件至sunliangzhu@126.com；与编写者探讨 EDA 技术教学和实践可发送邮件至 hjynet@163.com；也可以直接与出版社联系（主要是索取教学课件等）。

与本书的 Verilog HDL 内容相对应的 VHDL 中文版教材是清华大学出版社出版的《EDA 技术与 VHDL》（第 6 版）。

编　者

目 录

第1章 概 述

本章简要介绍EDA技术、EDA工具、FPGA结构原理及EDA的应用情况和发展趋势，其中重点介绍基于EDA的FPGA开发技术的概况。

考虑到本章中出现的一些基本概念和名词会涉及较多的基础知识和更深入的EDA基础理论，故对于本章的学习仅要求读者做一般性的了解，无须深入探讨。因为待读者学习完本教程，并经历了本教材配置的必要实践后，对许多问题就会自然而然地明白。不过需要强调的是，本章的重要性并不能因此而被低估。

1.1 EDA技术

现代电子设计技术的核心已日趋转向基于计算机的电子设计自动化（electronic design automation，EDA）技术。当今的EDA技术已经渗透电子系统设计的各个细分领域，包括集成电路设计与制造、印制电路板设计与制造、可编程逻辑器件应用等。针对模拟电路系统、数字电路系统、射频电路系统、微波电路与天线系统等不同类型的电子系统的设计，产生了多种多样的EDA软件工具及其技术。本教材主要关注的是数字电路系统设计中的EDA技术，就是依赖功能强大的计算机，在EDA工具软件平台上，对以硬件描述语言（hardware description language，HDL）为系统逻辑描述手段完成的设计文件，自动地完成逻辑编译、化简、分割、综合、布局布线以及逻辑优化、时序分析和仿真测试，直至实现既定的电子线路系统功能。EDA技术的出现使设计者的主要工作仅限于利用软件的方式来完成对系统硬件功能的实现，这是电子设计技术的一个巨大进步。

EDA技术在硬件实现方面融合了大规模集成电路（IC）制造技术、IC版图设计、设计仿真验证与时序优化、IC 测试和封装、印制电路板（PCB）设计制造以及FPGA/CPLD（field programmable gate array/complex programmable logic device）编程下载和自动测试等技术；在计算机辅助工程方面融合了计算机辅助设计（CAD）、计算机辅助制造（CAM）、计算机辅助测试（CAT）、计算机辅助工程（CAE）技术以及多种计算机语言的设计概念；而在现代电子学方面则容纳了更多的内容，如电子线路设计理论、数字信号处理技术、数字系统建模和优化技术等。因此，EDA技术为现代电子理论和设计的表达与实现提供了可能性。正因为EDA技术丰富的内容及其与电子技术各学科领域的相关性，其发展的历程同大规模集成电路设计技术、计算机辅助工程、可编程逻辑器件，以及电子设计技术和工艺是同步的。

根据过去数十年的电子技术的发展历程，可大致将EDA技术的发展分为3个阶段。

第一阶段：20世纪70年代，在集成电路制造方面，双极工艺、MOS工艺已得到广泛的应用。可编程逻辑技术及其器件已经问世，计算机作为一种运算工具已在科研领域得到广泛应用。而在后期，CAD的概念已见雏形，这一阶段人们开始利用计算机取代手工劳动，辅助进行集成电路版图编辑、PCB 布局布线等工作，这是 EDA 技术的雏形。

第二阶段：20 世纪 80 年代，集成电路设计进入了 CMOS（complementary metal oxide semiconductor，互补金属氧化物半导体）场效应管时代。复杂可编程逻辑器件已进入商业应用，FPGA 被发明（1985 年），相应的辅助设计软件也已投入使用；在 20 世纪 80 年代末，CAE 和 CAD 技术的应用更为广泛，它们在 PCB 设计原理图输入、自动布局布线及 PCB 分析、逻辑设计、逻辑仿真、布尔代数综合和化简等方面担任了重要的角色。特别是各种硬件描述语言的出现、应用和标准化方面的重大进步，为电子设计自动化解决电子线路建模、标准文档及仿真测试等问题奠定了基础。

第三阶段：20 世纪 90 年代，计算机辅助工程、辅助分析和辅助设计在电子技术领域获得更加广泛的应用。与此同时，电子技术在通信、计算机及家电产品生产中的市场需求和技术需求，极大地推动了全新的电子设计自动化技术的应用和发展。特别是集成电路设计工艺步入了超深亚微米阶段，百万门级以上的大规模可编程逻辑器件的陆续问世，以及基于计算机技术的面向用户的低成本、大规模 ASIC 设计技术的应用，促进了 EDA 技术的形成。更为重要的是，各 EDA 公司致力于推出兼容各种硬件实现方案和支持标准硬件描述语言的 EDA 工具软件，都有效地将 EDA 技术推向成熟和实用。

EDA 技术在进入 21 世纪后得到了更大的发展，突出表现在以下几个方面。

- 在 FPGA 上实现 DSP（digital signal processing，数字信号处理）应用成为可能，用纯数字逻辑进行 DSP 模块的设计，使高速 DSP 的实现成为现实，并有力地推动了软件无线电技术的实用化和发展。基于 FPGA 的 DSP 技术，为高速数字信号处理算法提供了实现途径。
- 集成电路向 3D IC 方向发展，FinFET、GAA FET 使亿门级电路集成在单芯片变得容易，SoC（system on a chip）需要软硬件协同设计。
- 嵌入式处理器软核的成熟，使 SOPC（system on a programmable chip）技术成为可能，即可以在一个单片 FPGA 中实现一个完备的可随意重构的嵌入式系统。
- 在仿真和设计两方面支持标准硬件描述语言的功能强大的 EDA 软件不断推出。
- EDA 使电子领域各学科的界限更加模糊，更加互为包容：模拟与数字、软件与硬件、系统与器件、ASIC 与 FPGA 等。
- 基于 EDA 的用于 ASIC 设计的标准单元已涵盖大规模电子系统及复杂 IP（intellectual property）核模块。
- 软硬 IP 核在电子行业的产业领域广泛应用。
- SoC 高效低成本设计技术走向成熟。
- 系统级、行为验证级硬件描述语言的出现（如 System C、SystemVerilog），使复杂电子系统的设计和验证趋于简单。
- C 语言综合技术开始应用于复杂 EDA 软件工具。使用 C 或类 C 语言对数字逻辑系统进行设计已经成为可能。HLS（high-level synthesis）工具可以实现简单 C 程序到 HDL 的转化，而 OpenCL 工具可以构建以 CPU 为核心的 C 算法加速的应用。
- 以深度学习为代表的人工智能技术在 21 世纪 10 年代获得飞速发展，也得益于芯片集成晶体管规模越来越大，基于 FPGA 或 ASIC 良好的并行计算性能，CNN（convolutional neural network）等神经网络结构被设计到 FPGA 与 ASIC 上。

1.2 EDA 技术应用对象

一般地，利用 EDA 技术进行电子系统设计的最后目标，是完成专用集成电路（ASIC）或印制电路板（PCB）的设计和实现，如图 1-1 所示。其中，PCB 设计指的是电子系统的印制电路板设计，从电路原理图到 PCB 上元件的布局、布线、阻抗匹配、信号完整性分析及板级仿真，到最后的电路板机械加工文件生成，这些都需要相应的计算机 EDA 工具软件辅助设计者来完成，这仅是 EDA 技术应用的一个重要方面，但本书限于篇幅不做展开。ASIC 作为最终的物理平台，在此硬件实体上，用户可通过 EDA 技术将电子应用系统的既定功能和技术指标进行具体实现。

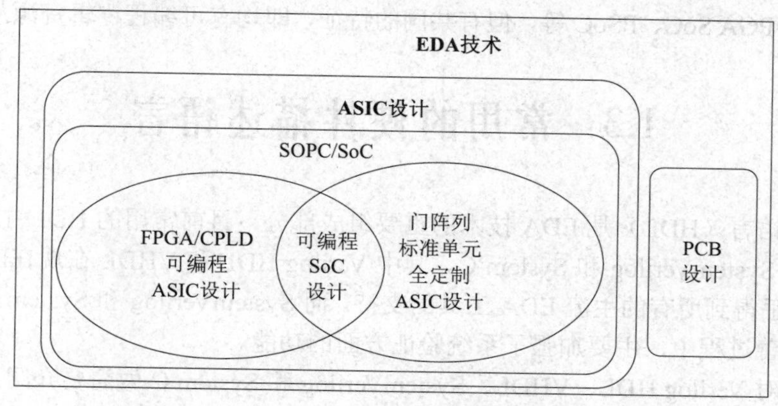

图 1-1 EDA 技术实现目标

专用集成电路就是具有专门用途和特定功能的独立集成电路器件，根据这个定义，作为 EDA 技术最终实现目标的 ASIC，可以通过 3 种途径来完成。

1. 可编程逻辑器件

FPGA 和 CPLD 是实现这一途径的主流器件，它们的特点是直接面向用户、具有极大的灵活性和通用性、使用方便、硬件测试和实现快捷、开发效率高、成本低、上市时间短、技术维护简单、工作可靠性好等。FPGA 和 CPLD 的应用是 EDA 技术有机融合软硬件电子设计技术、SoC 和 ASIC 设计，以及对自动设计与自动实现最典型的诠释。由于 FPGA 和 CPLD 的开发工具、开发流程和使用方法与 ASIC 有类似之处，因此这类器件通常也被称为可编程专用 IC 或可编程 ASIC。

2. 半定制或全定制 ASIC

基于 EDA 技术的半定制或全定制 ASIC，根据它们的实现工艺，可统称为掩模（Mask）ASIC，或直接称 ASIC。可编程 ASIC 与掩模 ASIC 相比，不同之处在于前者具有面向用户灵活多样的可编程性，即硬件结构的可重构特性。掩模 ASIC 大致分为门阵列 ASIC、标准单元 ASIC 和全定制 ASIC。对于全定制芯片，在针对特定工艺建立的设计规则下，设计者对于电路的设计有完全的控制权，如线的间隔和晶体管大小的确定。该领域的一个例外是混合信号设计，使用通信电路的 ASIC 可以定制设计其模拟部分。

目前，大部分 ASIC 是采用标准单元法（即使用库中不同大小的标准单元）设计的。在设计者一级，库（Library）包括不同复杂性的逻辑元件：SSI 逻辑块、MSI 逻辑块、数据通道模块、存储器、IP 乃至系统级模块等。库包含每个逻辑单元在硅片级的完整布局，使用者只需利用 EDA 软件工具与逻辑块描述打交道即可，完全不必关心深层次电路布局的细节。标准单元布局中，所有扩散、接触点、过孔、多晶通道及金属通道都已完全确定。当该单元用于设计时，通过 EDA 软件产生的网表文件将单元布局块“粘贴”到芯片布局之上的单元行上。标准单元 ASIC 设计与 FPGA 设计的开发流程相近。

3．可编程 SoC

可编程 SoC 主要指既含有面向用户的 FPGA 可编程功能和逻辑资源，同时也含有可方便调用和配置的硬件标准单元模块，如 CPU、RAM、ROM、硬件加法器、乘法器、锁相环等。不同厂家对可编程 SoC 的称谓并不统一，有各自的产品名称，如 SoC FPGA、MPSoC、RFSoC、自适应 SoC、FPGA SoC、PSoC 等，但有共同的特征，即均有可编程逻辑资源与处理器单元。

1.3　常用的硬件描述语言

硬件描述语言（HDL）是 EDA 技术的重要组成部分，目前常用的 HDL 主要有 VHDL、Verilog HDL、SystemVerilog 和 System C。其中 Verilog HDL 和 VHDL 在现在的 EDA 设计中使用最多，几乎得到所有的主流 EDA 工具的支持。而 SystemVerilog 和 System C 这两种 HDL 还处于不断完善过程中，主要加强了系统验证方面的功能。

以下分别对 Verilog HDL、VHDL、SystemVerilog 和 System C 做简要介绍。

1．Verilog HDL

Verilog HDL 是电子设计主流硬件的描述语言之一，本书将重点介绍它的编程方法和使用技术。Verilog HDL（以下简称 Verilog）最初由 Gateway Design Automation（简称 GDA）公司的 Phil Moorby 在 1983 年创建。起初，Verilog 仅作为 GDA 公司的 Verilog-XL 仿真器的内部语言，用于数字逻辑的建模、仿真和验证。Verilog-XL 推出后获得了成功和认可，从而促进了 Verilog HDL 的发展。1989 年，GDA 公司被 Cadence 公司收购，Verilog 语言成了 Cadence 公司的私有财产。1990 年，Cadence 公司成立了 OVI（Open Verilog International）组织，公开了 Verilog 语言，并由 OVI 负责促进 Verilog 语言的发展。在 OVI 的努力下，IEEE（institute of electrical and electronics engineers）于 1995 年制定了 Verilog HDL 的第一个国际标准—— IEEE Std 1364-1995，即 Verilog 1.0。

2001 年，IEEE 发布了 Verilog HDL 的第二个标准版本（Verilog 2.0），即 IEEE Std 1364-2001，简称 Verilog-2001 标准。由于 Cadence 公司在集成电路设计领域的影响力和 Verilog 的易用性，Verilog 成为基层电路建模与设计中最流行的硬件描述语言。

2005 年，IEEE 再次对 Verilog HDL 标准进行少量修改，发布了 Verilog-2005 标准，基本与 Verilog-2001 标准是一致的。

Verilog 的部分语法是参照 C 语言的语法设立的（但与 C 语言有本质区别），因此具有很多 C 语言的优点，从形式表述上来看，其代码简明扼要，使用灵活，且语法规定不是很严谨，很容易上手。Verilog 具有很强的电路描述和建模能力，能从多个层次对数字系统进行建模和描述，从而大大简化硬件设计任务，提高设计效率和可靠性。Verilog 在语言易读性、层次化和结构化设计方面表现出了强大的生命力和应用潜力。因此，其支持各种模式的设计方法：自顶向下与自底向上或混合方法。在面对当今许多电子产品生命周期缩短，需要多次重新设计以融入最新技术、改变工艺等方面，Verilog 具有良好的适应性。

用 Verilog 进行电子系统设计的一个很大的优点是当设计逻辑功能时，设计者可以专心致力于其功能的实现，而不需要对不影响功能的、与工艺有关的因素花费过多的时间和精力；当需要仿真验证时，可以很方便地从电路物理级、晶体管级、寄存器传输级乃至行为级等多个层次来做描述的验证。

2. VHDL

VHDL 的英文全名是 VHSIC（very high speed integrated circuit）hardware description language，于 1983 年由美国国防部（DOD）发起创建，由 IEEE 进一步发展并在 1987 年作为“IEEE 标准 1076”（IEEE Std 1076）发布。从此，VHDL 成为硬件描述语言的业界标准之一。自 IEEE 公布了 VHDL 的标准版本之后，各 EDA 公司相继推出了自己的 VHDL 设计环境，或宣布自己的设计工具支持 VHDL。此后 VHDL 在电子设计领域得到了广泛应用，并与 Verilog 一起逐步取代了其他的非标准硬件描述语言。

VHDL 作为一种规范语言和建模语言，随着它的标准化，出现了一些支持该语言的行为仿真器。创建 VHDL 的最初目标是用于标准文档的建立和电路功能模拟，其基本想法是在高层次上描述系统和元件的行为。但到了 20 世纪 90 年代初，人们发现，VHDL 不仅可以作为系统模拟的建模工具，而且可以作为电路系统的设计工具，可以利用软件工具将 VHDL 源码自动转化为文本方式表达的基本逻辑元件连接图，即网表文件。这种方法对于电路自动设计来说显然是一个极大的推进。很快，电子设计领域出现了第一个软件设计工具，即 VHDL 逻辑综合器，它把标准 VHDL 的部分语句描述转化为具体电路实现的网表文件。

1993 年，IEEE 对 VHDL 进行了修订，从更高的抽象层次和系统描述能力上扩展了 VHDL 的内容，公布了新版本 VHDL，即 IEEE 1076-1993。现在，VHDL 与 Verilog 一样作为 IEEE 的工业标准硬件描述语言，得到了众多 EDA 公司的支持，在电子工程领域已成为事实上的通用硬件描述语言。2008 年，VHDL 标准再次进行修订，即 IEEE 1076-2008，做了非常多的语法简化，大大提高了设计者的工作效率。

VHDL 具有与具体硬件电路无关和与设计平台无关的特性，并且具有良好的电路行为描述和系统描述的能力。按照设计目的，VHDL 程序可以划分为面向仿真和面向综合两类，而面向综合的 VHDL 程序分别面向 FPGA 和 ASIC 开发两个领域。

3. SystemVerilog

SystemVerilog 是一种较新的硬件描述语言，是由 Accellera（Accellera 的前身就是 OVI）开发的。SystemVerilog 在 Verilog-2001 的基础上做了扩展，将 Verilog 语言推向了系统级空间和验证级空间，极大地改进了高密度、基于 IP 的、总线敏感的芯片设计效率。SystemVerilog 主要定位于集成电路的实现和验证流程，并为系统级设计流程提供了强大的链接能力。SystemVerilog 改进了 Verilog 代码的生产率、可读性以及可重用性。SystemVerilog 提供了更简约的硬件描述，还为随机约束的测试平台开发、覆盖驱动的验证以及基于断言的验证提供了广泛的支持。

2005 年，IEEE 批准了 SystemVerilog 的语法标准，即 IEEEStd 1800 标准。

4．System C

System C 是 C++语言的硬件描述扩展，主要用于 ESL（电子系统级）建模与验证。由 OSCI（Open System C Initiative）组织进行发展。System C 并非好的 RTL 语言（即可综合的、硬件可实现描述性质的语言），而是一种系统级建模语言。将 System C 和 SystemVerilog 组合起来，能够提供一套从 ESL 至 RTL 验证的完整解决方案。

System C 源代码可以使用任何标准 C++编译环境进行编译，生成可执行文件；运行可执行文件，可生成 VCD 格式的波形文件。System C 的综合还不完善，但已经有工具支持。

5．Chisel

Chisel 是一种基于 Scala 语言的敏捷开发型硬件描述语言。Scala 是一种基于 JVM（Java virtual machine）的面向对象的函数式语言，常见于网络编程应用，是一种比较小众的语言。Chisel（constructing hardware in a scala embedded language）由加州大学伯克利分校的研究团队发布，是 Scala 在电路描述上的一个扩展，编译后生成 Verilog/VHDL 代码，再交由 EDA 软件生成电路网表。该语言还在发展阶段，有待成熟。Chisel 继承了 Scala 的各种高级语法特性，大大简化了硬件电路描述的代码，有助于提高开发效率。

1.4 EDA 技术的优势

在传统的数字电子系统或 IC 设计中，手工设计占了很大的比例。设计流程中，一般先按电子系统的具体功能要求进行功能划分，然后对每个子模块画出真值表，用卡诺图进行手工逻辑简化，写出布尔表达式，画出相应的逻辑线路图，再据此选择元器件，设计电路板，最后进行实测与调试。传统数字技术的手工设计方法的缺点如下。

（1）电路设计复杂，调试十分困难。

（2）由于无法进行硬件系统仿真，如果某一过程存在错误，查找和修改十分不便。

（3）设计过程中产生大量文档，不易管理。

（4）对于 IC 设计而言，设计实现过程与具体生产工艺直接相关，因此可移植性差。

（5）只有在设计出样机或生产出芯片后才能进行实测。

（6）所能设计完成的系统规模通常很小，抗干扰能力差，工作速度也很低。

相比之下，EDA 技术有很大的不同，其具体优势描述如下。

（1）用 HDL 对数字系统进行抽象的行为与功能描述以及具体的内部线路结构描述，从而可以在电子设计的各个阶段、各个层次进行计算机模拟验证，这不仅可以保证设计过程的正确性，而且可以大大降低设计成本，缩短设计周期。

（2）EDA 工具之所以能够完成各种自动设计过程，关键是有各类库的支持，如逻辑仿真时的模拟库、逻辑综合时的综合库、版图综合时的版图库、测试综合时的测试库等。这些库都是 EDA 公司与半导体生产厂商紧密合作、共同开发的。

（3）一些 HDL 本身也是文档型的语言（如 VHDL），极大地简化了设计文档的管理。

（4）EDA 技术中最为瞩目的功能，即最具现代电子设计技术特征的功能是日益强大的逻辑设计仿真测试技术。EDA 仿真测试技术只需通过计算机，就能针对所设计的电子系统各个层次性能特点，完成一系列准确的测试与仿真操作。在完成实际系统的安装后，还能对系统上的目标器件进行所谓“边界扫描测试”及嵌入式逻辑分析仪的应用。这一切都极大地提高了大规模系统电子设计的自动化程度。

（5）无论传统的应用电子系统设计得如何完美、使用了多么先进的功能器件，都掩盖不了一个无情的事实，即设计者对该系统没有任何自主知识产权，因为系统中关键性的器件往往并非出自设计者之手，这将导致该系统在许多情况下的应用直接受到限制。基于 EDA 技术的设计规则不同，又由于用 HDL 表达的成功的专用功能设计在实现目标方面有很大的可选性，它既可以用不同来源的通用 FPGA 实现，也可以直接以 ASIC 来实现，设计者拥有完全的自主权，再无受制于人之虞。

（6）传统的电子设计方法至今没有任何标准规范加以约束，因此设计效率低、系统性能差、规模小、开发成本高、市场竞争能力弱。相比之下，EDA 技术的设计语言是标准化的，不会由于设计对象的不同而改变；它的开发工具是规范化的，EDA 软件平台支持任何标准化的设计语言；它的设计成果是通用性的，IP 核具有规范的接口协议；它具有良好的可移植与可测试性，为系统开发提供了可靠的保证。

（7）从电子设计方法学来看，EDA 技术最大的优势就是能将所有设计环节纳入统一的自顶向下的设计方案中。

（8）EDA 不但在整个设计流程上充分利用计算机的自动设计能力、在各个设计层次上利用计算机完成不同内容的仿真模拟，而且在系统板设计结束后仍可利用计算机对硬件系统进行完整的测试。

1.5 面向 FPGA 的开发流程

完整地了解利用 EDA 技术进行设计开发的流程，对于正确地选择和使用 EDA 软件、优化设计项目、提高设计效率十分有益。一个完整的、典型的 EDA 设计流程既是自顶向下设计方法的具体实施途径，也是 EDA 工具软件本身的组成结构。

1.5.1 设计输入

图 1-2 是基于 EDA 软件的 FPGA 开发流程框图。以下将分别介绍各设计模块的功能特点。对于目前流行的用于 FPGA 开发的 EDA 软件，图 1-2 的设计流程具有一般性。

将电路系统以一定的表达方式输入计算机，是在 EDA 软件平台上对 FPGA/CPLD 开发的最初步骤。通常，使用 EDA 工具的设计输入可分为两种类型。

1. 图形输入

图形输入通常包括状态图输入和电路原理图输入。

状态图输入方法就是根据电路的控制条件和不同的转换方式，使用绘图的方法在 EDA 软件的状态图编辑器上绘出状态图，然后由 EDA 编译器和综合器将此状态变化流程图编译综合成电路网表。

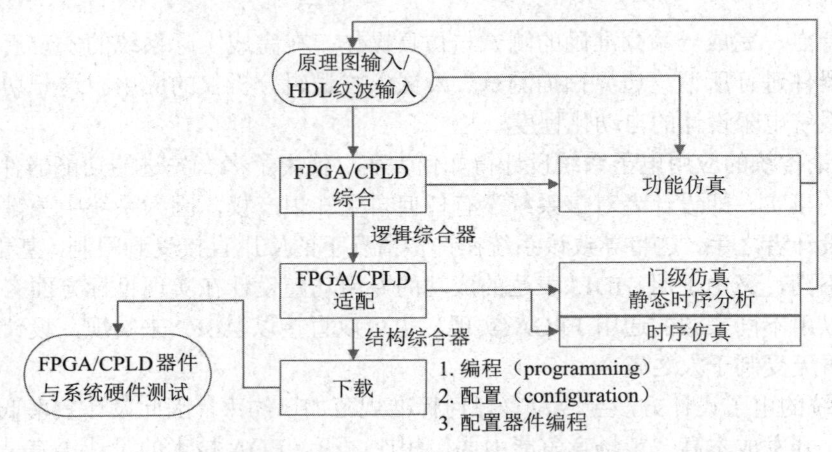

图 1-2　基于 EDA 的 FPGA 开发流程

电路原理图输入方法是一种类似于传统电子设计方法的原理图编辑输入方式，即在 EDA 软件的图形编辑界面上绘制能完成特定功能的电路原理图。原理图由逻辑器件（符号）和连接线构成，原理图中的逻辑器件可以是 EDA 软件库中预制的功能模块，如与门、非门、或门、触发器以及各种含 74 系列器件功能的宏功能块，甚至还有一些类似于 IP 的宏功能块。

2. 硬件描述语言代码文本输入

这种方式与传统的计算机软件语言编辑输入基本一致，就是将使用了某种硬件描述语言的电路设计代码，如 Verilog 或 VHDL 的源程序，进行编辑输入。

1.5.2　综合

综合（synthesis）的字面含义应该是把抽象的实体结合成单个或统一的实体。因此，综合就是把某些东西结合到一起，把设计抽象层次中的一种表述转化成另一种表述的过程。在电子设计领域，综合的概念可以表述如下：将用行为和功能层次表达的电子系统转换为低层次的、便于具体实现的模块组合装配的过程。事实上，自上而下的设计过程中的每一步都可称为一个综合环节。现代电子设计过程通常从高层次的行为描述开始，以底层的结构甚至更低层次描述结束，每个综合步骤都是上一层次的转换。

（1）从自然语言转换到 Verilog 语言算法表述，即自然语言综合。

（2）从算法表述转换到寄存器传输级（register transport level，RTL）表述，即从行为域到结构域的综合，也称行为综合。

（3）从 RTL 级表述转换到逻辑门（包括触发器）表述，即逻辑综合。

（4）从逻辑门表述转换到版图级表述（如 ASIC 设计），或转换到 FPGA 的配置网表文件，可称为版图综合或结构综合。有了版图信息就可以把芯片生产出来。有了对应的配置文件，就可以使对应的 FPGA 变成具有专门功能的电路器件。

显然，综合器就是能够将一种设计表述形式自动向另一种设计表述形式转换的计算机程序，或协助进行手工转换的程序。它可以将高层次的表述转化为低层次的表述，可以将行为域转化为结构域，可以将高一级抽象的电路描述（如算法级）转化为低一级的电路描述（如门级），并且可以用某种特定的“技术”（如 CMOS）实现。

从表面上看，Verilog 等硬件描述语言综合器和软件程序编译器都是一种“翻译器”，都能将高层次的设计表达转化为低层次的设计表达，但它们却具有许多本质的区别。

如图 1-3 所示，编译器将软件程序翻译成基于某种特定 CPU 的机器代码，这种代码仅限于这种 CPU，不能移植。它并不代表硬件结构，更不能改变 CPU 的结构，只能被动地为其特定的硬件电路所利用。如果脱离了已有的硬件环境（CPU），机器代码将失去意义。此外，编译器作为一种软件的运行，除了某种单一目标器件，即 CPU 的硬件结构，不需要任何与硬件相关的器件库和工艺库参与编译。因而，编译器的工作单纯得多，编译过程基本属于一种一一对应式的、机械转换式的“翻译”行为。

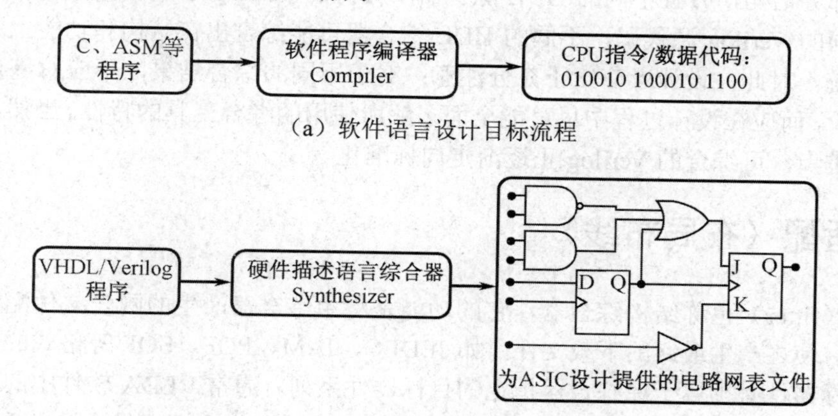

（a）软件语言设计目标流程

（b）硬件语言设计目标流程

图 1-3　编译器和综合的功能比较

综合器则不同，同样是类似的软件代码（如 Verilog 程序代码），综合器转化的目标是底层的电路结构网表文件，这种满足原设计程序功能描述的电路结构不依赖于任何特定硬件环境，因此可以独立地存在，并能轻易地被移植到任何通用硬件环境中，如 ASIC、FPGA 等。换言之，电路网表代表了特定的且可独立存在和具有实际功能的硬件结构，因此具备了随时改变硬件结构的依据，综合的结果具有相对独立性。

另一方面，综合器在将使用硬件描述语言表达的电路功能转化成具体的电路结构网表过程中，具有明显的能动性（如状态机的优化），它不是机械的一一对应式的“翻译”，而是根据设计库、工艺库以及预先设置的各类约束条件，“自主”地选择最优的方式完成电路设计。即对于相同的 Verilog 表述，综合器可以用不同的电路结构实现相同的功能。

如图 1-4 所示，与编译器相比，综合器具有更复杂的工作环境。综合器在接收 Verilog 程序并准备对其综合前，必须获得与最终实现设计电路硬件特征相关的工艺库的信息，以及获得优化综合的诸多约束条件。一般地，约束条件有多种，如设计规则、时间约束（包括速度约束）、面积约束等。通常，时间约束的优先级高于面积约束。设计优化要求当综合器把 Verilog 源码翻译成通用原理图时，将识别状态机、加法器、乘法器、

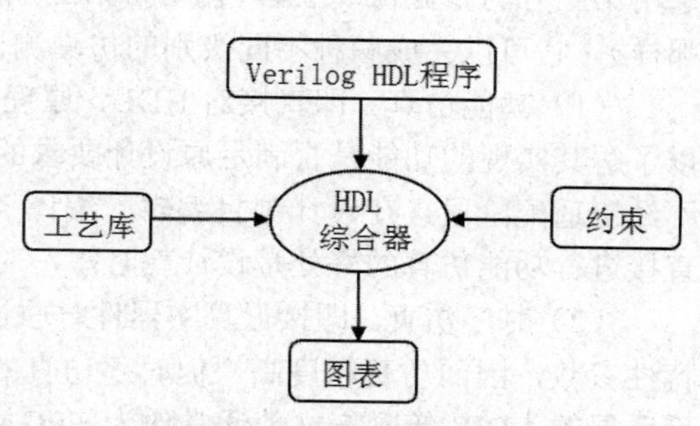

图 1-4　HDL 综合器运行流程

多路选择器和寄存器等。这些运算功能根据 Verilog 源码中的符号（如加、减、乘、除），都可用多种方法实现。例如，加法可实现的方案有多种，有的面积小，速度慢；有的速度快，面积大。Verilog 行为描述强调的是电路的行为和功能，而不是电路如何实现。而选择电路的实现方案正是综合器的任务，即综合器选择一种能充分满足各项约束条件且成本最低的实现方案。

注意，Verilog（也包括 VHDL、SystemVerilog）方面的 IEEE 标准主要指的是文档的表述、行为建模及其仿真，至于在电子线路的设计方面，Verilog 并没有得到全面的标准化支持。也就是说，HDL 综合器并不能支持 IEEE 标准的 Verilog 的全集（全部语句程序），而只能支持其子集，即部分语句，并且不同的 HDL 综合器所支持的 Verilog 子集也不完全相同。这样一来，对于相同的 Verilog 源代码，不同的 HDL 综合器可能综合出在结构和功能上并不完全相同的电路系统。对此，设计者应给予充分注意：对于不同的综合结果，不应对综合器的特性贸然做出评价，而应在设计过程中尽可能全面了解所使用的综合工具的特性。当然，随着 EDA 技术的不断进步，可综合的 Verilog 正逐渐走向标准化。

1.5.3　适配（布局布线）

适配器（fitter）也称结构综合器，它的功能是将由综合器产生的网表文件配置于指定的目标器件中，使之产生最终的下载文件，如 JEDEC、JAM、POF、SOF 等格式的文件。适配所选定的目标器件必须属于原综合器指定的目标器件系列。通常，EDA 软件中的综合器可由专业的第三方 EDA 公司提供，而适配器则需由 FPGA/CPLD 供应商提供。因为适配器的适配对象直接与器件的结构细节相对应。

适配器就是将综合后的网表文件针对某一具体的目标器件进行逻辑映射操作，其中包括底层器件配置、逻辑分割、优化、布局布线等操作。适配完成后可以利用适配所产生的仿真文件做精确的时序仿真，同时产生可用于对目标器件进行编程的文件。

1.5.4　仿真与时序分析

在编程下载前必须利用 EDA 工具对适配生成的结果进行模拟测试，就是所谓的仿真（simulation）。仿真就是让计算机根据一定的算法和一定的仿真库对 EDA 设计进行模拟，验证设计的正确性，以便排除错误，它是 EDA 设计过程中的重要步骤。

图 1-2 所示的功能仿真与门级仿真通常由 FPGA 公司的 EDA 开发工具直接提供，也可以选用第三方的专业仿真工具（也可将第三方仿真器软件集成在 EDA 开发工具中，就如 Quartus 那样），它可以完成两种不同级别的仿真测试。

（1）功能仿真。即直接对 HDL、原理图描述或其他描述形式的逻辑功能进行测试模拟，以了解其实现的功能是否满足原设计要求的过程。仿真过程不涉及任何具体器件的硬件特性。不经历适配阶段，在设计项目编辑、编译（或综合）后即可进入门级仿真器进行模拟测试。直接进行功能仿真的好处是设计耗时短，对硬件库、综合器等没有任何要求。

（2）时序仿真。即接近真实器件时序性能运行特性的仿真。仿真文件已包含了器件硬件特性参数，因而仿真精度高，但时序仿真的仿真文件必须来自针对具体器件的适配器。综合后所得的 EDIF 等网表文件通常作为 FPGA 适配器的输入文件，产生的仿真网表文件中包含了精确的硬件延迟信息。时序仿真往往耗时较长。

（3）门级仿真。一般指综合适配后在门级网表上进行的仿真。仿真文件已包含了器件硬件特性参数，因而仿真更符合实际器件运行行为。在进行门级仿真时可以选择是否使用时延信息（时延文件），若使用即为时序仿真或称为时序门级仿真。

（4）静态时序分析。时序仿真和功能仿真都是基于有系统激励输入的仿真验证，属于动态时序分析范畴。若纯粹分析电路各个部分的延迟，那么就需要进行静态时序分析（static timing analysis，STA）。STA 在现代 EDA 设计中越来越占据重要地位，是对设计进行时序估计、设计优化的重要手段。现在越来越多的设计验证采用静态时序分析加不带延迟文件的门级仿真来代替时序仿真，以提高验证覆盖率，缩短验证时间。

1.5.5 RTL 描述

RTL（register transport level）的概念会经常出现，这里对它做一些说明。

RTL 的概念最初产生于对某类电路的描述。RTL 描述是以规定设计中的各种寄存器形式为特征，然后在寄存器之间插入组合逻辑。这类寄存器或者显式地通过元件具体装配，或者通过推论进行隐含的描述。传统概念下的 RTL 电路的构建特色是由一系列组合电路模块和寄存器模块相间级联而成，即组合电路与时序电路各自独立且级联，而信号的通过具有逐级传输的特征，故称此类电路为寄存器传输级电路。

此后，这个概念进一步泛化，便引申为一切用各种独立的组合电路模块和独立的寄存器模块，但不涉及低层具体逻辑门结构或触发器电路细节（所谓技术级：Technology Level）来构建描述数字电路的形式都称为 RTL 描述，而且即使不包含时序模块，或只有寄存器模块的同类描述形式也都泛称为 RTL 描述。所以现在所谓的 RTL 仿真，即功能仿真，就是指不涉及电路细节（如门级细节）的 RTL 模块级构建的系统的仿真；而涉及电路细节和时序性能的时序仿真则称为门级仿真。

1.6 可编程逻辑器件

可编程逻辑器件（programmable logic devices，PLD）是 20 世纪 70 年代发展起来的一种新的集成器件。PLD 是大规模集成电路技术发展的产物，是一种半定制的集成电路，结合 EDA 技术可以快速、方便地构建数字系统。

数字电子技术基础知识表明，数字电路系统都是由基本门来构成的，如与门、或门、非门、传输门等。由基本门可构成两类数字电路：一类是组合电路；另一类是时序电路，它含有存储元件。事实上，不是所有的基本门都是必需的，如用与非门单一基本门就可以构成其他的基本门。任何的组合逻辑函数都可以转化为“与-或”表达式，即任何的组合电路可以用“与门-或门”二级电路实现。同样，任何时序电路都可由组合电路加上存储元件（即锁存器、触发器）来构成。由此，人们提出了一种可编程电路结构，即可重构的电路结构。

1.6.1 PLD 的分类

可编程逻辑器件的种类有很多，几乎每个大的可编程逻辑器件供应商都能提供具有自身结构特点的 PLD 器件。由于历史的原因，可编程逻辑器件的命名各异，在详细介绍可编程逻辑器件之前，有必要介绍几种 PLD 的分类方法。

1．按集成度分类

按集成度划分，一般可分为两大类器件。

（1）低集成度芯片。早期出现的 PROM（programmable read only memory，可编程只读存储器）、PAL（programmable array logic，可编程阵列逻辑）、可重复编程的 GAL（generic array logic，通用阵列逻辑）都属于这类。一般而言，可重构使用的逻辑门数在 500 门以下，称为简单 PLD（简称 SPLD）。

（2）高集成度芯片。如现在大量使用的 CPLD、FPGA 器件，称为复杂 PLD。

2．按结构分类

从结构上可分为两大类器件。

（1）乘积项结构器件。其基本结构为“与-或”阵列的器件，大部分 SPLD 和 CPLD 都属于这个范畴。

（2）查找表结构器件。由简单的查找表组成可编程门，再构成阵列形式。大多数 FPGA 属于此类器件。

3．按编程工艺分类

从编程工艺上划分，可分为如下几种类型。

（1）熔丝（fuse）型。早期的 PROM 器件就是采用熔丝结构的，编程过程就是根据设计的熔丝图文件来烧断对应的熔丝，以达到编程的目的。

（2）反熔丝（anti-fuse）型。是对熔丝技术的改进，在编程过程中通过击穿漏层使两点之间获得导通，这与熔丝烧断获得开路正好相反。

（3）EPROM 型。称为紫外线擦除电可编程逻辑器件，是用较高的编程电压进行编程的，当需要再次编程时，用紫外线进行擦除。Atmel 公司曾经有过此类 PLD，目前已淘汰使用。

（4）EEPROM 型。即电可擦写编程器件，现有部分 CPLD 及 GAL 器件采用此类结构。它是对 EPROM 工艺的改进，不需要紫外线擦除，而是直接用电擦除。

（5）SRAM 型。即 SRAM 查找表结构的器件。大部分的 FPGA 器件都是采用此种编程工艺，如 AMD-Xilinx 和 Intel-Altera 的 FPGA 器件采用的就是 SRAM 编程方式。这种方式在编程速度、编程要求上要优于前 4 种器件，不过 SRAM 型器件的编程信息存放在 RAM 中，在断电后就丢失了，再次上电需要再次编程（配置），因而需要专用器件来完成这类自动配置操作。

（6）Flash 型。Actel 公司为了解决上述反熔丝器件的不足之处，推出了采用 Flash 工艺的 FPGA，可以实现多次可编程，同时做到掉电后不需要重新配置。现在 AMD-Xilinx 和 Intel-Altera 的多个系列 CPLD 也采用 Flash 型。

在习惯上，还有另外一种分类方法，即掉电后是否需要重新配置器件。CPLD 不需要重新配置，而 FPGA（大多数）需要重新配置。

1.6.2 PROM 可编程原理

介绍 PLD 器件的可编程原理之前，在此首先介绍结构上具有典型性的 PROM 结构。但在此之前需熟悉一些常用逻辑电路符号及描述 PLD 内部结构的专用电路符号。

目前流行于国内高校数字电路教材中的“国标”逻辑符号原本是全盘照搬 ANSI/IEEE Std 91a-1984 版的 IEC 国际标准符号，且至今并没有升级。然而由于此类符号表达形式过于复杂，即用矩形图型逻辑符号来标志逻辑功能，故被公认为不适合表述 PLD 中复杂的逻辑结构。因此数年后，IEEE 又推出了 ANSI/IEEE Std 91a-1991 标准，于是国际上几乎所有技术资料和相关教材很快就废弃了原标准（1984 版本）的应用，继而普遍采用了 1991 版本的国际标准逻辑符号。该版本符号的优势和特点是用图形的不同形状来标志逻辑模块的功能，即使图形画面很小，也能十分容易地辨认出模块的逻辑功能。

本书全部采用 ANSI/IEEE Std 91a-1991 标准符号，故在图 1-5 中做了比较。图 1-5 即 ANSI/IEEE Std 91a-1991 版与 ANSI/IEEE Std 91a-1984 版（与中国国标相同）的 IEC 国际标准逻辑门符号对照表。

	非门	与门	或门	异或门
IEEE 1991版标准逻辑符号	A $\bar{A}$	A B F	A B F	A B F
IEEE 1984版标准逻辑符号	A 1 $\bar{A}$	A B & F	A B ≥1 F	A B =1 F
逻辑表达式	$\bar{A}$=NOT A	F=A • B	F=A+B	F=A⊕B

图 1-5 两种不同版本的国际标准逻辑门符号对照表

在流行的 EDA 软件中，逻辑符号采用的是 ANSI/IEEE Std 91a-1991 标准。由于 PLD 的复杂结构，用 1991 版本符号的好处是能十分容易地衍生出一套用于描述 PLD 复杂逻辑结构的简化符号。如图 1-6 所示，接入 PLD 内部的“与-或”阵列输入缓冲器电路，一般采用互补结构，它等效于图 1-7 的逻辑结构，即当信号输入 PLD 后，分别以其同相和反相信号接入。图 1-8 是 PLD 中“与”阵列的简化图形，表示可以选择 A、B、C 和 D 四个信号中的任一组或全部输入与门。在这里用以形象地表示“与”阵列，这是在原理上的等效。当采用某种硬件实现方法时（如 NMOS 电路），图中的与门可能根本不存在，但 NMOS 构成的连接阵列中却含有了“与”的逻辑。同样的道理，“或”阵列也用类似的方式表示。图 1-9 是 PLD 中“或”阵列的简化图形表示。图 1-10 是在阵列中连接关系的表示。十字交叉线表示两条线未连接；交叉线的交点上打黑点，表示固定连接，即在 PLD 出厂时已连接；交叉线的交点上打叉，表示该点可编程，即在 PLD 出厂后通过编程，其连接可随时改变。

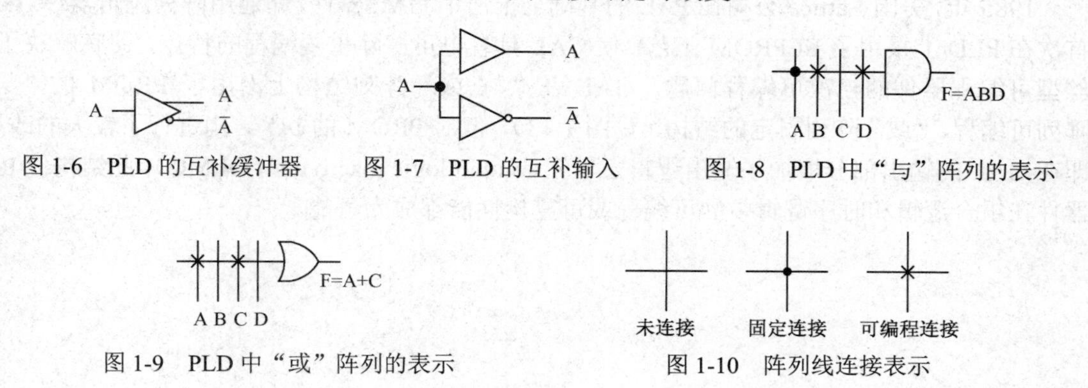

图 1-6 PLD 的互补缓冲器 图 1-7 PLD 的互补输入 图 1-8 PLD 中“与”阵列的表示

图 1-9 PLD 中“或”阵列的表示 图 1-10 阵列线连接表示

PROM 作为可编程只读存储器，其 ROM 除作为只读存储器外，还可作为 PLD 使用。一个 ROM 器件主要由地址译码部分、ROM 单元阵列和输出缓冲部分构成。对 PROM 也可以从可编程逻辑器件的角度来分析其基本结构。

为了更清晰直观地表示 PROM 中固定的“与”阵列和可编程的“或”阵列，PROM 可以表示为 PLD 阵列图，以 4×2 PROM 为例，如图 1-11 所示。

式（1-1）是已知半加器的逻辑表达式，可用 4×2 PROM 编程实现。

$$S = A_0 \oplus A_1, \quad C = A_0 A_1 \tag{1-1}$$

图 1-12 的连接结构表达的是半加器逻辑阵列。

$$F_0 = A_0 \overline{A}_1 + \overline{A}_0 A_1, \quad F_1 = A_1 A_0 \tag{1-2}$$

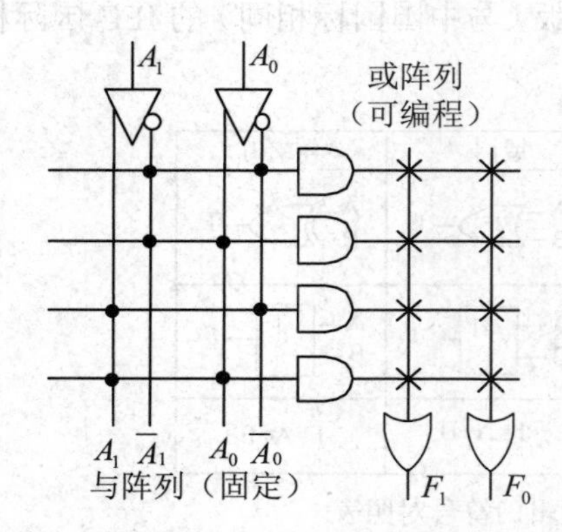

图 1-11　PROM 表达的 PLD 阵列图

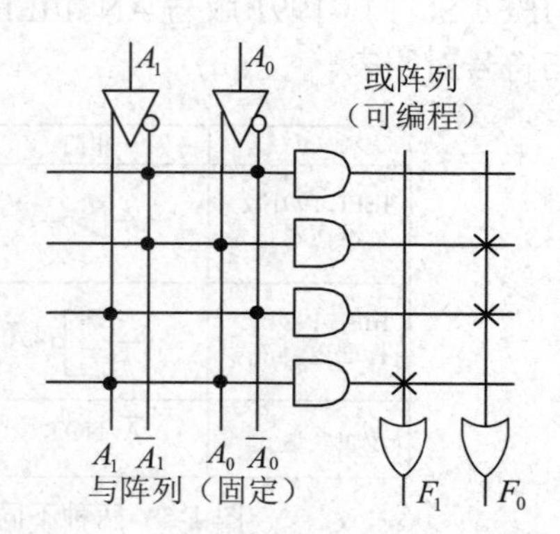

图 1-12　用 PROM 完成半加器逻辑阵列图

式（1-2）是图 1-12 结构的布尔表达式，即所谓的“乘积项”方式。式中的 A_1 和 A_0 分别是加数和被加数，F_0 为和，F_1 为进位。反之，根据半加器的逻辑关系，也可以得到图 1-12 的阵列点连接关系，从而可以形成阵列点文件，这个文件对于一般的 PLD 器件称为熔丝图（fuse map）文件。对于 PROM，则为存储单元的编程数据文件。

显然，PROM 只能用于组合电路的可编程上。输入变量的增加会引起存储容量的增加，这种增加是按 2 的幂次增加的，多输入变量的组合电路函数是不适合用单个 PROM 来编程表达的。

1.6.3　GAL

1985 年，美国 Lattice 公司在 PAL 的基础上推出了 GAL 器件，即通用阵列逻辑器件。GAL 首次在 PLD 上采用了 EEPROM 工艺，使 GAL 具有电可擦除重复编程的特点，彻底解决了熔丝型可编程器件的一次可编程问题。GAL 在“与-或”阵列结构上沿用了 PROM 的“与”阵列可编程、“或”阵列固定的结构（见图 1-13），但对 PROM 的 I/O 结构进行了较大的改进，即在 GAL 的输出部分增加了输出逻辑宏单元（output logic macro cell，OLMC），此结构使 PLD 器件在组合逻辑和时序逻辑中的可编程或可重构性能都成为可能。

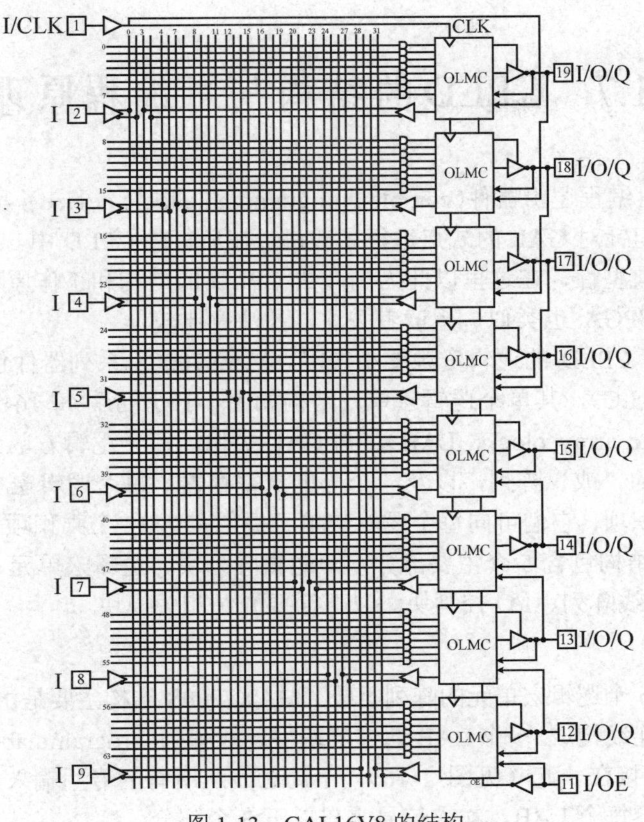

图 1-13　GAL16V8 的结构

图 1-13 所示为 GAL16V8 型号的器件，它包含了 8 个逻辑宏单元（OLMC），每一个 OLMC 可实现时序电路可编程，而其左侧的电路结构是“与”阵列可编程的组合逻辑可编程结构。专业习惯是将 OLMC 及左侧的可编程“与”阵列合成一个逻辑宏单元，即标志 PLD 器件逻辑资源的最小单元，由此可以认为 GAL16V8 器件的逻辑资源是 8 个逻辑宏单元，而目前最大的 FPGA 的逻辑资源达数十万个逻辑宏单元。也有将逻辑门的数量作为衡量逻辑器件资源的最小单元，如某 CPLD 的资源约 2000 门等，但此类划分方法误差较大。

GAL 的 OLMC 单元设有多种组态，可配置成专用组合输出、专用输入、组合输出双向口、寄存器输出、寄存器输出双向口等，为逻辑电路设计提供了极大的灵活性。由于具有结构重构和输出端的功能均可移到另一输出引脚上的功能，在一定程度上简化了电路板的布局布线，使系统的可靠性进一步提高。

在图 1-13 中，GAL 的输出逻辑宏单元（OLMC）中含有 4 个多路选择器，通过不同的选择方式可以产生多种输出结构，分别属于 3 种模式，一旦确定了某种模式，所有的 OLMC 都将工作在同一种模式下。图 1-14 所示即为其中一种输出模式对应的结构。

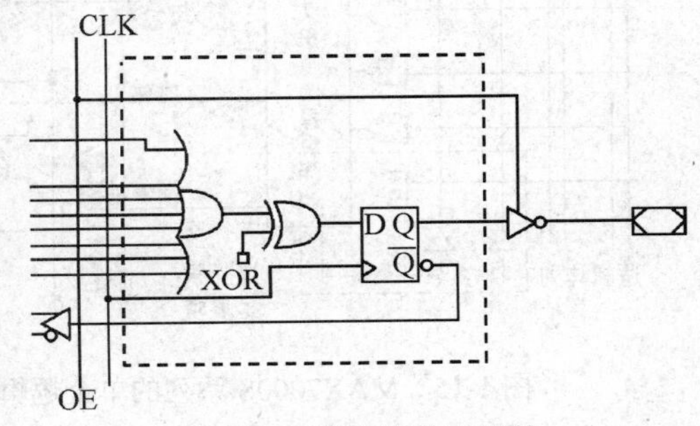

图 1-14　寄存器输出结构

1.7　CPLD的结构与可编程原理

CPLD 即复杂可编程逻辑器件（complex programmable logic device）。早期 CPLD 是从 GAL 的结构扩展而来，但针对 GAL 的缺点进行了改进。在流行的 CPLD 中，Altera 的 MAX7000S 系列器件具有一定典型性，在这里以此为例介绍 CPLD 的结构和工作原理，其中的许多结构（如 I/O 结构）与 FPGA 也类似，望读者关注，并注意比较。

相比于 FPGA，CPLD 的逻辑资源要小得多。MAX7000S 系列器件包含 32～256 个逻辑宏单元（logic cell，LC），其单个逻辑宏单元结构如图 1-15 所示。每 16 个逻辑宏单元组成一个逻辑阵列块（logic array block，LAB）。与 GAL 类似，每个逻辑宏单元含有一个可编程的“与”阵列和固定的“或”阵列，以及一个可配置寄存器，每个逻辑宏单元共享扩展乘积项和高速并联扩展乘积项，它们可向每个逻辑宏单元提供多达 32 个乘积项，以构成复杂的逻辑函数。MAX7000S 结构包含 5 个主要部分，即逻辑阵列块、逻辑宏单元、扩展乘积项（共享和并联）、可编程连线阵列、I/O 控制块。以下简要介绍相关模块。

1．逻辑阵列块

一个 LAB 由 16 个逻辑宏单元的阵列组成。MAX7000S 结构主要是由多个 LAB 组成的阵列以及它们之间的连线构成。多个 LAB 通过可编程连线阵列（programmable interconnect array，PIA）和全局总线连接在一起（见图 1-16），全局总线从所有的专用输入、I/O 引脚和逻辑宏单元输入信号。对于每个 LAB，输入信号来自以下 3 个部分。

（1）来自作为通用逻辑输入的 PIA 的 36 个信号。

（2）来自全局控制信号，用于寄存器辅助功能。

（3）从 I/O 引脚到寄存器的直接输入通道。

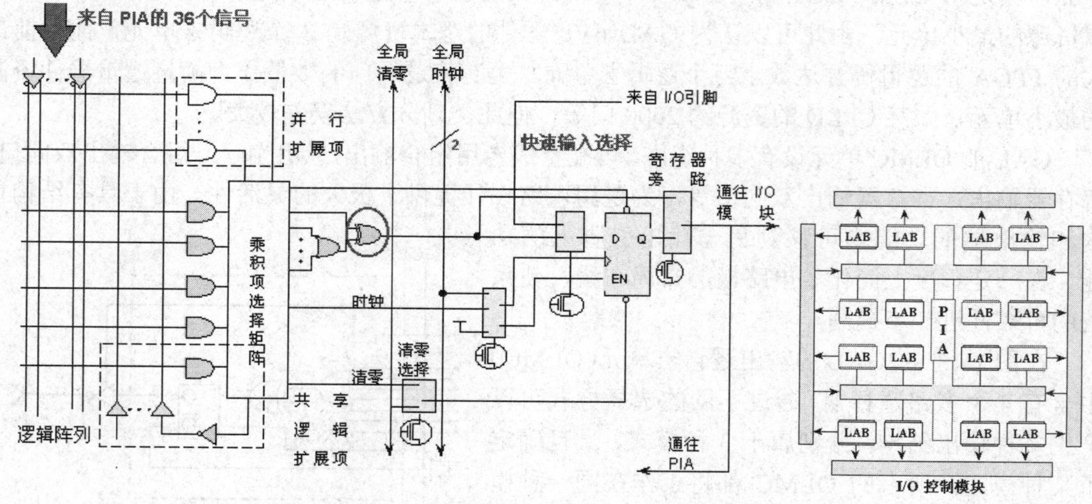

图 1-15　MAX7000S 系列的单个逻辑宏单元结构　　　图 1-16　MAX7000S 的结构

2．逻辑宏单元

MAX7000S 系列中的逻辑宏单元由 3 个功能块组成：逻辑阵列、乘积项选择矩阵和可编程寄存器，它们可以被单独地配置为时序逻辑和组合逻辑工作方式。其中逻辑阵列实现组合逻辑，可以给每个逻辑宏单元提供 5 个乘积项。“乘积项选择矩阵”分配这些乘积项作为到“或门”和“异或门”的主要逻辑输入，以实现组合逻辑函数；或者把这些乘积项作为逻辑宏单元中寄存器的辅助输入：清零（clear）、置位（preset）、时钟（clock）和时钟使能控制（clock enable）。

每个逻辑宏单元中有一个“共享扩展”乘积项经“非门”后回馈到逻辑阵列中，逻辑宏单元中还存在“并行扩展”乘积项，从邻近逻辑宏单元借位而来。

逻辑宏单元中的可配置寄存器可以单独地被配置为带有可编程时钟控制的 D、T、JK 或 SR 触发器工作方式，也可以将寄存器旁路掉，以实现组合逻辑工作方式。

每个可编程寄存器可以按 3 种时钟输入模式工作。

- 全局时钟信号。该模式能实现最快的时钟到输出（clock to output）性能，这时全局时钟输入直接连向每一个寄存器的 CLK 端。
- 全局时钟信号由高电平有效的时钟信号使能。这种模式提供每个触发器的时钟使能信号，由于仍使用全局时钟，输出速度较快。
- 用乘积项实现一个阵列时钟。在这种模式下，触发器由来自隐埋的逻辑宏单元或 I/O 引脚的信号进行钟控，其速度稍慢。

每个寄存器都支持异步清零和异步置位功能。乘积项选择矩阵负责分配和控制这些操作。虽然乘积项驱动寄存器的置位和复位信号是高电平有效，但在逻辑阵列中将信号取反可得到低电平有效的效果。此外，每一个寄存器的复位端可以由低电平有效的全局复位专用引脚 GCLRn 信号来驱动。

3．扩展乘积项

虽然大部分逻辑函数能够由在每个宏单元中的 5 个乘积项实现，但更复杂的逻辑函数需要附加乘积项。可以利用其他宏单元以提供所需的逻辑资源，对于 MAX7000S 系列，还可以利用其结构中具有的共享和并联扩展乘积项，即“扩展项”。这两种扩展项作为附加的乘积项直接送到该 LAB 的任意一个宏单元中。利用扩展项可保证在实现逻辑综合时，用尽可能少的逻辑资源得到尽可能快的工作速度。

4．可编程连线阵列

不同的 LAB 通过在可编程连线阵列（PIA）上布线，以相互连接构成所需的逻辑。这个全局总线是一种可编程的通道，可以把器件中任何信号连接到用户希望的目的地。所有 MAX7000S 器件的专用输入、I/O 引脚和逻辑宏单元输出都连接到 PIA，而 PIA 可把这些信号送到整个器件内的各个地方。只有每个 LAB 需要的信号才布置从 PIA 到该 LAB 的连线。图 1-17 所示为 PIA 信号布线到 LAB 的方式。

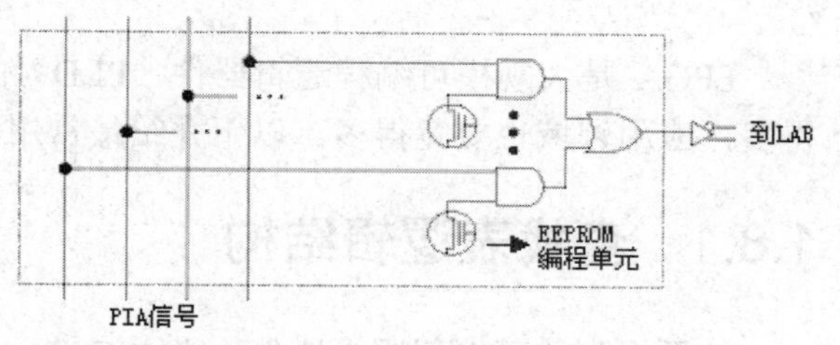

图 1-17　PIA 信号布线到 LAB 的方式

图 1-17 显示，通过 EEPROM 单元控制“与门”的一个输入端，以便选择驱动 LAB 的 PIA 信号。由于 MAX7000S 的 PIA 有固定的延时，因此使器件延时性能容易预测。

5. I/O 控制块

I/O 控制块允许每个 I/O 引脚被单独配置为输入、输出和双向 3 种工作方式。所有 I/O 引脚都有一个三态缓冲器，它的控制端信号来自一个多路选择器，可以选择用全局输出使能信号其中之一进行控制，或者直接连到地（GND）或电源（VCC）上。图 1-18 所示是 EPM7128S 器件的 I/O 控制块，它共有 6 个全局输出使能信号。这 6 个使能信号可来自两个输出使能信号（OE1、OE2）、I/O 引脚的子集或 I/O 宏单元的子集，并且也可以是这些信号取反后的信号。当三态缓冲器的控制端接地（GND）时，其输出为高阻态，这时 I/O 引脚可作为专用输入引脚使用。当三态缓冲器控制端接电源 VCC 时，输出被一直使能，作为普通输出引脚。MAX7000S 结构提供双 I/O 反馈，其逻辑宏单元和 I/O 引脚的反馈是独立的。当 I/O 引脚被配置成输入引脚时，与其相关联的宏单元可以作为隐埋逻辑使用。

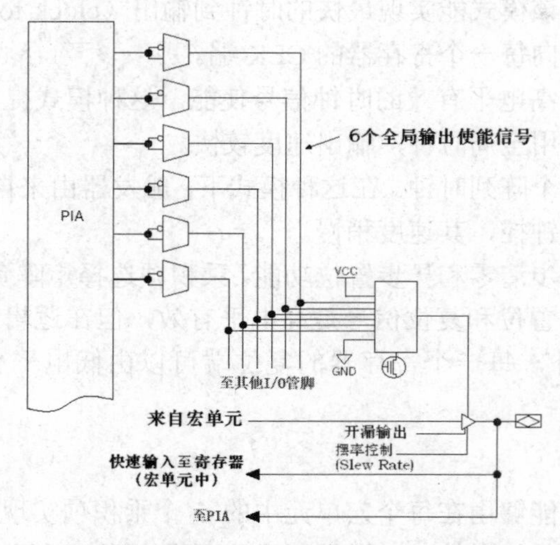

图 1-18　EPM7128S 器件的 I/O 控制块

对于 I/O 工作电压，MAX7000S（S 系列）器件有多种不同特性的系列。其中 E、S 系列为 5.0 V 工作电压，A 和 AE 系列为 3.3 V 工作电压，B 系列为 2.5 V 工作电压。

1.8　FPGA 的结构与工作原理

FPGA 是大规模可编程逻辑器件（PLD）的另一大类器件，而且其逻辑规模比 CPLD 大得多，应用领域也要宽得多。以下介绍最常用的 FPGA 的结构及其工作原理。

1.8.1　查找表逻辑结构

前面提到的可编程逻辑器件，诸如 GAL、CPLD 之类都是基于乘积项（“与或”阵列）的可编程结构，即由可编程的“与”阵列和固定的“或”阵列组成。而在本节中将要介绍的 FPGA，使用了另一种可编程逻辑的形成方法，即可编程的查找表（look up table，LUT）结构，LUT是可编程的最小逻辑构成单元。大部分FPGA采用基于SRAM（静态随机存储器）的查找表逻辑形成结构，即用SRAM来构成逻辑函数发生器。一个*N*输入LUT可以实现*N*个输入变量的任何逻辑功能，如*N*输入“与”、*N*输入“异或”等。图1-19是4输入LUT，其内部结构如图1-20所示。

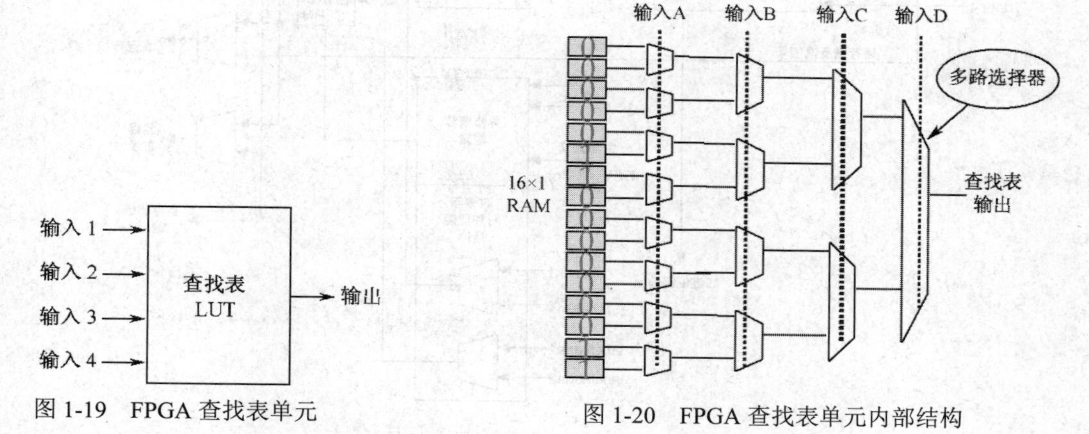

图1-19 FPGA查找表单元

图1-20 FPGA查找表单元内部结构

一个*N*输入的查找表，需要SRAM存储*N*个输入构成的真值表，需要用2^N个位的SRAM单元。显然*N*不可能很大，否则LUT的利用率会很低，若需要输入多于*N*个的逻辑函数，则必须用数个查找表分开实现。AMD-Xilinx的Virtex UltraScale+、Kintex-7、Artix-7、Spartan-7等系列和Intel-Altera的Cyclone 2/3/4/5/10、Arria-10、Stratix-5/10、Agilex等系列都采用SRAM查找表形式构成，是典型的FPGA器件。这些器件中的LUT，有*N*=4的，即LUT4，也有N≥4的。一般来说，高端器件的*N*会大些，对应的LUT的结构也较为复杂。

1.8.2 Cyclone 4E/10 LP系列器件的结构原理

Cyclone 10 LP系列器件是Intel-Altera公司近年推出的一款低功耗、高性价比的FPGA。事实上，Cyclone 3、Cyclone 4E、Cyclone 10 LP这3个系列的FPGA器件的内部结构几乎相同，只是生产工艺有所区别。下面将针对Cyclone 4E器件展开详细描述，这些描述也同样适用于Cyclone 3/10 LP系列器件。

Cyclone 4E的内部结构主要由逻辑阵列块、嵌入式存储器块、嵌入式硬件乘法器、I/O单元和嵌入式PLL等模块构成，在各个模块之间存在着丰富的互连线和时钟网络。它的可编程资源主要来自逻辑阵列块LAB，而每个LAB都由多个逻辑宏单元（logic element，LE）构成。LE是Cyclone 3系列FPGA器件中最基本的可编程单元，图1-21显示了Cyclone 4E FPGA的LE内部结构。观察图1-21可以发现，LE主要由一个4输入的查找表（LUT）、进位链逻辑、寄存器链逻辑和一个可编程的寄存器构成。4输入的LUT可以完成所有的4输入1输出的组合逻辑功能。每一个LE的输出都可以连接到行、列、直连通路、进位链、寄存器链等布线资源。

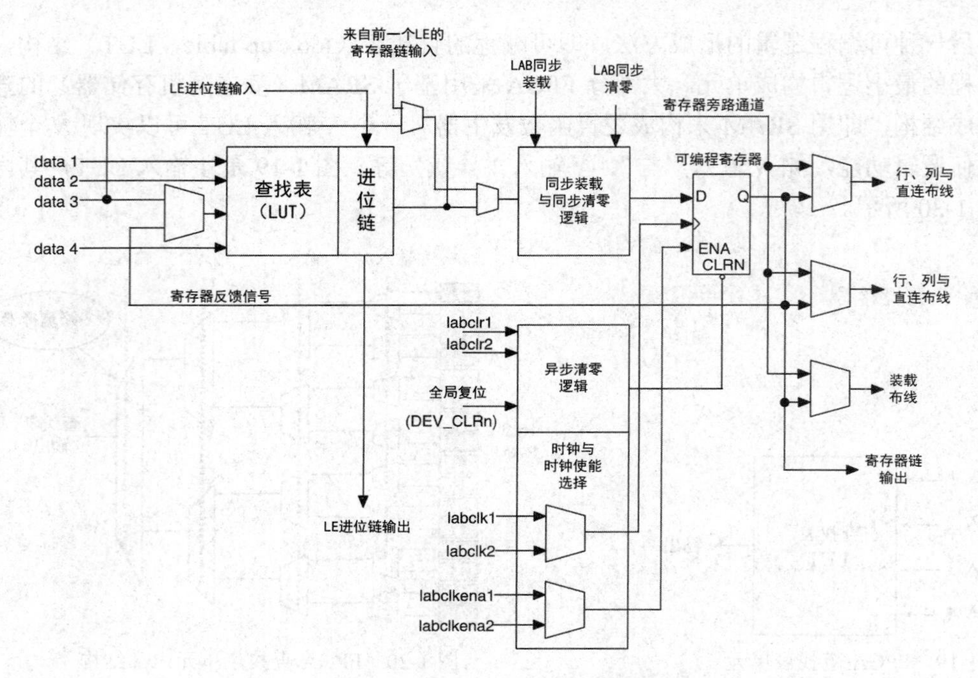

图 1-21　Cyclone 4E 的 LE 结构

每个 LE 中的可编程寄存器可以被配置成 D 触发器、T 触发器、JK 触发器和 RS 寄存器模式。每个可编程寄存器都具有数据、时钟、时钟使能、清零等输入信号。全局时钟网络、通用 I/O 口以及内部逻辑可以灵活配置寄存器的时钟和清零信号。任何一个通用 I/O 和内部逻辑都可以驱动时钟使能信号。在一些只需要组合电路的应用中，对于组合逻辑的实现，可将该可配置寄存器旁路，LUT 的输出可作为 LE 的输出。

LE 有 3 个输出驱动内部互联，一个驱动局部互联，另两个驱动行或列的互联资源。LUT 和寄存器的输出可以单独控制，也可以在一个 LE 中实现，LUT 驱动一个输出，而寄存器驱动另一个输出（这种技术称为寄存器打包）。因而在一个 LE 中的寄存器和 LUT 能够用来完成不相关的功能，从而提高 LE 的资源利用率。

寄存器反馈模式允许在一个 LE 中寄存器的输出作为反馈信号，加到 LUT 的一个输入上，在一个 LE 中就完成反馈。

除上述的 3 个输出之外，在一个逻辑阵列块中的 LE 还可以通过寄存器链进行级联。在同一个 LAB 中，LE 中的寄存器可以通过寄存器链级联在一起，构成一个移位寄存器，那些 LE 中的 LUT 资源可以单独实现组合逻辑功能，两者互不相关。

Cyclone 4E 的 LE 可以工作在两种操作模式下，即普通模式和算术模式。

普通模式下的 LE 适合通用逻辑应用和组合逻辑的实现。在该模式下，来自 LAB 局部互连的 4 个输入将作为一个 4 输入 1 输出的 LUT 的输入端口。可以选择进位输入（CIN）信号或者 data 3 信号作为 LUT 中的一个输入信号。每一个 LE 都可以通过 LUT 链直接连接到下一个 LE（在同一个 LAB 中的）。在普通模式下，LE 的输入信号可以作为 LE 中寄存器的异步装载信号。普通模式下的 LE 也支持寄存器打包与寄存器反馈。

在 Cyclone 4E 器件中的 LE 还可以工作在算术模式下。在这种模式下，可以更好地实现加法器、计数器、累加器和比较器。在算术模式下的单个 LE 内有两个 3 输入 LUT，可被配置成一位全加器和基本进位链结构。其中一个 3 输入 LUT 用于计算，另外一个 3 输入 LUT 用于生成进位输出信号 COUT。在算术模式下，LE 支持寄存器打包与寄存器反馈。逻辑阵列块（LAB）是由一系列相邻的 LE 构成的。每个 Cyclone 4E 的 LAB 包含 16 个 LE，在 LAB 中、LAB 之间存在着行互连、列互连、直连通路互连、LAB 局部互连、LE 进位链和寄存器链。

Cyclone 4E FPGA 器件中所包含的嵌入式存储器（embedded memory）由数十个 M9K 的存储器块构成。每个 M9K 存储器块具有很强的伸缩性，可以实现的功能有 8192 位 RAM（单端口、双端口、带校验、字节使能）、ROM、移位寄存器、FIFO 等。Cyclone 4E FPGA 中的嵌入式存储器可以通过多种连线与可编程资源实现连接，这大大增强了 FPGA 的性能，扩大了 FPGA 的应用范围。

在 Cyclone 4E 系列器件中还有嵌入式乘法器（embedded multiplier），这种硬件乘法器的存在可以大大提高 FPGA 在完成 DSP（数字信号处理）任务时的能力。嵌入式乘法器可以实现 9×9 乘法器或者 18×18 乘法器，乘法器的输入与输出可以选择是寄存的还是非寄存的（即组合输入输出）；可以与 FPGA 中的其他资源灵活地构成适合 DSP 算法的 MAC（乘加单元）。

在数字逻辑电路的设计中，时钟、复位信号往往需要同步作用于系统中的每个时序逻辑单元，因此在 Cyclone 4E 器件中设置有全局控制信号。由于系统的时钟延时会严重影响系统的性能，故在 Cyclone 4E 中设置了复杂的全局时钟网络，以减少时钟信号的传输延迟。另外，在 Cyclone 4E FPGA 中还含有 2～4 个独立的嵌入式锁相环（PLL），可以用来调整时钟信号的波形、频率和相位。PLL 的使用方法将在第 6 章中介绍。

Cyclone 4E 的 I/O 支持多种 I/O 接口，符合多种 I/O 标准。其可以支持差分的 I/O 标准，如 LVDS（低压差分串行）、RSDS（去抖动差分信号）、SSTL-2、SSTL-18、HSTL-18、HSTL-15、HSTL-12、PPDS、差分 LVPECL，当然也支持普通单端的 I/O 标准，如 LVTTL、LVCMOS、PCI 和 PCI-X I/O 等，通过这些常用的端口与板上的其他芯片沟通。

Cyclone 4E 器件还可以支持多个通道的 LVDS 和 RSDS。Cyclone 4E 器件内的 LVDS 缓冲器可以支持高达 875 Mbit/s 的数据传输速度。与单端的 I/O 标准相比，这些内置于 Cyclone 4E 器件内部的 LVDS 缓冲器保持了信号的完整性，并且具有更低的电磁干扰、更好的电磁兼容性（EMI）及更低的电源功耗。

图 1-22 为 Cyclone 4E 器件内部的 LVDS 接口电路示意图，Cyclone 10 LP 器件内部的 LVDS 接口电路与其一致。

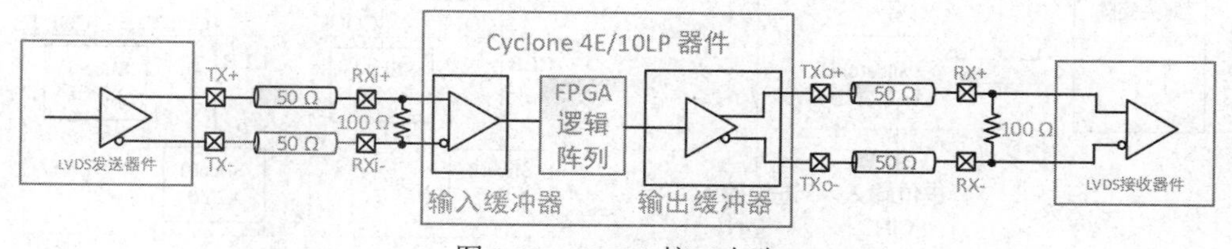

图 1-22 LVDS 接口电路

Cyclone 4E 系列器件除了片上的嵌入式存储器资源，还可以外接多种外部存储器，如 SRAM、NAND、SDRAM、DDR SDRAM、DDR2 SDRAM 等。

Cyclone 4E 的电源支持采用内核电压和 I/O 电压（3.3 V）分开供电的方式，I/O 电压取决于使用时需要的 I/O 标准，而内核电压使用 1.2 V 供电，内部 PLL 使用 2.5 V 供电。

1.8.3　内嵌 Flash 的 FPGA 器件

Intel-Altera 公司的 MAX 10 系列 FPGA 器件在结构原理上非常接近 Cyclone 4E/10 LP 器件，但增加了内嵌 Flash 模块，该 Flash 模块可以作为 FPGA 配置数据存放的非易失单元，在器件上电时自动完成 FPGA 配置，也可以作为用户数据存放的地方。这种改良后的 FPGA 结构结合了 FPGA 和 CPLD 的优点，正逐渐取代 CPLD。为了更易于使用，MAX 10 的子系列中还有集成 LDO 和 ADC 的版本。

1.8.4　Artix-7 系列 FPGA 的基本结构

AMD-Xilinx Artix-7 系列 FPGA 是 AMD-Xilinx 7 系列中最高性能功耗比的 FPGA，主要由可配置逻辑块（configure logic block，CLB）、IO 单元、嵌入式存储器块，以及 DCM、PCMD、DSP、PLL、SerDes 等内嵌专用硬核模块构成，在各个模块之间存在着丰富的互连线和时钟网络。

Artix-7 系列 FPGA 的可编程资源主要来自可配置逻辑块（CLB），而每个 CLB 都由一对 Slice 构成，并且 Slice 都可以通过互连线连到可编程开关矩阵，其中左下角的 Slice 标记为 Slice(0)，右上角的标记为 Slice(1)，如图 1-23 所示。Slice 是 Artix-7 系列 FPGA 最基本的可编程单元，功能类似于 Cyclone 系列的 LE 或 Agilex 的 ALM。

观察图 1-23 可以发现，同属于一个 CLB 内的两个 Slice 是独立的，无进位链相连，只有同一列的 Slice 之间才会通过进位链进行相连（见图 1-24）。每个 Slice 有一个坐标 X*i*Y*j*，其中 *i* 为列序号，*j* 为行序号，从左下角的 CLB 开始计数。另外，同一个 CLB 的 Slice 行序号是相同的。

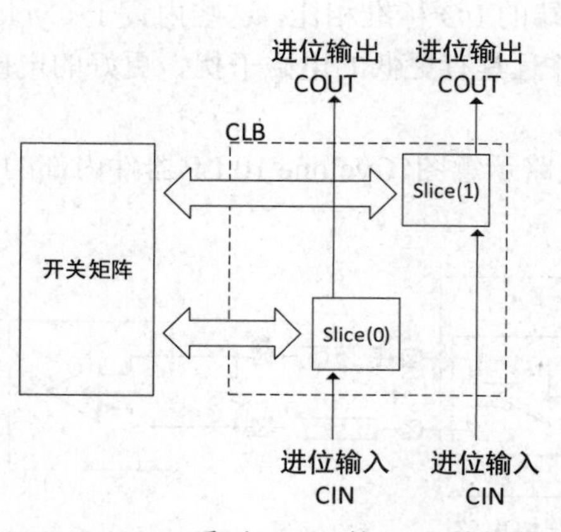

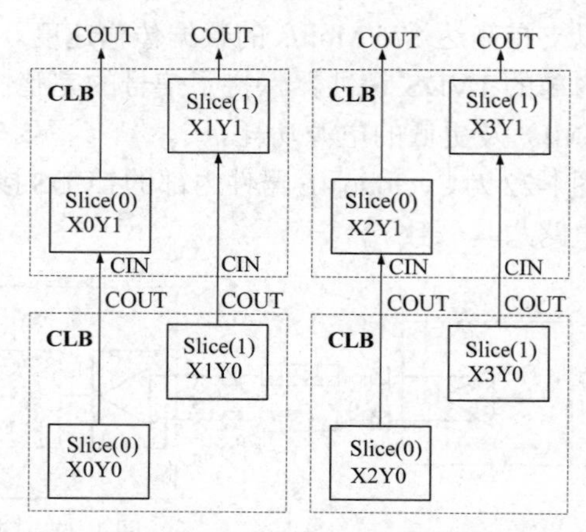

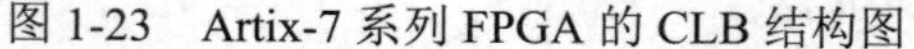

图 1-23　Artix-7 系列 FPGA 的 CLB 结构图　　图 1-24　相邻 CLBs 和 Slices 的排列关系

每个 Slice 由 4 个 6 输入 LUT，8 个 FF 和 MUX，以及进位链逻辑组成。Slice 又可分为 SliceL 和 SliceM 两种类型，SliceM 可配置为分布式 RAM 和移位寄存器，而 SliceL 则不行。在 Artix-7 系列 FPGA 中，大约三分之二的 Slice 为 SliceL，其余的为 SliceM。

每个 CLB 可以包含 2 个 SliceL 或者 1 个 SliceL 和 1 个 SliceM，其中 SliceM 的结构框图

如图 1-25 所示。SliceL 的结构也类似，如图 1-26 所示，但比起 SliceM，每个 LUT6 的输入少了 DI 信号、CK 信号和 WEN 信号，正是这一差异使得 SliceM 可以将 LUT6 配置成分布式 RAM 和移位寄存器。

Artix-7 系列 FPGA 中，在一个 Slice 中，每个 LUT6 可以作为一个 6 输入的 LUT，也可以作为 2 个 5 输入的 LUT，当然也可以作为 2 个小于 5 输入的 LUT。作为 6 输入 LUT 时，A6~A1 为输入，O6 为输出；作为 2 个 5 输入或者更少输入的 LUT 时，A5~A1 为输入，A6 为高电平，O6 和 O5 分别是两个 LUT 的输出，如图 1-27 所示。

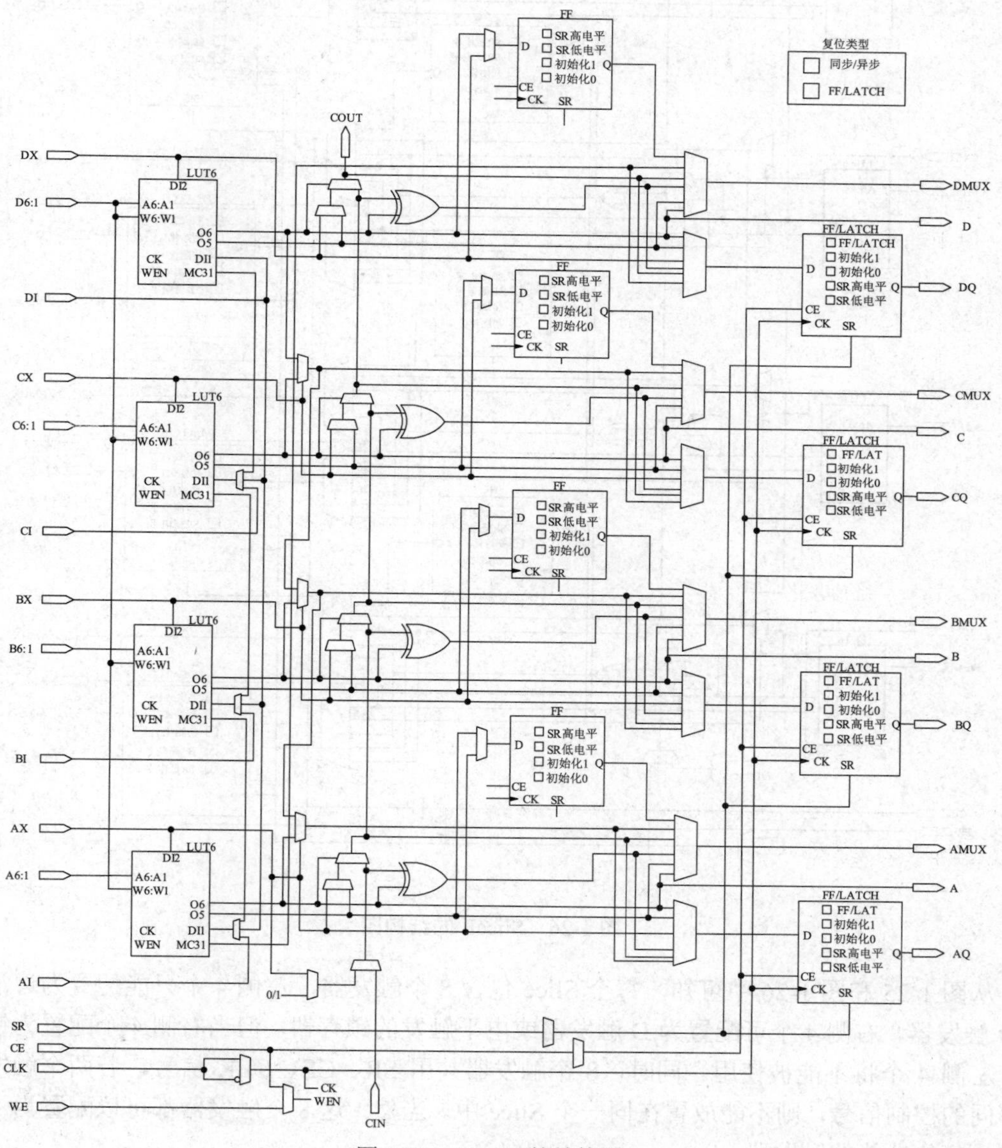

图 1-25 SliceM 的结构图

Artix-7 系列 FPGA 中，1 个 LUT6 可以实现 4:1 的选择器，2 个 LUT6 可实现 8:1 的选择器，4 个 LUT6 可实现 16:1 的选择器。每个 Slice 都包含 3 个多路复用器：F7AMUX、F7BMUX、

F8MUX。F7AMUX、F7BMUX 可将 2 个 LUT6 组合为 7 输入的 LUT7，F8MUX 则可将 2 个 LUT7 组合成 8 输入的 LUT8。这种设计非常方便 Artix-7 系列 FPGA 实现多输入逻辑函数。

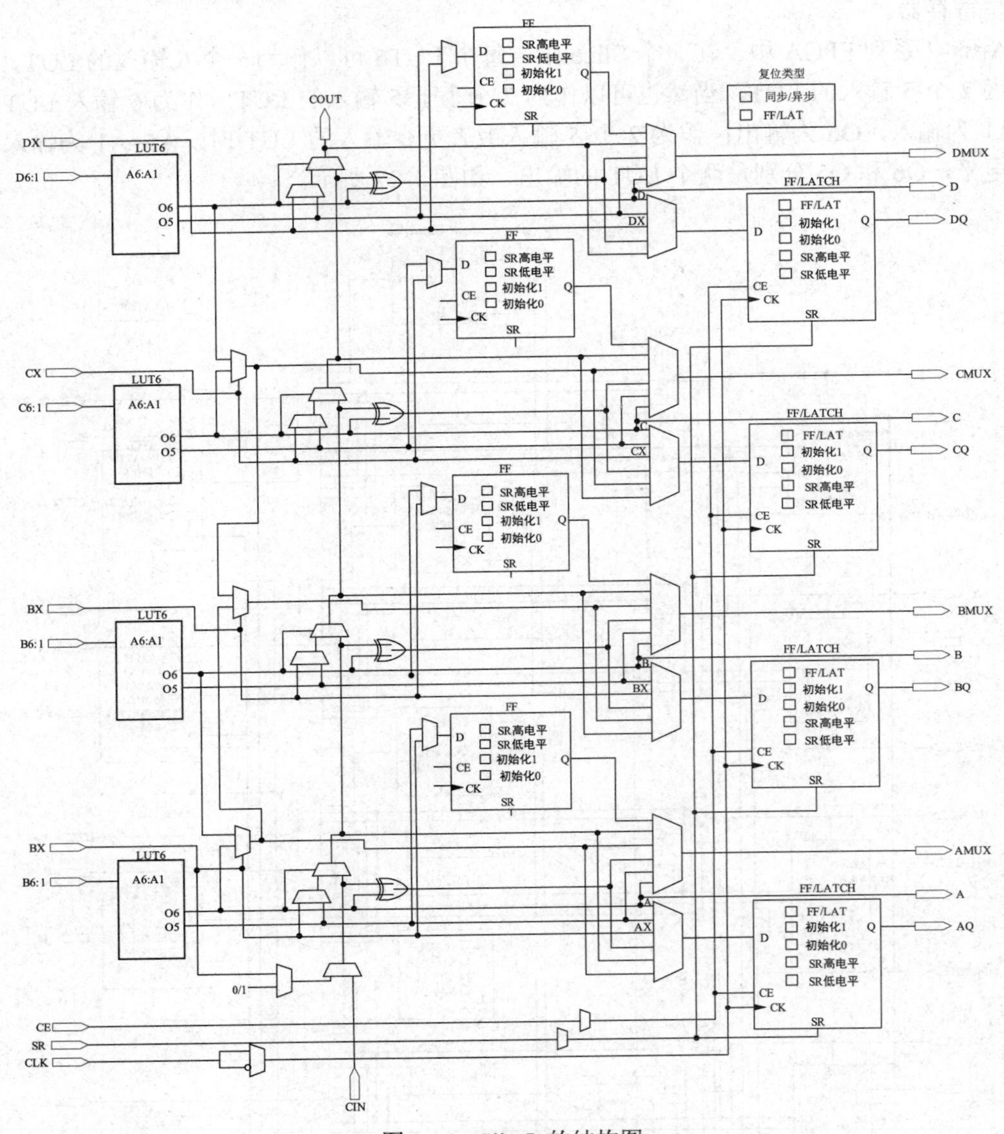

图 1-26　SliceL 的结构图

从图 1-25 和图 1-26 中可知，每个 Slice 包含 8 个触发器，左侧 4 个只能配置为边沿触发的 D 触发器，右侧 4 个可配置为 D 触发器或电平触发的锁存器。但当右侧 4 个配置为锁存器时，左侧 4 个将不能被使用。同时，8 个触发器共用 SR、CE、CLK 信号，若两个触发器存在不同的控制信号，则不能放置在同一个 Slice 中。当然，这 8 个触发器都可以配置为不使用置位、复位功能的触发器。

Carry 进位逻辑可以快速实现算术加减法运算，一个 Slice 包含一条进位链，同一列的 Slice 可以进行级联，进而实现更多位的加减逻辑。

SliceM 可以配置为分布式 RAM，即将 LUT 构成 RAM，根据 RAM 的深度、宽度以及端口类型，可以配置成 11 种类型的分布式 RAM，设计时可通过不同的原语进行例化使用。

SliceM 也可以配置为移位寄存器，可用于延时补偿，实现同步 FIFO，实现跨时钟域设计。在 SliceM 中可以只使用 LUT 而不使用触发器 FF 来配置成 32 bits 移位寄存器，单个 LUT 可实现 1～32 个时钟周期的延时。也可将 SliceM 中的 4 个 LUT 进行级联，就可实现最大 128 个时钟周期的延时。若还需更大的延时，则可将不同 CLB 内的 SliceM 级联。

如图 1-28 所示，将 SliceM 中的 1 个 LUT 配置成为 32 bits 移位寄存器。使能信号 CE 与 CLK 同步，Q31 为移位寄存器的输出端，LUT 的 A[6:2]为 5 位的地址，而 A[1]未被使用，软件将自动将其值设为高电平。LUT 的 O6 为数据 Q 的输出端，若要进行同步读取数据，可将输出 O6 连接到一个触发器中。配置的移位寄存器不支持置位或复位功能，但在配置时可将其初始化为任何值。

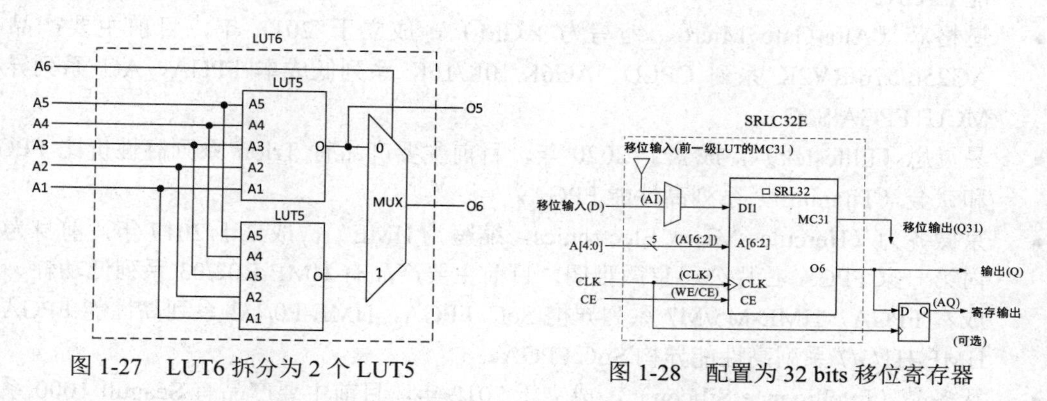

图 1-27 LUT6 拆分为 2 个 LUT5

图 1-28 配置为 32 bits 移位寄存器

Cyclone 10 LP 系列 FPGA 采用 LUT4（4 输入 LUT）加可配置寄存器构成最小的可编程逻辑单元 LE，而 Artix-7 系列 FPGA 采用 LUT6 加可配置寄存器构成 Slice 来作为最小可编程单元，两者之间的逻辑资源大小差异是比较大的。因此在不同 FPGA 系列器件进行可编程逻辑资源比较时，往往采用等效逻辑单元数量或者等效基本逻辑门数量来衡量。一般来说，1 个 LUT4 加 1 个可配置寄存器构成 1 个等效逻辑单元 LE 或 LC，而等效基本逻辑门用 2 输入与非门来计算。Cyclone 10 LP 系列 FPGA 原来就是 LUT4 结构的，所以逻辑单元数量即为真实的 LE 数量。而 Artix-7 系列 FPGA 采用 LUT6 结构，一般可等效为 1.6 个 LUT4。也就是说，Artix-7 系列的 1 个 Slice（4 个 LUT6 加 4 个可配置 FF 加 4 个可配置 FF/LATCH）等效为 1.6×4=6.4 个 LC。

1.8.5 主要 FPGA 生产厂商

AMD-Xilinx 与 Intel-Altera 是世界上最大的两家 FPGA 生产商，占据了中高端 FPGA 市场的绝大部分份额。其中，AMD-Xilinx 是 FPGA 的发明者，一直致力于 FPGA 产品的快速迭代更新，并且在 FPGA 中配置嵌入式 ARM 内核，构建新一代的可编程系统。Intel 原来没有 FPGA 产品线，通过收购 Altera 成为第二大 FPGA 生产商，并结合自身的处理器技术优势，把 FPGA 技术融入处理器设计中。两家均可以提供从低成本低功耗到高性能全系列 FPGA 器件。

上述两家厂商均位于美国，同时还有 Lattice Semi、MicroSemi（是 MicroChip 子公司，收购了 Actel）、Achronix 这三家美国公司也生产 FPGA 器件，而且各具特色。

近年来中国也有几家半导体公司可以提供 FPGA 产品，具体如下。

- 紫光同创(PangoMicro)，成立于 2013 年，目前主要产品有 Compa 系列低功耗 CPLD、Logos/Logos-2 系列高性价比 FPGA、Titan-2 系列高性能 FPGA、Kosmo-2 系列多核异构 SoPC。
- 安路（Anlogic），成立于 2011 年，目前主要产品有 Saleagle-3/Saleagel-4 系列高性价比 FPGA、Salelf-2\Salelf-3 系列低功耗 FPGA、Salphoenix-1A 系列高性能 FPGA、Salswift-1\Saldragon-1 系列多核异构 FPSoC。
- 高云（GoWin），成立于 2014 年，目前主要产品有 GW2A 系列高性价比 FPGA，GW1N 系列低功耗、低成本、高安全性的非易失性 FPGA，Arora-V GW5A 系列高性能 FPGA。
- 遨格芯（Alta-Gate Micro，缩写为 AGM），成立于 2017 年，目前主要产品有 AG256/576/RV2K 系列 CPLD、AG6K/10K/16K 系列低成本 FPGA、AG 系列异构 MCU+FPGA SoC。
- 易灵思（Elitestek），成立于 2020 年，目前主要产品有 Trion 系列高性价比 FPGA 和钛金（Titanium）系列高性能 FPGA。
- 京微齐力（Hercules-Micro Electronics，缩写为 HME），成立于 2017 年，前身为国内第一家 FPGA 芯片公司京微雅阁，目前主要产品有 HME-R02/03 系列低功耗、低成本 FPGA，HME-M5/M7 系列异构 SoC FPGA，HME-P0/1/2 系列高性能 FPGA，HME-H1/3/7 系列高性能异构 SoC FPGA。
- 智多晶（Intelligence Silicon），成立于 2012 年，目前主要产品有 Seagull 1000 系列低成本 FPGA、Sealion 2000 系列高性价比 FPGA、Seal 5000 系列高性能 FPGA。
- 复旦微，成立于 1998 年，目前主要产品有千万门级 FPGA 芯片、亿门级 FPGA 芯片以及嵌入式可编程器件（PSoC）3 个系列，部分产品 Pin-to-Pin 兼容 AMD-Xilinx 中大规模 FPGA。
- 中科亿海微，成立于 2017 年，目前主要产品有 ER2 系列低成本 FPGA、EQ6 系列高性能 FPGA、EQ6S 系列集成 Flash 的系统级 FPGA。

1.9　硬件测试技术

进入 21 世纪以来，集成电路技术飞速发展，推动了半导体存储、微处理器等相关技术的飞速发展，FPGA/CPLD 也在其列。CPLD、FPGA 和 ASIC 的规模和复杂程度同步增加。在 FPGA/CPLD 应用中，测试显得越来越重要。由于其本身技术的复杂性，测试也分多个部分：在“软”的方面，逻辑设计的正确性需要验证，这不仅体现在功能这一级上，对于具体的 CPLD/FPGA 还要考虑种种内部或 I/O 上的时延特性；在“硬”的方面，首先是在 PCB 板级引脚的连接需要测试，其次是 I/O 的功能也需要专门的测试。

1.9.1　内部逻辑测试

对 FPGA/CPLD 的内部逻辑测试是应用设计可靠性的重要保证。由于设计的复杂性，内部逻辑测试面临越来越多的问题。设计者通常无法考虑周全，这就需要在设计时加入用于测试的部分逻辑，即进行可测性设计（design for test，DFT），在设计完成后用来测试关键逻辑。

在ASIC设计中的扫描寄存器就是可测性设计的一种，其原理是把ASIC中关键逻辑部分的普通寄存器用测试扫描寄存器来代替，在测试中可以动态地测试、分析设计其中寄存器所处的状态，甚至对某个寄存器添加激励信号，以改变该寄存器的状态。

有的FPGA/CPLD厂商提供了一种技术，即在可编程逻辑器件中嵌入某种逻辑功能模块，与EDA工具软件相配合可以构成一种嵌入式逻辑分析仪，以帮助测试工程师发现内部逻辑问题。本书将要介绍的基于JTAG端口的嵌入式逻辑分析仪Signal Tap、存储器内容在系统编辑器（in-system memory content editor）以及源和探测端口在系统编辑器（in-system sources and probes editor）等都是这方面的代表。

在内部逻辑测试时，还会涉及测试的覆盖率问题。对于小型逻辑电路，逻辑测试的覆盖率可以很高，甚至达到100%；可是对于一个复杂数字系统设计，内部逻辑覆盖率不可能达到100%，这就必须寻求更有效的方法来解决。

1.9.2 JTAG边界扫描测试

20世纪80年代，联合测试行动组（joint test action group，JTAG）开发了IEEE 1149.1-1990，即边界扫描测试技术规范。该规范提供了有效的测试引线间隔致密的电路板上集成电路芯片的能力。大多数FPGA/CPLD厂家的器件遵守IEEE规范，并为输入引脚和输出引脚以及专用配置引脚提供了边界扫描测试（board scan test，BST）的能力。

边界扫描测试标准（IEEE 1149.1-1990）规定了BST的结构，即当器件工作在JTAG BST模式时，使用4个I/O引脚和1个可选引脚TRST作为JTAG引脚。4个I/O引脚是TDI、TDO、TMS和TCK。表1-1概括了这些引脚的功能。

表1-1　边界扫描I/O引脚功能

引　脚	描　述	功　能
TDI	测试数据输入（test data input）	测试指令和编程数据的串行输入引脚，数据在TCK的上升沿移入
TDO	测试数据输出（test data output）	测试指令和编程数据的串行输出引脚，数据在TCK的下降沿移出。数据没有被移出时，该引脚处于高阻态
TMS	测试模式选择（test mode select）	控制信号输入引脚，负责TAP控制器的转换。TMS必须在TCK的上升沿到来之前稳定
TCK	测试时钟输入（test clock input）	时钟输入BST电路，一些操作发生在上升沿，而另一些发生在下降沿
TRST	测试复位输入（test reset input）	低电平有效，异步复位边界扫描电路（在IEEE规范中，该引脚可选）

其实，现在FPGA和CPLD上的JTAG端口多数情况下是作为编程下载口或其他信息通信口，如以上提到的内部存储器通信口或嵌入式逻辑分析仪的数据通信口等。

1.10　编程与配置

在大规模可编程逻辑器件出现以前，人们在设计数字系统时，把器件焊接在电路板上是设计的最后一个步骤。当设计存在问题并得到解决后，设计者往往不得不重新设计印制电路板。设计周期被无谓地延长了，设计效率变得很低。CPLD 和 FPGA 的出现改变了这一切。现在，人们在未设计具体电路时，就把 CPLD 或 FPGA 焊接在印制电路板上，然后在设计调试时可以一次又一次随心所欲地改变整个电路的硬件逻辑关系，而不必改变电路板的结构。这一切都有赖于 FPGA 和 CPLD 的在系统下载或重新配置功能。

目前常见的大规模可编程逻辑器件的编程工艺有 3 种。

第一种是基于电可擦除存储单元的 EEPROM 或 Flash 技术。CPLD 一般使用此技术进行编程（program）。CPLD 被编程后改变了电可擦除存储单元中的信息，掉电后可保持。某些 FPGA 也采用 Flash 工艺，如 Actel 的 ProASIC plus 系列 FPGA、Lattice 的 Lattice XP 系列 FPGA。

第二种是基于 SRAM 查找表的编程单元。对于该类器件，编程信息是保存在 SRAM 中的，掉电后编程信息立即丢失，在下次上电后还需要重新载入编程信息。大部分 FPGA 采用该种编程工艺。所以对于 SRAM 型 FPGA，在实用中必须利用专用配置器件来存储编程信息，以便在上电后该器件能对 FPGA 自动编程配置。

第三种是基于反熔丝的编程单元。MicroChip（Actel）的 FPGA 和 AMD-Xilinx 的部分早期的 FPGA 均采用此种结构。

相比之下，电可擦除编程工艺的优点是编程后信息不会因掉电而丢失，但编程次数有限，编程的速度不快。对于 SRAM 型 FPGA 来说，配置次数为无限，在加电时可随时更改逻辑，但掉电后芯片中的信息立即丢失，每次上电时必须重新载入信息。

原 Altera（Intel 子公司）的 FPGA 器件有两类配置下载方式：主动配置方式和被动配置方式。主动配置方式由 FPGA 器件引导配置操作过程，它控制着外部存储器和初始化过程，而被动配置方式则由外部计算机或控制器控制配置过程。在正常工作时，FPGA 的配置数据（下载进去的逻辑信息）存储在 SRAM 中。由于 SRAM 的易失性，每次加电时，配置数据都必须重新下载。在实验系统中，通常用计算机或控制器进行调试，因此可以使用被动配置方式。而在实用系统中，多数情况下必须由 FPGA 主动引导配置操作过程，这时 FPGA 将主动从外围专用存储芯片中获得配置数据，而此芯片中的 FPGA 配置信息是用普通编程器将设计所得的 POF 或 JIC 等格式的文件烧录进去的。

EPC 器件中 EPC2 型号的器件是采用 Flash 存储工艺制作的具有可多次编程特性的配置器件。EPC2 器件通过符合 IEEE 标准的 JTAG 接口可以提供 3.3 V 或 5 V 的在系统编程能力；具有内置的 JTAG 边界扫描测试（BST）电路可通过 USB-Blaster 或 ByteBlasterMV 等下载电缆，使用串行矢量格式文件 pof 或 Jam Byte-Code（.jbc）等对其进行编程。EPC1/1441 等器件属于 OTP 器件。对于 Cyclone、Cyclone 2/3/4/5 等系列器件，Altera 还提供 AS 方式的配置器件、EPCS 系列专用配置器件。EPCS 系列（如 EPCS 1/4/16 等）配置器件也是串行编程的。此外，Altera 并入 Intel 后，又推出了 EPCQ 系列配置器件，在配置速度上高于 EPCS 系列，但只支持较新的 FPGA 器件。

1.11 Quartus

本书涉及 Quartus 的两个版本，即 Quartus Prime Standard 18.1 和 Quartus Ⅱ 13.1 版本(有使用 Quartus Prime Standard 16.1 的情况，该版本的界面与 18.1 版本差异较小，不进行单独说明)。其中 13.1 版本支持的早期器件系列较多，如 Cyclone 3 系列，而 18.1 版本只支持 Cyclone 4 系列及以后的器件系列，两者都没有内置的仿真器，需要借助 ModelSim ASE 或 ModelSim AE 来进行仿真。为了方便初学者使用，上述两个版本均提供了用于大学计划的 VWF 波形仿真器接口来调用 ModelSim 的仿真方式。

由于本书给出的实验和设计多是基于 Quartus 的，其应用方法和设计流程对于其他流行的 EDA 工具而言具有一定的典型性和一般性，因此在此对它做一些介绍。

Quartus 是原 Altera（Intel 子公司）提供的 FPGA/CPLD 开发集成环境。原 Altera 是世界上最大的可编程逻辑器件供应商之一。Quartus 在 21 世纪初被推出，是原 Altera 前一代 FPGA/CPLD 集成开发环境 MAX+plus II 的更新换代产品，其界面友好、使用便捷。在 Quartus 上可以完成 1.5 节所述的整个流程，它提供了一种与结构无关的设计环境，使设计者能方便地进行设计输入、快速处理和器件编程。

Intel-Altera 的 Quartus 提供了完整的多平台设计环境，能满足各种特定设计的需要，也是单芯片可编程系统（SOPC）设计的综合性环境和 SOPC 开发的基本设计工具，并为基于 Intel-Altera FPGA 的 DSP 开发包进行系统模型设计提供了集成综合环境。

Quartus 设计工具完全支持 Verilog、VHDL、SystemVerilog 的设计流程，其内部嵌有 Verilog、VHDL 和 SystemVerilog 逻辑综合器。Quartus 也可以利用第三方的综合工具，如 Leonardo Spectrum、Synplify Pro、DC-FPGA，并能直接调用这些工具。同样，Quartus 具备仿真功能，同时也支持第三方的仿真工具，如 ModelSim。此外，Quartus 与 MATLAB 中的 DSP Builder 结合，可以进行基于 FPGA 的 DSP 系统开发，是 DSP 硬件系统实现的关键 EDA 工具。Quartus Prime Standard 18.1 还提供了 HLS 编译器，支持 C 语言综合。

Quartus 包括模块化的编译器。编译器包括的功能模块有分析/综合器（analysis & synthesis）、适配器（fitter）、装配器（assembler）、时序分析器（timing analyzer）、设计辅助模块（design assistant）、EDA 网表文件生成器（EDA netlist writer）、编辑数据接口（compiler database interface）等。可以通过选择 Start Compilation 来运行所有的编译器模块，也可以通过选择 Start 单独运行各个模块，还可以通过选择 Compiler Tool(Tools 菜单)命令，在 Compiler Tool 窗口中运行相应的功能模块。在 Compiler Tool 窗口中，可以打开相应的功能模块所包含的设置文件或报告文件，或打开其他相关窗口。

此外，Quartus 还包含许多十分有用的 LPM（library of parameterized modules，参数化模块库）模块，它们是复杂或高级系统构建的重要组成部分，也可在 Quartus 中与普通设计文件一起使用。Intel-Altera 提供的 LPM 函数均基于 Intel FPGA 器件的结构做了优化设计。

图 1-29 所示为 Quartus 编译设计主控界面，它显示了 Quartus 自动设计的各主要处理环节和设计流程，包括设计输入编辑、设计分析与综合、适配、编程文件汇编（装配）、时序参数提取以及编程下载等几个步骤；图 1-29 下面的流程框图是与上面的 Quartus 设计流程相

对照的标准的 EDA 开发流程。

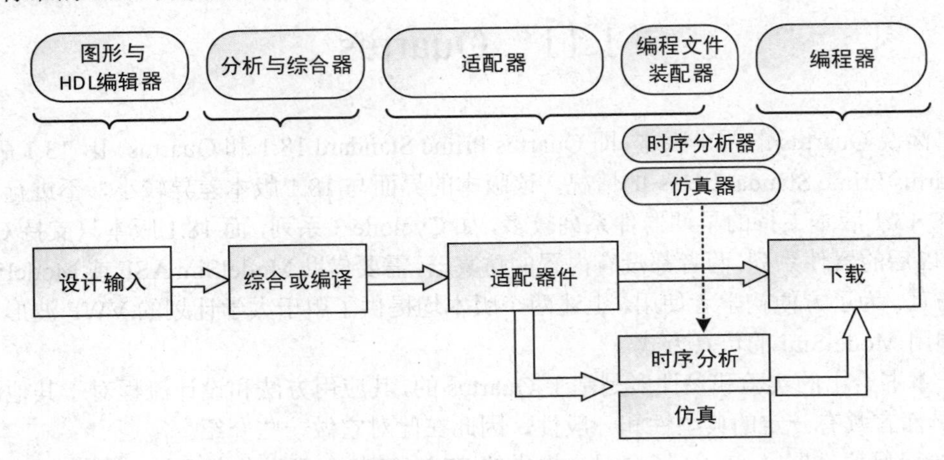

图 1-29　Quartus 设计流程

Quartus 编译器支持的硬件描述语言有 VHDL、Verilog、SystemVerilog 及 AHDL。AHDL 是原 Altera 公司自己设计、制定的硬件描述语言，是一种以结构描述方式为主的硬件描述语言，只有企业标准。

Quartus 允许第三方的 EDIF、VQM 文件输入，并提供了很多 EDA 软件的接口。Quartus 支持层次化设计，可以在一个新的编辑输入环境中对使用不同输入设计方式完成的模块（元件）进行调用，从而解决了原理图与 HDL 混合输入设计的问题。在设计输入之后，Quartus 的编译器将给出设计输入的错误报告。Quartus 拥有性能良好的设计错误定位器，用于确定文本或图形设计中的错误。对于使用 HDL 的设计，可以使用 Quartus 带有的 RTL Viewer 观察综合后的 RTL 图。在进行编译后，可对设计进行时序仿真。在仿真前，需要利用波形编辑器编辑一个波形激励文件。编译和仿真经检测无误后，便可以将下载信息通过 Quartus 提供的编程器下载到目标器件中。

1.12　IP 核

IP 核就是知识产权核或知识产权模块的意思，在 EDA 技术开发中具有十分重要的地位。美国著名的 Dataquest 咨询公司将半导体产业的 IP 定义为“用于 ASIC 或 FPGA 中的预先设计好的电路功能模块”。IP 分软 IP、固 IP 和硬 IP。

（1）软 IP 是用 HDL 等硬件描述语言描述的功能块，但是并不涉及用什么具体电路元件实现这些功能。软 IP 通常是以 HDL 源文件（或其他格式文件）的形式出现，应用开发过程与普通的 HDL 设计也十分相似，只是所需的开发软硬件环境比较昂贵。软 IP 的设计周期短，设计投入少；由于不涉及物理实现，为后续设计留有很大的发挥空间，增大了 IP 的灵活性和适应性。软 IP 的缺点是在一定程度上使后续工序无法适应整体设计，从而需要一定程度的软 IP 修正，在性能上也不可能获得全面的优化。用于 Intel-Altera 的 Stratix 与 Cyclone 等系列器件中的 32 位 Nios Ⅱ处理器就是一个典型的软核。

（2）固 IP 是完成了综合的功能块。它有较大的设计深度，以网表文件的形式提交给客户使用。如果客户与固 IP 使用同一个 IC 生产线的单元库，IP 应用的成功率会高得多。

（3）硬 IP 提供设计的最终阶段产品——掩模。随着设计深度的提高，后续工序所需要做的事情就越少；当然，灵活性也就越小。不同的客户可以根据自己的需要订购不同的 IP 产品。由于通信系统越来越复杂，PLD 的设计也更加庞大，这增加了市场对 IP 核的需求。各大 FPGA 厂家继续开发新的商品 IP，并且开始提供“硬件”IP，即将一些功能在出厂时就固化在芯片中。Cyclone 5 系列中的双核 ARM Cortex-A9 处理器就是一种硬核的应用。

1.13　主要 EDA 软件公司

EDA 技术领域是高度依赖于 EDA 专业软件工具的，针对各种 EDA 的应用对象和 EDA 的各个流程环节均有对应的软件工具，种类繁多又往往缺一不可。按应用对象可分为 3 个大类：ASIC 设计工具套件、FPGA 设计工具、PCB 设计套件。按流程环节可分几个大类：设计输入工具、验证工具、综合工具、适配器或布局布线器、下载器、硬件回环测试软件等。按工具所处流程的次序，可分为前端工具与后端工具。每个大类针对不同应用又可以细分为各个小类。为了便于理解，下面将举例说明。

对于设计输入工具，在 PCB 设计中是原理图编辑器、原理图元件库管理器、PCB 编辑器、PCB 封装库管理器；而在 FPGA 或 ASIC 设计中，是 HDL 代码编辑器、IP 使用向导、状态图输入工具。

对于验证工具，在 ASIC 设计中是模拟电路仿真工具、门级仿真工具、RTL 仿真工具、时序仿真工具、静态时序分析工具、形式验证工具、LVS 工具、DRC 工具等；在 PCB 设计中是板级数字模拟仿真工具、信号完整性分析工具、电源完整性工具、RF 设计分析工具等。

对于综合工具，可具体划分为 HDL 综合器、ESL 综合工具、HLS 工具、物理综合工具。

对于适配器或布局布线器，在 FPGA 设计中是 FPGA 器件适配器；在 ASIC 设计中是自动版图生成工具、手工版图设计工具等。

总而言之，EDA 设计各个流程环节的软件工具种类繁多，限于篇幅，不再一一列举。但这些软件工具的提供商却比较集中，主要有三大 EDA 软件公司，分别为 Synopsys、Cadence、Mentor Graphics。这三家公司均可以提供 ASIC 设计全流程工具套件，同时也是 IP 提供商，均位于美国，但最后一家公司 Mentor 已被西门子收购，成为西门子的一个事业部。

除了嵌套 ASIC 工具，三个公司的 EDA 各有特色。Cadence 有最优秀的 PCB 设计工具 Allegro、仿真验证工具 NC-Sim、版图设计工具等。Synopsys 有出色的 HDL 综合器 DC、FPGA 综合器 Synplify Pro、模拟仿真工具 HSpice、HDL 仿真器 VCS 等。Mentor 有 PCB 设计工具 PADS、用于 FPGA 的 HDL 仿真器 ModelSim 以及 C 综合器 Catapult C 等。

1.14　EDA 的发展趋势

EDA 随着市场需求快速增长，集成工艺水平及计算机自动设计技术也不断提高，这促使单片系统（或称系统集成芯片）成为 IC 设计的发展方向，这一发展趋势表现在如下几个方面。超大规模集成电路的集成度和工艺水平不断提高，深亚微米（deep-submicron）及 3D MOS 工艺，如 10 nm、7 nm 已经走向成熟，在一个芯片上完成系统级的集成已成为可能。

由于工艺线宽的不断减小，在半导体材料上的许多寄生效应已经不能简单地被忽略。这就对 EDA 工具提出了更高的要求，同时也使 IC 生产线的投资更为巨大。可编程逻辑器件开始进入传统的 ASIC 市场。

市场对电子产品提出了更高的要求，如必须降低电子系统的成本、减小系统的体积等，从而对系统的集成度不断提出更高的要求。同时，设计的效率也成了一个产品能否成功的关键因素，促使 EDA 工具和 IP 核应用更为广泛。

高性能的 EDA 工具得到长足的发展，其自动化和智能化程度不断提高，为嵌入式系统设计提供了功能强大的开发环境。

计算机硬件平台性能大幅度提高，为复杂的 SOC 设计提供了物理基础。

但现有的 HDL 只提供行为级或功能级的描述，尚无法完成对复杂系统级的抽象描述。人们正尝试开发一种新的系统级设计语言来完成这一工作，现在已开发出一些更趋于电路行为级的硬件描述语言，如 System C、SystemVerilog 及系统级混合仿真工具，可以在同一个开发平台上完成高级语言（如 C/C++等）与标准 HDL 语言（Verilog HDL、VHDL）或其他更低层次描述模块的混合仿真。虽然用户用高级语言编写的模块尚不能自动转化成 HDL 描述，但作为一种针对特定应用领域的开发工具，软件供应商已经为常用的功能模块提供了丰富的宏单元库支持，可以方便地构建应用系统，并通过仿真加以优化，最后自动产生 HDL 代码，进入下一阶段的 ASIC 实现。

此外，随着系统开发对 EDA 技术的目标器件各种性能要求的提高，ASIC 和 FPGA 将更大程度地相互融合。这是因为虽然标准逻辑 ASIC 芯片尺寸小、功能强大、耗电量低，但设计复杂，并且有批量生产要求；而可编程逻辑器件开发费用低廉，能在现场进行编程，但体积大、功能有限，而且功耗较大。因此，FPGA 和 ASIC 正在走到一起，互相融合，取长补短。由于一些 ASIC 制造商提供具有可编程逻辑的标准单元，导致可编程器件制造商重新对标准逻辑单元产生兴趣，而有些公司采取两头并进的方法，从而使市场开始发生变化，在 FPGA 和 ASIC 之间正在诞生一种“杂交”产品，以满足成本和上市速度的要求。例如，将可编程逻辑器件嵌入标准单元。

尽管将标准单元核与可编程器件集成在一起并不意味着使 ASIC 更加便宜，或使 FPGA 更加省电，但是可使设计人员将两者的优点结合在一起，通过去掉 FPGA 的一些功能，可减少成本和开发时间并增加灵活性。当然，现今也在进行将 ASIC 嵌入可编程逻辑单元的工作。目前，许多 PLD 公司开始为 ASIC 提供 FPGA 内核。PLD 厂商与 ASIC 制造商结盟，为 SoC 设计提供嵌入式 FPGA 模块，使未来的 ASIC 供应商有机会更快地进入市场，利用嵌入式内核获得更长的市场生命期，Altera 并入 Intel 就是一个明证。

例如，在实际应用中使用所谓可编程系统级集成电路（FPSLIC），即将嵌入式 FPGA 内核与 RISC 微控制器组合在一起形成新的 IC，广泛用于电信、网络、仪器仪表和汽车中的低功耗应用系统中。当然，也有 PLD 厂商不把 CPU 的硬核直接嵌入在 FPGA 中，而是使用软 IP 核，并称之为 SOPC（可编程片上系统），SOPC 也可以完成复杂电子系统的设计，只是代价将相应提高。

现在，传统 ASIC 和 FPGA 之间的界限正变得模糊。系统级芯片不仅集成 RAM 和微处理器，也集成 FPGA。整个 EDA 和 IC 设计工业都朝着这个方向发展，这并非 FPGA 与 ASIC 制造商竞争的产物，但对于用户来说，意味着有了更多的选择。

习 题

1-1 EDA 技术与 ASIC 设计和 FPGA 开发有什么关系？FPGA 在 ASIC 设计中有什么用途？

1-2 与软件描述语言相比，Verilog 有什么特点？

1-3 什么是综合？有哪些类型？综合在电子设计自动化中的地位如何？

1-4 IP 在 EDA 技术的应用和发展中的意义是什么？

1-5 叙述 EDA 的 FPGA/CPLD 设计流程，以及涉及的 EDA 工具及其在整个流程中的作用。

1-6 OLMC 有何功能？说明 GAL 是怎样实现可编程组合电路与时序电路的。

1-7 什么是基于乘积项的可编程逻辑结构？什么是基于查找表的可编程逻辑结构？

1-8 就逻辑宏单元而言，GAL 中的 OLMC、CPLD 中的 LC、FPGA 中的 LUT 和 LE 的含义和结构特点是什么？它们有何异同点？

1-9 为什么说用逻辑门作为衡量逻辑资源大小的最小单元不准确？

1-10 标志 FPGA/CPLD 逻辑资源的逻辑宏单元包含哪些结构？

1-11 解释编程与配置这两个概念。

第2章　程序结构与数据类型

本章首先介绍 Verilog 程序的基本结构和数据类型，然后介绍 Verilog 编程中常遇到的重要的语言要素、与编程相关的文字规则，以及一些 Verilog 设计示例。

2.1　Verilog 程序结构

为使 Verilog 程序结构和相关语句语法的说明更形象具体、更容易理解，本节将例 2-1 作为一个主要参照体，逐段展开对 Verilog 程序基本构建内容的阐述。

【例 2-1】

```
module MUX41a (a, b, c, d, s1, s0, y);
      input   a, b, c, d ;
      input  s1, s0 ;
      output  y ;
      reg  y ;
    always @ ( a or b or c or d or s1 or s0 )
        begin    :   MUX41   //块语句开始
            case( { s1, s0 } )
                2'b00  : y = a ;
                2'b01  : y = b ;
                2'b10  : y = c ;
                2'b11  : y = d ;
              default  : y = a ;
            endcase
        end
endmodule
```

电路模块端口说明和定义段

信号类型定义段

具体描述电路功能的Verilog语句

电路模块功能描述段

Verilog表述的可综合的完整电路模块

例 2-1 是 4 选 1 多路选择器的 Verilog 描述，其电路模型或元件图如图 2-1 所示。其中，a、b、c、d 是 4 个输入端口；s1 和 s0 为通道选择控制信号端，y 为输出端。当 s1 和 s0 取值分别为 00、01、10 和 11 时，输出端 y 将分别输出来自输入口 a、b、c、d 的数据。图 2-2 是此模块（设此模块名是 MUX41a）电路的时序波形。图 2-2 中显示，当 a、b、c、d 这 4 个输入口分别输入不同频率的信号时，针对选通控制端 s1、s0 的不同电平选择，输出端 y 有对应的信号输出。例如，当 s1 和 s0 都为低电平时，y 输出了来自 a 端的最高频率的时钟信号。图 2-2 中的 S 是选通信号 s1 和 s0 的矢量或总线表达信号，它可以在激励文件中设置。

例 2-1 右侧给出了此程序的结构说明。这是一个可综合的、完整的电路描述，整个程序被包含在以关键词 module_endmodule 引导的模块定义语句中。其中的内容大致分为 3 部分，即以 input 和 output 等关键词引导的与外部接线信息交流的端口描述语句、对电路模块描述必需的信号数据类型等进行说明的语句，以及对电路结构和功能进行描述的语句。下面分别进行说明。

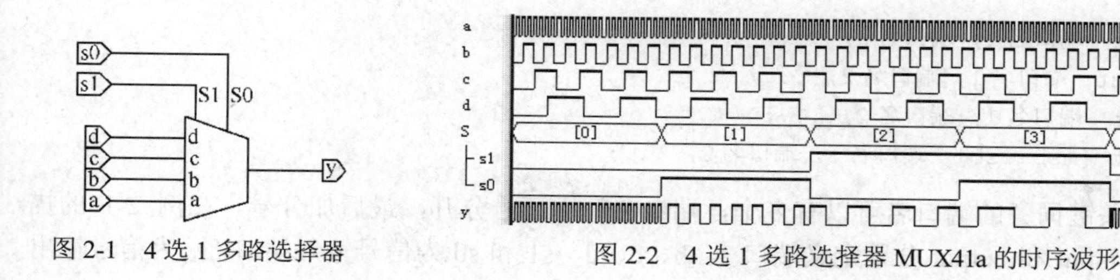

图 2-1　4 选 1 多路选择器　　图 2-2　4 选 1 多路选择器 MUX41a 的时序波形

2.1.1　Verilog 模块的表达方式

Verilog 程序的基本设计单元是“模块”，即 module，如例 2-1 所示。一个模块由多个部分组成，“模块”的概念就是电路功能块的概念。因此，Verilog 程序设计的第一步就是要进行模块声明和定义。Verilog 完整的、可综合的程序结构能够全面地表达一个电路模块，或一片专用集成电路 ASIC 的端口结构和电路功能，即无论是一片 74LS138 还是一片 CPU，都必须包含在模块描述语句 module_endmodule 中。

模块语句的一般格式如下。

```
module  模块名 (模块端口名表);
    模块端口和模块功能描述;
endmodule
```

此表达格式说明，任一可综合的最基本的模块都必须以关键词 module 开头。在 module 的右侧（空一格或多格）是模块名。模块名属于标识符，具体取名由设计者自定。由于模块名实际上表达的应该是当前设计电路的器件名，所以最好根据相应电路的功能来确定。如半加器，模块名可用 h_adder；4 位二进制计数器，可用 counter4b；例 2-1 是 4 选 1 多路选择器，故模块名为 MUX41a。但应注意，不应用数字或中文定义模块名；也不应用 EDA 软件工具库中已定义好的关键词或元件名作为模块名，如 or2、latch 等；而且不能用数字起头的模块名，如 74LS160。

模块名右侧的括号称为模块端口列表，其中需列出此模块的所有输入、输出或双向端口名；端口名间用逗号分开，右侧括号外加分号。注意，例 2-1 所示的模块端口列表方式并不是唯一的。端口名也属标识符，而 Verilog 中的标识符是区分大小写的。

endmodule 是模块结束语句，旁边不加任何标点符号。对模块的端口和功能描述语句都必须放在模块语句 module_endmodule 之间。

2.1.2　Verilog 模块的端口信号名和端口模式

端口或端口信号是模块与外部电路连接的通道，这如同一个芯片必须有外部引脚一样，必须具有输入/输出或双向口等引脚，以便与外部电路交换信息。

通常，紧跟于 module 语句下的是端口语句和端口信号名，它们将对 module 旁的端口列表中的所有端口名做更详细、更具体的说明。

端口定义关键词有 3 种：input、output、inout。端口定义语句的一般格式如下。

```
input  端口名1, 端口名2, ...;
output  端口名1, 端口名2, ...;
inout  端口名1, 端口名2, ...;
input [msb:lsb]  端口名1, 端口名2, ...;
```

端口关键词旁的端口名可以有多个，端口名间用逗号分开，最后加分号。在例 2-1 的描述中，用 input 和 output 分别定义端口 a、b、c、d、s1 和 s0 为信号输入端口，y 为信号输出端口，都属于单逻辑位或标量位。对于“位”，也有直接翻译成“比特”的。

如果要描述一个多信号端口或总线端口，则必须使用上述最后一句的端口描述方法。此句是端口信号的逻辑矢量位表达方式，其中的 msb 和 lsb 分别是信号矢量的最高位和最低位数。例如，4 位输出信号矢量 C 和 D 可定义为“output [3:0]　C, D;”，表示定义了两个 4 位位宽的矢量或总线端口信号 C[3:0]、D[3:0]。例如对于 C[3:0]，等同定义了 4 个单个位的输出信号，它们分别是 C[3]、C[2]、C[1]、C[0]。

如图 2-3 所示，Verilog 的端口模式有 3 种，用于定义端口上数据的流动方向和方式。

（1）input：输入端口。定义的通道为单向只读模式，即规定数据只能由此端口被读入模块实体中。

（2）output：输出端口。定义的通道为单向输出模式，即规定数据只能通过此端口从模块实体向外流出，或者说可以将模块中的数据向此端口赋值。

（3）inout：双向端口。定义的通道确定为输入/输出双向端口，即从端口的内部看，可以对此端口进行赋值，或通过此端口读入外部的数据信息；而从端口的外部看，信号既可由此端口流出，也可向此端口输入信号，如 RAM 的数据口、单片机的 I/O 口等。

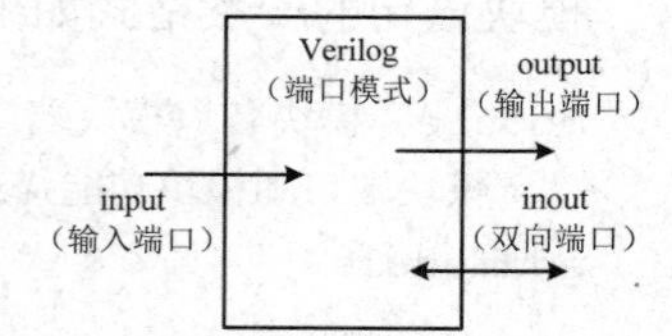

图 2-3　Verilog 端口模式图

除了用于 Verilog 直接仿真（用 testbench 程序进行仿真）的测试模块中不需要定义端口，所有 module 模块中都必须定义端口。

2.1.3　Verilog 信号类型定义

对于模块中所用到的信号，包括端口信号、模块内部的线网或节点信号，都必须进行信号类型或数据类型的定义。Verilog 语言提供多种数据类型的模型，用以模拟数字系统中不同的物理连接和实体。例如，最常用的数据类型有寄存器类型 reg 和线网类型 wire。相关的定义示例如下：

```
reg [3:0] A, B;        //定义A和B是4位位宽的寄存器类型信号
wire C, D;             //定义C和D是线网类型信号
```

例 2-1 中的语句“reg y;”定义了输出信号 y 的数据类型是寄存器类型，而此例以下的 case 语句中 y=a 等语句是赋值语句（也可以使用“y<=a”）。对于这种处于 always 过程语句结构中的赋值语句，Verilog 规定语句的目标变量，即“=”左侧的 y 必须是寄存器类型信号。

例 2-2 所示程序的端口情况和功能与例 2-1 相同，都是 4 选 1 多路选择器，只是 Verilog

的表述形式不同。其中定义了几个信号的数据类型是线网类型，即 wire 类型。这是因为由 assign 引导的连续赋值语句中的输出变量，或者说是赋值语句的目标变量必须是线网型变量。关于数据类型的定义，以下还要详细说明。

例 2-1 和例 2-2 中都出现了大括号“{ }”，这是并位运算符。“{ }”可以将两个或多个信号按二进制位拼接起来，作为一个数据信号来使用，如{1,0,1}=101。

【例 2-2】

```
module MUX41a (a,b,c,d,s1,s0,y);
    input a,b,c,d,s1,s0;  output y;
     wire [1:0] SEL;            //定义 2 元素位矢量 SEL 为线网型变量 wire
     wire AT, BT, CT, DT;       //定义中间变量，以作连线或信号节点
     assign SEL = {s1,s0};      //对 s1、s0 进行并位操作，即 SEL[1]=s1; SEL[0]=s0
     assign AT = (SEL==2'D0);       //assign 语句中的输出变量必须是线网型变量
     assign BT = (SEL==2'D1);
     assign CT = (SEL==2'D2);
     assign DT = (SEL==2'D3);
     assign  y = (a & AT)|(b & BT)|(c & CT)|(d & DT);   //4 个逻辑信号相或
endmodule
```

2.1.4 Verilog 模块功能描述

Verilog 程序的第 3 部分是模块的电路结构和功能描述部分，这部分将涉及各种语句和数据类型信号的应用。例如，例 2-1 中使用了过程语句块 always 和 case 语句，在 always 右旁括号中的信号，如 a、b、c、d 等都属于敏感信号，一旦这些信号中任一信号发生改变，就将启动 always 过程语句，执行其中的 case 语句。

Verilog 程序的功能描述部分还包括不同类型的元件或现成功能模块的组织与调用。

2.2 Verilog 的数据类型

数据类型是 Verilog 用来表示数字电路硬件中的物理连线、数据存储对象（Data Objects）和传输单元等。Verilog 中的变量共有两类数据类型，即线网类型（net 型）和寄存器类型（register 型）。在这里请注意，Verilog-1995 标准中的 register 数据类型，在 Verilog-2001 标准中被 variable 类型替代，或 variable 型变量等同于 register 型。

2.2.1 net 线网类型

定义为 net 线网型数据类型（net，即电路连接线的意思）的变量常被综合为硬件电路中的物理连接，其特点是输出的值紧跟输入值的变化而变化。因此，常被用来表示以 assign 关键词引导的组合电路描述。net 型数据的值取决于驱动的值。net 型变量的另一使用场合是在结构描述中将其连接到一个门元件或模块的输出端。如果 net 型变量没有连接到驱动（激励信号），其值为高阻态 z。Verilog 程序模块中，输入、输出型变量都默认为 net 类型中的一种子

类型，即 wire 类型。

Verilog 的 net 线网数据类型包含多种不同功能类型的子类型，其中可综合的子类型仅有 wire、tri、supply0 和 supply1 四种。在这里，wire 类型最为常用。tri 和 wire 唯一的区别是名称书写上的不同，其功能及使用方法完全一样。对于 Verilog 综合器来说，对 tri 型和 wire 型变量的处理也完全相同。定义为 tri 型的目的仅仅是增加程序的可读性，表示该信号综合后的电路具有三态的功能。

supply0 和 supply1 类型分别表示地线（逻辑 0）和电源线（逻辑 1）。其他一些类型还有 tri0（下拉类型）、tri1（上拉类型）、wand（线与类型驱动）、wor（线或类型驱动）、trior（三态线或类型）等。

2.2.2 wire 线网型变量的定义方法

例 2-2 中使用了含有 wire 的语句，这是因为考虑到 assign 语句中的输出信号变量（或者说是赋值目标变量，如例 2-2 中的 AT、BT 等）必须是 wire 线网型变量，则必须用线网型变量定义语句事先给出显式定义。wire 的具体定义格式如下。

```
wire  变量名 1, 变量名 2, ... ;
wire  [msb:lsb] 变量名 1, 变量名 2, ... ;
```

其定义格式与 reg 及端口定义格式相同。上一条语句是针对 1 位变量的，下一条语句则是针对矢量型或总线型变量的，如定义矢量位 a[7:0]为线网型变量的格式如下。

```
wire [7:0]  a;
```

wire 是定义线网型变量的关键词。用 wire 定义的线网型变量可以在任何类型的表达式或赋值语句（包括连续赋值和过程赋值语句）中用作输入信号，也可以在连续赋值语句或实体元件例化中用作输出信号。由于 wire 和 assign 在表达信号及信号赋值性质上的一致性，因此还能用 wire 来表达 assign 语句，如可以用下面一条语句。

```
wire  Y = a1^a2;     //a1^a2 表示 a1 和 a2 进行逻辑异或操作，符号^表示逻辑异或
```

来取代以下两条语句。

```
wire  a1, a2;
assign  Y  = a1^a2;
```

输出 output 后信号变量默认为 wire 类型，可以实现 8 选 1 多路选择器，代码比较简洁。

```
module mux81s(input  [2:0]  s,input  [7:0]  a, output  y);
assign y = a[s];   // y 为 wire 类型
endmodule
```

2.2.3 register 寄存器类型

register 寄存器类型（或 variable 类型）变量除可描述组合电路外还具有寄存特性，即在下一次赋值前保持原值不变的特性。register 类型变量必须放在过程语句中，如 initial、always

语句中，通过过程赋值语句完成赋值操作。换言之，在 always 和 initial 等过程结构内被赋值的变量必须定义成 variable（也即 register）类型。

Verilog 中的寄存器类型（或 register 类型）包含 5 种不同的数据类型，但仅 reg 和 integer 类型是可综合的。其余 3 种类型分别如下。

（1）时间寄存器类型 time，用以定义 32 位带符号整型寄存器变量。

（2）实数寄存器类型 real，用以定义 64 位带符号实数型寄存器变量。

（3）实数时间寄存器类型 realtime，用以定义 64 位带符号实数型寄存器变量。

real 和 time 两种寄存器型变量主要用于仿真，不对应任何具体的硬件电路。time 主要用于对模拟时间的存储与处理，real 主要表示实数寄存器。

2.2.4　reg 寄存器型变量的定义方法

例 2-1 中的关键词 reg 主要用于定义特定类型的变量，即寄存器型变量或称寄存器型数据类型的变量。在此例中，输出端口 y 被定义为寄存器型（register）变量。Verilog 中最常用的变量是寄存器型变量和线网型数据类型的变量（常用关键词 wire 等来定义）。根据 Verilog 程序的描述情况，这些变量分别对应于不同的电路结构和电路连线。

事实上，根据 Verilog 语法规则，例 2-1 中的所有端口信号都已默认为 wire 类变量的数据类型，即属于 net 线网型变量，而当需要信号 y 为寄存器类型时必须使用关键词 reg 进行显式定义。这是因为被赋值的信号 y 在过程语句 always 引导的顺序语句（也称为行为语句）中规定必须是 reg 型变量。

在例 2-2 中，由于由 assign 引导的赋值语句中信号的类型规定为 wire 类型，而端口信号都已默认为 wire 类型，故无须再显式地对 y 重复定义其为 wire 类型。

实际上，用 reg 定义的寄存器型变量并非一定会在 Verilog 程序中映射出时序电路。例如，例 2-1 中，y 被定义为寄存器型变量，但由于程序的特定描述，其综合结果是一个纯组合电路模块。这里，定义 reg 类型只是 always 过程语句的需要和语法规则，至于最终究竟综合出组合电路还是时序电路，则取决于过程语句中的描述方式。

另外请注意，输入端口信号是不能定义为寄存器型信号类型的。

reg 信号类型变量的定义格式如下。

```
reg  变量名 1, 变量名 2, ... ;
reg  [msb:lsb] 变量名 1, 变量名 2, ... ;
```

上一条语句是针对 1 位变量的，下一条语句则是针对矢量型变量的。如定义含 8 个 1 位变量 c[7]…c[0]的总线 c[7:0]为寄存器型变量的表达式是“reg [7:0] c ;”。

事实上，根据 Verilog-2001 版本，还允许在端口名表中直接对端口变量定义矢量，或者说是总线形式，甚至定义端口的数据类型。这些定义可一并放在端口名表中。

如以下表述，分别定义输入端口 num 是一个 3 位矢量，en 为个位的输入端口，输出端口 seg 是一个寄存器数据类型的 7 位总线。

```
module seg_7 (input [3:0] num, input en,  output reg [6:0] seg );
```

2.2.5 integer 类型变量的定义方法

其实，integer 整数型数据类型与前面已介绍过的 reg 类型都属同类的寄存器类型。定义为 integer 类型的变量多用于循环变量，用于指示循环的次数等情况。

integer 的一般定义格式如下。

```
integer  标识符 1, 标识符 2, ... , 标识符 n [msb:lsb];
```

integer 与 reg 类型的定义稍有不同，reg 类型必须明确定义其位宽，如“reg [7:0] A”“reg B”等，其中 A 定义为 8 位二进制数位宽的变量，B 定义为 1 位二进制数变量。然而 integer 类型的定义则不必特指位数，因为它们都默认为 32 位宽的二进制数寄存器类型。以下示例程序中的赋值方式都是允许的。

```
module EXAPL (R,G);   //定义模块名是 EXAPL, 端口信号是 R 和 G
  parameter S=4;      //定义参数 S, parameter 是参数定义语句
  output[2*S:1] R,G;//定义两个 8 位输出变量, 即 R[8:1]和 G[8:1]
  integer A, B[3:0];
  //定义了 5 个 integer 类型, 即 A、B[0]、B[1]、B[2]、B[3],都是 32 位
  reg[2*S:1] R,G;     //定义两个端口为 8 位寄存器类型变量, 即 R[8:1]和 G[8:1]
  always @( A, B )
   begin               //过程语句起始
    B[2] = 367;        //整数完整赋值, 将 367 向 B[2]赋值, B[2]有 32 位二进制位数宽
    R=B[2];   //32 位 integer 整数类型 B[2]赋值给 8 位 reg 类型 R, B[2]高位被截
    A=-20;             //整数完整赋值, 因为 A 有 32 位, 将-20 赋予 A, 对应无符号数 65516
    G=A;               //32 位 integer 整数类型 A 赋值给 8 位 reg 类型 G, A 高位被截
    B[0]= 3'B101;      //允许二进制数直接赋值给 integer 类型 B[0]
   end
endmodule
```

2.2.6 存储器类型

其实并不存在一个独立的存储器类型，存储器类型 memory 实际上是 reg 类型的扩展类型。存储器可看成由 reg 类型定义的二维矢量，即由一组寄存器构成的阵列，若干个相同宽度的寄存器矢量（一维位矢量）构成的阵列即构成了一个存储器。Verilog 就是通过对 reg 类型的变量建立数组类对寄存器建模的，从而可以借此描述 RAM、ROM 等存储器或寄存器数组。例 2-3 是 RAM 模块的纯 Verilog 描述，即在程序中没有调用（例化）任何现成的存储器实体模块。以下将通过此例介绍与存储器类型及存储器描述相关的 Verilog 知识。

【例 2-3】

```
module RAM78 ( output wire[7:0] Q,          //定义 RAM 的 8 位数据输出端口
               input wire[7:0] D,           //定义 RAM 的 8 位数据输入端口
               input wire[6:0] A,           //定义 RAM 的 7 位地址输入端口
               input wire CLK,WREN ) ;  //定义时钟和写允许控制
```

```
        reg[7:0]  mem[127:0]  /* synthesis ram_init_file="DATA7X8.mif" */ ;
        always @(posedge CLK )
          if (WREN) mem[A] <= D;  //在 CLK 上升沿将数据口 D 的数据锁入地址对应单元中
         assign Q = mem[A];       //同时，地址对应单元的数据被输出至端口
endmodule
```

首先注意例 2-3 的端口描述形式。例 2-3 给出的端口描述属 Verilog-2001 版本规则，与 2.2.4 节介绍的端口描述方式等价，即可写为以下形式。

```
module RAM78(output[7:0] Q,input[7:0] D, input[6:0] A, input CLK,WREN);
```

当用 Verilog 定义一个总线变量时，通常可表述为诸如 reg[7:0] A 等，即定义了一个一维矢量信号变量，其中包括 8 个单独的标量元素：A[7]，A[6]，...，A[0]。这就容易理解，在例 2-3 中的语句“reg[7:0] mem[127:0]”，实际上是定义了 8 个一维矢量信号变量：mem[127:0]。而 mem[127:0]本身包括 128 个单独的标量元素：mem[127]，mem[126]，...，mem[0]。因此，语句“reg[7:0] mem[127:0]”定义了一个二维矢量变量，它包含 1024 个标量元素，每个元素代表一个逻辑位。换言之，它定义了一个包含 128 个存储单元，每个单元为 8 位的存储器。

显然，此存储器必须由一组寄存器构成的阵列来构建，它至少包含 1024 个触发器。所以，若干个相同宽度的寄存器矢量构成的阵列即构成了一个存储器。

用 Verilog 定义存储器时，需定义存储器的容量和字长。容量表示存储器存储单元的数量，或者称存储深度；字长则是每个存储单元的数据宽度，即每个单元存储位的个数。例如例 2-3 的存储器定义声明语句“reg[7:0] mem[127:0];”定义了一个包含 128 个存储单元，每个单元位宽（字长）为 8 的存储器，该存储器的名字由用户取为 mem。因此，也可将其看作由 128 个 8 位寄存器构成的阵列。

如果用 parameter 参数定义存储器的容量大小，则可以十分容易地修改其尺寸，如以下语句。

```
parameter width=8, msize=1024;
reg[width-1:0] MEM87[msize-1:0];
```

这定义了一个宽度为 8 位、容量为 1024 个存储单元的存储器，取名为 MEM87。

特别注意，对存储器赋值要求只能对存储器的某一单元赋值，例如以下语句。

```
reg[7:0] mem87[128:0];
mem87[16]=8'b11001001;      //mem87 存储器的第 16 单元被赋值为二进制数 11001001
mem87[122]=76;              //mem87 存储器的第 122 单元被赋值为十进制数 76
```

在 Verilog 程序中，注意寄存器和存储器定义上的区别，例如以下语句。

```
reg [15:0] A;               //定义了一个 16 位的寄存器
reg MEM[15:0];              //定义了一个字长为 1，即 1 位的，容量深度为 16 的存储器
```

尽管以上的定义在实现的结构上没有区别，但在定义的含义和赋值语法上是有区别的。如例 2-3 的语句 mem[A]<=D 是对指定地址 A 的单元赋值 D，但不允许对存储器多个或者所有单元同时赋值，请比较以下赋值关系。

```
A[5] = 1'b0;               //允许对寄存器 A 的第 5 位赋值 0
```

```
MEM[7] = 1'b1;          //允许对存储器MEM的第7个单元赋值1
A = 16'hABCD ;          //允许对寄存器A整体赋值
MEM = 16'hABCD;         //错误！不允许对存储器多个或者所有单元同时赋值
```

2.3 Verilog 文字规则

Verilog 除了具有类似于计算机高级语言所具备的一般文字规则，还包含许多特有的规则和表达方式。Verilog 中，其值不能被随意改变的量称为常量或常数，主要有 3 种类型，即整数类型（integer）、实数类型（real）和字符串类型（strings），仅其中的整数型是可综合的。与整数类型相关的数字有多种表达方式，下面将列举它们的类型及其表达规范。

2.3.1 Verilog 的 4 种逻辑状态

Verilog 中有 4 种基本数值，或者说 Verilog 描述的任何变量都可能有 4 种不同逻辑状态的取值：1、0、z 和 x。它们的含义有多个方面。

- 0。含义有 4 个，即二进制数 0、低电平、逻辑 0、事件为伪的判断结果。
- 1。含义也有 4 个，即二进制数 1、高电平、逻辑 1、事件为真的判断结果。
- z 或 Z。高阻态或高阻值。
- x 或 X。不确定，或未知的逻辑状态。

其中的 x、z 是不区分大小写的。Verilog 中的数字由这 4 类基本数值表示。在 Verilog 中，表达式和逻辑门输入中的 z 通常解释为 x。其实高阻值还可以用问号“?”来表示。但问号“?”还有其他含义和用处，即代表“不关心”的意思，因此可以用问号“?”替代一些位值，表示在逻辑关系中对这些位不在乎是什么值，以便简化逻辑表述。

2.3.2 Verilog 的数字表达形式

例 2-1 中的 2'b00 等数据是 Verilog 对二进制数的一种表述方式。

Verilog 中，表示一个二进制数的一般格式如下。

<位宽> '<字母表示的进制> <数字>

即一撇左侧的十进制数表示此数的二进制位数，一撇右侧的字母指示出其右侧数据的进制：B 表示二进制，O 表示八进制，H 表示十六进制，D 表示十进制，不区分大小写。例如，2'b10 表示两位二进制数 10，4'B1011 表示四位二进制数 1011，4'hA 表示四位二进制数 1010，或一位十六进制数 A；例 2-2 中的 2'D2 表示两位二进制数 10，或一位十进制数 2。

在 Verilog 中，只有标明了数制的数据才能确定其二进制位数。如式 S[3:0]=1 的等号右侧的 1 应该等于二进制数 0001，正式表述为 4'B0001；式 S[5:0]=7 的 7 等于 6'b000111；而 5'bz 可正式表述为 5'bzzzzz。如果将某标识符（如 R）定义为位矢，如“reg[7:0] R”，则赋值语句中 R<=4 的 4 的正式表述是 8'b00000100。

Verilog-2001 规范还可定义有符号二进制数，如 8'b10111011 和 8'sb10111011 是不一样的，

前者是普通无符号数，后者是有符号数，其最高位 1 是符号。sb 是定义有符号二进制数的进制限定关键词。

显然，根据例 2-1 的描述，当 always 的敏感信号表中的任意一个输入信号发生改变时将执行下面的 case 语句，若这时 case 表达式中的 s1=0，s0=0，即{s1,s0}=2'b00，将执行此语句的第一条条件语句 2'b00 : y<=a；即执行赋值语句 y<=a，于是将输入端口 a 的数据赋给输出端 y。在这里的赋值符号“<=”，只能用于顺序语句中。而例 2-2 中的赋值符号“=”只能用在 assign 引导的并行语句中。

2.3.3　数据类型表示方式

读者或许已注意到，在例 2-2 中出现了相同含义却不同数值表述方式的情况。例如，对于式（SEL==2'D3），似乎 SEL 与 3 的数据类型不匹配，因为前者的类型是二进制矢量位 SEL[1:0]，而后者属于整数常数类型。

对于类似式（SEL==3）等不匹配的情况，Verilog 综合器会自动使其匹配。例如将其中的整数 3 变换成与 SEL[1:0]同类型的二进制数 2'b11。所以，{s1, s0} = 2'b11、（SEL==3）和（SEL==2'D3）三式的含义相同。

但如果所赋的值大于某变量已定义的矢量位可能的值，综合器会首先将赋值符号右侧的数据折算成二进制数，然后根据被赋值变量所定义的位数，向左（高位）截取多余的数位。Verilog 具备通过赋值操作达到自动转换数据类型的功能。例如，若信号 Y 定义为 Y[1:0]，当编译赋值语句为 Y<=9 时，综合器不会报错，最后 Y 得到的赋值是 2'B01，即截去了高位的 10。在这里，Verilog 综合器至少包含了两项大的操作，即将整数数据类型转换为二进制矢量位数据类型的操作，以及截位以适应目标变量的操作。反之亦然，即通过矢量位向整数类型变量的赋值即可实现反方向的数据类型转换。

显然，Verilog 的语法规则比 VHDL 要宽松许多，所以初学者容易入门。但正因为如此，Verilog 的程序设计更需当心，其排错查错时可能需要花费更多的力气。

2.3.4　常量

Verilog 中的常量分为 3 类，即整数、实数及字符串。

1. 整数

Verilog 的整数虽须严格遵循表述方式和格式，但在使用上却十分灵活。例如，若已定义如下变量。

```
reg [3:0] A;  reg [5:0] B ; reg [31:0] C ;
```

对于其赋值并不严格强求，除诸如 4 'b1001 与 6 'B111010 等以二进制位矢的表述方式外，其他方式也可以进行直接赋值。因为综合器自会根据其原始定义做出数据类型转换或截断，例如以下语句。

```
A<= 6'B11_0110;      //A 实际获得赋值 4'B0110, 高 2 位被截去。进制符号 b 或 B 大小写都可
A <= 'o466;          //'o466 = 'H136, A 实际获得低 4 位：4'B0110。高位被截去
A <= 123;            //123=32'h0000_007B, 转换为 32 位二进制数, A 实际获得赋值 4'B1011
```

```
A <= 8'hAC;          //A 实际获得赋值 4'h1100, 高 4 位被截去
C <= -5;             //-5=32'hFFFFFFFB, A 即获得赋值 32'hFFFFFFFB
B <= -7'd30;         //-7'd30 = 7'H62, A 实际获得赋值=6'H22, 高 1 位被截去
```

对于以上的示例，有以下几点说明。

（1）为了提高可读性，在较长的数间可用下画线分开，如 10'b10_1010_1011。下画线“_”可以随意用在整数或实数中，其本身不代表任何意义，仅仅是用来提高可读性。但数字最高位前不能用此符号，也不可以用在位宽和进制处。

（2）若不注明位宽和进制，或仅用 D 注明进制时，都是十进制数字。十进制数字默认值都为 32 位。如−7'd30 已注明位宽和数制，等于 7'H62；而−5、123 和'D12 分别等于 32'hFFFFFFFB、32'h0000_007B 和 32'h0000000C。

（3）若未注明某整数的位宽，仅标注了数制，则其宽度即为此数制规定的数值中对应的位数，如 'o466 = 9 'o466。

（4）整数可以在其前面，即左面带正负符号，但不能放在数制内。如 7'd−30 的表述方式是错的。负数的实际值即对应的二进制补码，如−7'd30 = 7'H62。

（5）如果定义的位宽比实际要短，则多余位数从高位被截。如 5'b11011011 实际是 5'b11011；如果定义的位宽比实际要长，则从高位补 0 位；但如果此数最高位的一位为 x 或 z，就相应地用 x 或 z 在高位补位。例如数值 5'b11，实际为 5'b00011；而 5'Bx1xz，实际是 5'Bxx1xz。

2．实数

实数也都属于十进制的数，通常它们的表述必须带有小数点，但小数点两侧必须有数字，例如数值“17.”的表述方法是错误的，以下的表述都是正确的。

```
1.335,    88_670_551.453_909(=88670551.453909),     1.0,
44.99e-2(=0.4499),    0.1,    3E-4(=0.0003)
```

Verilog 可以将实数转换为整数，方法是将实数转换为最接近的整数。例如，13.447 和 13.43 都转换为整数 13，51.6 与 51.689 都转换为整数 51，−23.34 转换为−23 等。

3．字符串

有两种类型的字符串：文字字符串和数位字符串。字符串是一维的字符数组，需放在双引号中。

（1）文字字符串是用双引号括起的一串文字，字符串不能分成多行书写，如以下示例。

```
"ERROR" ,   "Both S and Q equal to 1" ,  "X" ,  "BB$CC"
```

字符串的作用主要是仿真时显示一些相关的信息，或者指定显示的格式。字符串变量属于 reg 型变量，其宽度为字符串中字符的个数乘以 8。用 8 位 ASCII 值表述的字符等同于无符号整数，因此字符串就是 8 位 ASCII 值的序列。例如，为了存储字符串"ERROR"，所定义的 reg 变量必须预备 8 乘以 5 共 40 个逻辑位。

```
reg [8*5:1]  ALM; initial  begin ALM = "ERROR" ; end
```

（2）数位字符串也称位矢量，数位字符串与文字字符串相似，但所代表的是二进制、八进制或十六进制的数组。

2.3.5　标识符、关键词及其他文字规则

对于程序中的关键词和标识符，Verilog 也有自身的规则要求。此外，Verilog 程序的书写表达形式及命名规则也有其独特要求，这都需要注意遵循。

1．标识符

标识符（identifier）是最常用的操作符，是设计者在 Verilog 程序中自定义的，用于标识不同名称的词语。例如，用作常数、变量、信号、端口或参数的名字。如例 2-1 中出现过的 MUX41a、s1、y 等。此外，标识符是区分大小写的，即对大小写敏感。在这一点上也与 VHDL 不同，即在 Verilog 程序中相同名称不同大小写的文字代表不同的标识符。标识符也是赋值对象的名称。基本标识符的书写遵守如下规则。

- 有效的字符：包括 26 个英文字母（大小写都包括），数字包括 0～9 以及“$”和下画线“_”等，或它们的组合。标识符最长可以包含 1023 个字符。
- 任何标识符必须以英文字母或下画线开头。
- 必须是单一下画线“_”，且其前后都必须有英文字母或数字。
- 标识符中的英语字母区分大小写（注意，这与 VHDL 不同）。
- 允许包含图形符号（如回车符、换行符等），也允许包含空格符。

以下是几种标识符的示例，合法的标识符如下。

```
Decoder_1,  FFT,  Sig_N,  Not_Ack,  State0,  _Decoder_ ,  REG
```

非法的标识符如下。

```
2FFT            //起始为数字
Sig_#N          //符号“#”不能成为标识符的构成
Not-Ack         //符号“-”不能成为标识符的构成
data_ _BUS      //标识符中不能有双下画线
reg             //关键词
ADDER*          //标识符中不允许包含字符“*”
```

还有一类标识符称为转义标识符（escaped identifiers），转义标识符以斜杠“\”开头，以空白符结尾，可以包含任何字符，如“\8031 ”“\-@Gt ”。反斜杠和结束空白符并不是转义标识符的一部分。因此，标识符\Verilog 和标识符 Verilog 相同。

2．关键词

关键词（keyword，也称关键字）是指 Verilog 语言预先定义好的有特殊含义的英文词语。Verilog 程序设计者不允许用这些关键词命名自用的对象，或用作标识符。如例 2-1 和例 2-2 中出现的 input、output、module、assign 等都是关键词。对于关键词，Verilog 规定，所有关键词必须小写，所以诸如 INPUT、MODULE 都不是关键词。好在现在的多数 Verilog 代码编辑器，包括 Quartus 的编辑器，都是关键词敏感型的（即会以特定颜色显示），所以在专用编辑器上编辑程序通常不会误用关键词，但要注意，也不要误将 EDA 软件工具库中已定义好的关键词或元件名当作普通标识符来用。

3．注释符号

例 2-1 中使用了注释符号“//”，可用于隔离程序，添加程序说明文字。因此，注释符号“//”后的文字仅仅是为了使对应的数据或语句更容易被看懂，它们本身没有功能含义，也不参加逻辑综合。Verilog 中有两类注释符号：符号“//”后的注释文字只能放在同一行；而另一注释符号 /* ...*/则像一个括号，只要文字在此“括号”中就可以换行，因此可以连续放更多行的注释文字。

4．规范的程序书写格式

尽管 Verilog 程序书写格式要求十分宽松，可以在一行写多条语句或分行书写，但良好规范的 Verilog 源代码书写习惯是高效的电路设计者所必备的。规范的书写格式能使自己或他人更容易阅读和检查错误。如例 2-1 的书写格式：最顶层的 module_endmodule 模块描述语句放在最左侧，比它低一层次的描述语句则向右靠一个 Tab 键的距离，即 4 个小写字母的间隔。同一语句的关键词要对齐，如 case_endcase、module_endmodule、begin_end 等。需要说明的是，为在此书中纳入更多的内容而节省篇幅，此后的多数程序都未能严格按照此规范来书写。

5．文件取名和存盘

当编辑好 Verilog 程序后，在需要保存文件时，必须赋给其一个正确的文件名。对于多数 Verilog 综合器，文件名可以由设计者任意给定，文件后缀扩展名必须是“.v”，如 h_adder.v 等。但考虑到某些 EDA 软件（如 Quartus）的限制、Verilog 程序的特点以及调用的方便性，建议程序的文件名与该程序的模块名一致。此外还要注意文件取名的大小写也是敏感的，即存盘的文件名与此文件程序的模块名的大小写必须一致。如例 2-1 的存盘文件名必须是 MUX41a.v，而不能是 mux41a.v。还应注意，进入工程设计的 Verilog 程序必须存入某文件夹（文件夹名要求非中文名）中，不要存在根目录内或桌面上。

2.3.6　参数定义关键词 parameter 和 localparam 的用法

在以上多处已出现过使用关键词 parameter 定义参数的语句表述。参数是一个特殊常量，parameter 就是定义参数的关键词。在 Verilog 中，用关键词 parameter 来定义常量，即用 parameter 来定义一个标识符，用以代表某个常量，如延时、变量的位宽等，从而成为一个符号化常量。而当改变 parameter 的定义时，就能很容易地改变整个设计。parameter 的一般定义格式如下。

```
parameter  标识符名 1 = 表达式或数值 1, 标识符名 2 = 表达式或数值 2, ... ;
```

例如，参数定义语句用法如下。

```
parameter  A=15, B=4'b1011, C=8'hAC;
parameter  d=8'b1001_0011, e=8'sb10101101;
```

第一条语句中，A、B、C 分别被定义为等于整数 15、4 位二进制数 1011 和两位十六进制数 AC 的常数；第二条语句中，d 被定义为普通 8 位二进制数，e 被定义为 8 位二进制有符号数，最高位符号是 1。在模块中使用参数定义的常数只能被赋值一次。

与 parameter 具有类似功能的另一常用的定义参数的关键词是 localparam。这是一个局部参数定义关键词。它的用法与关键词 parameter 相同，只是无法通过外部程序的数据传递来改变 localparam 定义的常量。

习　题

2-1　wire 型变量与 reg 型变量有什么本质区别，它们可用于什么类型的语句中？

2-2　下列数字的表述方式是否正确？

4'b-1101、6'sb010_1101、5'd82、'bx01、6'b10x101、10'd7、'HzD、−3'b101

2-3　以下标识符是否合法？

XOR、or、74LS04、4Badder、\ASC、$SMD、A5 加法器、BEGIN

2-4　定义以下的变量和常数。

（1）定义一个名字为 Q1 的 8 位 reg 总线。

（2）定义一个名字为 asg 的整数。

（3）定义参数 s1=3'b010，s2=3'b110，s3=3'b011。

（4）定义一个容量（深度）为 128，字长为 32 位的存储器，存储器名是 MEM32。

（5）定义一个名字为 WBUS 的 16 位 wire 总线。

2-5　设“reg [3:0] A ; reg [7:0] B ; reg [15:0] C;”。

（1）执行赋值语句 A<= 8 'b11011010 后，A 实际获得的赋值是多少？

（2）执行赋值语句 A<= 16 'h3456 后，A 实际获得的赋值是什么？

（3）执行赋值语句 C<= 9 和 C<=−9 后，C 分别获得的赋值是什么？什么类型？

（4）执行赋值语句 B<= 38 后，B 获得的赋值是什么？什么类型？

第3章 行为语句

Verilog 支持许多功能强大的语句，设计者可通过不同的描述风格展示 Verilog 丰富的语句类型和灵活的编程特征。按照习惯的说法，Verilog 程序设计有 3 种描述风格，即行为描述、数据流描述和结构描述；它们又分别对应 3 类 Verilog 语句，即行为描述语句、数据流描述语句和结构描述语句。

- 行为描述语句主要指由 always 和 initial 过程语句结构引导的一系列具有顺序执行特点的语句（诸如 if 语句、case 语句等）。本书则按照这些语句本身的行为特点称它们为顺序语句。
- 数据流描述语句主要指由 assign 引导的连续赋值语句。鉴于此类语句具有并行执行的特征，为了便于理解，本书将它们称为并行语句。
- Verilog 中所谓的结构描述语句，主要是指例化语句。

所有 Verilog 的语句都可用于仿真，而可综合的语句只占其中的一部分。可综合语句决定了设计电路的结构和功能。本章不准备把这些语句分类探讨，因为这种分类在 Verilog 设计中并无实际意义。鉴于篇幅和便于章节归类，本章以介绍行为语句（即顺序语句）为主，且在这一过程中，将初步接触到 Verilog 程序设计技术。主要方法是在介绍 Verilog 语句的同时，对相关电路模块进行描述，帮助读者逐步学习和掌握 Verilog 的电路设计技术，为在第 4 章学习 EDA 工具软件的使用和 FPGA 硬件开发做好准备，以便能尽早将书本知识在 Quartus FPGA 平台上加以验证和自主发挥，巩固学习效果，提高学习兴趣，强化理论与工程实际的结合。

3.1 过程语句

Verilog 支持两种过程语句，即 always 语句和 initial 语句。通常情况下，initial 语句不可综合，主要用于仿真程序中的初始化；always 语句属于可综合语句，主要引导行为描述语句，使用频度非常高。在一个 Verilog 程序模块（module）中，always 语句和 initial 语句被使用的次数没有限制，即它们本身属于并行执行特征的语句。

3.1.1 always 语句

如前所述，Verilog 中有两类能引导行为语句（即顺序执行特征的语句）的过程语句，由 always 引导的过程语句结构是 Verilog 语言中最常用和最重要的可综合语句。之所以要称其为某语句结构（或称语句块），是因为它不是一条简单意义上的单独语句，它总是和其他相关语句一起构成一个满足语法规则的程序块，而过程语句成为这个程序块的引导语句。

设计模块中的任何顺序语句都必须放在过程语句结构中。过程语句的格式如下。

```
always @(敏感信号及敏感信号列表或表达式)
            包括块语句的各类行为语句
```

过程语句首先需用关键词“always @”引导，其右侧的括号及括号中所列的信号或表达式都属于敏感信号。通常要求将过程语句中所有的输入信号都放在敏感信号表中。如例 2-1 就将所有输入信号列入了敏感信号表。表中的敏感信号表述方式有多种。

（1）用关键词 or 连接所有敏感信号。例 2-1 正是采用了这种表述方式。敏感信号表括号中列出的所有信号对于启动过程都是逻辑“或”的关系，即每当其中任何一个或多个信号发生变化时，都将启动过程语句，执行一遍此结构中的所有程序语句。

（2）按照 Verilog HDL 2001 新的规范，可用逗号区分所有敏感信号。例如，可以将例 2-1 的敏感信号表写成“(a, b, c, d, s1, s0)”。

（3）省略形式。由于目前的 Verilog 主流综合器都默认过程语句敏感信号表中列全了所有应该被列入的信号，所以即使设计者少列、漏列部分敏感信号，也不会影响综合结果，最多在编译时给出警告信息。所以有时也可干脆不写出具体的敏感信号，而只写成“(*)”，或直接写成“always @ *”，这都符合 Verilog HDL 2001 规范。

显然，试图通过选择性地列入敏感信号来改变逻辑设计是无效的。

和软件语言不同，过程语句 always 的执行依赖于敏感信号的变化（或称发生事件）。当某一敏感信号，如 a，从原来的高电平 1 跳变到低电平 0，或者从原来的 0 跳变到 1 时，就将启动此过程语句，于是由 always 引导的块中的所有顺序语句被执行一遍，然后返回过程起始端，再次进入等待状态，直到下一次敏感信号表中某个或某些敏感信号发生了事件后才再次进入“启动—运行—等待”状态。

在一个模块中可以包含任意个过程语句结构，所有的过程语句结构本身都属于并行执行的语句，而由任一过程引导的各类语句都属于顺序语句；过程结构又是一个不断重复运行的模块，只要其敏感信号发生变化，就将启动此过程执行一遍其中包含的所有语句。显然，Verilog 的过程语句与 VHDL 的进程语句 PROCESS 的功能特点几乎相同。

与引导顺序语句的 always 语句相对应，assign 引导的语句属于并行语句。always 语句本身也属于并行语句，所以在许多情况下这两类语句是可以相互转换表达的。从这个意义上讲，认为此语句属于连续赋值的数据流描述方式就不正确了，试考查以下语句。

```
assign DOUT = a & b;
```

可以这样来认识此语句的执行过程：如果变量 a、b 恒定不变，此赋值语句在程序中始终不会被执行，尽管同样属于与其他语句地位平等的并行语句。此语句被执行一次（导致 DOUT 的数据被更新）的唯一条件是等号右侧的某一个或某些变量发生了改变。因此等号右边所有相关的信号都是启动执行此赋值语句的敏感信号，其执行方式与 always 引导过程语句完全相同。显然，此语句很容易写成功能完全相同的、由过程语句 always 引导的语句形式，而在此语句中，a 和 b 就是敏感信号（这个工作留给读者）。

一些 Verilog 资料认为，assign 语句只能用于描述组合电路，而时序电路须由 always 语句来构建。但实际情况是，如果描述的信号有反馈，assign 语句同样能构成时序电路，而 always 语句适合于设计组合电路，例 2-1 对应的设计就是典型的组合电路。

3.1.2　always 语句在 D 触发器设计中的应用

最简单、最常用且最具代表性的时序元件是 D 触发器，它是现代数字系统设计中最基本的底层时序单元，甚至是 ASIC 设计的标准单元。JK 和 T 等触发器都可由 D 触发器构建而成。这里介绍应用 always 语句描述 D 触发器的表述方式。

边沿触发型 D 触发器的完整 Verilog 程序如例 3-1 所示。图 3-1 是其 RTL 电路模块图，其工作时序如图 3-2 所示。波形显示，只有当时钟上升沿到来时，其输出 Q 的数值才会随输入口 D 的数据而改变，在这里称之为更新。

【例 3-1】

```
module DFF1(CLK,D,Q);
    output Q;
    input  CLK, D;
    reg Q;
  always @(posedge CLK)
    Q <= D;
endmodule
```

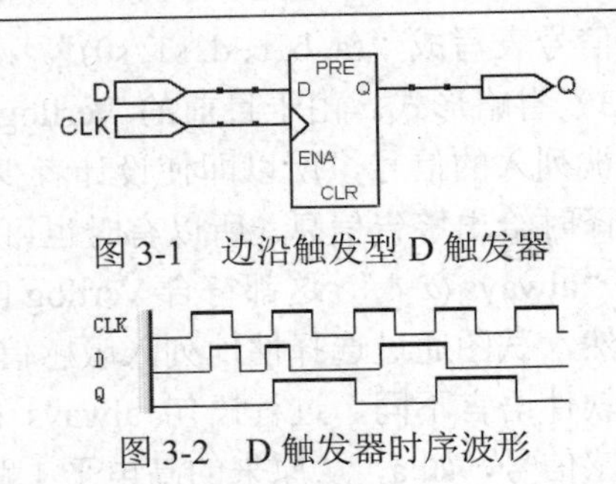

图 3-1　边沿触发型 D 触发器

图 3-2　D 触发器时序波形

例 3-1 使用了 always 过程语句，时序电路通常都是由过程语句来描述的。在过程语句敏感信号表中的逻辑表述 posedge CLK 是时钟边沿检测函数，可以把它看成对时钟信号 CLK 的上升沿敏感的敏感变量或敏感表述。当输入信号 CLK（也可以是其他名称）出现一个上升沿时，敏感信号 posedge CLK 将启动过程语句。在 Verilog 中处于过程语句敏感信号表中的表述 posedge CLK 本身起着告诉综合器构建边沿触发型时序元件的标志符号的作用。所以读者在后面的学习中应该注意 Verilog 对于时序模块的描述特点，即凡是边沿触发性质的时序元件必须使用时钟边沿敏感表述，如 posedge CLK；而不用此表述产生的时序电路都是电平敏感型时序电路。

与 posedge CLK 对应的还有 negedge CLK，是时钟下降沿敏感的表述。

由于有了时钟边沿敏感的标志性表述 posedge CLK，例 3-1 的 D 触发器表述就很好理解了。即当输入的时钟信号 CLK 发生一个上升沿时，即刻启动过程语句，执行以下的赋值语句，将 D 送往输出信号 Q，使其更新；反之，若 CLK 没有上升沿发生这一事件，赋值语句将不会被执行，其效果等效于保持 Q 的原值不变，直到下一次更新。

3.1.3　多过程应用与异步时序电路设计

可以将构成时序电路的过程称为时钟过程。在时序电路设计中应注意，一个时钟过程只能构成对应单一时钟信号的时序电路；如果在某一过程中需要构成多触发器时序电路，也只能产生对应某个单一时钟的同步时序逻辑。异步逻辑的设计必须采用多个时钟过程语句来构成。

例 3-2 所示的 Verilog 描述含有两个过程，它用两个时钟过程描述了这一异步时序电路。程序中，时钟过程 1 的输出信号 Q1 成了时钟过程 2 的时钟敏感信号及时钟信号。这两个时钟过程通过 Q1 进行通信联系。尽管两个过程本身都是并行语句，但它们被执行（启动）的时刻并非同时，因为根据敏感信号的设置，过程 1 总是先于过程 2 被启动。

图 3-3 所示的电路是例 3-2 综合的结果。其中两个 D 触发器的时钟并没有由同一时钟信号控制。例 3-2 中的符号“|”和“~”分别是逻辑或和逻辑非操作符。

【例 3-2】

```
module AMOD(D,A,CLK,Q);
  output Q; input A,D,CLK; reg Q,Q1;
  always @(posedge CLK) //过程 1
    Q1 <= ~(A | Q);
  always @(posedge Q1 ) //过程 2
    Q <=  D;
endmodule
```

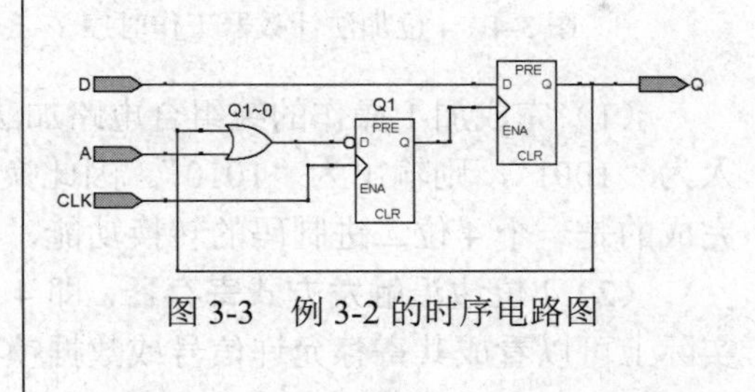

图 3-3 例 3-2 的时序电路图

3.1.4 简单加法计数器的 Verilog 表述

在了解了基本时序模块的 Verilog 基本语言现象和设计方法后，对于计数器的设计就比较容易理解了。最简单的 4 位二进制计数器应该有一个时钟输入和 4 位二进制计数值输出。每进入一个时钟脉冲，输出数据将增加 1。随着时钟的不断出现，从 0000 至 1111 循环输出计数值。例 3-3 所示的就是此计数器的 Verilog 描述，其时序特征如图 3-4 所示。图 3-5 是此程序综合后生成的 RTL 电路图。

例 3-3 描述的输入端口是计数时钟信号 CLK；输出端口是 4 位矢量信号 Q。为了便于做累加，定义了一个内部的寄存器类型变量，这里是 4 位矢量 Q1。从而使 Q1 具备了输入和输出的特性，因为在具有累加性质的赋值表式 Q1 = Q1+1 中，Q1 出现在赋值符号的两边，显然担当了输入和输出两种功能，而端口 Q 只被定义为输出信号。Q1 的输入特性应该是反馈方式，即“=”右边的 Q1 来自左边的 Q1（输出信号）的反馈。这里，信号 Q1 被综合成一个内部的 4 位寄存器。计数器的输出 Q 与此寄存器的输出相连，这由所谓的连续赋值语句“assign Q = Q1”来实现。这种编程模式比较常用。

然而，如果将例 3-3 改为例 3-4，也能得到相同的结果。即在例 3-4 中直接用输出信号 Q 作为累加变量。这倒不是因为在程序中将 Q 定义成了 REG 数据类型而具备了双向端口的功能，而是由于 Verilog 综合器对此类语句具有自动转化端口方向属性的功能。

【例 3-3】

```
module CNT4(CLK,Q);
  output [3:0] Q; input  CLK;
  reg [3:0] Q1 ;
  always @(posedge CLK)
    Q1 = Q1+1 ;  //注意赋值符号
  assign Q = Q1;
endmodule
```

【例 3-4】

```
module CNT4 (CLK,Q);
  output [3:0] Q; input CLK;
  reg [3:0] Q ;
  always @(posedge CLK)
    Q <= Q+1 ;  //注意赋值符号
endmodule
```

现在来分析图 3-5 电路的结构。电路主要由以下两大部分组成。

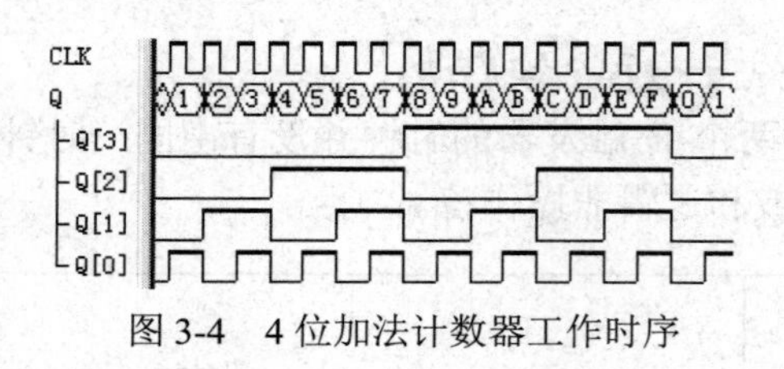

图 3-4　4 位加法计数器工作时序

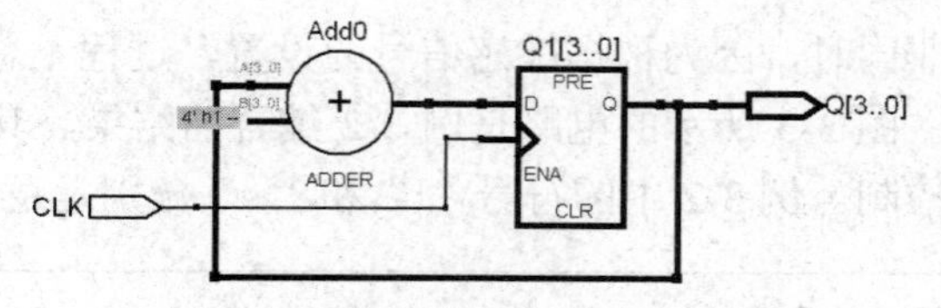

图 3-5　4 位加法计数器 RTL 电路图

（1）完成加 1 操作的纯组合电路加法器。它右端输出的数始终比左端给的数多 1，如输入为“1001”，则输出为“1010”。因此换一种角度看，此加法器本质上就是一个译码器，它完成的是一个 4 位二进制码的转换功能，其转换的时间约为此加法器的运算延迟时间。

（2）4 位边沿触发方式寄存器，即 4 个 D 触发器。这是一个纯时序电路，计数信号 CLK 实际上可以看成其寄存允许信号或数据锁存信号。

此外，在输出端 Q[3:0]还有一个反馈通道，它一方面将寄存器中的数据向外输出；另一方面将此数反馈回加 1 器，以作为下一次累加的基数。从计数器的表面上看，计数器仅对 CLK 的脉冲进行计数，但电路结构却显示了 CLK 的实际功能只是数据锁存信号，而真正完成加法操作的是具有译码功能的组合电路模块。

从图 3-5 中还会发现，此计数器实质具备了一个典型的状态机结构。因为计数器本身就是同步有限状态机简化了的特殊形式。

3.1.5　initial 语句

Verilog 的过程语句除 always 外，还有 initial 过程语句，其基本格式如下。

```
initial
begin  语句 1;  语句 2;  ... end
```

与 always 结构不同，initial 过程语句结构中没有敏感信号表，即不带触发条件。initial 过程中的块语句沿时间轴方向只执行一次（always 总是可以自动执行无限次）。initial 语句最常用于仿真模块中对激励矢量的描述，或用于给寄存器变量赋初值。而在实际电路中，赋初值是没有意义的，因此这是面向模拟仿真的过程语句，通常不能被综合工具所接受，或在综合时被忽略，但可以对存储器加载初始化文件，这是可综合行为。

以下语句是可综合的，至少是会影响综合结果的。

```
initial  $readmemh("RAM78_DAT.dat", mem );
```

这条语句给出了基于 Verilog 设计的 RAM 电路结构中调用初始化文件的说明。此语句表述：initial 后的语句只执行一次，而执行的对象是读取存储器初始化文件的系统函数 $readmemh()；在括号中用了引号的是待调用的初始化文件的文件名—— RAM78_DAT.dat，而逗号旁边的 mem 是存储器名称。详细内容将在第 6 章中介绍。

Verilog 语言内置了一些系统函数，这些系统函数可经常与 Verilog 的预编译语句联合使用，除极个别的情况，如读取初始化文件外（用系统函数$readmemh），主要用于 Verilog 仿真验证。Verilog 的系统函数很丰富，主要的系统函数有显示型（如$display、$strobe、$monitor）、仿真控制型（如$finish）、时间型（如$time）、文件控制型（如$readmemh）。系统任务和系统函数的名字都是以“$”开头的。

例 3-5 是 initial 语句的另一类使用示例，它描述的是一个产生指定激励信号的测试模块，即利用 initial 语句完成对测试变量，或者说是某设计实体中 3 个输入信号 A、B、C 的赋值。于是程序例 3-5 的功能就是生成一组针对 A、B、C 的激励信号。这类程序代码通常称为 testbench。如果利用 Quartus 进行时序或功能仿真，可以利用 Quartus 提供的丰富的激励信号编辑工具以图形方式完成激励信号的编辑，所以通常就不需要再设计对应每一模块设计实体的 testbench 了。

【例 3-5】

```
'timescale 1ns/100ps      //声明仿真时间单位是 1ns, 仿真精度是 100ps
module test;               //定义 testbench 名为 test 的测试模块
   reg A, B, C;
   initial                 //定义 initial 过程语句结构
    begin
      A=0;B=1;C=0;          //在过程中分别定义 A、B、C 在时刻 0 的初始值
      #50  A=1;B=0;    //经过 50ns 延时后, 在仿真时刻 50ns 时 A 和 B 的输入值分别是 1,0
      #50  A=0;C=1;     //又经过 50ns 延时后, 在时刻 100ns 时 A 和 C 的输入值分别是 0,1
      #50  B=1;             //再经过 50ns 延时后, 在时刻 150ns 时 B 的输入值是 1
      #50  B=0;C=0;         //再经过 50ns 延时后, 在时刻 200ns 时 B 和 C 的输入值都是 0
      #50  $finish          //又经过 50ns 延时后, 结束
    end
endmodule
```

这里的'timescale 是仿真时间标度语句，用于说明其后续的程序或 testbench 仿真模型的仿真时间单位和仿真精度。其一般使用格式如下。

```
'timescale 仿真时间单位/仿真精度
```

此语句的使用应该注意以下两点。

（1）仿真时间单位和时间精度的数值取值范围仅 3 种，即 1、10、100；单位可以是秒（s）、毫秒（ms）、微秒（μs）、纳秒（ns）和皮秒（ps），且时间单位值不可大于仿真精度值。

（2）设计前了解所使用的综合器是否要求在程序前必须加上'timescale 语句。Quartus 无此要求，但其他综合器未必如此。

3.2 块 语 句

例 2-1 中用到了块语句，即由关键词 begin_end 引导的 case 语句结构。块语句 begin_end 本身没有什么功能，仅限于在 always 或 initial 引导的过程语句结构中使用，通常用它来组合顺序语句块，故也称其为顺序块语句（相对应的是并行块语句，此语句不可综合，只能用于仿真）。begin_end 语句只相当于一个括号，在此“括号”中的语句都被认定归属于同一操作模块。如例 2-1 中的 begin_end 中包含了一个 case 语句结构。

Verilog 规定，若某一语句结构中仅包含一条语句，且无须定义局部变量时，则块语句被默认使用，即无须显式定义块（即使以显式定义后也不认为错）；若含多条语句，也包括含有

局部变量定义的单条语句，则必须用 begin_end 的显式结构将它们“括”起来，从而成为一个具有顺序执行特征的程序（逻辑）结构（注意，其结构内部的语句是并行的）。

尽管从理论上说，块语句 begin_end 引导的是顺序语句，但由于其中的赋值语句有两类，其中一类执行方式具有并行特征，这将在后文详加讨论。

begin_end 块语句的一般格式如下。

```
begin  [: 块名]
语句 1; 语句 2;  ... ; 语句 n;
end
```

以上方括号中的“: 块名”可以省略。例 2-1 中 begin 右侧的“: MUX41”即为块名，可用于注释当前块的特征等。综合时不参加编译，因此也可不加。

其实例 2-1 中的 begin_end 语句是可以不加的，这是因为 case_endcase 语句本身也是一个结构，只能算作一条语句，尽管它表面上包含了多条不同形式的语句描述。

3.3　case 条件语句

例 2-1 中 case 语句的含义是，当满足 case 右侧括号中的选通信号 s1、s0 分别等于 00、01、10 或 11 时，输入口 a、b、c、d 将相应的信号传送至输出口 y。

Verilog 有两类条件语句，即 if_else 语句和 case_endcase 语句。它们都属于最常用的可综合顺序语句，因此必须放在过程语句中使用。case 语句是一种多分支语句，它类似于真值表直接表述方式的描述，特点是直观、直接和层次清晰。它在电路描述中具有广泛而又独特的应用。case 语句的表述方式有 3 种，即用 case、casez 和 casex 表述的 case 语句。

以下先讨论 case 的一般表述，case 语句的一般格式如下。

```
case (表达式)
  取值 1 : begin 语句 1; 语句 2;  ... ; 语句 n;   end
  取值 2 :  begin 语句 n+1; 语句 n+2;  ... ; 语句 n+m;  end
  ...
  default  : begin 语句 n+m+1;  ... ;  end
endcase
```

当执行到 case 语句时，首先获得或计算出“表达式”中的值，然后根据以下条件句中与之相同的值（如“取值 1”），执行对应的顺序语句（如其后列出的语句 1、语句 2 等），最后结束 case 语句，等待下一次过程的启动。case 语句下的条件句中的冒号“:”不是操作符，它的含义相当于“于是”。在 case 语句使用中应该注意以下 3 点。

（1）条件句中的选择值或标识符，即“表达式”中的值必须在 case 以下列出的取值范围内，且数据类型必须匹配。如例 2-1 的 s1、s0 只能对应二进制数。

（2）与 VHDL 不同，Verilog 的 case 语句各分支表达式间未必是并列互斥关系，允许出现多个分支取值同时满足 case 表达式的情况。这种情况下将执行最先满足表达式的分支项，然后随即跳出 case 语句，不再检测其余分支项目。

（3）除非所有条件句中的选择取值能完整覆盖 case 语句中表达式的取值，否则最末一个条件句中的选择必须加上 default 语句。关键词 default 引导的语句表示本语句完成以上已列的所有条件句中未能列出的其他可能取值的逻辑操作，其含义类似于 if 语句中的 else。但如果以上给出的所有选择条件或数据都涵盖了 case 表达式中的数据，则可省略 default 语句。从逻辑设计的角度看，使用 default 语句的目的是使条件句中的所有选择值能涵盖表达式的所有取值，以免综合器会插入不必要的锁存器。

由此看来，尽管表面上例 2-1 中，{s1, s0}所有可能的数据都已出现在 4 条条件语句中，但仍然推荐加上 default 语句，以免有的综合器会加上不必要的时序模块。因为在更一般的情况下 {s1, s0} 需考虑取值 z 和 x。

例 2-1 原本描述的是一个纯组合电路，但如果删去其中的几条语句，特别是删去 default 语句，改成例 3-6 的形式，则综合后的电路图将如图 3-6 所示。这时输出口被插入了一个锁存器，这显然不是一个好现象，应该注意避免。

【例 3-6】

```
case({s1,s0})
  2'b00 : y <= a;
  2'b01 : y <= b;
endcase
```

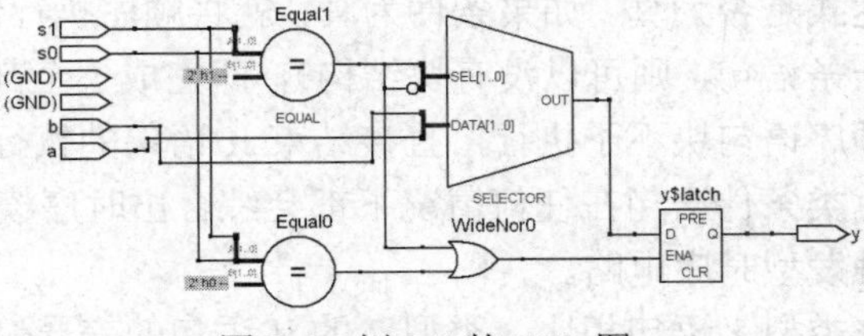

图 3-6 例 3-6 的 RTL 图

作为 case 语句的对应语句，还有 casez 和 casex 语句。因为当变量取值高阻值 z 和未知值 x 时，需要使用对应的 casez 或 casex 语句。

对于 casez 语句，如果分支取值的某些位是高阻值 z，则这些位的比较就不再考虑，只关注其他位（1 或 0）的比较结果；而 casex 语句则把这种比较方式扩展到对未知值 x 的处理，即若比较双方（语句中表达式的值和取值间）有一方的某些位为 z 或 x，那么这些位的比较就不予考虑。

3.4 if 条件语句

if 语句是 Verilog 设计中非常重要和常用的行为语句。下面首先对此语句结构做一个全面介绍，包括使用上的注意之处，然后通过各种典型示例深入探讨 if 语句的用法。

3.4.1 if 语句的一般表述形式

if 语句作为一种条件语句，根据语句中所设置的一种或多种条件，有选择地执行指定的顺序语句。if 语句的结构大致可归纳成以下 3 种。

```
(1) if (条件表达式)  begin 语句块;  end                  //if 语句类型 1
(2) if (条件表达式)  begin 语句块 1;  end                //if 语句类型 2
              else  begin 语句块 2;  end
(3) if (条件表达式 1)  begin 语句块 1;  end              //if 语句类型 3
```

```
        else if  (条件表达式 2)  begin  语句块 2;  end
    ⋮
        else if  (条件表达式 n)  begin  语句块 n;  end
            else  begin  语句块 n+1; end
```

特别注意，if 语句的条件表达式必须放在括号内，即使是一个标识符也一样，如 if (a)。if 语句中可以对条件表达式进行简化表述，如 if (en == 1) 可简化为 if (en)；if ((a & b)==1'B1) 可简化为 if (a & b) 等。

if 语句中至少应有一个条件句。“条件表达式”可以是一个标识符，如 if (a1)，或者是一个判别表达式，如 if (a < (b+1))等。判别表达式输出的值（即运算结果）为 1 时判断为真，运算结果为 0、x 或 z 时则判断为伪，于是 if 语句根据判断结果有条件地选择执行其后的语句。下面分别介绍此 3 种类型条件语句的基本用法和执行情况。

类型 1 条件语句的执行情况是：当执行到此句时，首先检测（或计算）关键词 if 后的条件表达式是否为真。如果条件为真，就将顺序执行语句块中列出的各条语句，直到 end（如果只有一条语句，则可以没有块结构），即完成了全部 if 语句的执行；但如果条件检测为伪，则跳过顺序语句块不予执行，直接结束 if 语句的执行。这种语句形式是典型的不完整性条件语句，此类条件语句在任何情况下都会综合出时序模块。这种非完整性条件语句通常用于产生电平触发型时序电路。

与类型 1 语句相比，类型 2 的 if 语句的差异仅在于当所测条件为伪时，并不直接结束条件句的执行，而是转向 else 以下的另一段顺序语句块进行执行。所以类型 2 的 if 语句具有条件分支的功能，就是通过测定所设条件的真伪决定执行哪一组顺序语句块。在执行完其中一组语句后，再结束 if 语句的执行。这通常是一种完整性条件语句，它通常能给出条件句所有可能的条件及其对应的操作行为，因此常用于产生组合电路。

不过请注意，在其他的特定情况下也能产生时序电路，如存在诸如 posedge CLK 等表述的边沿敏感信号等，因为此语句是产生边沿触发时序电路的特征表述。

if 语句类型 3 是一种多重 if 语句嵌套式条件句，可以产生比较丰富的条件描述。既可以产生时序电路，也可以产生组合电路，或是二者的混合。所以使用该语句时应多加注意。这一类型的语句有一个重要特点，就是其任一分支顺序语句的执行条件是以上各分支所确定条件的相与，即相关条件同时成立。即语句中顺序语句的执行条件具有向上相与的功能，而有的逻辑设计恰好需要这种功能，如例 3-9 中的优先编码器。

3.4.2 基于 if 语句的组合电路设计

例 3-7 给出了利用类型 3 的 if 语句描述 4 选 1 多路选择器的程序，其功能与例 2-1 相同。在例 3-7 中，当过程 always 被启动后，即刻顺序执行此结构所包含的语句。首先执行赋值语句 SEL = {S1, S0}，即将由 S1、S0 并位所得的两位二进制数赋给变量 SEL。然后计算出以下的 if 语句的条件表达式的值。条件表达式“(SEL == 0)”的计算方法是这样的：当 SEL 等于 00，则 (SEL == 0) =1，表示满足条件，即执行赋值语句“Y=A;”，即将输入口 A 的数据赋给输出变量 Y。否则，即 SEL 不等于 00，表达式 (SEL == 0) = 0，随即执行 else 后的 if 语句。以此方式顺序执行下去，直到完成所有 if 条件语句。

例 3-7 给出的是多条件情况，如果只有一个条件，可以表示为以下形式。

```
if (S)  Y = A;  else  Y = B;
```

这是一个 2 选 1 多路选择器的表述方式，属于类型 2，即当控制信号 S=1 时，条件式为真，执行赋值语句 Y=A；而当 S=0，条件式为伪时，执行赋值语句 Y=B。同样，当需要执行的语句有多条时，应该用 begin_end 块语句将它们“括”起来，例如以下语句。

```
if (S)  Y=A;  else   begin Y=B; Z=C; Q=1'b0; end
```

【例 3-7】

```
module MUX41a (A,B,C,D,S1,S0,Y);
          input A,B,C,D,S1,S0;      output Y;
          reg [1:0] SEL ;    reg Y;
          always @(A,B,C,D,SEL)
          begin                     //块语句起始
                    SEL = {S1,S0};   //把 S1,S0 并位为 2 元素矢量变量 SEL[1:0]
                    if (SEL==0)  Y = A;      //当 SEL==0 成立，即(SEL==0)=1 时， Y=A
          else  if (SEL==1)  Y = B;      //当(SEL==1)为真时， Y=B
          else  if (SEL==2)  Y = C;      //当(SEL==2)为真时， Y=C
          else              Y = D;      //当 SEL==3， 即 SEL==2'b11 时， Y = D
          end                            //块语句结束
endmodule
```

例 3-9 正是利用了类型 3 的 if 语句中各条件向上相与这一功能，以十分简洁的描述完成了一个 8 线-3 线优先编码器的设计。表 3-1 是此编码器的真值表。

表 3-1 8 线-3 线优先编码器真值表

输入								输出		
din0	din1	din2	din3	din4	din5	din6	din7	output0	output1	output2
x	x	x	x	x	x	x	0	0	0	0
x	x	x	x	x	x	0	1	1	0	0
x	x	x	x	x	0	1	1	0	1	0
x	x	x	x	0	1	1	1	1	1	0
x	x	x	0	1	1	1	1	0	0	1
x	x	0	1	1	1	1	1	1	0	1
x	0	1	1	1	1	1	1	0	1	1
0	1	1	1	1	1	1	1	1	1	1

注：表中的 x 为任意值。

显然，程序的最后一项赋值语句 DOUT=3'b111 的执行条件（相与条件）如下。

```
(DIN[7]==1) & (DIN[6]==1) & (DIN[5]==1) & (DIN[4]==1) & (DIN[3]==1) &
(DIN[2]==1) & (DIN[1]==1) & (DIN[0]==0)  //这恰好与表 3-1 最后一行吻合
```

图 3-7 是例 3-8 和例 3-9 的时序仿真波形图，例 3-8 是一个利用 casez 语句设计的 8 线-3 线优先编码器的 Verilog 程序，其中的问号符号“?”表示任意值或不关心值。例 3-8 中使用 casez，是因为程序中的数据有“?”。

【例 3-8】
```
module CODER83 (DIN,DOUT);
   output[0:2]DOUT;  input[0:7]DIN;
   reg [0:2] DOUT;
   always @(DIN)
     casez (DIN)
       8'b???????0 : DOUT<=3'b000;
       8'b??????01 : DOUT<=3'b100;
       8'b?????011 : DOUT<=3'b010;
       8'b????0111 : DOUT<=3'b110;
       8'b???01111 : DOUT<=3'b001;
       8'b??011111 : DOUT<=3'b101;
       8'b?0111111 : DOUT<=3'b011;
       8'b01111111 : DOUT<=3'b111;
       default : DOUT<=3'b000;
   endcase
 endmodule
```

【例 3-9】
```
module CODER83 (DIN,DOUT);
   output[0:2]DOUT;
   input[0:7]DIN;
   reg [0:2] DOUT;
   always @(DIN)
        if (DIN[7]==0)  DOUT=3'b000;
     else if (DIN[6]==0)  DOUT=3'b100;
     else if (DIN[5]==0)  DOUT=3'b010;
     else if (DIN[4]==0)  DOUT=3'b110;
     else if (DIN[3]==0)  DOUT=3'b001;
     else if (DIN[2]==0)  DOUT=3'b101;
     else if (DIN[1]==0)  DOUT=3'b011;
     else                 DOUT=3'b111;
endmodule
```

图 3-7　例 3-8 和例 3-9 的时序仿真波形

利用 Quartus 进行综合，读者不难发现，此二例的逻辑资源利用情况有很大不同：例 3-8 占用的逻辑资源将近是例 3-9 的两倍。显然，对于此类设计项目，if 语句中各条件向上相与的功能大大简化了电路的结构。

3.4.3　基于 if 语句的时序电路设计

例 3-10 是对电平触发型锁存器模块的一种 Verilog 描述，使用了 if 语句类型 1。图 3-8 是对应的电路模块图。综合后的内部逻辑电路如图 3-9 所示。此锁存器的工作时序如图 3-10 所示。图中的波形显示，当时钟 CLK 为高电平时，其输出 Q 的数值才会随 D 输入的数据而改变，即更新；而当 CLK 为低电平时将保持其在高电平时锁入的数据。图 3-10 中，Q 输出左侧的打叉图形表示此时的状态未知（这是因为之前的时钟情况未知）。

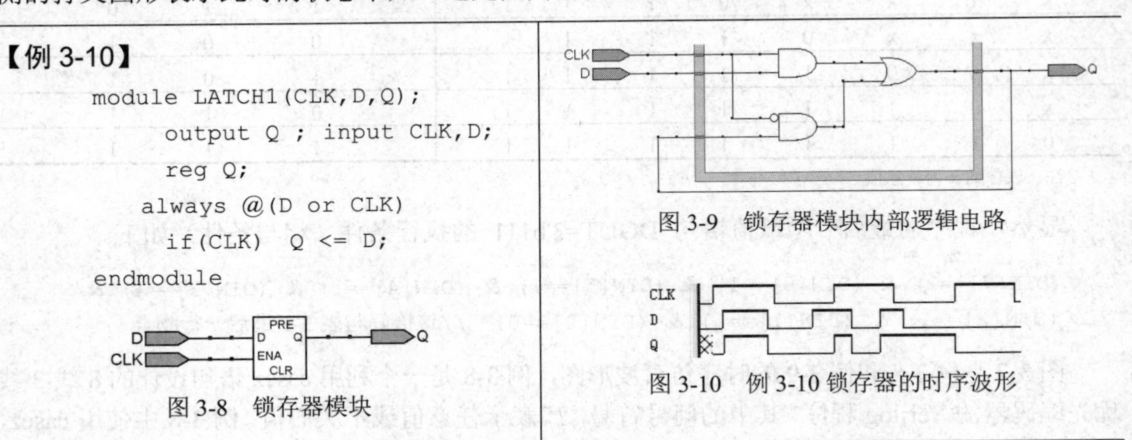

【例 3-10】
```
module LATCH1(CLK,D,Q);
      output Q ; input CLK,D;
      reg Q;
    always @(D or CLK)
      if(CLK)  Q <= D;
endmodule
```


图 3-8　锁存器模块

图 3-9　锁存器模块内部逻辑电路

图 3-10　例 3-10 锁存器的时序波形

与对 D 触发器的描述不同，此例中并没有使用时钟边沿敏感表述 posedge，但同样生成了时序电路。

首先考查时钟信号CLK，设某个时刻，CLK由0变为高电平1，这时过程语句被启动，于是顺序执行以下if语句，而此时恰好满足if语句的条件，即CLK = 1，于是执行赋值语句Q <= D，将D的数据向Q赋值，即更新Q，并结束if语句。至此，综合器是否可以借此构建时序电路了呢？答案是否定的。

因为还必须考查问题的另一面才能决定，即考查以下两种情况。

（1）当CLK发生了电平变化，即从1变到0，这时无论D是否变化，都将启动过程，去执行if语句，但这时CLK=0，不满足if语句的条件，故直接跳过if语句，从而无法执行赋值语句Q <= D，于是Q只能保持原值不变，这就意味着需要引入存储元件于设计模块中，因为只有存储元件才能满足输入改变时保持Q不变的条件。

（2）当CLK没有发生变化，且一直为0时（结果与以上讨论相同)，敏感信号D发生了变化。这时也能启动过程，但由于CLK=0，将直接跳过if语句，从而同样无法执行赋值语句Q<=D，导致Q只能保持原值，这也意味着需要引入存储元件于设计模块中。

在以上两种情况中，由于if语句不满足条件，于是将跳过赋值表达式Q<=D，不执行此赋值表达式而结束if语句和过程。对于这种语言现象，Verilog综合器解释为，对于不满足条件的情况，跳过赋值语句Q<=D不予执行，这意味着保持Q的原值不变（保持前一次满足if条件时Q被更新的值)。当输入改变后试图保持一个值不变，就意味着使用具有存储功能的元件，即必须引进时序元件来保存Q中的原值，直到满足if语句的判断条件后才能更新Q中的值，于是便产生了时序元件。

那么为什么综合出的时序元件是电平触发型锁存器而不是边沿型触发器呢？这里不妨再观察例3-10的另一种可能的情况就清楚了。设例3-10中的CLK一直为1，而当D发生变化时，必定启动过程，执行if语句中的Q<=D，从而更新Q。而且在这个过程中，只要有所变化，输出Q就将随之变化，这就是所谓的“透明”。因此锁存器也称为透明锁存器。反之，如前讨论的情况，若CLK=0，D即使变化，也不可能执行if语句（满足if语句的条件表述)，从而保持住了Q的原值。

分析例3-10可以发现，此类语句不用类似posedge等标志性敏感表述也能产生时序电路的奥秘，就是通过使用不完整的条件语句，即在条件语句中有意不把所有可能的条件对应的操作表述出来，只列出了满足某部分条件下完成某任务，而不交代当不满足此条件或其他条件时程序该如何操作，这是if语句类型1的特点。如例3-10中只表述出满足CLK=1的条件下选择执行赋值语句Q<=D，而当不满足此条件时，程序有意不做交代（如不加else等语句)，从而使综合器解释为不满足条件时应该不做赋值，而保持Q的值为原数据。

和D触发器不同，在FPGA中，综合器引入的锁存器在许多情况下不属于现成的基本时序模块，所以需要用含反馈的组合电路构建，其电路结构通常如图3-9所示。显然，这比直接调用D触发器要额外耗费组合逻辑资源。

对于边沿性触发的D触发器的描述则不同，如例3-1，不是通过使用不完整条件语句来实现时序模块的，而是直接利用边沿检测函数posedge来实现的。

3.4.4 含异步复位和时钟使能的D触发器的设计

实用的D触发器标准模块应该如图3-11所示，它的时序图如图3-12所示。此类D触发器，除数据端 D、时钟端 CLK 和输出端 Q 外还有两个控制端，即异步复位端和时钟使能端 EN。这里所谓的“异步”是指独立于时钟控制的复位控制端。即在任何时刻，只要 RST=0（有的 D 触发器基本模块是高电平 1 清零有效），此 D 触发器的输出端即刻被清零，与时钟的状态无关。而时钟使能 EN 的功能是，只有当 EN=1 时，时钟上升沿才有效。因此，接于图 3-11 的 D 触发器 ENA 端的 EN 的功能是控制时钟 CLK 的。

此类 D 触发器的 Verilog 描述如例 3-11 所示，程序使用了 if 语句类型 2。在此程序过程的敏感信号表中，使用了 CLK 的正沿及 RST 的负沿敏感语句，从而实现了此类 D 触发器功能。此程序的执行过程是这样的，无论 CLK 是否有跳变，只要 RST 有一个下降沿动作（即从 1 到 0 的电平变化），即刻启动过程，执行 if 语句。此时 RST=0，因此一定满足条件(!RST)=1，于是执行语句 Q<=0，对 Q 清零，然后跳出 if 语句。此后如果 RST 一直保存为 0，则无论是否有 CLK 的边沿跳变信号，Q 恒输出 0，这就是 RST 的异步清零功能。例 3-11 中的符号“ ! ”是取反操作符，如“!1=0”。

【例 3-11】

```
module DFF2(CLK,D,Q,RST,EN);
  output Q;
  input CLK,D,RST,EN;
  reg Q;
always @(posedge CLK or negedge RST)
  begin
       if (!RST)  Q <= 0;
  else if (EN)    Q <= D;
  end
endmodule
```

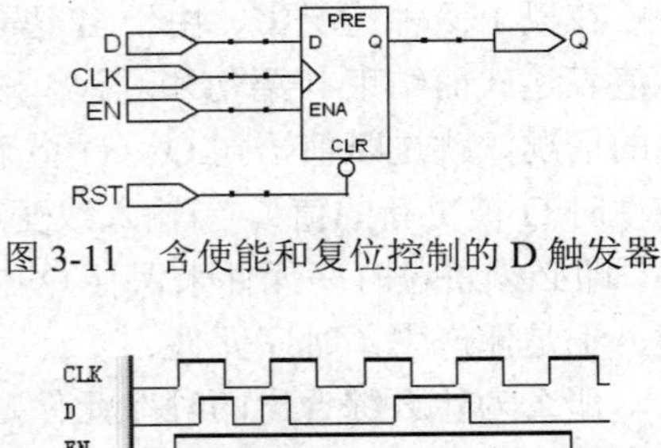

图 3-11　含使能和复位控制的 D 触发器

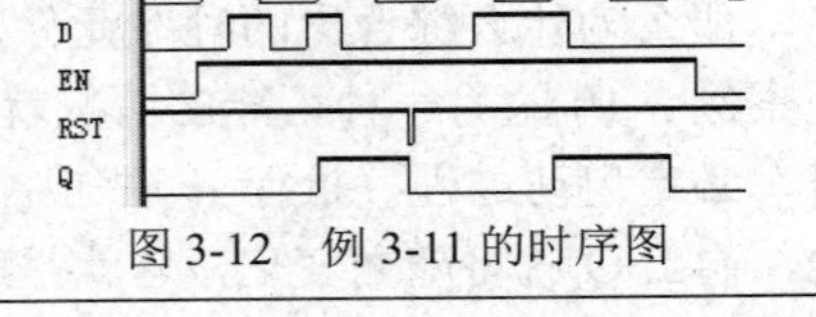

图 3-12　例 3-11 的时序图

如果 RST 一直为 1，且 CLK 有一次上升沿（要求此时 EN=1），则必定执行赋值操作 Q<=D，从而更新 Q 值，否则（CLK 无上升沿）将保持 Q 值不变（条件是 RST==1）。

另外请注意，图 3-8 与图 3-11 电路元件的端口 ENA 的功能是完全不同的，前者的 ENA 的功能类似于时钟 CLK，是数据锁存允许控制端，而后者则是时钟使能端。

3.4.5　含同步复位控制的 D 触发器的设计

实际上，图 3-11 所示的基本 D 触发器模块中本不含同步清零控制逻辑，因此，如果需要含此功能，必须外加逻辑才能构建此功能。图 3-13 所示就是一个含同步清零的 D 触发器电路，它在输入端口 D 处加了一个 2 选 1 多路选择器 Q1。工作时，当 RST=1 时，即选通“1”端的数据 0，使 0 进入触发器的 D 输入端。如果这时 CLK 有一个上升沿，便将此 0 送往输出端 Q，这就实现了同步清零的功能；而当 RST=0 时，则选通“0”端的数据 D，使数据进入触发器的 D 输入端。这时的电路即与图 3-1 所示的普通 D 触发器相同。

这里同步的概念是指某控制信号只有在时钟信号有效时才起作用。例如，同步清零信号必须在时钟边沿信号到来时，才能实现清零功能。图 3-14 所示是这种触发器的仿真波形，从波形中可以清晰看出其工作特性。

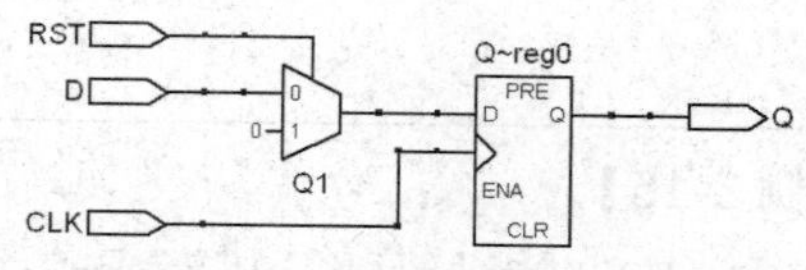

图 3-13 含同步清零控制的 D 触发器

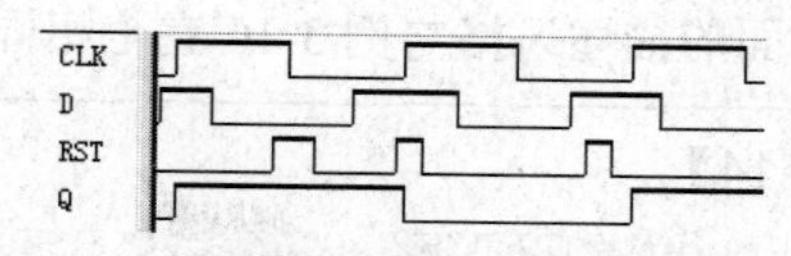

图 3-14 含同步清零控制 D 触发器的时序图

例 3-12 是对此类触发器的 Verilog 描述。注意在敏感信号表中只放了对 CLK 上升沿的敏感表述。这就表明，此过程中的所有其他输入信号都随时钟 CLK 而同步。

其实可以删去例 3-12 中最后的表述 else Q = Q，这样并不会改变程序的功能。

如果将例 3-12 的单个过程描述的逻辑用两个过程来描述，其逻辑结构更清晰。例 3-13 就是这个程序。程序中的第一个过程是一个对 2 选 1 多路选择器的纯组合逻辑描述，而第二个过程是一个普通 D 触发器的描述，其形式与例 3-1 相同。只不过其 Q1 是来自第一个过程传过来的信号 Q1，即来自 2 选 1 多路选择器的输出。

【例 3-12】

```
module DFF3(CLK,D,Q,RST);
   output Q ;
   input CLK,D,RST ;
   reg Q;
   always @(posedge CLK)
         if (RST==1)  Q = 0;
      else if (RST==0)  Q = D;
           else         Q = Q;
endmodule
```

【例 3-13】

```
module DFF1(CLK,D,Q,RST);
   output Q;  input CLK,D,RST;
   reg Q, Q1;      //注意定义了 Q1 信号
   always @(RST,D)  //纯组合过程
    if (RST==1)  Q1=0;
         else Q1=D;
   always @(posedge CLK)
         Q <= Q1;
endmodule
```

3.4.6 含清零控制的锁存器的设计

图 3-15 是含异步清零控制的锁存器的模块图，其内部逻辑构成如图 3-16 所示。注意电路中含有输出反馈，即它可以是专用模块，也可直接用门电路组合器件来构建。图 3-17 是此电路的仿真波形。

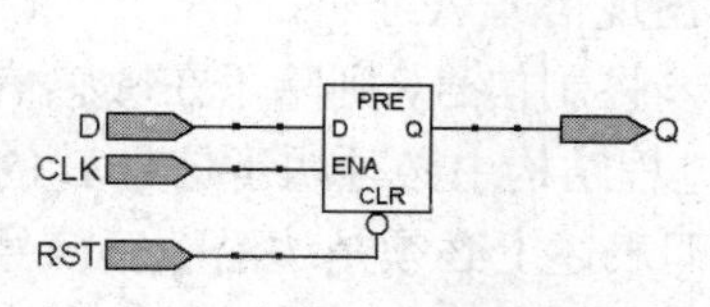

图 3-15 含异步清零的锁存器

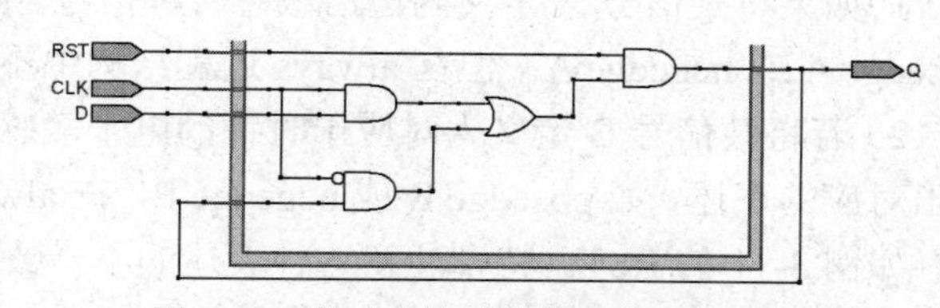

图 3-16 含异步清零锁存器的逻辑电路图

含异步清零锁存器的 Verilog 设计表述可以有多种，例 3-14 和例 3-15 给出了两种完全不同风格的设计示例。例 3-14 使用了具有并行语句特色的含条件操作符的连续赋值语句，其中的语句“assign Q = (!RST) ? 0: (CLK ? D:Q);”表示：若(!RST)=1，则选择 Q=0，否则选择 Q=(CLK ? D:Q)。(CLK ? D:Q)表示：若 CLK=1，选择 D，否则选择 Q。

而例 3-15 使用的是常规的过程语句，其中数据信号 D、时钟信号 CLK 和清零复位信号 RST 都被列于敏感信号表中，从而实现了 CLK 的电平触发特性和 RST 的异步特性。此例在

时序方面的描述风格与例 3-10 完全相同。

【例 3-14】

```
module LATCH2 (CLK,D,Q,RST);
  output Q ; input CLK,D,RST;
  assign Q = (!RST)? 0:(CLK ? D:Q);
endmodule
```

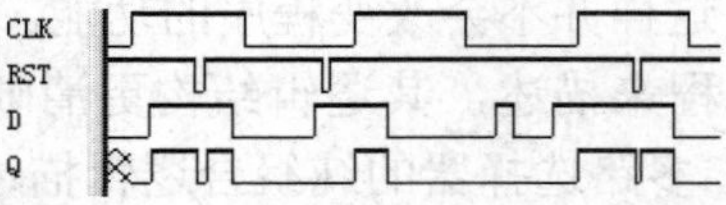

图 3-17　含异步清零的锁存器的仿真波形

【例 3-15】

```
module LATCH3 (CLK,D,Q,RST);
    output Q ;
    input CLK,D,RST;
      reg Q;
    always @(D or CLK or RST)
            if(!RST)  Q<=0;
        else
            if(CLK)   Q<=D;
endmodule
```

3.4.7　时钟过程表述的特点和规律

以上曾提到，试图改变敏感信号的放置（即选择性地决定过程中哪些信号进入敏感信号表）来改变逻辑功能是无效的。这主要是指无关键词 posedge 或 negedge 的敏感信号表的情况。编程时应该注意，当敏感信号表含有 posedge 或 negedge 时，选择性地改变敏感信号的放置是会影响综合结果的。例如，由于例 3-11 程序的安排，其中的 RST 尽管也被定义为边沿敏感信号，但在模块中，它其实是独立于 CLK 的电平敏感型变量，这似乎与 negedge 的本意不符，但可以从程序的描述中找到答案。因为在程序中又出现了 RST（注意，一个信号如果是时钟，它是不会出现在过程的程序中的），并指定其为 if 语句的条件变量。由此导致此过程中所有这些未能进入敏感信号表的变量都必须是相对于时钟同步的。所以，如果希望在同一模块中含有独立于主时钟的时序或组合逻辑，则必须用另一个过程来描述。

此外，对于以上的示例，读者一定注意到了，在触发器中明明是电平控制的 RST 信号，却偏偏在敏感表中用类似时钟边沿的敏感语句来表述，这是否会使综合器将其误认为另一个时钟信号呢？答案是不会的。

对于边沿触发型时序模块的 Verilog 设计，读者可以遵循以下规律。

（1）如果将某信号 A 定义为边沿敏感时钟信号，则必须在敏感信号表中给出对应的表述，如 posedge A 或 negedge A；但在 always 过程结构中不能再出现信号 A 了。

（2）若将某信号 B 定义为对应于时钟的电平敏感的异步控制信号，则除了在敏感信号表中给出对应的表述，如 posedge B 或 negedge B，在 always 过程结构中必须明示信号 B 的逻辑行为，如例 3-11 的 RST。特别注意这种表述的不一致性，即表述上必须是边沿敏感信号，如 posedge B，但电路性能上是电平敏感的。

（3）若将某信号定义为对应于时钟的同步控制信号（或仅仅是同步输入信号），则绝不可以以任何形式出现在敏感信号表中。

其实，对于如例 3-11 给出的构建含有异步复位控制的边沿触发型时序模块的编程形式具有约定俗成的性质，即 Verilog 综合器认可这种编程方式和程序规则；否则，即使程序语法没有问题，逻辑上也说得通，也不可能综合出正确的电路。因此，对于此类时序电路的编程设计必须注意以下 3 点。

（1）敏感信号表中不允许出现混合信号。敏感信号表一旦含有 posedge 或 negedge 的边沿敏感信号（即某单边沿）后，所有其他普通变量都不能放在敏感信号表中。即所谓的混合信号表述是不允许的，如以下形式是错误的。

```
always @(posedge CLK or RST )
```

或

```
always @(posedge CLK or negedge RST or A )
```

这是因为 Verilog 在行为语句中不允许有双边沿敏感信号，而处于混合信号表中的单独的 RST 和 A 都会被看成双边沿信号。

（2）类似于例 3-11 中的时序电路编程规则：若定义某变量（如 RST）为异步低电平敏感信号，则在 if 条件句中应该对敏感信号表中的信号有匹配的表述，如以下 3 种表述方式都是正确的。

```
always @ (posedge CLK or negedge RST )  begin  if (!RST)    ...
always @ (posedge CLK or negedge RST )  begin  if (RST== 0) ...
always @ (posedge CLK or negedge RST )  begin  if (!RST==1) ...
```

这是因为其条件式都表达了 RST 是低电平敏感信号，都能对应敏感信号表中的表述 negedge RST，即低电平时满足异步清零条件。反之，若以“(RST)”“(RST==1)”“(!RST==0)”分别替代以上 3 式的条件式，就是错误的表述。至于对(posedge CLK or posedge RST)的情况，即定义 RST 为异步高电平敏感时，正确的条件式的表达则应相反。

（3）类似于例 3-11 中的时序电路编程规则还有：不允许在敏感信号表中定义除异步时序控制信号以外的信号。即在诸如“(posedge CLK or negedge B)”的敏感信号表中定义的 B 只能作为触发器的异步复位或置位控制信号，而不能用作一般意义上的异步逻辑信号。即将 B 作为一个独立于时钟的普通输入信号，如式 Q1=A & B 等。显然，非复位或置位的独立于时钟的信号（普通异步信号）只能在其他过程中定义。

若将例 3-12 改为以下的例 3-16 所示的形式，即仅在 if 语句外加一条简单的赋值语句“OUT = !DIN ;”。程序中，无论将语句放在上面还是下面，或是将赋值符“=”改为“<=”都不能改变综合后电路的功能和结构（见图 3-18）。

【例 3-16】

```
module DFF5(CLK,D,Q,RST,DIN,OUT);
  output Q,OUT;
  input CLK,D,RST,DIN; reg Q,OUT;
  always @(posedge CLK )
   begin   OUT = !DIN;
     if (RST==1)  Q=0;
       else if(RST==0)  Q=D;
   end
endmodule
```

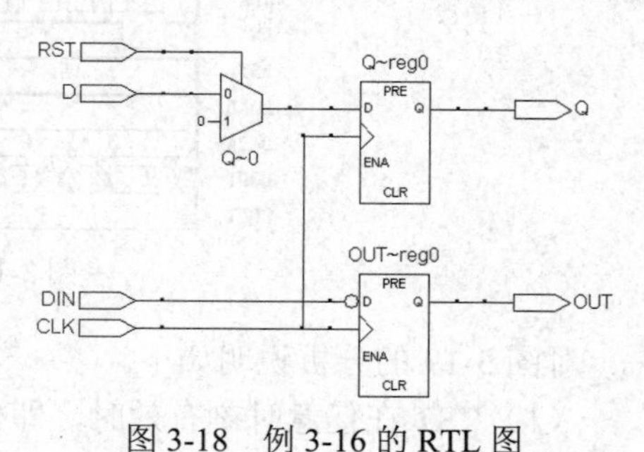

图 3-18　例 3-16 的 RTL 图

即其输出口 OUT 的数据总是被 CLK 同步的触发器锁存，而试图通过使用类似“always @(posedge CLK or DIN)”的表述来摆脱这个寄存器是无效的，因为此类表述是不被接受的、错误的。不难发现，Verilog 对于边沿敏感型时序电路的描述较多地依赖于语法的规定和表述的规则，而非仅仅针对模块本身的功能或行为的描述。

3.4.8　实用加法计数器设计

与例 3-3 相比，以下的例 3-17 更具实用意义。此例描述了一个含异步复位、同步计数使能和可预置的十进制计数器。在例 3-17 的程序中，读者应重点关注程序中 if 语句的用法。此例中的多数语句已给出了对应的分析和说明。

图 3-19 是例 3-17 的仿真波形图，图中的粗线表示非标量位的总线。波形图清晰展示了此计数器的工作性能。

【例 3-17】

```
module CNT10 (CLK,RST,EN,LOAD,COUT,DOUT,DATA);
    input CLK,EN,RST,LOAD ;                //时钟，时钟使能，复位，数据加载控制信号
    input [3:0] DATA ;                     //4 位并行加载数据
    output [3:0] DOUT ;                    //4 位计数输出
    output COUT ;                          //计数进位输出
    reg [3:0] Q1 ;   reg COUT ;
    assign DOUT = Q1;                      //将内部寄存器的计数结果输出至 DOUT
    always @(posedge CLK or negedge RST) //时序过程
      begin
           if (!RST)   Q1 <= 0;            //RST=0 时，对内部寄存器单元异步清零
      else  if (EN)  begin                 //同步使能 EN=1，则允许加载或计数
           if (!LOAD)      Q1<=DATA;       //当 LOAD=0 时，向内部寄存器加载数据
         else  if (Q1<9)  Q1 <= Q1+1;      //当 Q1 小于 9 时，允许累加
         else   Q1 <= 4'b0000; end         //否则一个时钟后清零返回初值
      end
    always @(Q1)                           //组合过程
      if (Q1==4'h9)  COUT = 1'b1;  else  COUT = 1'b0;
endmodule
```

图 3-19　例 3-17 的仿真波形

对图 3-19 的分析说明如下。

（1）RST 在任意时刻有效时，即使 CLK 非上升沿时，计数也能即刻清零。

（2）当 EN=1（即时钟使能与允许数据加载），且在时钟 CLK 的上升沿时间范围 LOAD=0 时，4 位输入数据 DATA=7 被加载，在 LOAD=1 后作为计数器的计数初值；如图 3-19 所示，计数从原来的 4 加载到 7 的时序。计数到 9 时，COUT 输出进位 1。但当下一轮计数到 2 时，尽管出现了加载信号 LOAD=0，但并未出现加载情况。这是因为 LOAD 是同步加载，此时没

有时钟上升沿。

（3）当 EN、RST、LOAD 都为高电平时，计数正常进行。在计数数据等于 9 时进位输出高电平。另外，凡当计数从 7 计到 8 时有一毛刺信号，这是因为 7（0111）到 8（1000）的逻辑变化最大，每一位都发生了翻转，导致各位信号传输路径不一致性增大。

当然，毛刺在此处出现不是必然的。如果器件速度高，且系统优化恰当，遇到同样情况不一定会出现毛刺。例如，选择 Cyclone 2 系列 FPGA，则会出现图中的毛刺；如果选用 Cyclone 3 系列高速 FPGA，就不会有此毛刺了。

程序例 3-17 由 Quartus 综合后，可得到如图 3-20 所示的 RTL 电路图。电路中含有一个小于比较器、一个加法器、一个等于比较器、两个 4 位总线通道的 2 选 1 多路选择器。这些都是组合电路，唯一的一个时序电路模块是 4 位寄存器。

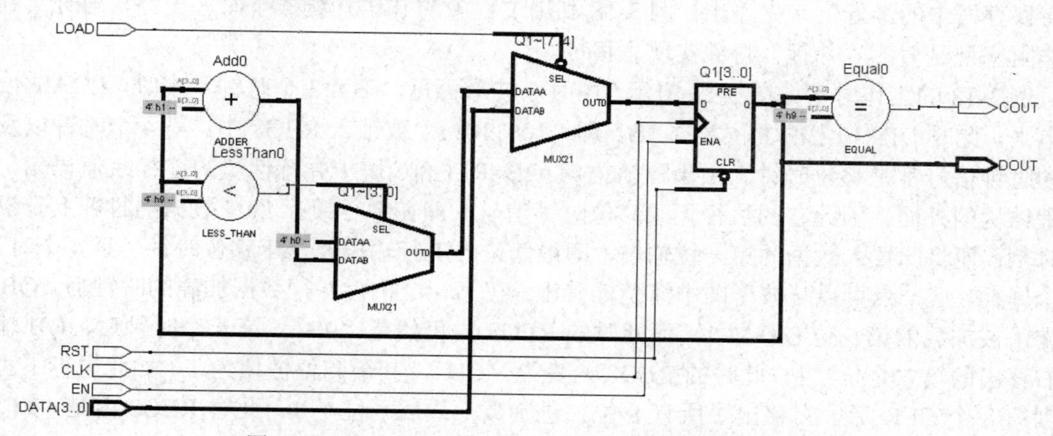

图 3-20　Quartus 对例 3-17 综合后得到的 RTL 电路图

由图 3-20 可以清晰地看出电路中的元件与例 3-17 中相关语句的对应关系。

（1）条件句“if (!RST)”构成 RST 接于寄存器下方的异步清零端 CLR。

（2）条件句“if (EN)”构成 EN 接于寄存器左侧的使能端 ENA。

（3）条件句“if (LOAD)”构成 LOAD 接于上面的多路选择器，使之控制选择来自 DATA 的数据，还是来自另一多路选择器的数据。

（4）不完整的条件语句与语句 Q1 <= Q1+1 构成了加 1 加法器和 4 位寄存器。

（5）语句“(Q1<9)”构成了小于比较器，比较器的输出信号控制左侧多路选择器。

（6）第二个过程语句构成了纯组合电路模块，即一个等式比较器，做进位输出。

3.4.9　含同步预置功能的移位寄存器设计

移位寄存器有多种不同的描述和实现方法，以下给出用类型 2 的 if 语句构建的移位寄存器示例，进一步展示 Verilog 电路模块设计的基本方法和规律。

例 3-18 是一个含同步并行预置功能的 8 位右移移位寄存器。其中，CLK 是移位时钟信号，DIN[7:0]是 8 位并行预置数据端口，LOAD 是并行数据预置使能控制信号，QB 是串行输出端口。此移位寄存器的工作方式是：当 CLK 的上升沿到来时，过程被启动，如果这时预置使能 LOAD 为高电平，则输入端口处的 8 位二进制数被同步并行置入移位寄存器中，用作串行右移输出的初始值；如果预置使能 LOAD 为低电平，则执行以下赋值语句。

```
REG8[6:0] <= REG8[7:1] ;
```

此语句表明以下两点。

（1）一个时钟周期后，用上一个时钟周期移位寄存器中的高 7 位二进制数（即当前值 REG8 [7:1]）更新此寄存器的低 7 位 REG8[6:0]，且其串行移空的最高位始终由最初并行预置数的最高位填补。它们不会自我覆盖，这是因为 REG8 中 8 个触发器是对单一时钟同步的，所以每一位向相邻位赋值是在本时钟周期中同步发生的。

（2）将上一时钟周期移位寄存器中的最低位（即当前值 REG8[0]）向 QB 输出。

随着 CLK 脉冲的连续到来，就完成了将并行预置输入的数据逐位向右串行输出的功能，即将寄存器中的最低位首先输出。例 3-18 利用过程中的 if 语句构成了时序电路，同时又利用了非阻塞型赋值的“并行”特性实现了移位。

例 3-18 的工作时序如图 3-21 所示。由时序波形可见，在第 3 个时钟到来时，LOAD 恰为高电平，此时 DIN 口上的 8 位数据 9B，即“10011011”被锁入 REG8 中。第 4 个时钟以及以后的时钟信号都是移位时钟。由于赋值语句 QB=REG8[0]属于并行性质的连续赋值语句，在过程结构的外面，因此它的执行无须移位时钟信号。即在并行锁存 DIN 数据的时钟上升沿到来时刻，便将此置入数据的第一位输出，即最低位的串行输出要早于移位时钟（第 4 个时钟）一个周期。这一点可以从波形图中清楚地看出：在第一个执行并行数据加载的时钟后，QB 即输出了被加载的第一位右移数 1，而此时的 REG8 内仍然是“9B”。第 4 个时钟后，QB 输出了右移出的第二个位：1。此时的 REG8 内变为“CD”，其最高位被填为 1。如此进行下去，直到第 8 个 CLK 后，右移出了所有 8 位二进制数，最后一位是 1。此时 REG8 内是“FF”，即全部被 DIN 的最高位 1 填满。

【例 3-18】

```
module SHFT1(CLK,LOAD,DIN,QB);
  output QB;  input CLK,LOAD;
  input[7:0] DIN; reg[7:0] REG8;
  always @(posedge CLK)
   if (LOAD)    REG8<=DIN;
   else REG8[6:0]<=REG8[7:1];
  assign QB = REG8[0];
endmodule
```

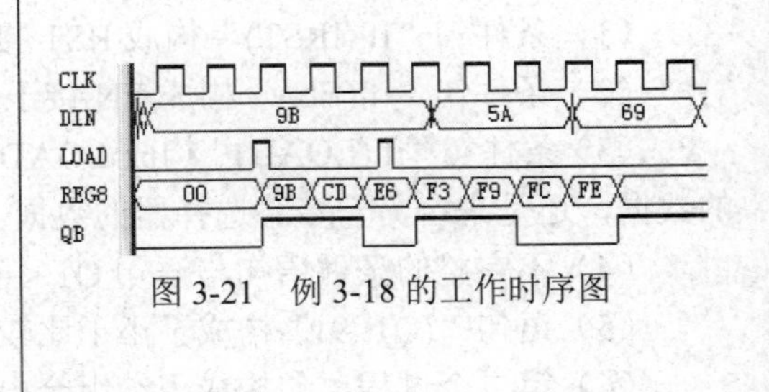

图 3-21　例 3-18 的工作时序图

3.4.10　关注 if 语句中的条件指示

在 if 语句使用中要特别注意条件指示一定要明确，不能含糊，否则可能与希望的设计结果大相径庭。对于条件指示，应该正确使用块语句。

试分析以下 3 个示例：例 3-19、例 3-20 和例 3-21。关注示例中的条件（A == 0）究竟针对哪一条语句，并注意它们对应电路的功能和结构。

观察例 3-19 会发现，此程序中的条件（A==0）是否满足的语句执行指向是有歧义的。如果语句 if (A==0) 在满足条件后运行的语句是“if (B==0) Q=0; else Q=1;”，则程序的描述应该如例 3-20 那样，将这一语句用 begin_end 块“括”起来。这种结构表明，此语句属于一条语句。不难发现，例 3-20 与例 3-10 的程序结构是相同的，if (A==0) 引导了一个非完整型条件语句（注意，if (B==0) 引导的语句的条件指向是完整的，所以构建的是组合电路），于是其综合所得的电路一定也是一个电平触发型锁存器（见图 3-22），且输入信号 A 的功能对应例 3-10 的 CLK，B 对应数据输入端 D。

【例 3-19】

```
module andd(A,B,Q);
  output Q;
  input A,B;
   reg Q;
  always @(A,B)
   if (A==0)
   if (B==0) Q=0;
  else  Q=1;
endmodule
```

【例 3-20】

```
module andd(A,B,Q);
  output Q;
  input A,B; reg Q;
  always @(A,B)
   if (A==0)
  begin
  if (B==0) Q=0;
  else  Q=1; end
endmodule
```

【例 3-21】

```
module andd(A,B,Q);
  output Q; input A,B;
  reg Q;
  always @(A,B)
   if (A==0)
  begin if(B==0) Q=0;
  end
  else Q=1;
endmodule
```

如果语句 if (A==0)在满足条件后运行的语句是“if (B==0) Q=0;”，则程序的描述应该如例 3-21 所示，于是将这一语句用 begin_end 块“括”起来。这种结构表明，此语句属于一条语句。此语句的含义是，如果(A==0)，则执行语句“if (B==0) Q=0;”；否则，执行语句“Q=1;”。

由分析可知，此程序中由 if (A==0)和 if (B==0)引导的语句的条件指向都是不完整的。这是因为，对于条件句 if (B==0)，未指出当 B 不为 0 时 Q 赋何值；对于条件句 if (A==0)，从表面上看，指出了当 A 不为 0 时执行语句“if (B==0) Q=0;”，但在此句中仍然包含当 B 不为 0 时 Q 赋何值的问题。所以此例综合出的电路会比较复杂（见图 3-23）。

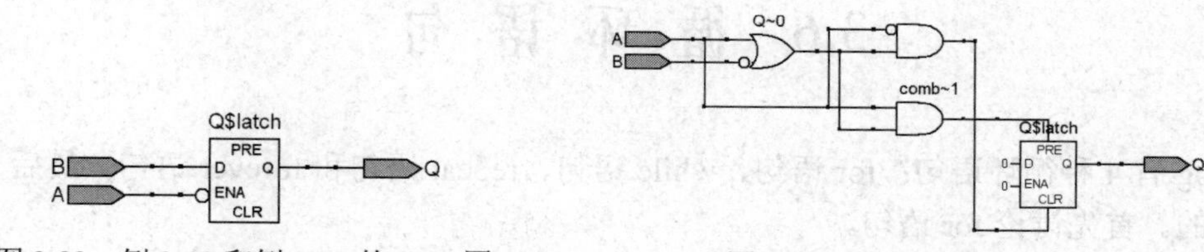

图 3-22 例 3-19 和例 3-20 的 RTL 图　　　　图 3-23 例 3-21 的 RTL 图

事实上，由于 Verilog 默认，else 与最近的没有 else 的 if 相关联，显然例 3-20 和例 3-21 是等价的。但仍然建议，在 if 语句中的任何分支执行语句，无论是单句还是多句，都用块语句“括”起来，以便明确各条件分支层次。

3.5 过程赋值语句

从以上的一些示例中，读者不难发现，有两种不同的赋值符号，即“=”和“<=”。

在过程语句结构中，Verilog 中有以下两类赋值方式，对应以下两种赋值符号。

（1）阻塞式赋值。Verilog 中，用普通等号“=”作为阻塞赋值语句的赋值符号，如 y = b。阻塞式赋值的特点是，一旦执行完当前的赋值语句，赋值目标变量 y 即刻获得来自等号右侧表达式的计算值。如果在一个块语句中含有多条阻塞式赋值语句，而当执行到其中某条赋值语句时，其他语句被禁止执行，这时其他语句如同被阻塞了一样。其实阻塞式赋值语句的特点与 C 语言等软件描述语言相似，都属于顺序执行语句，而此类语句都具有类似阻塞式的执行方式，即当执行某一语句时，其他语句不可能被同时执行。

显然，阻塞式赋值符号“=”的功能与 VHDL 的变量赋值符号“：=”的功能十分类似。需要注意的是，assign 语句和 always 语句中出现的赋值符号“=”（如例 3-3）从理论上说是不同性质的，因为前者属于连续赋值语句，具有并行赋值特性；后者属于过程赋值类中的顺序赋值语句。但从综合角度看其结果，则常常是相同的。因为 assign 语句不能使用块语句，故只允许引导一条含“=”的赋值语句；显然，在 assign 语句作为并行语句的限制下，即使其中的语句具备顺序执行功能，也无从发挥。

（2）非阻塞式赋值。非阻塞式赋值的特点是，必须在块语句执行结束时才整体完成赋值操作。非阻塞的含义可以理解为，在执行当前语句时，对于块中的其他语句的执行情况一律不加限制，不加阻塞。这也可以理解为，在 begin_end 块中的所有赋值语句都可以并行运行。但理论却不是这样（主要指基于 testbench 的仿真），对此后文将给出详细分析，而所有这些也都需要读者在实践中注意体会。

事实上，例 3-3 与例 3-4 中的赋值符号是可以互换的，即可将程序中阻塞式赋值符号“=”换成非阻塞式赋值符号“<=”，或反之，且功能与结构不变。但是，在一般情况下，事情并非总是这样，即在许多情况下，不同的赋值符号将导致不同的电路结构和逻辑功能的综合结果。因此，准确无误地理解和使用阻塞式与非阻塞式的赋值方式，对正确编程设计十分重要。对于这两种赋值方式后文还将深入讨论。另外需要特别注意，在同一过程中对同一变量的赋值，阻塞式赋值和非阻塞式赋值不允许混合使用。

3.6　循 环 语 句

Verilog 有 4 种循环语句：for 语句、while 语句、repeat 语句和 forever 语句。最后一种是不可综合的。首先讨论 for 语句。

3.6.1　for 语句

for 语句的一般格式可表述如下。

```
for (循环初始值设置表达式; 循环控制条件表达式; 循环控制变量增值表达式)
  begin   循环体语句结构   end
```

根据 for 语句的设置，此循环语句的执行过程可以分成如下 3 个步骤。

（1）本次循环开始前根据“循环初始值设置表达式”计算获得循环次数初始值。

（2）在本次循环开始前根据“循环控制条件表达式”计算所得的数据判断是否满足继续循环的条件，如果“循环控制条件表达式”为真，则继续执行“循环体语句结构”中的语句；否则即刻跳出循环。

（3）在本次循环结束时，根据“循环控制变量增值表达式”计算出循环控制变量的数值，然后跳到步骤（2）。

需要说明以下两点。

（1）步骤（3）中的所谓增值是指循环次数增加后的记录值，而非此表达式的值必须是增加的。

（2）此语句的第3项表达式“循环控制变量增值表达式”的值如果不随循环而改变，或导致循环次数过大，对于逻辑综合来说都将导致设计失败。

例3-22和例3-23是两则使用了for循环语句的以移位相加方式实现的4位乘法器的设计。对于循环控制变量增值表达式，前者采用增值的方式，后者采用了减值的方式。

【例3-22】

```
module MULT4B(R,A,B);
  parameter S=4;
  output[2*S:1] R;
  input[S:1] A,B;
  reg[2*S:1] R;
  integer i;
   always @(A or B)
   begin
   R = 0 ;
    for(i=1;  i<=S; i=i+1)
    if(B[i])
   R=R+(A<<(i-1)); //左移(i-1)位
    end
endmodule
```

【例3-23】

```
module MULT4B (R,A,B);
  parameter S=4;
  output[2*S:1] R;
  input[S:1] A,B;
  reg[2*S:1] R,AT; reg[S:1] BT,CT;
  always @(A,B )   begin
   R=0; AT = {{S{1'B0}},A};
   BT = B;  CT = S;
   for(CT=S; CT>0; CT=CT-1)
     begin  if(BT[1]) R=R+AT;
        AT = AT<<1;    //左移1位
        BT = BT>>1;    //右移1位
end  end
endmodule
```

这两例的仿真结果相同，时序仿真图如图3-24所示，其中的数值类型是无符号十进制数，而且逻辑综合后的RTL电路也相同。

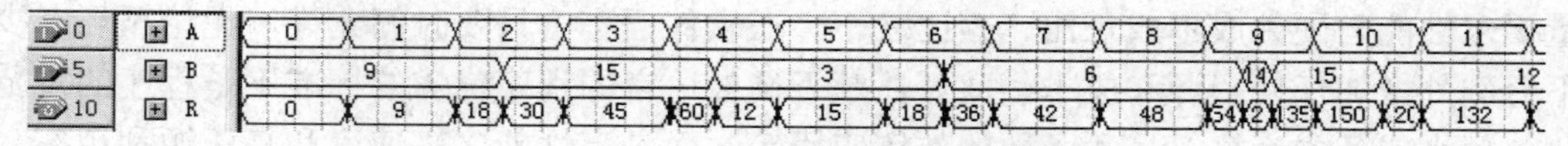

图3-24　4位乘法器的时序仿真图

3.6.2　while语句

例3-24给出了利用while语句实现4位乘法器的设计程序。其中的表达式“CT= CT-1;”为“循环控制变量增值表达式”。显然，for语句和while语句最为相似。

while语句的一般格式可表述如下。

```
while (循环控制条件表达式)
  begin  循环体语句结构 end
```

此语句执行时，首先根据“循环控制条件表达式”的计算所得，判断是否满足继续循环的条件，如果为真，执行一遍“循环体语句结构”中的所有语句；若为伪，即不满足循环表达式的条件，则结束循环。对于此种循环语句，必须在“循环体语句结构”中包含类似 for 语句的“循环控制变量增值表达式”，以便其计算结果在条件式中做比较。

读者还能通过此 4 位乘法器设计实例很好地研究阻塞式和非阻塞式赋值的使用特点。如例 3-25 所示，如果对其中的变量 TA、TB 都换作非阻塞式赋值，则整个设计结果将完全不同。因为，如前所述，只有在过程结束后才会把过程中所有非阻塞语句右端的计算结果赋给左端的信号，即寄存器。所以，如果采用非阻塞赋值，则会造成循环语句只执行一次，整个乘法器电路将无法构建，输出将恒为 0。所以在这里必须使用阻塞式赋值语句。

【例 3-24】

```
    module MULT4B(A,B,R);
      parameter S=4;
      input[S:1] A,B;
      output[2*S:1] R;
      reg[2*S:1] R,AT;
      reg[S:1] BT,CT;
      always@(A or B) begin
        R=0; AT={{S{1'b0}},A};
         BT=B; CT=S;
         while(CT>0) begin
          if(BT[1]) R=R+AT; else R=R;
    begin  CT= CT-1; AT=AT<<1;
BT=BT>>1; end    end    end
    endmodule
```

【例 3-25】

```
module MULT4B(R,A,B);
  parameter S=4;
  output [2*S:1] R; input [S:1] A,B;
  reg [2*S:1] TA,R;
  reg [S:1] TB;
     always @(A or B)  begin
       R = 0 ; TA = A ;  TB = B ;
       repeat(S) begin
       if(TB[1]) begin R=R+TA; end
         TA = TA<<1;  //左移 1 位
         TB = TB>>1;  //右移 1 位
        end
       end
endmodule
```

在 Verilog 循环语句的使用中，需要特别注意不要把它们混同于普通软件描述语言中的循环语句。作为硬件描述语言的循环语句，每多一次循环就要多加一个相应功能的硬件模块。因此，循环语句的使用要时刻关注逻辑资源的耗用量和利用率，以及可用资源的大小等因素，尽量要求性能与硬件成本成正比。相比之下，在软件语言中只要时间允许，无论循环多少次都不会额外增加任何资源和成本。此外，基于硬件语言的程序优劣的标准不是程序的规范、整洁、短小或各类运算符号和函数的熟练应用等，而是高性能、高速度和高资源利用率，这些指标的实现与程序的表达形式通常没有关系。

3.6.3　repeat 语句

repeat 语句的一般格式可表述如下。

```
repeat (循环次数表达式)
  begin    循环体语句结构   end
```

与 for 语句不同，repeat 语句的循环次数是在进入此语句执行以前就已决定的，无须循环次数控制增量表达式及其计算。语句中的“循环次数表达式”可以是数值确定的整数、变量或定义了常数的参数标识符等。

例 3-25 是一则利用 repeat 语句实现的 4 位乘法器。例 3-25 中的 repeat 语句的循环次数一开始就利用常数定义语句，确定了循环次数 S=4。此例的仿真结果同样如图 3-24 所示，综合结果也与例 3-22 相同。

3.6.4　forever 语句

forever 语句的一般格式如下。

```
forever   语句;
```

或

```
forever begin    语句;    end
```

由例 3-5 可见，如果仅按照此例的方式生成对模块输入端口的激励信号波形，程序将会十分庞大。许多情况下，可以利用 forever 语句来解决问题。forever 循环语句可以连续不断地执行其后的语句或语句块，从而产生周期性的波形，用作仿真激励信号。因此，forever 语句通常用在 initial 过程语句中。

3.7　任务与函数语句

任务和函数具备将程序中反复被用的语句结构聚合起来的能力，因此其功能类似于 C 语言的子程序。通过任务和函数语句结构来替代重复性大的语句可以有效地简化程序结构。从另一方面看，利用任务和函数可以把一个大的程序模块分解成许多小的任务和函数，以便调试。任务和函数语句的关键词分别是 task 和 function。

1．任务（task）语句

任务定义与调用的一般格式如表 3-2 所示。

表 3-2　任务定义与调用的一般格式

任务定义语句格式	任务调用格式
task <任务名>; 端口及数据类型声明语句 begin 过程语句; end endtask	<任务名> (端口 1, 端口 2, ... ,端口 N);

在任务定义中，关键词 task 和 endtask 间的内容即为被定义的任务，其任务名是标志当前定义任务的名称标识符。“端口及数据类型声明语句”包括此任务的端口定义语句和变量类型定义语句。任务接收的输入值和返回的输出值都通过此端口，而且端口命名的排序也很重要，一旦确定就不要随意改动。

“过程语句”是一段用来完成任务操作的过程语句，因此也标志着任务的调用必须在主程序的过程结构中。任务中的过程语句是顺序语句，若有多条，需用块语句“括”起来。还应注意，任务语句中不能出现由 always 或 initial 引导的过程语句结构。

显然，在任务中无法描述时序电路，可综合的任务语句结构只能描述组合电路。

任务调用语句表述较简单，即在任务名旁标注端口表即可。但应注意，任务调用时和任务定义时的端口变量的位置应该一一对应。

例 3-26 是一个任务定义和任务调用的示例。

【例 3-26】

```
module TASKDEMO (S,D,C1,D1,C2,D2);        //主程序模块及端口定义
   input S;   input[3:0] C1,D1,C2,D2;
   output [3:0] D;                        //端口定义数目不受限制
   reg [3:0] out1,out2;
   task CMP;                     //任务定义，任务名 CMP，此行不能出现端口定义语句
    input [3:0] A,B;
    output [3:0] DOUT;           //注意任务端口名的排序
    begin if (A>B) DOUT= A;      //任务过程语句描述一个比较电路
     else DOUT=B; end            //在任务结构中可以调用其他任务或函数，甚至自身
    endtask                      //任务定义结束
    always @ (*) begin           //主程序过程开始
   CMP(C1,D1,out1);              //调用一次任务。任务调用语句只能出现在过程结构中
   CMP(C2,D2,out2);   end        //第二次调用任务
   assign D=S? out1:out2;
endmodule
```

2. 函数（function）语句

函数通过关键词 function 和 endfunction 完成定义，其定义和调用格式如表 3-3 所示。

表 3-3　函数定义与调用的一般格式

函数定义语句格式	函数调用格式
function <位宽范围声明> 函数名; 　输入端口说明，其他类型变量定义; 　begin　过程语句;　end endfunction	<函数名>（输入参数 1，输入参数 2，...）

“位宽范围声明”是一个参数或位宽说明，它指定函数返回值的类型或位宽。如果没有这一声明，则返回值为 1 位寄存器类型的数据。“函数名”是定义函数的名称，对函数的调用就是通过此名称完成的。函数调用的返回值就是通过函数名变量传递给函数调用语句的。在函数定义语句的输入端口部分给出端口说明和类型定义。函数允许有多个输入端口，且至少应该含有一个输入端口。函数不允许有常规意义上的输出端口或双向端口，它的目的只是返回一个值，用于主程序表达式的计算。此值的位宽类型在函数中已定义好。函数中的功能描述语句与任务一样都是过程语句，因此函数的调用只能放在主程序的过程结构中；同时，与任务相同，函数中的语句也不能出现由 always 或 initial 引导的过程语句结构，从而函数描述的可综合的逻辑结构也只能是组合电路。endfunction 是函数定义的结束语句。

函数的调用是通过将函数作为表达式中的操作数来实现的。表 3-3 右侧是函数调用的一般格式。例 3-27（仿真波形是图 3-25）是一个函数定义和调用示例，其中定义的函数 GP 根据输入的 4 位位矢数据计算出其中所含的 1 的个数，并返回这个计数值。

【例 3-27】

```
module CN (input [3:0] A, output [2:0] OUT);
  function[2:0] GP;       //定义一个函数名为GP的函数，GP同时作为位宽为3的输出参数
   input[3:0] M;          //M定义为此函数的输入值，位宽是4
   reg[2:0] CNT,N;
   begin CNT=0;  for(N=0; N<=3; N=N+1)       //for循环语句
   if(M[N]==1)  CNT=CNT+1;  GP=CNT;  end     //含1的位个数累加
  endfunction
  assign OUT=(~|A) ? 0:GP(A);  //主程序输入A或非缩位，若为1则输出函数计数结果
endmodule
```

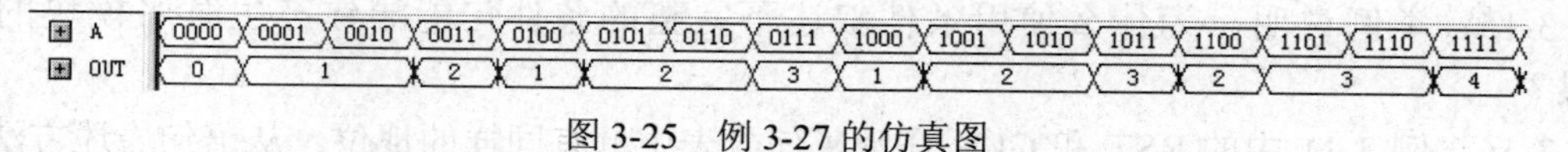

图 3-25 例 3-27 的仿真图

函数定义应该注意以下几点。

（1）函数定义语句只能放在模块中，不能放在过程结构中。

（2）函数内部可以调用函数，但不可调用任务。

（3）由于被调用的函数相当于一个操作数，所以在过程语句和连续赋值语句中都可以调用函数。

（4）同样是由于被调用的函数是一个操作数，所以不能作为语句单独出现。

习 题

3-1 讨论 always 和 initial 语句的异同点。

3-2 阻塞式赋值和非阻塞式赋值有何区别？在应用中应该注意哪些问题？

3-3 用 Verilog 设计一个 3-8 译码器，要求分别用 case 语句和 if_else 语句。比较这两种方式。

3-4 图 3-26 所示的是双 2 选 1 多路选择器构成的电路 MUXK。对于其中 MUX21A，当 s=0 和 s=1 时，分别有 y=a 和 y=b。试在一个模块结构中用两个过程来表达此电路。

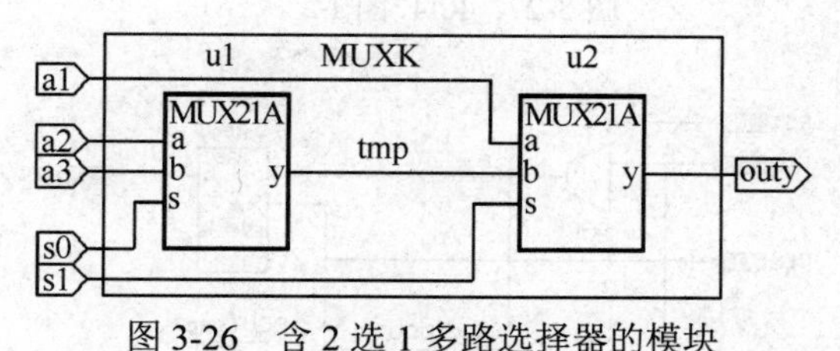

图 3-26 含 2 选 1 多路选择器的模块

3-5 给出一个 4 选 1 多路选择器的 Verilog 描述。选通控制端有 4 个输入：S0、S1、S2、S3。当且仅当 S0=0 时，Y=A；S1=0 时，Y=B；S2=0 时，Y=C；S3=0 时，Y=D。

3-6 利用 if 语句设计一个全加器。

3-7 设计一个求补码的程序，输入数据是一个有符号的 8 位二进制数。

3-8 设计一个格雷码至二进制数的转换器。

3-9 用不同循环语句分别设计一个逻辑电路模块，用以统计一个 8 位二进制数中含 1 的数量。

3-10　用循环语句设计一个 7 人投票表决器。

3-11　设计一个 4 位 4 输入最大数值检测电路。

3-12　利用 case 语句设计一个加、减、乘、除 4 功能算术逻辑单元 ALU。输入的两个操作数都是 4 位二进制数；输入的操作码是两位二进制数；输出结果是 8 位二进制数。为了便于记忆和调试，建议把操作码用 parameter 定义为参数。

3-13　在 Verilog 设计中，给时序电路清零（复位）有两种不同方法。它们是什么，如何实现？

3-14　哪一种复位方法必须将复位信号放在敏感信号表中？给出这两种电路的 Verilog 描述。

3-15　举例说明，为什么使用条件叙述不完整的条件句能导致产生时序模块的综合结果？

3-16　例 3-11 中的 RST 和 CLK 在敏感信号表中具有同样的地位，从语句表述方法上解答，为什么综合的结果是 CLK 成为边沿触发时钟信号，而 RST 成为电平控制信号？

3-17　把例 3-17 改成一个异步清零、同步时钟使能和异步数据加载型 8 位二进制加法计数器。

3-18　把例 3-17 改成一个 16 位二进制加法计数器，将其进位输出 COUT 与异步加载控制 LOAD 连在一起，构成一个自动加载型 16 位二进制数计数器，也即一个 16 位可控的分频器，给出其 Verilog 表述，并说明工作原理。设输入频率 fi=4MHz，输出频率 fo=516.5±1Hz（允许误差±0.1Hz），那么 16 位加载数值为多少？

3-19　分别给出图 3-27～图 3-30 的 Verilog 描述，注意其中的 D 触发器和锁存器的表述。对于图 3-29 的电路，分别使用 if 语句和条件操作语句完成表述。

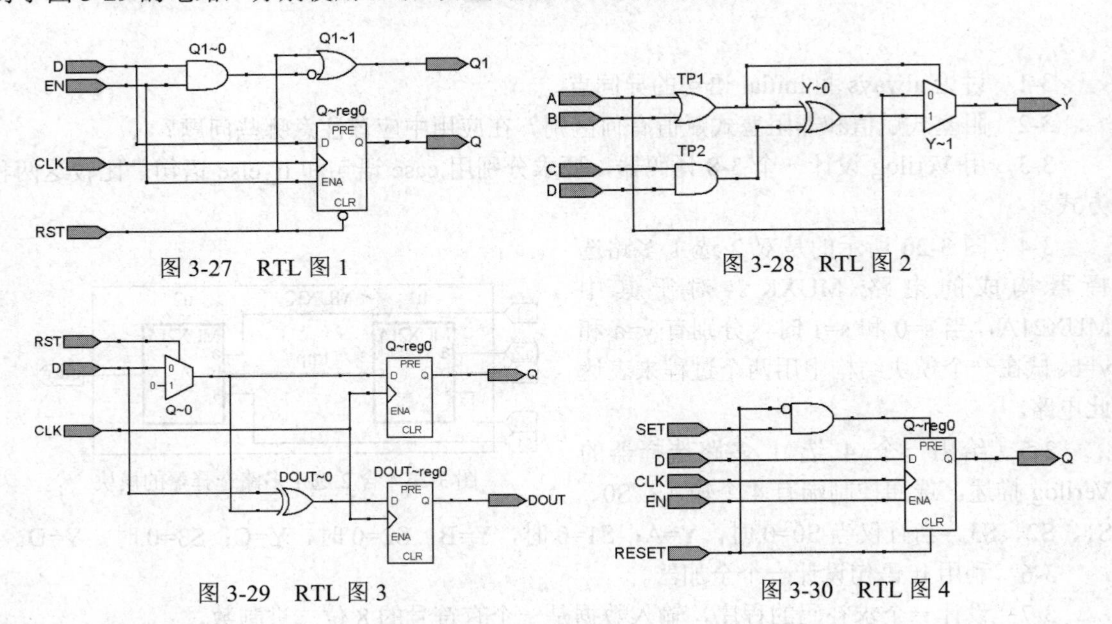

图 3-27　RTL 图 1

图 3-28　RTL 图 2

图 3-29　RTL 图 3

图 3-30　RTL 图 4

3-20　分别用任务和函数描述一个 4 选 1 多路选择器，以及全加器。

3-21　用任务和循环语句设计一个 8 位移位相加的乘法器。

第 4 章　FPGA 仿真与硬件实现

为尽快将学到的 Verilog 编程知识付诸实践，使设计出的程序能在硬件电路上得到验证，并通过结合工程实际来检验学习效果，本章将进入硬件设计技术的学习阶段。以下将通过示例详细介绍基于 Quartus 的 Verilog 代码文本输入设计流程，包括设计输入、综合、适配、仿真测试、编程下载和硬件电路测试等重要方法；之后介绍对初学者比较重要的原理图的输入设计流程；最后介绍硬件系统实时测试工具、嵌入式逻辑分析仪等的使用方法。

4.1　代码编辑输入和系统编译

在 EDA 工具的设计环境中，可借助多种方法来完成目标电路系统的表达和输入，如 HDL 的文本输入方式、原理图输入方式、状态图输入方式以及混合输入方式等。相比之下，HDL 文本代码输入方式最基本、最直接，也最常用。以下将基于第 3 章的示例，通过其实现流程详细介绍基于 Quartus 的一般设计。

为了使内容更接近工程实际，本节选择了目前工程上较为常用的 Cyclone 10 LP 系列和 Cyclone 4E 系列的 FPGA 作为硬件验证平台，相关情况可参考附录 A。EDA 工具是 Quartus Prime 18.1 版本。它的界面和用法与 Intel-Altera 的 Quartus Prime Standard 16.1 版本相同，波形仿真软件都是第三方的 ModelSim ASE。所不同的是前者支持 Cyclone 3/4/5 三个系列的 FPGA。

4.1.1　编辑和输入设计文件

任何一项设计都是一项工程（project），首先都必须为此工程建立一个文件夹用于放置与此工程相关的所有设计文件。此文件夹将被 EDA 软件默认为工作库（work library）。一般来说，不同的设计项目最好放在不同的文件夹中，而同一工程的所有文件都应放在同一文件夹中。注意，不要将工程文件夹设置在已有的安装目录中，也不要建立在桌面上。在建立了文件夹后就可以将设计文件通过 Quartus Prime 18.1 的文本编辑器编辑并存盘，步骤如下。

（1）设本项设计的文件夹名为MY_PROJECT，保存在 D 盘中，路径为 D:\MY_PROJECT。

（2）输入源程序。打开 Quartus Prime 18.1，选择 File→New 命令。在 New 窗口的 Design Files 栏中选择编译文件的语言类型，这里选择 Verilog HDL File 选项，如图 4-1 所示。然后在 Verilog 文本编译窗口中输入例 3-17 程序，完成后如图 4-2 所示。

（3）文件存盘。选择 File→Save As 命令，找到已设立的文件夹 D:\MY_PROJECT，存盘文件名应该与实体名一致，即 CNT10.v（见图 4-2）。单击“保存”按钮后将出现问句“Do you want to create a new project with this file?”，若单击 Yes 按钮，则直接进入创建工程的流程；若单击 No 按钮，可按 4.1.2 节的方法进入创建工程流程。这里不妨单击 No 按钮。

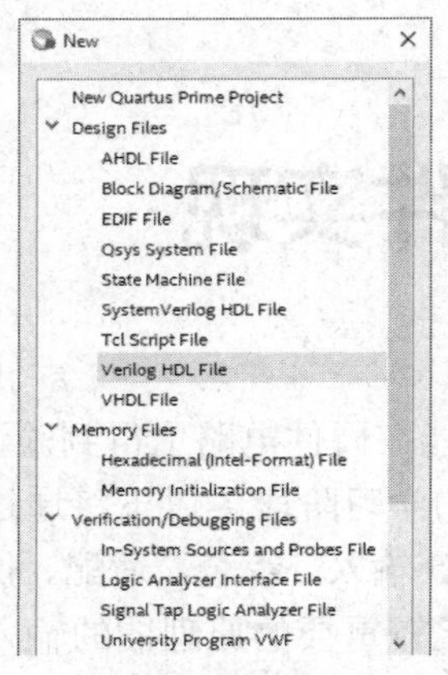

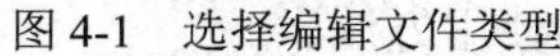
图 4-1　选择编辑文件类型

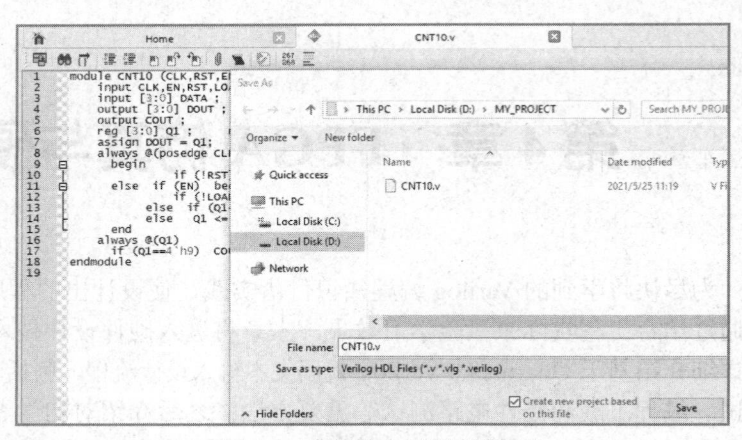

图 4-2　编辑输入源程序并存盘

4.1.2　创建工程

在此要利用 New Project Wizard 工具选项创建此设计工程，即令 CNT10.v 为工程，并设定此工程的一些相关信息，如工程名、目标器件、综合器、仿真器等。步骤如下。

（1）打开并建立新工程管理窗口。选择 File→New Project Wizard 命令，即弹出设置对话框，如图 4-3 所示。单击此对话框第二栏右侧的“...”按钮，找到文件夹 D:\MY_PROJECT，选中已存盘的文件 CNT10.v，再单击“打开”按钮，即出现如图 4-3 所示的设置。其中第一行的 D:\MY_PROJECT 表示工程所在的工作库文件夹；第二行的 CNT10 表示此项工程的工程名，工程名可以取任何其他的名，也可直接用顶层文件的模块名作为工程名，此处就是按这种方式取名的；第三行是当前工程顶层文件的实体名，这里即为 CNT10。

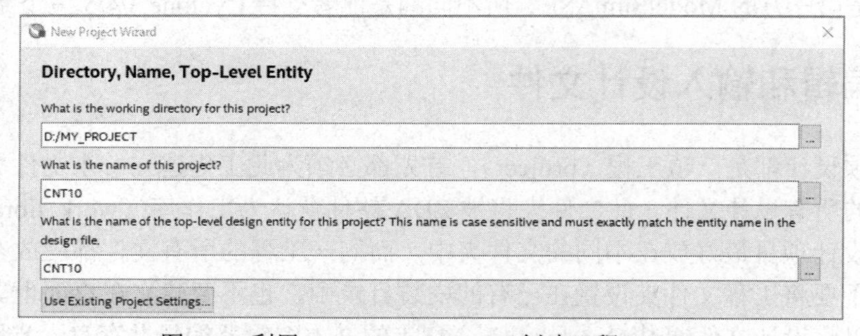

图 4-3　利用 New Project Wizard 创建工程 CNT10

（2）将设计文件加入工程中。单击 Next 按钮，在弹出的对话框中单击 File 栏后的按钮，将与工程相关的所有 Verilog 文件都加入此工程。

（3）选择目标芯片。单击 Next 按钮，选择目标器件。首先在 Device family 下拉列表框中选择芯片系列，在此选 Cyclone 10 LP 系列。设选择此系列的具体芯片名是 10CL006YU256C8G。这里 10CL006Y 表示 Cyclone 10 LP 系列及此器件的逻辑规模，U256 表示芯片是 256 个 Pin 脚的 UFBGA 封装，C8 表示速度级别。便捷的方法是通过如图 4-4 所示的窗口右边的 3 个下拉列表框选择过滤条件，分别选择 Package 为 UFBGA、Pin count 为 256（即此芯片的引脚数量是 256 只）、Core speed grade 为 8。

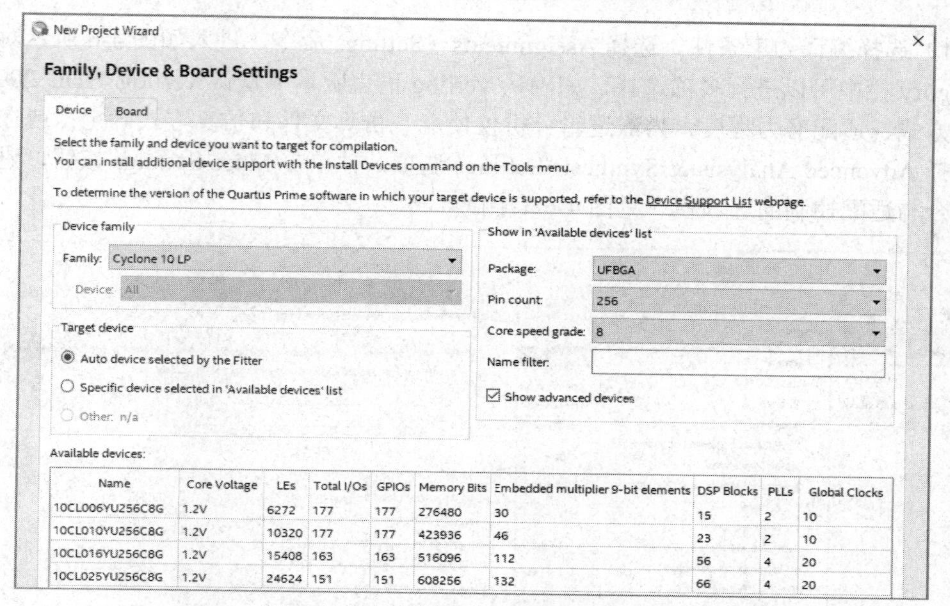

图 4-4　选择目标器件 10CL055YF484C8

（4）工具设置。单击 Next 按钮后，弹出的下一个界面是 EDA 工具设置界面—— EDA Tool Settings（见图 4-5）。此界面有 3 项选择，其他选项保持默认，即选择自带的工具，而在 Simulation 栏中，选择仿真工具 ModelSim-Altera，并设置对应的 Format(s)（格式）为 Verilog HDL。

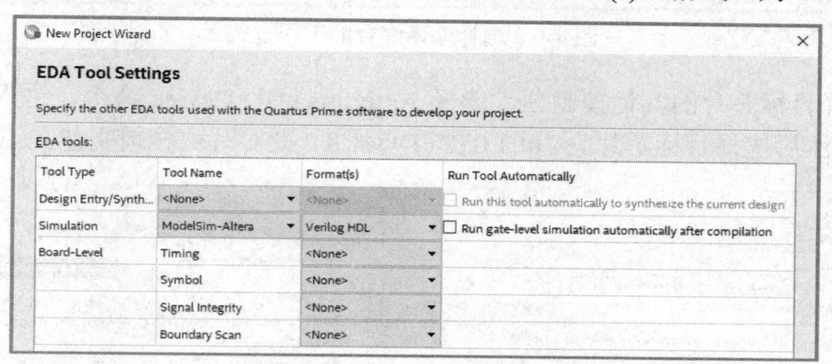

图 4-5　设计与验证工具软件选择

（5）结束设置。单击 Next 按钮后即弹出工程设置统计窗口，上面列出了此项工程相关设置情况。最后单击 Finish 按钮，即已设定好此工程，并出现 CNT10 的工程管理窗口，或称 Compilation Hierarchies 窗口，主要显示本工程项目的层次结构和实体名。

Quartus Prime 将工程信息存储在工程配置文件（quartus）中。它包含有关 Quartus Prime 工程的所有信息，包括设计文件、波形文件、内部存储器初始化文件等，以及构成工程的编译器、仿真器和软件构建设置。

4.1.3　约束项目设置

在对工程进行编译处理前，必须给予必要的设置和约束条件，以便使设计结果满足工程要求。主要步骤如下。

（1）选择编译约束条件。选择 Assignments→Settings 命令，进入如图 4-6 所示对话框。在 Category 栏中可以进行多项选择，如确认 Verilog 语言版本（默认 Verilog HDL 2001）、布线布局方式、适配努力程度、内嵌逻辑分析仪使能、仿真文件和仿真方式确定；或在该对话框中选择 Advanced Analysis & Synthesis Settings 选项，并单击 More Settings 按钮，进入更多可供综合与适配控制的选项栏（见图 4-6 右侧）。

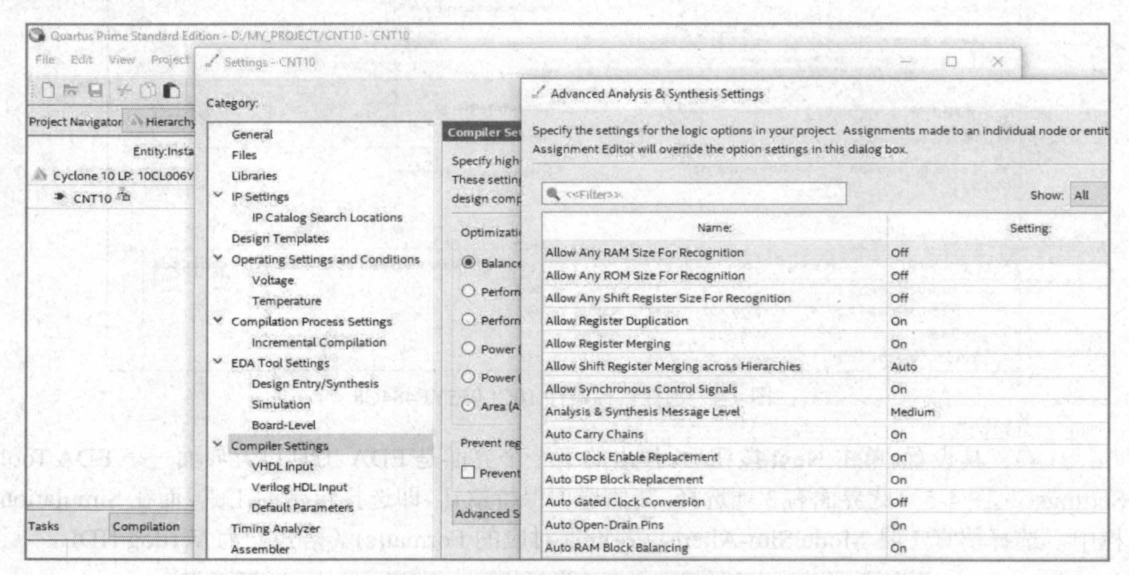

图 4-6　选择编译综合的工作方式

（2）选择目标芯片的其他控制项。选择 Assignments→Device 命令，进入如图 4-7 左侧所示对话框，然后选择目标芯片为 10CL055YF484C8（此芯片已在前文建立工程时选定了）。

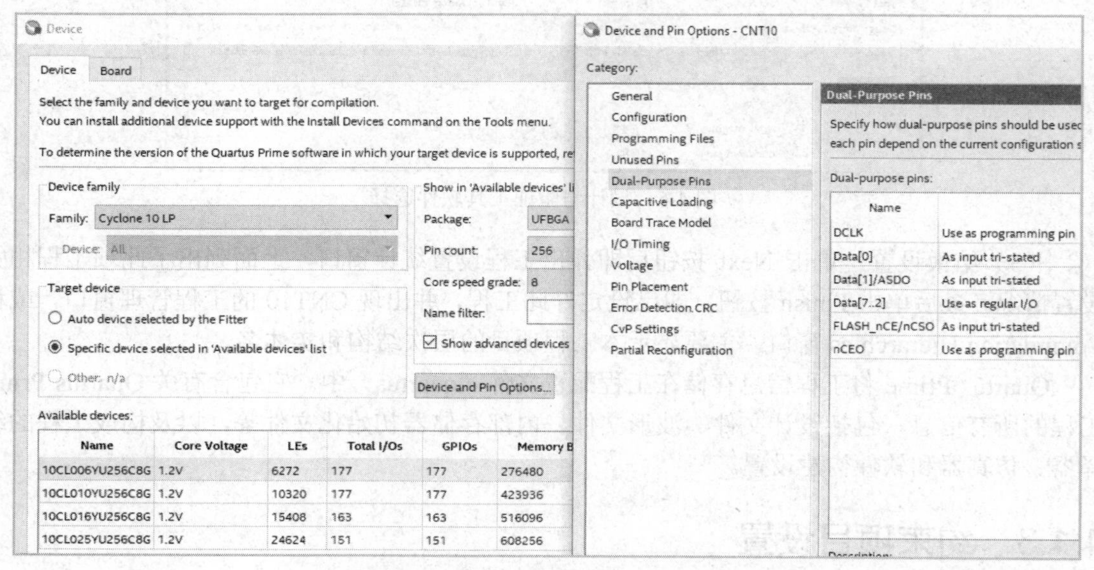

图 4-7　选择目标器件和工作方式

（3）选择配置器件的工作方式。在图 4-7 的 Device 对话框中，单击 Device and Pin Options

按钮后，在弹出的窗口中选择配置器件、编程方式和工作方式等。如果希望编程配置文件能在压缩后下载进配置器件中，可在编译前做好设置。这对FPGA的专用Flash配置存储器的编程设置很重要，它将确保基于FPGA的数字系统在脱离计算机后能稳定独立地工作。注意，窗口下方将随项目名而显示对应的帮助说明文字，用户可随时参考。

（4）选择目标器件引脚端口状态。例如，选择图4-7所示窗口中的Unused Pins选项，可根据实际需要选择目标器件闲置引脚的状态，如可选择为输入状态呈高阻态（推荐此项选择），或输出状态（呈低电平），或输出不定状态，或不做任何选择。在其他选项中也可做一些选择，各选项的功能可参考窗口下的Description说明。

例如对双功能引脚进行设置。选择图4-7所示窗口中的Dual-Purpose Pins选项，需要对必要的引脚进行选择；如选择nCEO为Use as regular I/O，即选择nCEO脚当作普通I/O脚来使用（在引脚不够用时可以这样选，但通常可以不动它）。

4.1.4　全程综合与编译

Quartus Prime编译器是由一系列处理工具模块构成的，这些模块负责对设计项目的检错、逻辑综合、结构综合、输出结果的编辑配置以及时序分析等。在这一过程中，将设计项目适配到FPGA目标器件中，同时产生多种用途的输出文件，如功能和时序信息文件、器件编程的目标文件等。编译器首先检查出工程设计文件中可能存在的错误信息，以供设计者排除，然后产生一个结构化的以网表文件表达的文件。

在编译前，设计者可以通过各种不同的设置和约束选择，指导编译器使用各种不同的综合和适配技术（如时序驱动技术、增量编译技术、逻辑锁定技术等），以便提高设计项目的工作速度，优化器件的资源利用率。而且在编译过程中及编译完成后，可以从编译报告窗口中获得所有相关的详细编译信息，以利于设计者及时调整设计方案。

在完成设计文件的编辑输入、创建工程和约束设置后，就要在Quartus平台上进行编译。开始编译前首先选择Processing→Start Compilation命令，启动全程编译（见图4-8）。这里所谓的全程编译（Compilation）包括前文提到的Quartus对设计输入的多项处理操作，其中包括输入文件的排错、数据网表文件提取、逻辑综合、适配和装配文件（仿真文件与编程配置文件）生成，以及基于目标器件的工程时序分析等。

编译过程中要注意工程管理窗口下方Processing（处理）栏中的编译信息。如果工程中的文件有错误，启动编译后，在下方的Processing栏中会显示出来。对于Processing栏显示出的语句格式错误，可双击此条文，即弹出对应的Verilog文件，在深色标记条附近有文件错误所在，改错后再次进行编译直至排除所有错误。

如果发现报出多条错误信息，每次只需要检查和纠正最上面报出的错误即可。因为许多情况下，是由于某一种错误导致了多条错误信息报告。

若编译成功，可以看到图4-8所示的工程管理窗口的左栏上方显示了工程CNT10的层次结构和其中结构模块消耗的逻辑宏单元数；在此栏中间是编译处理流程，包括数据网表建立、逻辑综合、适配、配置文件装配和时序分析等；左栏下方是编译处理信息；中栏（Compilation Report栏）是编译报告项目选择菜单，单击其中各项可以详细了解编译与分析结果。例如，选择Flow Summary选项，将在右栏显示硬件耗用统计报告，其中报告当前工程耗用了9个逻辑宏单元（Total logic elements）、4个专用寄存器（Total register）、0个内部RAM位（Total memory bits）等。

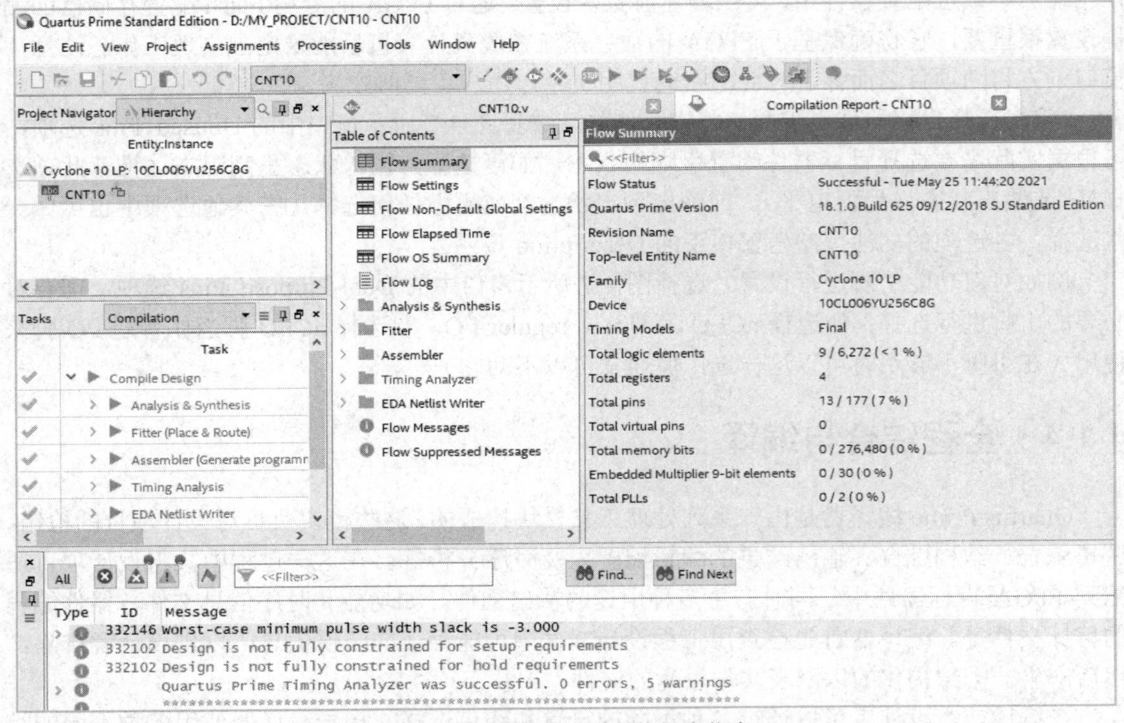

图 4-8　全程编译无错后的报告信息

如果单击 Timing Analyzer 选项的“+”图标，则能通过单击其下列出的各项目，看到当前工程所有相关时序特性报告，其中可以按照工作温度参看 Fmax（最高频率）的报表。

如果单击 Fitter 选项的“+”图标，则能通过单击其下列出的各项标题，看到当前工程所有相关硬件特性适配报告，如其中的 Floorplan View，可观察此项工程在 FPGA 器件中逻辑单元的分布情况和使用情况。需要特别提醒如下两点。

（1）应该时刻关注图 4-8 所示的工程管理窗口左上角的路径指示和工程名。它指示的是当前处理的一切内容皆为此路径文件夹中的工程，而不是其他任何文件。

（2）若编译能无错通过，甚至也有 RTL 电路产生，但仿真波形有误，硬件功能也出不来。对此，不能一味地靠软件排错，必须仔细检查 Quartus 中各项设置的正确性。此外，对 Processing 栏中显示的编译处理信息 Warning 和 Critical Warning 警告信息要仔细阅读，不要放过，问题可能就出在此处。

4.1.5　RTL 图观察器应用

Quartus Prime 可实现硬件描述语言或网表文件（Quartus 网表文件格式包括 Verilog、VHDL、BDF、TDF、EDIF、VQM）对应的 RTL 电路图的生成。方法如下。

选择 Tools→Netlist Viewers 命令，在出现的下拉菜单中有 3 个选项：RTL Viewer，即 HDL 的 RTL 级图形观察器；Technology Map Viewer，即 HDL 对应的 FPGA 底层门级布局观察器；State Machine Viewer，即 HDL 对应状态机的状态图观察器。

选择 RTL Viewer 选项，可以打开 CNT10 工程的 RTL 电路图，如图 4-9 所示。再双击图形中有关模块或选择左侧各项，还可逐层了解各层次的电路结构。

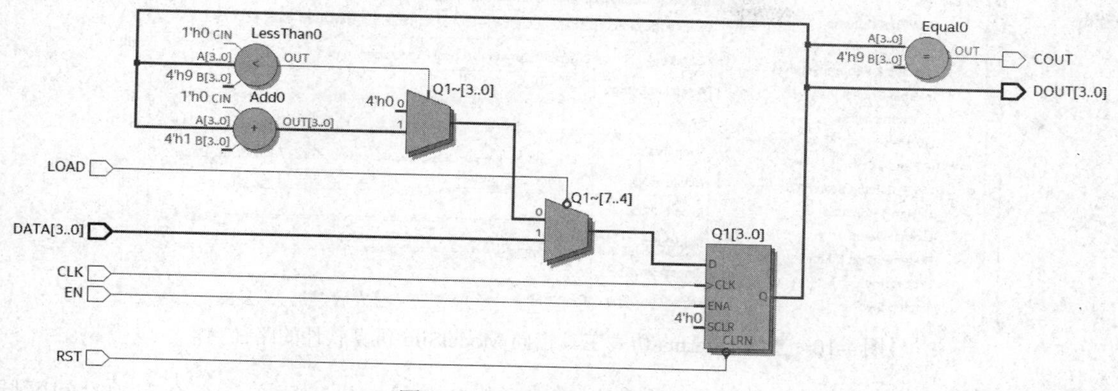

图 4-9　CNT10 工程的 RTL 图

4.2　仿 真 测 试

当前的工程编译通过后，必须对其功能和时序性质进行仿真测试，以了解设计结果是否满足原设计要求。这可以用针对逻辑电路的仿真软件来完成。仿真软件主要有如下两类。第一类是由 FPGA 供应商自己推出的仿真软件，如原 Altera 公司的早期 Quartus II 中自带的门级波形仿真软件，此类软件针对性强，易学易用，缺点是只能适用于小规模设计。Quartus II 10.0 版本后都已撤除了此类软件，此后只能直接使用第三方仿真软件 ModelSim/QuestSim。另一类是 EDA 专业仿真软件商提供的所谓第三方仿真工具软件，如前文提到的 ModelSim。在 Quartus Prime 的平台上使用第三方仿真软件 ModelSim 有多种方式，一种是直接使用，其详细用法将在后续小节介绍；另一种是面向大学计划的以间接形式的使用，即在新版 Quartus Prime 中将 ModelSim 整合成旧版门级波形仿真器那样，保持了原有的直观易用的特性，使用户几乎可以使用原来早已熟悉的操作流程进行便利的仿真。

基于 ModelSim 的波形仿真器的仿真流程详细步骤如下。

（1）确认 Quartus Prime 中的仿真工具是否指向 ModelSim 所在的路径。选择 Tools→Options 命令，在 General 中选择 EDA Tool Options 选项，即出现如图 4-10 所示窗口。在该窗口最下方的 ModelSim-Altera 栏中，可以见到指向安装软件 ModelSim ASE 的路径（见图 4-10）。此路径是安装 Quartus Prime 18.1 时自动加上去的：C:\intelFPGA\18.1\modelsim_ase\win32aloem。

（2）打开波形编辑器。选择 File→New 命令，在 New 窗口（见图 4-1）中选择 University Program VWF（即 Vector Waveform File）选项。单击 OK 按钮，即出现空白的 VWF 波形编辑窗，如图 4-11 所示，注意选择 View 中的 Full Screen 将窗口扩大，以利于观察，但在启动编译时必须把窗口还原。

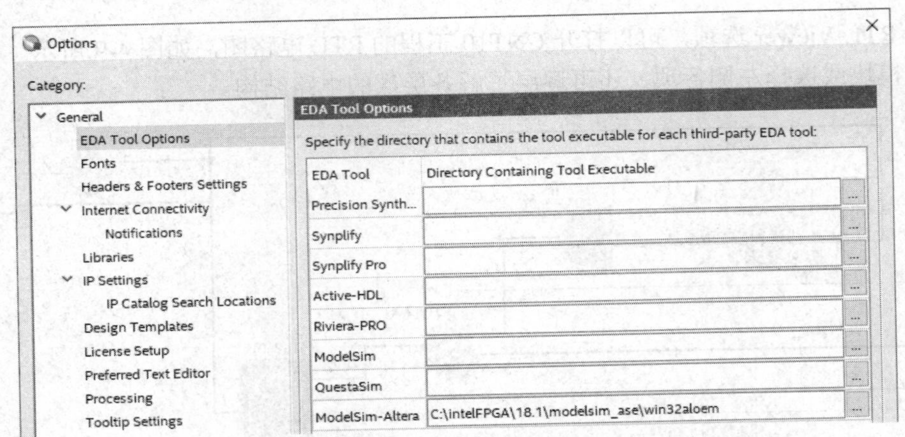

图 4-10　查看 Quartus 仿真工具指向 ModelSim 仿真软件的路径

（3）设置仿真时间区域。对于时序仿真来说，将仿真时间轴设置在一个合理的时间区域上十分重要。通常设置的时间范围可在数十微秒间。选择 Edit→Set End Time 命令，在弹出窗口的 End Time 栏中可输入仿真时间，例如输入 55，单位为微秒（μs，窗口中用 us 代替）。于是整个仿真域的时间即设定为 55μs，如图 4-12 所示。

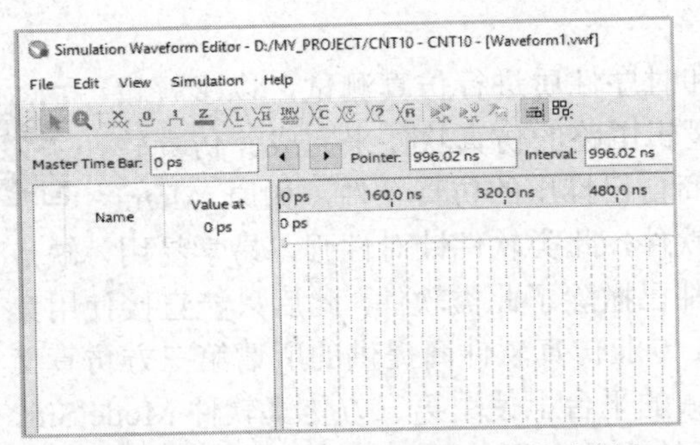

图 4-11　Vector Waveform File 文件编辑窗

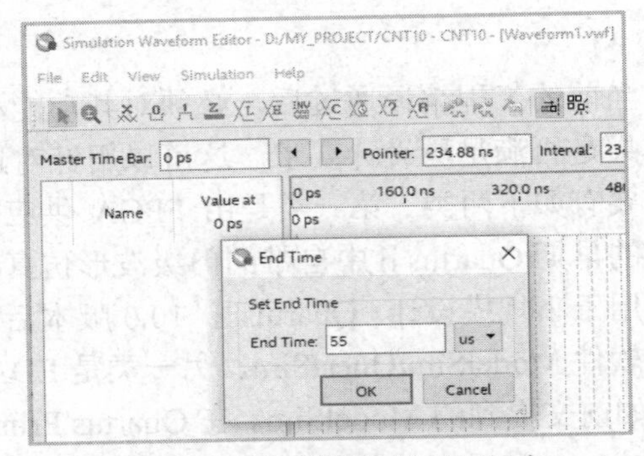

图 4-12　设置仿真时间长度

（4）波形文件存盘。选择 File→Save As 命令，将波形文件存盘于 D:\MY_PROJECT 中。例如，文件名可取为 CNT10.vwf。

（5）将工程 CNT10 的端口信号节点选入波形编辑器中。方法是首先选择 Edit→Insert 命令，系统弹出 Insert Node or Bus 对话框（见图 4-13）。在此对话框中单击 Node Finder 按钮，进入 Node Finder 对话框（如图 4-13 的右图所示）。在 Filter 下拉列表框中选择 Pins:all，然后单击 List 按钮，于是在左侧的 Nodes Found 列表框中出现设计中的 CNT10 工程的所有端口引脚名。注意，如果该对话框中的 List 不显示工程的端口引脚名，需重新编译一次，即选择 Processing→Start Compilation 命令，然后重复以上操作过程。

最后选中仿真所需的重要的端口节点 CLK、EN、RST、DATA 于右侧 Selected Nodes 栏。单击 OK 按钮后，所有选中的信号被送到图 4-11 所示的波形编辑窗中。单击波形窗口左侧的“全屏显示”按钮，使全屏显示，并单击“放大缩小”按钮，然后在波形编辑区域右击，使仿真坐标处于适当位置。这时仿真时间横坐标设定在数十微秒数量级。

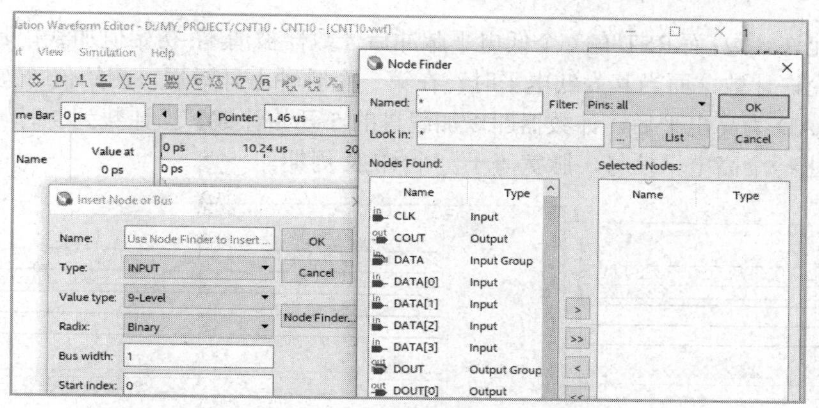

图 4-13　加入仿真需要的信号节点

（6）设置激励信号波形。获得选中的信号节点的波形编辑窗如图 4-14 所示。可以首先选择总线数据格式。例如，DOUT 的数据格式设置是这样的：若单击如图 4-14 所示的输入数据信号 DOUT 边的小三角，则能展开此总线中的所有信号；如果双击左边引脚符号，将弹出对该信号数据格式设置的 Node Properties 对话框（见图 4-14）。在该对话框的 Radix 下拉列表框中有 4 种选择，这里可选择十六进制（Hexadecimal）表达方式。

时钟参数的设置方法是：单击图 4-15 所示窗口的时钟信号名 CLK，使之变成蓝色条，再单击选择左上行中的时钟设置按钮（小钟按钮），在 Clock 对话框中设置 CLK 的时钟周期为 900ns；Clock 对话框中的 Duty cycle 是占空比，默认为 50，即 50%占空比。然后还要设置一系列输入信号（如 EN、LOAD、RST）的电平。

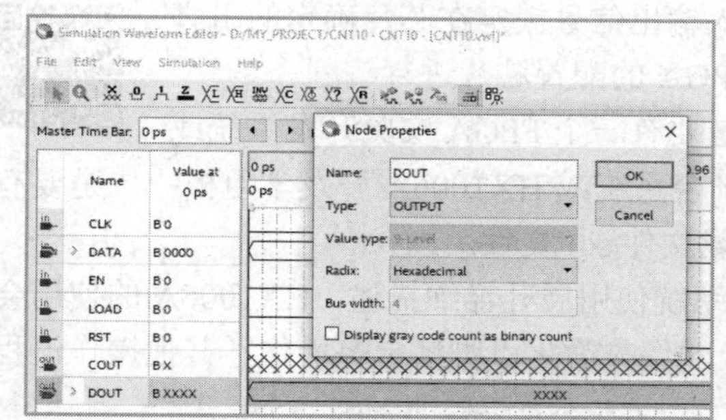

图 4-14　设置总线数据格式

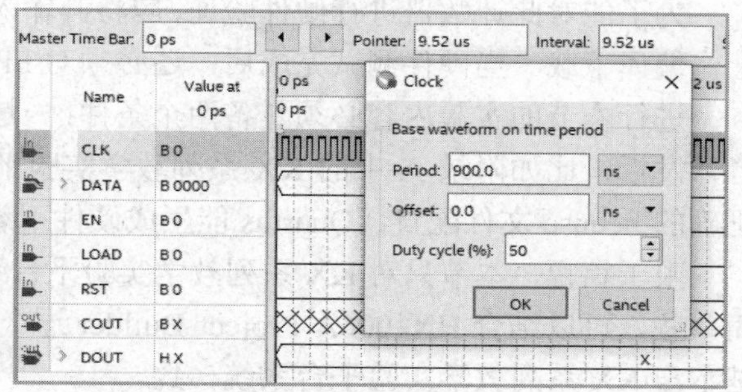

图 4-15　设置时钟参数

编辑输入数据。由于 DATA 是 4 位待加载的输入数据，需要预先进行设置。用鼠标在图 4-16 所示信号名 DATA 的某一数据区拖拉出来一块蓝色区域，然后单击左侧工具栏中的“?”按钮，在弹出的窗口输入数据，如 5，继而在不同区域设置不同数据。

（7）图 4-16 是最后设置好的 vwf 仿真激励波形文件图。最后对波形文件再次存盘。

（8）启动仿真器。现在所有设置进行完毕，选择图 4-16 所示窗口上方的 Simulation→Run Timing Simulation 命令，即启动仿真运算。

（9）观察仿真结果。仿真波形文件 Simulation Report 通常会自动弹出，如图 4-17 所示。在 Quartus 的仿真波形文件中，波形编辑文件（后缀为.vwf）与波形仿真报告文件（Simulation Report）是分开的，故而有利于 Quartus 从外部获得独立的仿真激励文件。

分析图 4-17 所示文件可以看出，其输入输出波形完全符合设计要求。波形图显示，当 EN

为高电平时允许计数；而 RST 有一个低电平脉冲后计数器被清零；初始值加载控制信号 LOAD 为高电平时允许计数，而当其为低电平时，在第一个时钟上升沿后，初始值 5 被加载于计数器，而当 LOAD 为高电平后，计数器即以加载进的 5 开始计数。当计数到 9 时，进位输出信号 COUT 输出一个高电平信号，脉宽等于一个 CLK 周期。

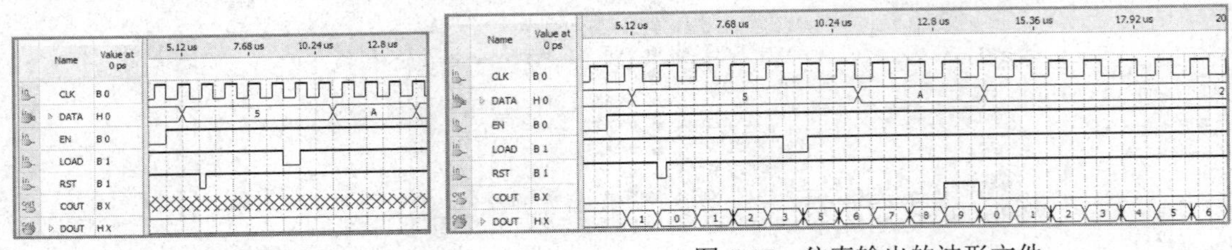

图 4-16　编辑好激励波形　　图 4-17　仿真输出的波形文件

需要特别指出的是，对于每次修改后的仿真波形文件，在再次启动时序仿真前必须先关闭修改好的文件，再打开这个文件时才能进行仿真，每次都必须这样做。

上述是基于 ModelSim 的波形仿真，该流程比较适合初学者，能做的仿真也较为简单，仿真总时间也有限制。对于复杂数字系统设计，建议使用基于 TestBench 的 ModelSim 仿真，在后续章节会详细介绍。

4.3　硬 件 测 试

为了能对此计数器进行硬件验证，应将其输入输出信号锁定在芯片确定的引脚上，编译下载。当硬件测试完成后，还必须对 FPGA 的配置芯片进行编程。

进行本节的实验内容必须具备两个条件：一是要有一个 FPGA 实验开发系统或者开发板，比如附录 A 中的 KX 系列教学实验平台系统或 HX1006A 开发学习板；二是要有正确的 license 文件配置，Quartus 能生成硬件下载文件 sof 文件。

限于篇幅，本节只对 KX 系列教学实验平台系统使用展开详细描述，HX1006A 的使用会简单些，可以结合 HX1006A Project Builder 这个软件来简化引脚锁定等操作，其他操作流程基本与 KX 系列教学实验平台系统一致。

4.3.1　引脚锁定

在此假定选择附录 A 的 KX 系列教学实验平台系统完成此项示例实验，于是可以选择系统上的多功能重配置电路系统。当按动系统左侧的模式键选择电路模式时，将出现一系列实验电路，可以根据当前设计电路的具体情况选择一个实验电路。在此选择模式 0，对应的电路如图 4-18 所示，电路中键 3 至键 8 的功能是电平控制键，详细功能可参考附录 A。设本次实验的核心板（插在 KX 系列教学实验平台系统上）是如附录 A 所示的 KX-10CL055 板，它上面的 FPGA 是 Cyclone 10LP 型的 10CL055YF484I7G。所以可以用键 8、7、6、5 分别控制信号 CLK、EN、LOAD 和 RST 的输入。对于 CLK，每按两次键 8 可以输入一个时钟脉冲。

计数器的 4 位输入数据 DATA[3..0]可以利用键 1（键 2 也有相同功能，详细功能用法参考附录 A）来输入。此键 1 控制一个输入 FPGA 的 4 位二进制数，图中显示，从高位到低位分别是 PIO11～PIO8。每按一次键 1，输出的 4 位二进制数加 1，具体数字由对应的数码管 D4～D1 显示。而 FPGA 的输出可以选择 8 个数码中的一个来显示，例如用数码 1 显示输出，那么 FPGA 输出端对应的 4 位端口名分别是 PIO19～PIO16。通过查表（参考附录 A），就能查到它们对应于 10CL055 的具体引脚。

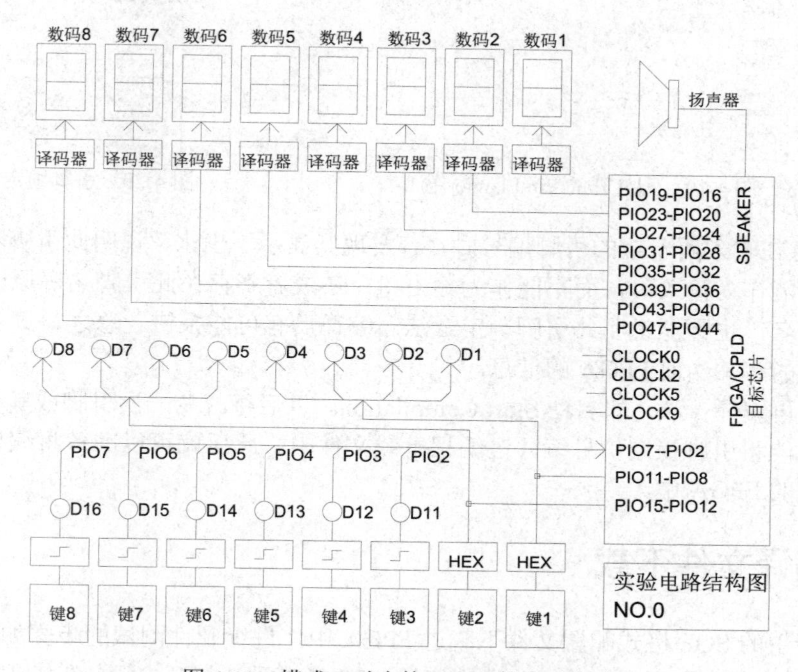

图 4-18 模式 0 对应的 FPGA 的实验电路

将以上讨论归纳后得表 4-1。确定了锁定引脚编号后就可以完成以下引脚锁定。

表 4-1 基于 KX-10CL055（10CL055YF484）的引脚锁定情况（可通过附录 A 的引脚分配表获得）

计数器信号名	CLK	EN	LOAD	RST	DATA(3)	DATA(2)	DATA(1)
模式 0 电路控制	键 8	键 7	键 6	键 5	键 1:D4	键 1:D3	键 1:D2
模式 0 电路信号	PI[13]	PI[12]	PI[11]	PI[10]	PI[3]	PI[2]	PI[1]
对应 FPGA 引脚	G22	G21	T22	AA12	T2	T1	G2
计数器信号名	DATA(0)		COUT	DOUT(3)	DOUT(2)	DOUT(1)	DOUT(0)
模式 0 电路控制	键 1:D1		数码 2:a 段	数码 1	数码 1	数码 1	数码 1
模式 0 电路信号	PI[0]		PO[4]	PO[3]	PO[2]	PO[1]	PO[0]
对应 FPGA 引脚	G1		M3	M5	K7	J7	H6

（1）假设现在已打开 CNT10 工程。如果刚打开 Quartus Prime，应选择 File→Open Project 命令，并单击工程文件 CNT10，打开此前已设计好的工程。

（2）选择 Assignments→Pin Planner 命令，即进入图 4-19 所示的引脚锁定编辑窗口。此图显示，在 Fitter Location 列已经有了锁定好的引脚。只是在 Quartus 对工程编译后自动对电路信号给出的引脚锁定，并不是设计者给出引脚情况。

（3）双击图 4-19 所示的 Location 栏对应的信号位置，根据表 4-1 输入对应的引脚，再按 Enter 键，依次下去，输入所有的引脚信号，完成后的情况如图 4-20 所示。

Node Name	Direction	Location	I/O Bank	VREF Group	Fitter Location
CLK	Input				PIN_J4
COUT	Output				PIN_T8
DATA[3]	Input				PIN_R8
DATA[2]	Input				PIN_R10
DATA[1]	Input				PIN_T9
DATA[0]	Input				PIN_V6
DOUT[3]	Output				PIN_R9
DOUT[2]	Output				PIN_T5
DOUT[1]	Output				PIN_R6
DOUT[0]	Output				PIN_P8
EN	Input				PIN_T7
LOAD	Input				PIN_R7
RST	Input				PIN_P4

图 4-19　刚打开的 Pin Planner 窗口

Node Name	Direction	Location
CLK	Input	PIN_G22
COUT	Output	PIN_M3
DATA[0]	Input	PIN_G1
DATA[1]	Input	PIN_G2
DATA[2]	Input	PIN_T1
DATA[3]	Input	PIN_T2
DOUT[0]	Output	PIN_H6
DOUT[1]	Output	PIN_J7
DOUT[2]	Output	PIN_K7
DOUT[3]	Output	PIN_M5
EN	Input	PIN_G21
LOAD	Input	PIN_T22
RST	Input	PIN_AA12
<<new node>>		

图 4-20　引脚锁定完成后的情况

（4）注意在输入所希望的引脚编号时，若发现其显示不出来，说明此引脚不正确，或是因为此引脚只能作为输入口，而不能作为输出口；还或者不存在此引脚名等原因。当然，即使接受此引脚名，也不能说明此引脚一定合法。编译后有可能报错。总之，读者在设计前还应该了解更多的有关当前 FPGA 的信息。

最后必须再编译一次，即启动 Start Compilation。以后每改变一次引脚或其他设置，都要重新编译后才能将引脚锁定信息编译进编程下载文件中。此后就可以准备将编译好的文件下载到实验系统的 FPGA 中。

4.3.2　编译文件下载

将编译产生的 SOF 格式配置文件下载进 FPGA 中，进行硬件测试的步骤如下。

（1）打开编程窗和配置文件。首先连接好 USB 下载线，打开电源。在工程管理窗口（见图 4-8）中选择 Tools→Programmer 命令，弹出如图 4-21 所示的编程窗口。在 Mode 下拉列表框中有 4 种编程模式可以选择：JTAG、Passive Serial、Active Serial Programming 和 In-Socket Programming。

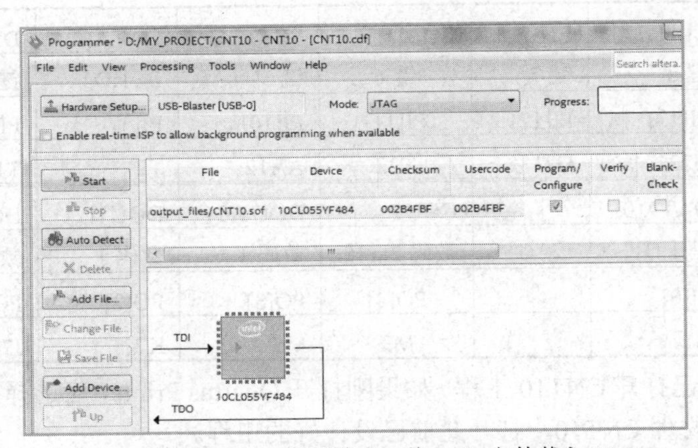

图 4-21　选择 JTAG 编程模式，将 SOF 文件载入 FPGA

为了直接对 FPGA 进行下载（配置），在编程窗口的编程模式 Mode 中选择 JTAG（默认），并选中下载文件右侧的第一个复选框。注意要仔细核对下载文件路径与文件名，确定就是当前工程生成的编程文件（注意此文件所在路径的文件夹是 output_files）。如果此文件没有出现，可单击左侧的 Add File 按钮，手动选择配置文件 CNT10.sof。

（2）设置编程器。若是初次安装的 Quartus，在编程前必须进行编程器选择操作。这里准备选择 USB-Blaster。单击图 4-21 左上角的 Hardware Setup 按钮，在弹出的对话框中设置下载接口方式（见图 4-22）。在 Hardware Setup 对话框中，双击此选项卡中的 USB-Blaster 选项之后，单击 Close 按钮，关闭对话框即可。这时应该在编程窗口上方显示出编程方式——USB-Blaster，如图 4-21 所示。

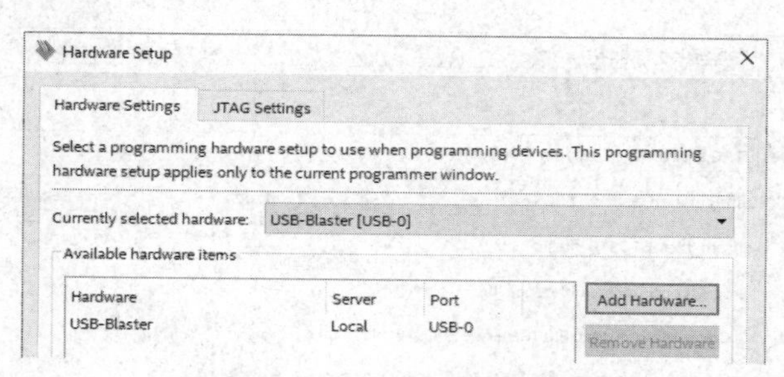

图 4-22　加入编程下载方式

如果在如图 4-22 所示对话框的 Currently selected hardware 右侧下拉列表框中显示 No Hardware，则必须加入下载方式。即单击 Add Hardware 按钮，在弹出的对话框中单击 OK 按钮，再双击 USB-Blaster，使 Currently selected hardware 右侧下拉列表框中显示 USB-Blaster。

设定好下载模式后可以先删去图 4-21 所示的 SOF 文件，再单击 Auto Detect 按钮。如果 JTAG 口的设置以及开发板的连接没有问题，应该测出板上 FPGA 的型号。

如图 4-21 所示，向 FPGA 下载 SOF 文件前，要选中 Program/Configure 复选框。最后单击 Start 按钮，即进入对目标器件 FPGA 的配置下载操作。当 Progress 显示出 100%时，表示编程成功。

（3）硬件测试。对于图 4-18 预先选择的控制情况，让各键输出对应功能的电平或脉冲，观察系统的输入和输出情况，再与图 4-17 的仿真波形进行对照。

4.3.3　通过 JTAG 口对配置芯片进行间接编程

对于一般用户的开发板，AS 直接模式下载涉及复杂的保护电路，为了简化电路，下面介绍利用 JTAG 口对配置器件进行间接配置的方法。具体方法是首先将 SOF 文件转化为 JTAG 间接配置文件，再通过 FPGA 的 JTAG 口，将此文件对 EPCS 器件进行编程。

1．将 SOF 文件转化为 JTAG 间接配置文件

选择 File→Convert Programming Files 命令，在弹出的窗口（见图 4-23）中做如下设置。

（1）在 Programming file type 下拉列表框中选择输出文件类型为 JTAG 间接配置文件类型 JTAG Indirect Configuration File，后缀为.jic。

（2）在 Configuration device 下拉列表框中选择配置器件型号，选择 EPCS16，这是由于核心板 KX-10CL055 上的配置器件就是 EPCS16（容量 16MB）。

（3）在 File name 文本框中输入输出文件名，如 EPCS16_file.jic。

（4）单击最下方 Input files to convert 栏中的 Flash Loader 选项，然后单击右侧的 Add

Device 按钮，这时将弹出 Select Devices 器件选择窗口。在此窗口左栏中选定目标器件的系列，Cyclone 10 LP；再于右栏中选择具体器件：10CL055Y；单击（选中）Input file to convert 栏中的 SOF Data 选项，然后单击右侧的 Add File 按钮，选择 SOF 文件 CNT10.sof。

（5）选择压缩模式。单击选中加入的 SOF 文件名，再单击右侧的 Properties 按钮，选中 Compression 复选框（见图 4-23 下侧小窗），单击 OK 按钮完成。最后单击 Generate 按钮，即生成所需要的 JIC 编程文件。

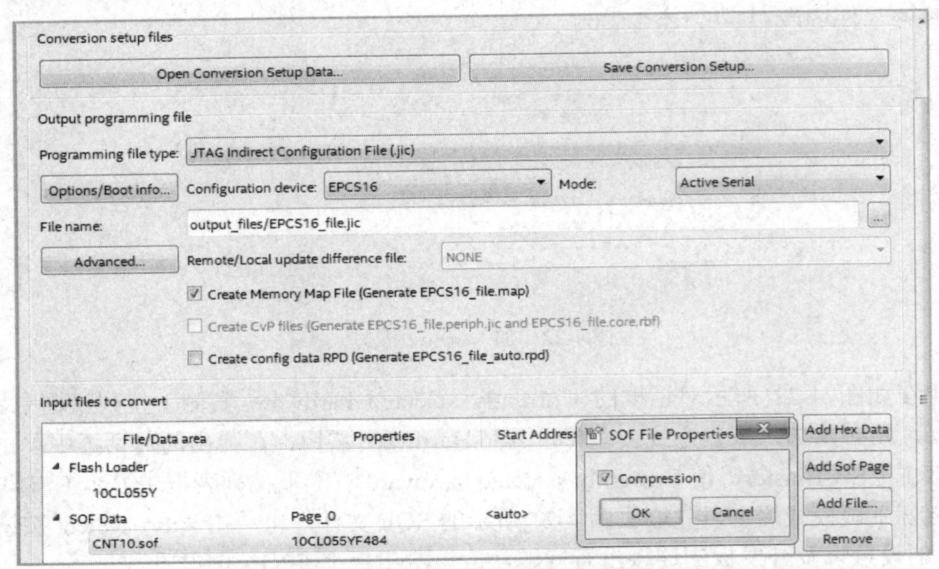

图 4-23　设定 JTAG 间接编程文件

2．下载 JTAG 间接配置文件

选择 Tool→Programmer 命令（JTAG 模式），加入 JTAG 间接配置文件 EPCS16_file.jic，按图 4-24 所示做必要的选择（注意一些打勾的操作项），然后单击 Start 按钮进行编程下载。为了证实下载后系统是否能正常工作，在下载完成后，必须关闭系统电源，然后再打开电源，以便启动 EPCS 器件对 FPGA 的配置。然后观察计数器的工作情况。

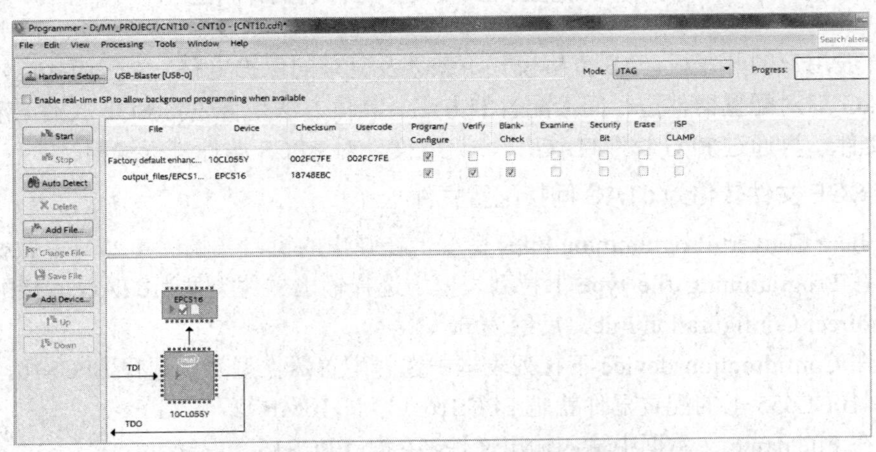

图 4-24　用 JTAG 模式将间接配置文件烧入配置器件 EPCS16 中

4.4 电路原理图设计流程

Quartus Prime 具备功能强大、直观便捷和操作灵活的原理图输入设计功能，同时还配备了丰富的元件库，其中包含基本逻辑元件库（如逻辑门、D 触发器等）、宏功能元件（包含了几乎所有 74 系列的器件），以及类似于 IP 核的参数可设置的宏功能块 LPM 库。Quartus Prime 同样提供了原理图输入多层次设计功能，使用户能够设计出更大规模的电路系统。与传统的数字电路设计相比，Quartus Prime 提供原理图输入设计功能具有不可比拟的优势和先进性。

- 设计者不必具备诸如硬件描述语言等知识就能迅速入门，完成电路系统设计。
- 能进行多层次的数字系统设计（传统的数字电路只能完成单一层次的设计）。
- 能对系统中的任一层次或任一元件的功能进行精确的时序仿真与分析。
- 通过时序仿真，能迅速定位电路系统的错误所在，并随时纠正。
- 能对设计方案随时进行更改，并存储设计过程中所有的电路和测试文件入档。

本节将通过一个简单示例设计流程，介绍电路原理图输入的设计方法。

4.4.1 设计一个半加器

半加器的电路原理图如图 4-25 所示，半加器对应的逻辑真值表如图 4-26 所示。此电路模块由两个基本逻辑门元件构成，即与门和异或门。图中的 A 和 B 是加数和被加数的数据输入端口，SO 是和值的数据输出端口，CO 则是进位数据的输出端口。根据图 4-25 的电路结构，很容易获得半加器的逻辑表述是：SO=A⊕B；CO=A·B。

图 4-27 是此半加器电路的时序波形，它反映了此模块的逻辑功能。

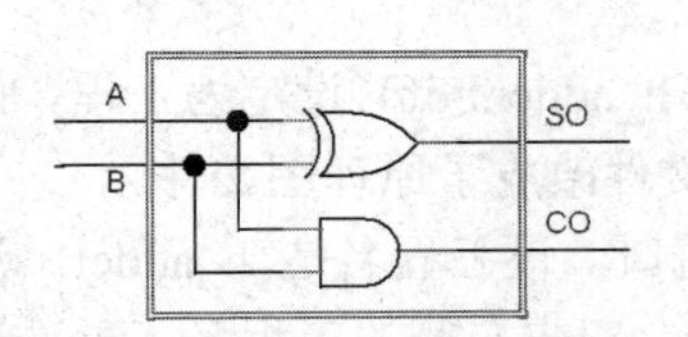

图 4-25 半加器的电路结构

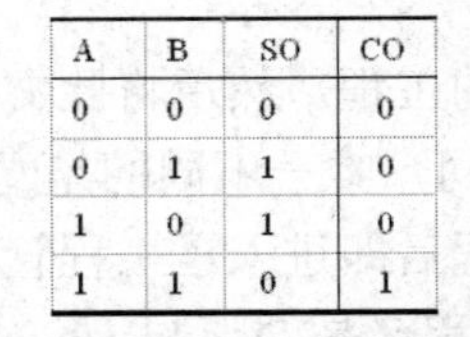

A	B	SO	CO
0	0	0	0
0	1	1	0
1	0	1	0
1	1	0	1

图 4-26 半加器的真值表

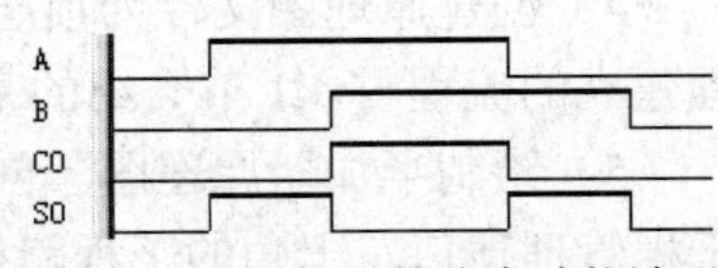

图 4-27 半加器的仿真功能波形

假设本项设计的文件夹取名为 adder，路径为 D:\adder。原理图编辑输入流程如下。

（1）打开原理图编辑窗。打开 Quartus，选择 File→New 命令，在弹出的 New 对话框中选择原理图文件编辑输入项 Block Diagram/Schematic File（见图 4-1），单击 OK 按钮后将打开原理图编辑窗口。

（2）建立一个初始原理图文件。在编辑窗口中的任何一个位置上右击，在弹出的快捷菜单中选择输入元件项 Insert→Symbol 命令（见图 4-28），或直接双击原理图编辑窗口，将弹出如图 4-29 所示的输入元件的对话框。在左下方的 Name 文本框中输入引脚符号 input。然后单击 Symbol 窗口中的 OK 按钮，即可将元件调入原理图编辑窗口中。

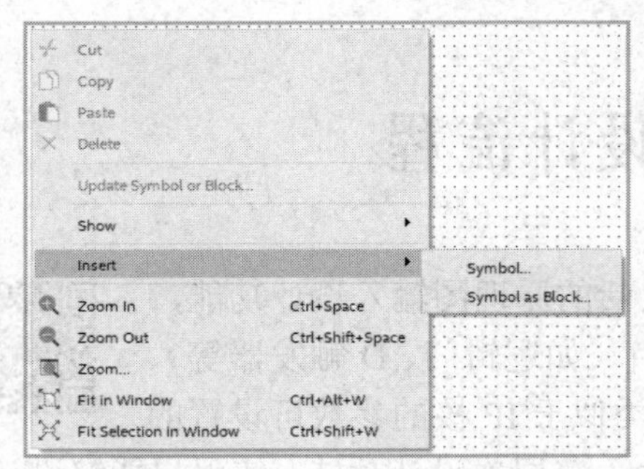

图 4-28　选择打开元件输入窗

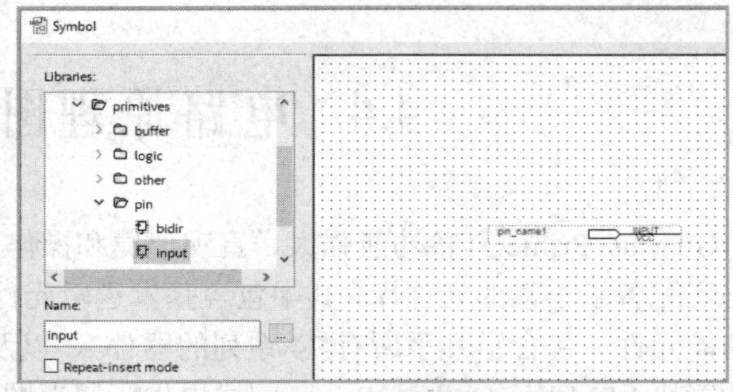

图 4-29　在元件输入对话框输入引脚

（3）原理图文件存盘。选择 File→Save As 命令，将此原理图文件先存于刚才建立的目录 D:\adder 中，将已设计好的原理图文件取名为 h_adder.bdf，注意默认的后缀是.bdf，而且此原理图尚未完成（最终完成的半加器电路设计应该如图 4-30 所示），因为只加入了一个输入端口，并存盘在此文件夹内。

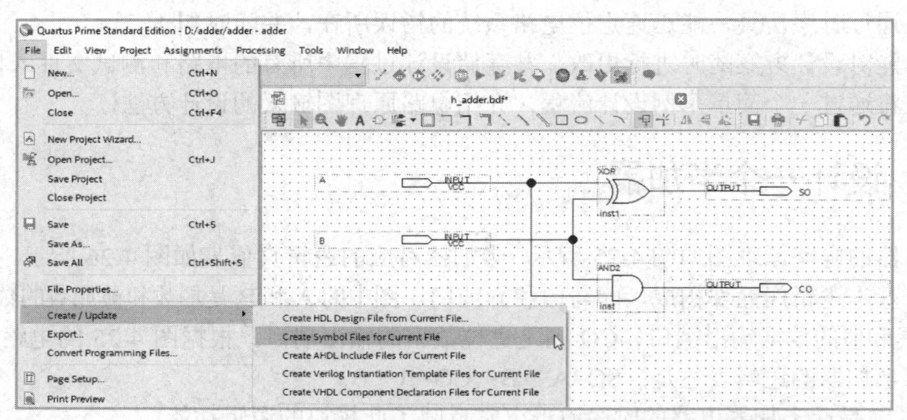

图 4-30　完成设计并将半加器封装成一个元件，以便在更高层设计中调用

（4）创建原理图文件为顶层设计的工程。然后将此文件（h_adder.bdf）设定为工程。此工程建立的流程与 4.1 节介绍的基本相同，唯一不同的是文本文件改成了原理图文件。

（5）绘制半加器原理图。创建工程后即进入了工程管理窗口，设工程名是 h_adder。注意工程管理窗口左上角的工程路径和工程名是 D:/adder/h_adder。双击左侧的工程名，再次进入原理图编辑窗口。双击原理图编辑窗口的任何位置，再次弹出如图 4-29 所示的输入元件的对话框，分别在 Name 栏输入（调入）元件名为 and2、xor 和输出引脚 output，并用鼠标左键拖动的方法，接好电路，参考图 4-25。然后分别在 input 和 output 引脚的 PIN NAME 上双击使其变深色，再用键盘分别输入各引脚名：A、B、CO 和 SO。最后，作为本项工程的顶层电路原理设计图如图 4-30 所示。

（6）仿真测试半加器。全程编译后，按照 4.2 节的流程对此半加器工程进行仿真测试，仿真结果应该类似于如图 4-27 所示波形。至此，半加器设计成功。

4.4.2　完成全加器顶层设计

为了构建全加器的顶层设计，必须将以上设计的半加器 h_adder.bdf 设置成可调用的底层元件。方法如图 4-30 所示，在半加器原理图文件 h_adder.bdf 处于打开的状态下，选择 File→Create/Update→Create Symbol Files for Current File 命令，即可将当前电路图变成一个元件符号存盘（元件文件名是 h_adder.bsf），以便在高层次设计中调用。

为了建立全加器的顶层文件，必须另打开一个原理图编辑窗口，方法同前，即再次选择 File→New→Block Diagram/Schematic File 命令，然后将其设置成新的工程。

首先将打开的空的原理图仍存盘于 D:\adder，文件可取名为 f_adder.bdf，作为本项设计的顶层文件。然后按照前面介绍的方法将顶层文件 f_adder.bdf 设置为工程。

建立工程后，在新打开的原理图编辑窗口双击鼠标，弹出的窗口如图 4-31 所示，在左复选窗口的 Project 下单击选择先前存入的 h_adder 元件，调入原理图编辑窗口中。最后调出相关元件，按照图 4-32 所示连接好全加器电路图。

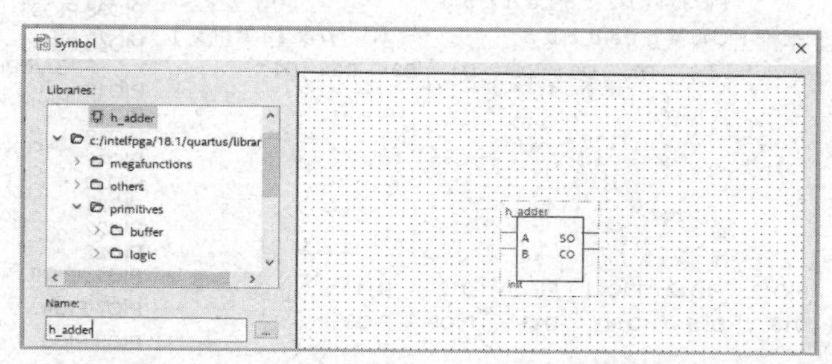

图 4-31　在 f_adder 工程下加入半加器原件

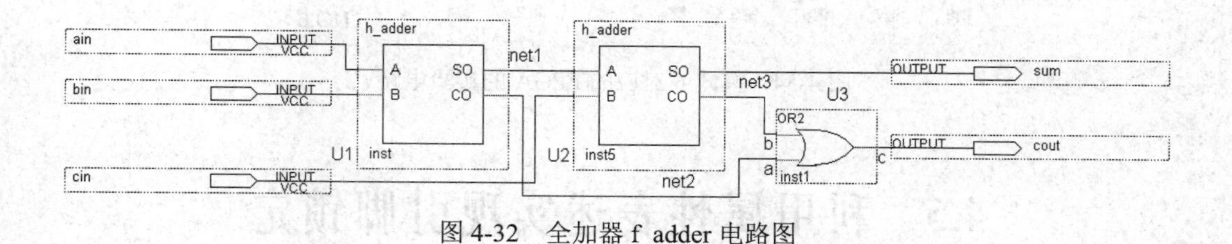

图 4-32　全加器 f_adder 电路图

4.4.3　对全加器进行时序仿真和硬件测试

工程完成后即可进行全程编译。此后的所有流程都与以上介绍的方法和流程相同。图 4-33 所示是全加器工程 f_adder 的仿真波形。

于是通过一个全加器设计的示例，展示了多层次设计原理图方式的基本流程。此示例是使用原理图的方法实现多层次设计的。

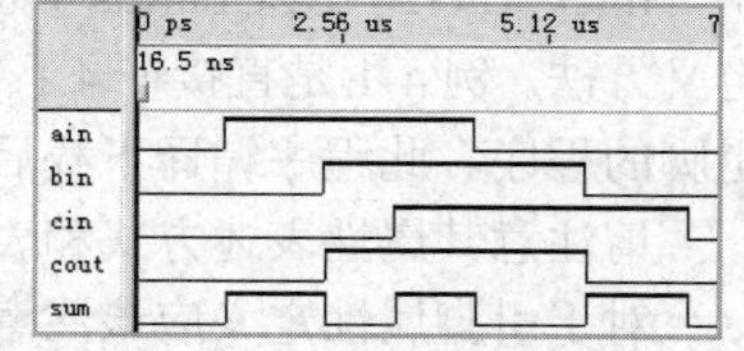

图 4-33　全加器的仿真波形

在原理图平台上，可以使用图 4-30 所示的完全相同的方法将 Verilog 文本文件变成原理图中的一个元件，实现 Verilog 文本设计与原理图的混合输入设计方法。转换中需要注意以下 3 点。

（1）被转换的 Verilog 文本文件也要呈打开状态。

（2）转换好的元件必须存在于当前工程的路径文件夹中，文件后缀也默认为.bsf。

（3）按图 4-30 所示的方式进行转换，选择 Create Symbol Files for Current File 选项。

在本项设计示例中，假设将此全加器仍然下载于 KX-10CL055 核心板（附录图 A-4）上的 FPGA 中进行硬件测试。为此可以根据 4.3.1 节的方法进行引脚锁定和测试。

对于全加器的硬件测试不妨选择模式 6（对应的实验电路如图 4-34 所示），可以用键 3、键 4、键 5 分别控制全加器的输入信号 ain、bin、cin；发光管 D1 和 D2 分别显示 sum 和 cout 的输出情况。于是输入信号 ain、bin、cin 分别对应图 4-34 电路中 FPGA 的 PIO8、PIO9、PIO10；sum 和 cout 分别对应图 4-34 电路中 FPGA 的 PIO16、PIO17，查表后可以得到具体的引脚号（查表参考附录 A）。

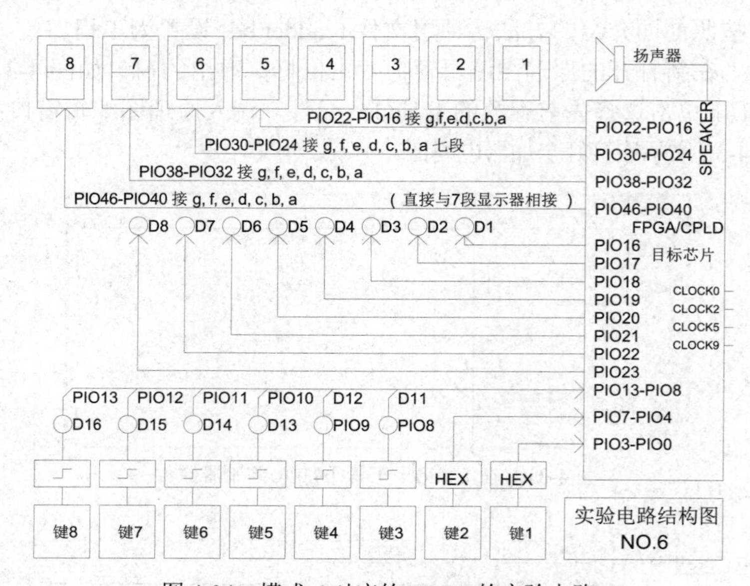

图 4-34　模式 6 对应的 FPGA 的实验电路

4.5　利用属性表述实现引脚锁定

本节介绍属性表述在 Verilog 文本表述中直接控制引脚锁定的方法。引脚锁定的设置也能直接写在程序文件中。这就是利用所谓的引脚属性定义来完成引脚锁定。引脚属性定义的格式因各厂家的综合器和适配器的不同而不同。

Intel-Altera 在其 Quartus 中也提供了多种可用于规定信号或综合后电路功能的属性语句及定义方法。例 4-1 是直接在 4.1 节引用的示例（例 3-17）中用引脚属性表述在程序文本上定义引脚的程序。此程序编译下载后进行硬件测试的结果与 4.1 节所述相同。

请注意其属性表述方式和表述放置的位置。

对于引脚属性定义应该注意以下两点。

（1）必须对应确定的目标器件，且本书中出现的属性语句仅适用于 Quartus。

（2）只能在顶层设计文件中定义。

此文件编译后可通过选择 Assignments→Pin Planner 命令来查看。

【例 4-1】

```
module CNT10 (CLK,RST,EN,LOAD,COUT,DOUT,DATA);
    input [3:0] DATA   /* synthesis chip_pin="AB5,AA3,W2,U2" */;
```

```
output [3:0] DOUT  /* synthesis chip_pin="V2,W1,R2,U1" */;
output COUT        /* synthesis chip_pin="AA1" */;
input  CLK         /* synthesis chip_pin = "AB6" */;
input   EN         /* synthesis chip_pin = "Y7" */;
input  RST         /* synthesis chip_pin = "AB3" */;
input LOAD         /* synthesis chip_pin = "AA6" */;
    ...
```

注意例 4-1（例 3-17）中给出了针对总线的引脚锁定的属性描述的方法。

单纯的硬件语言都可以脱离具体硬件来描述系统，但就 EDA 工程而言，与 HDL 代码设计很大的不同在于：一个性能优良、工作稳定、性价比高的数字系统不可能仅凭计算机描述语言来实现，它必须借助与具体硬件实现相关的各种控制信息和控制指令来完成最终的设计。为此，各 EDA 公司的 VHDL/Verilog 综合器和仿真器通常使用自定义的属性（attributes）来实现一些特殊的功能。由综合器和仿真器支持的一些特殊的属性一般都包含在 EDA 工具厂商的程序包里，这些内容不会作为 HDL 的语句语法内容来介绍。例如，Synplify 综合器支持的特殊属性都在 synplify.attributes 程序包中；又如，在 DATA I/O 公司的综合器中，可以使用属性 pinnum 为端口锁定芯片引脚；Synopsys 公司的 FPGA Express 中也在 synopsys.attributes 程序包中定义了一些属性，用以辅助综合器完成一些与硬件直接相关的特殊功能。因此给特定变量定义属性，是建立复杂和实用性能良好的数据类型和数字系统的基础。针对具体问题，后文还会给出相关示例。

读者在设计中也应积极查阅属性定义的相关资料，而需实际使用时，也可直接利用 Quartus 提供的模板表述。

具体方法如下。

（1）进入当前工程的工程管理窗口，双击左侧的工程文件，即打开当前的 Verilog 文件编辑窗口；接着选择工程管理窗口的项目中选项 Edit，此后选择 Edit→Insert Template→Verilg HDL→Synthsis Attributes 命令。

（2）进入 Synthsis Attributes 菜单后，可以根据设计需要选择所需的属性，例如选择 Keep Attribute 命令。至于所列属性的含义和用法，可通过选择 Help 参考。

4.6　Signal Tap 的用法

随着逻辑设计复杂性的不断增加，仅依赖于软件方式的仿真测试来了解设计系统的硬件功能和存在的问题已远远不够，而需要重复进行的硬件系统的测试也变得更为困难。设计者可以将一种高效的硬件测试手段和传统的系统测试方法相结合以解决这些问题，这就是嵌入式逻辑分析仪的使用。它的采样部件可以随设计文件一并下载于目标芯片中，用以捕捉目标芯片内部系统信号节点处的信息或总线上的数据流，却又不影响原硬件系统的正常工作。这就是 Quartus 中嵌入式逻辑分析仪 Signal Tap 的目的。在实际监测中，Signal Tap 将测得的样本信号数据暂存于目标器件中的嵌入式 RAM 中，然后通过器件的 JTAG 端口将采得的信息传出，送入计算机进行显示和分析。

Signal Tap 允许对设计中所有层次的模块的信号节点进行测试，可以使用多时钟驱动，而且还能通过设置以确定前后触发捕捉信号信息的比例。

本节将以图 4-35 的设计为示例，介绍 Signal Tap 的最基本的使用方法。

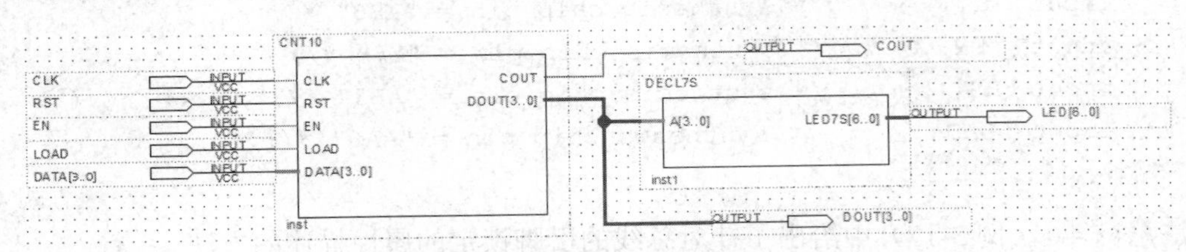

图 4-35　十进制计数器设计示例电路

示例是一个原理图与 Verilog 代码程序混合的设计，顶层设计是原理图，取名为 CNT2LED，如图 4-35 所示。此图中有两个元件模块，即 CNT10 和 DECL7S；一个是十进制计数器，另一个是十六进制 7 段数码管显示译码器，它们的内部程序分别是例 3-17 和例 4-2。参考 4.4 节的图 4-30，将这两个程序变成原理图可调用的元件。

首先设定图 4-35 为工程，工程名设为 CNT2LED。假定开发系统仍然用附录 A 的 KX 系列教学实验平台系统以及 KX-10CL055 核心板，于是引脚锁定可参考表 4-1（图 4-35 中的 LED[6..0]可以不用锁定），只是将 CLK 的引脚改为 G22，使此引脚恰好与核心板上的 20MHz 时钟相接，于是可利用 CLK 作为逻辑分析仪的采样时钟。使用 Signal Tap 的流程如下。

1. 打开 Signal Tap 编辑窗口

选择 File→New 命令，如图 4-1 所示，在弹出的 New 窗口中选择 Signal Tap Logic Analyzer File（也可选择 Tools），单击 OK 按钮，即出现 Signal Tap 编辑窗口。

2. 调入待测信号

在图 4-36 中，首先单击上排 Instance 栏中的 auto_signaltap_0，更改此名，如改为 CNTS，这是其中一组待测信号名。为了调入待测信号名，在 CNTS 栏下的空白处双击，即弹出 Node Finder 对话框，在 Filter 栏选择“Pins: all”，单击 List 按钮，即在左栏出现此工程相关的所有信号。选择需要观察的信号有总线 DATA、DOUT 和 LED，以及进位输出 COUT。单击 OK 按钮后即可将这些信号调入 Signal Tap 信号观察窗口（见图 4-37）。注意，不要将工程的主频信号 CLK 调入观察窗口，因为在本项设计中打算调用本工程的时钟信号 CLK 兼作逻辑分析仪的采样时钟，而采样时钟信号是不允许进入此窗口的。

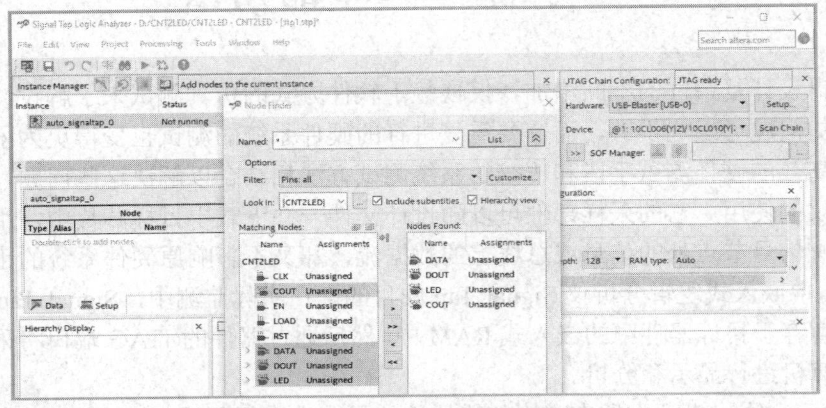

图 4-36　输入逻辑分析仪测试信号

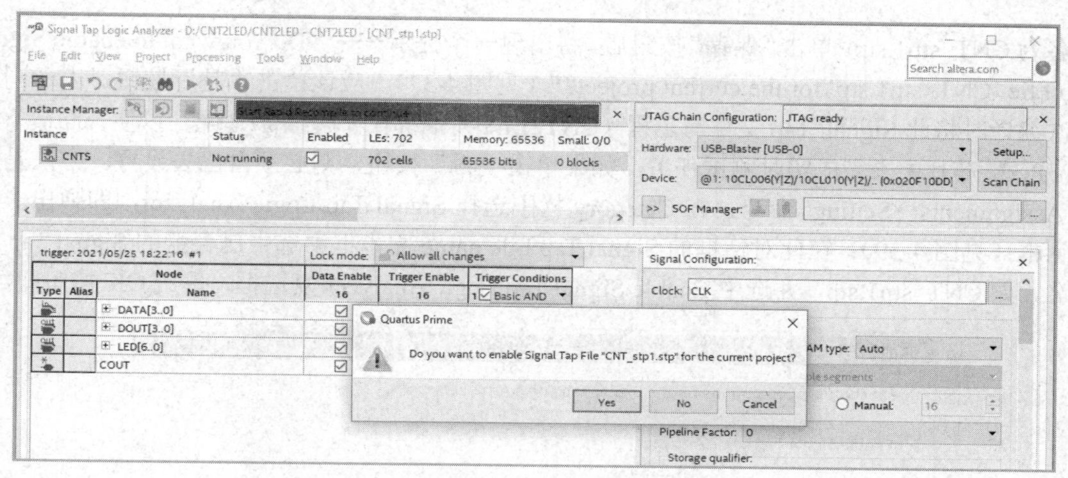

图 4-37　Signal Tap 编辑窗口

此外，如果有总线信号，只需调入总线信号名即可；慢速信号可不调入；调入信号的数量应根据实际需要来决定，不可随意调入过多的或没有实际意义的信号，这会导致 Signal Tap 无谓占用芯片内过多的存储资源。

3. Signal Tap 参数设置

单击“全屏”按钮和窗口左下角的 Setup 选项卡，即出现如图 4-37 所示的全屏编辑窗口，然后按此图设置。首先输入逻辑分析仪的工作时钟信号 Clock。单击 Clock 栏右侧的“...”按钮，即出现 Node Finder 对话框，为了说明和演示方便，选择计数器工程的主频时钟信号 CLK 作为逻辑分析仪的采样时钟；接着在 Data 框的 Sample Depth 栏中选择采样深度为 4K 位。注意，采样深度应根据实际需要和器件内部空余 RAM 大小来决定；采样深度一旦确定，则 CNTS 信号组的每一位信号都获得同样的采样深度，所以必须根据待测信号采样要求、信号组总的信号数量，以及本工程可能占用 ESB/M9K 的规模，综合确定采样深度。然后根据待观察信号的要求，在 Trigger 栏设定采样深度中起始触发的位置，如选择前触发 Pre trigger position。

最后是触发信号和触发方式选择，这可以根据具体需求来选定。在 Trigger 栏的 Trigger conditions 下拉列表框中选择 1；选中 Trigger in 复选框，并在 Node 框选择触发信号。在此选择 CNTS 工程中的 EN 作为触发信号（见图 4-38）；在触发方式 Pattern 下拉列表框中选择高电平触发方式，即当 Signal Tap 测得 EN 为高电平时，Signal Tap 在 CLK 的驱动下根据设置 CNTS 信号组的信号进行连续或单次采样。

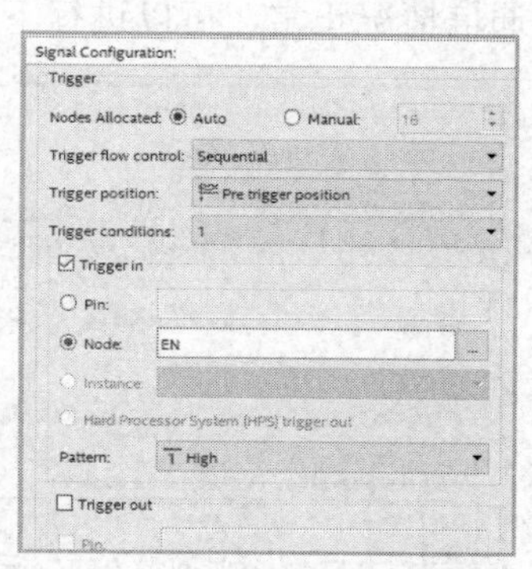

图 4-38　设置 EN 为触发信号

注意，图 4-37 所示的 CNTS 栏显示使用了 702 个逻辑宏单元和 65 536 个内部 RAM 位，而此计数器实际耗用的逻辑宏单元只有 16 个，且未使用任何 RAM 单元。显然这多用的资源是 Signal Tap 在 FPGA 内用于构建逻辑分析仪的采样逻辑及信号存储单元。

4. 文件存盘

选择 File→Save As 命令，输入 Signal Tap 文件名为 stp1.stp（默认文件名和后缀），不妨改名为 CNT_stp1.stp。单击“保存”按钮后，将出现一个提示——“Do you want to enable Signal Tap Flie ‘CNT_stp1.stp’ for the current project?”（见图 4-37），应该单击“是”按钮，表示同意再次编译时将此 Signal Tap 文件与工程（CNT2LED）捆绑在一起综合/适配，以便一同被下载进 FPGA 芯片中去完成实时测试任务。如果单击“否”按钮，则必须自己去设置。方法是选择 Assignments→Settings 命令，在 Category 栏中选择 Signal Tap Logic Analyzer，即弹出一个对话框（见图 4-39）；在此对话框的 Signal Tap File name 文本框中选中已存盘的 Signal Tap 文件名，如 CNT_stp1.stp，并选中 Enable Signal Tap Logic Analyzer 复选框，单击 OK 按钮即可。

图 4-39　选择或删除 Signal Tap 文件加入综合编译

注意，当利用 Signal Tap 将芯片中的信号全部测试结束后，如在实现开发完成后的产品前，不要忘记将 Signal Tap 的部件从芯片中除去，方法是在上述窗口中取消选中 Enable Signal Tap Logic Analyzer 复选框，再编译、编程一次即可。

5. 编译下载

首先选择 Processing→Start Compilation 命令，启动全程编译。

编译结束后，选择 Tools→Signal Tap Logic Analyzer 命令，打开 Signal Tap，或单击 Open 按钮打开。接着用 USB-Blaster 连接 JTAG 口，设定通信模式；打开编程窗口准备下载 SOF 文件，最后下载文件 CNT2LED.sof。也可以直接利用 Signal Tap Analyzer 窗口来下载 SOF 文件。如图 4-40 所示，单击右侧的 Setup 按钮，确定编程器模式，如 USB-Blaster。然后单击 Scan Chain 按钮，对开发板进行扫描。如果在栏中出现板上 FPGA 的型号名，表示系统 JTAG 通信情况正常，可以进行下载。

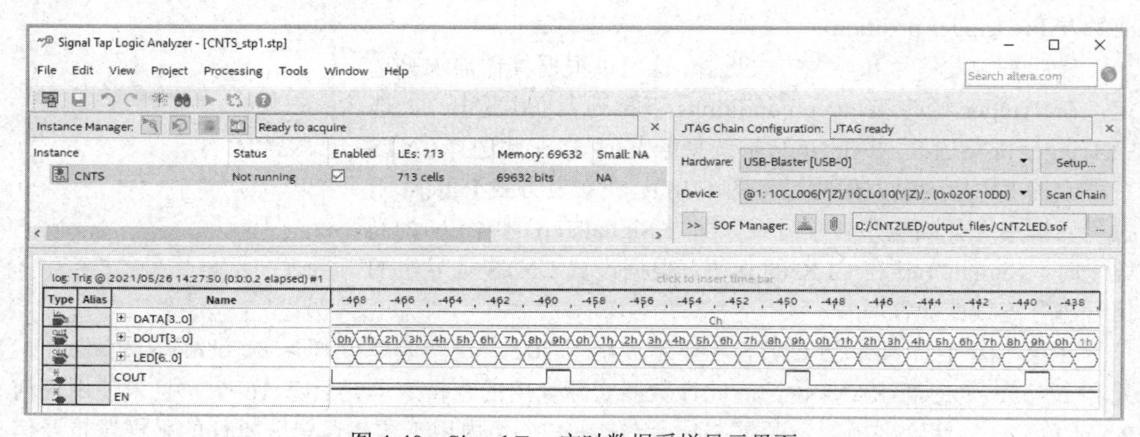

图 4-40　Signal Tap 实时数据采样显示界面

单击“…”按钮，选择 SOF 文件，再单击左侧的下载标号，观察左下角下载信息。下载成功后，设定控制信号（注意使控制 EN 的键输出 1），使计数器和逻辑分析仪工作。

6. 启动 Signal Tap 进行采样与分析

如图 4-40 所示，选中 Instance 栏中的 CNTS，再选择 Processing 菜单中的 Autorun Analysis 命令，启动 Signal Tap 连续采样。单击左下角的 Data 选项卡和“全屏”按钮。由于按键对应的 EN 为高电平，作为 Signal Tap 的采样触发信号，这时就能在 Signal Tap 数据窗口观察到通过 JTAG 口来自开发板上 FPGA 内部的实时信号。用鼠标的左/右键放大或缩小波形。数据窗口的上沿坐标是采样深度的二进制位数，全程是 4096 位（前位触发在 12%深度处）。

图 4-40 的 LED7S 和 DOUT 的数据显示格式都选择为十六进制数，DATA 输入显示的数据是“6H”，此数是来自实验系统上键 1 所置的数。

建议将图 4-40 采样所得的实时数据与图 4-35 电路的仿真数据相比较。

如果单击图 4-40 信号名左侧的“+”图标，可以展开此总线信号。此外，如果希望观察到可形成类似模拟波形的信号波形，可以右击所要观察的总线信号名（如 DOUT），在弹出的快捷菜单中选择总线显示模式（bus display format）为 Unsigned Line Chart，即可获得如图 4-41 所示的“模拟”信号波形——锯齿波。图 4-42 所示的部分是负责扫描 FPGA 的。

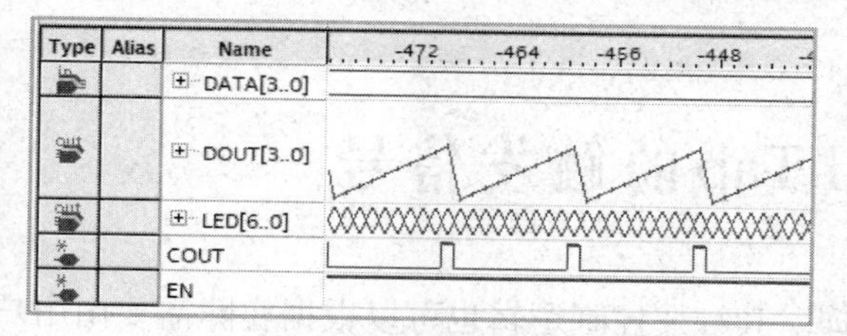

图 4-41　改变 DOUT 数据显示的方式

图 4-42　扫描 FPGA 并下载 SOF 文件

在以上给出的示例中，为了便于说明，Signal Tap 的采样时钟选用了被测电路的工作时钟。但在实际应用中，多数情况下使用的是独立的采样时钟，这样就能采集到被测系统中的慢速信号或与工作时钟相关的信号（包括干扰信号）。

如果是全文本表述的设计，为 Signal Tap 提供独立采样时钟的方法是在顶层文件的模块实体中增加一个时钟输入端口，语句如下。

```
input CLK   /* synthesis chip_pin = "G22" */ ;  //计数器工作时钟
input CLK0  /* synthesis chip_pin = "B11" */;   //逻辑分析仪采样时钟
```

其中 CLK 是计数器的工作时钟；而 CLK0 是为逻辑分析仪准备的时钟输入口，它本身在计数器逻辑中没有任何连接和功能定义。当然，CLK0 并不一定来自外部时钟，它也可来自 FPGA 的内部逻辑或内部的锁相环等，但它必须与 CLK 没有任何相关性，如来自另一晶体振荡器驱动下的另一锁相环。

如果顶层设计是原理图，为了给 Signal Tap 提供独立采样时钟，可以在原理图编辑窗口中增加一个 input 端口，此端口名可取为 CLK0 等。在 FPGA 外部可以向 CLK0 提供独立时钟，而在设计电路中不必与其他任何电路连接。工程编译后可以在 Signal Tap 参数设置窗口中找到此 CLK0，并设置它为采样时钟。

实际上，对于触发信号的设置或建立，也可以采用这种方法。

7. Signal Tap 的其他设置和控制方法

以上示例仅设置了单一嵌入式测试模块 CNTS，其采样时钟是 CLK。事实上，可以设置多个嵌入式测试模块（instance）。可以使用此功能为器件中的每个时钟域建立单独且唯一的逻辑分析仪测试模块，并在多个测试模块中应用不同的时钟和不同的设置。

Instance 管理器允许在多个测试模块上建立并执行 Signal Tap 逻辑分析，可以使用它在 Signal Tap 文件中建立、删除和重命名测试模块。Instance 管理器显示当前 Signal Tap 文件中的所有测试模块、每个相关测试模块的当前状态以及相关实例中使用的逻辑元素和存储器耗用量。测试模块管理器可以协助检查每个逻辑分析仪在器件上要求的资源使用量，可以选择多个逻辑分析仪及选择 Processing→Run Analysis 命令来同时启动多个独立的数据采样模块。此外，Signal Tap 的采样触发器采用逻辑级别或逻辑边缘方面的逻辑事件模式，支持多级触发、多个触发位置、多个段以及外部触发事件。

可以使用 Signal Tap 窗口中的 Signal Configuration 面板设置触发器选项。可以给逻辑分析仪配置最多 10 个触发器级别，使用户可以只查看最重要的数据；可以指定 4 个单独的触发位置：前、中、后和连续。触发位置允许指定在选定测试模块中、触发之前和触发之后应采集的数据量。分段的模式允许通过将存储器分为密集的时间段，为定期事件捕获数据，而无须分配大采样深度，从而节省硬件资源。

4.7 编辑 Signal Tap 的触发信号

Signal Tap 的触发信号可以单独设置或编辑，其触发控制逻辑也可以根据实际需要由用户自行编辑。在特殊情况下，仅利用直接获得的基本的 Basic 触发层次的信号，是无法从采得的数据波形中观察到所希望的信息或找到问题脉冲所在的。这时必须选择好特定的触发条件、触发时间和触发位置，才能采集到希望观察到的信息。

Quartus 中的 Signal Tap 提供了编辑具有特定逻辑条件触发信号的功能，即具有编辑触发信号逻辑函数的功能，而且可以用原理图方法编辑。具体方法是在图 4-37 所示的 Trigger Conditions 选项（默认为 Basic AND）中选择 Advanced（高级）触发层次。原来的 Basic 触发层次设定的采样触发信号是直接采用外部或设计模块内部的信号产生，本节中即采用了 EN 担任触发信号。

当选择 Advanced 触发层次后，即出现触发条件函数编辑窗口，然后将此窗口左侧的信号名以及下方的逻辑元件和数据元件拖入右侧的图形编辑窗口。对从 Inputs Objects 栏拖入的 Bus Value 元件双击后，可以输入数据，如输入整数 12。触发函数的编辑情况将实时出现在编辑窗口中，其上方的“Result:”给出触发函数关系，下方给出出错报告。

4.8 USB-Blaster 驱动程序安装方法

对于有的核心板，在初次使用 USB-Blaster 编程器前，需首先安装 USB 驱动程序。

将 USB Blaster 编程器一端插入 PC 机的 USB 口，这时会弹出一个 USB 驱动程序对话框，根据对话框的引导，选择用户自己搜索驱动程序，这里假定 Quartus 安装在 D 盘，则驱动程序的路径为 D:\intelFPGA\18.1\quartus\drivers\usb-blaster。

安装完毕后，打开Quartus，选择编程器，单击图4-21左上角的Hardware Setup按钮，在弹出的窗口中双击USB-Blaster项。此后就能如同前面介绍的编程器一样使用了。

如果使用Windows 11下不能正确安装USB-Blaster的驱动，可以尝试关闭系统设置中“内核隔离”相关选项。

4.9 Vivado平台仿真与硬件实现

本节将通过示例详细介绍基于Xilinx公司Vivado 2019.2的Verilog代码文本输入设计流程，包括设计输入、综合、适配、仿真测试、编程下载和硬件电路测试等重要方法。将基于第3章的示例，通过其实现流程详细介绍基于Vivado 2019.2的一般设计。

为了使内容更接近工程实际，本节选择了目前工程上更为常用的Artix-7系列的FPGA作为硬件平台（相关情况可参考附录A）。EDA工具是Vivado 2019.2版本，波形仿真软件为内置的Vivado Simulator。

4.9.1 创建工程

在此要利用选择File→Project→New命令创建此设计工程，并设定此工程的一些相关信息，如工程名、目标器件、综合器、仿真器等。步骤如下。

（1）打开并建立新工程管理窗口。选择File→Project→New命令，在弹出的Create a New Vivado Project窗口中单击Next按钮，即弹出设置窗口，如图4-43所示。单击此对话框第2栏右侧的“…”按钮，找到文件夹D:\MY_PROJECT，其中第2栏的D:/MY_PROJECT/表示工程所在的工作库文件夹；第1栏的CNT10表示此项工程的工程名，工程名可以取任何其他的名，也可直接用顶层文件的模块名作为工程名。此处就是按这种方式取的名。

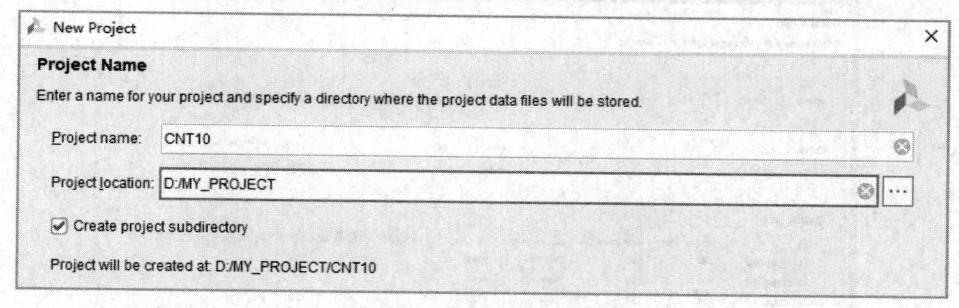

图4-43 创建工程CNT10

（2）选择工程类型。单击Next按钮，在弹出的对话框中单击RTL Project单选按钮，如图4-44所示。

（3）将设计文件加入工程中。单击Next按钮，在弹出的窗口中单击Add Files按钮，将与工程相关的已有Verilog文件都加入此工程，如图4-45所示。再单击Next按钮，通过同样的方法可以将与工程相关的约束文件（xdc文件）加入此工程，如图4-46所示。当然也可以从空工程开始，直接单击Next按钮跳过添加文件的步骤。

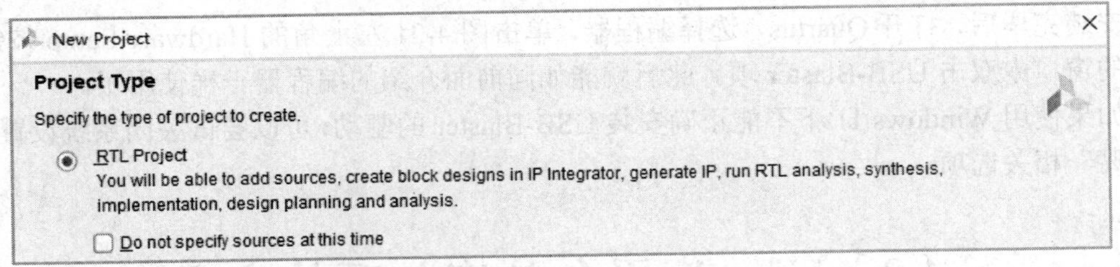

图 4-44　选择创建 RTL Project

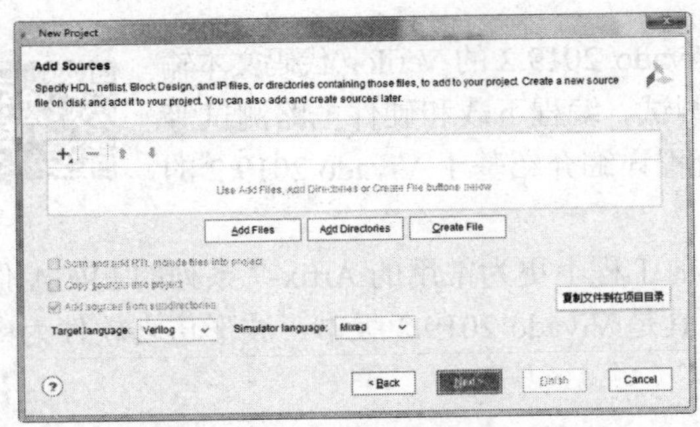

图 4-45　添加已有 Verilog 文件

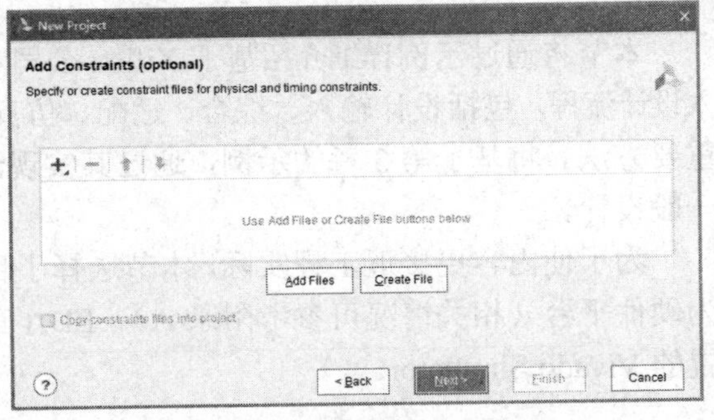

图 4-46　添加已有约束文件

（4）选择目标芯片。单击 Next 按钮，选择目标器件。首先在 Family 下拉列表框中选择芯片系列，在此选择 Artix-7 系列。设选择此系列的具体芯片名是 xc7a75tfgg484-2（或 7a35）。这里 xc7a75t 表示 Artix-7 系列及此器件的逻辑规模，fgg 表示芯片是 1mm 球间距的 FBGA 封装，-2 表示芯片架构速度等级。便捷的方法是通过如图 4-47 所示的窗口中间的下拉列表框选择过滤条件，分别选择 Package 为 fgg484（即此芯片的引脚数量是 484 只），Speed 为-2（中等速度）。当然也可以在图 4-47 所示的 Search 搜索框内输入“xc7a75t”，在展示的搜索结果中选择后缀为 fgg484-2 的芯片。

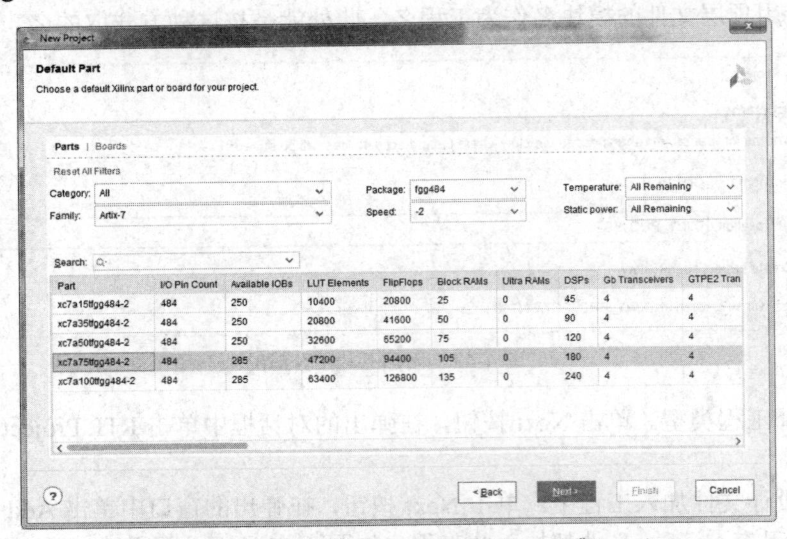

图 4-47　选择目标器件 xc7a75tfgg484-2（或 7a35）

（5）结束设置。单击 Next 按钮后即弹出工程设置统计窗口，如图 4-48 所示。上面列出了此项工程相关设置情况，包含项目名称、项目代码文件和约束文件以及硬件芯片平台。最后单击 Finish 按钮，即已设定好此工程，并出现 CNT10 的工程管理窗口，主要显示本工程项目的层次结构和实体名。

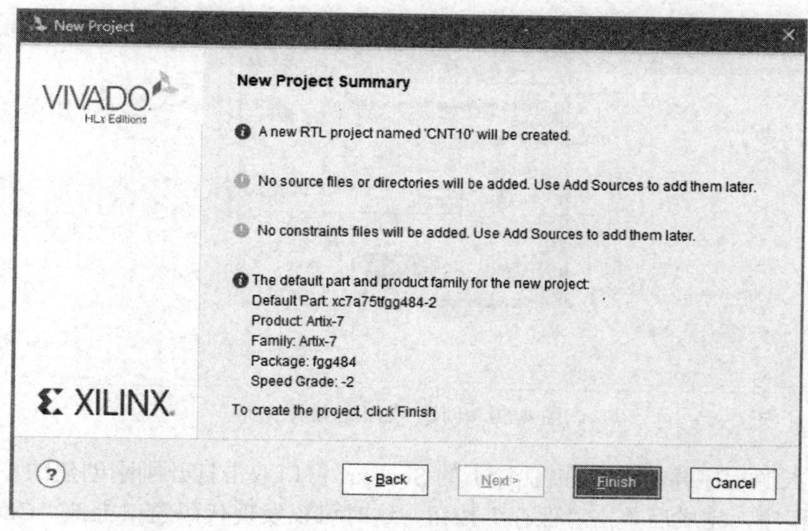

图 4-48 工程设置总览

4.9.2 编辑和输入设计文件

任何一项设计都是一项工程（Project），都必须首先为此工程建立一个文件夹来放置与此工程相关的所有设计文件。此文件夹将被 EDA 软件默认为工作库（Work Library）。一般地，不同的设计项目最好放在不同的文件夹中，而同一工程的所有文件都放在同一文件夹中。注意不要将工程文件夹设在已有的安装目录中，也不要建立在桌面上。在建立了文件夹后就可以将设计文件通过 Vivado 2019.2 的文本编辑器编辑并存盘，步骤如下。

（1）创建文件。在 Sources 窗口可以看到本工程的所有文件，然后在 Design Sources 文件夹上右击，在弹出的快捷菜单中选择 Add Sources 命令，在弹出的窗口中选择第 2 个选项，如图 4-49 所示，创建一个设计文件到 Design Sources 文件夹中。

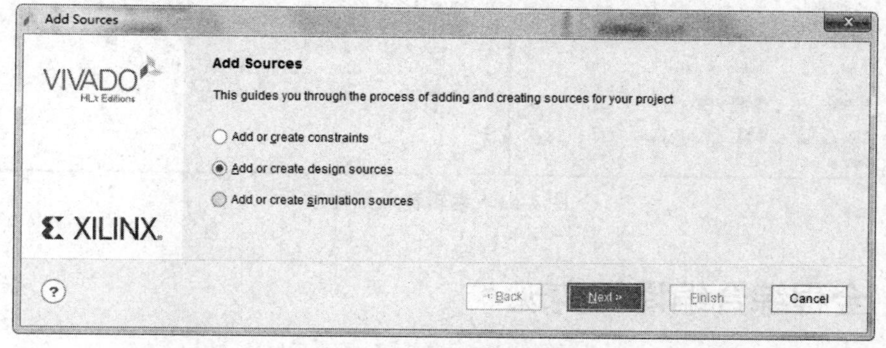

图 4-49 选择新建文件类型

（2）编辑属性。单击 Next 按钮后在弹出的窗口内单击 Create File，然后选择 Verilog 类型，并命名为 CNT10，如图 4-50 所示。点击 OK 按钮，再单击 Finish 按钮。在弹出的 Define Module 窗口中直接单击 OK 按钮。

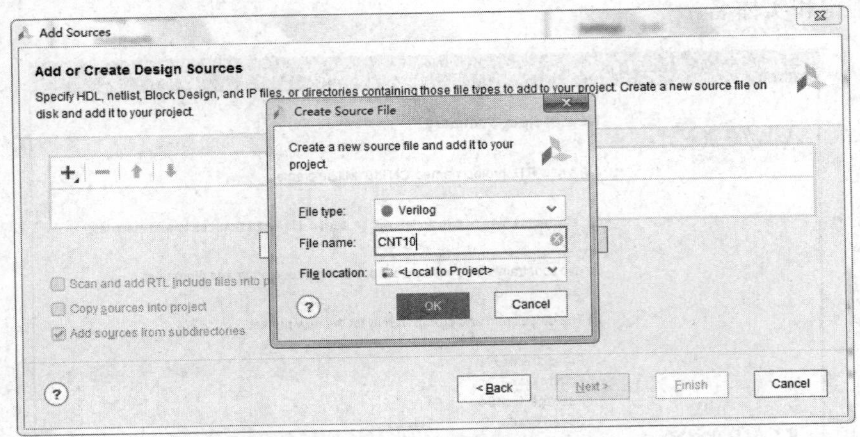

图 4-50　创建 Verilog 设计文件

（3）输入源程序并存盘。在图 4-51 的 Sources 窗口双击打开刚刚创建的 CNT10.v 文件，输入例 3-19 程序，完成后单击“保存”按钮，这时可以发现代码窗口上部“CNT10.v*”中的“*”号消失了，表示文件已保存，同时左边 Sources 窗口也会实时进行文件更新（Updating）。

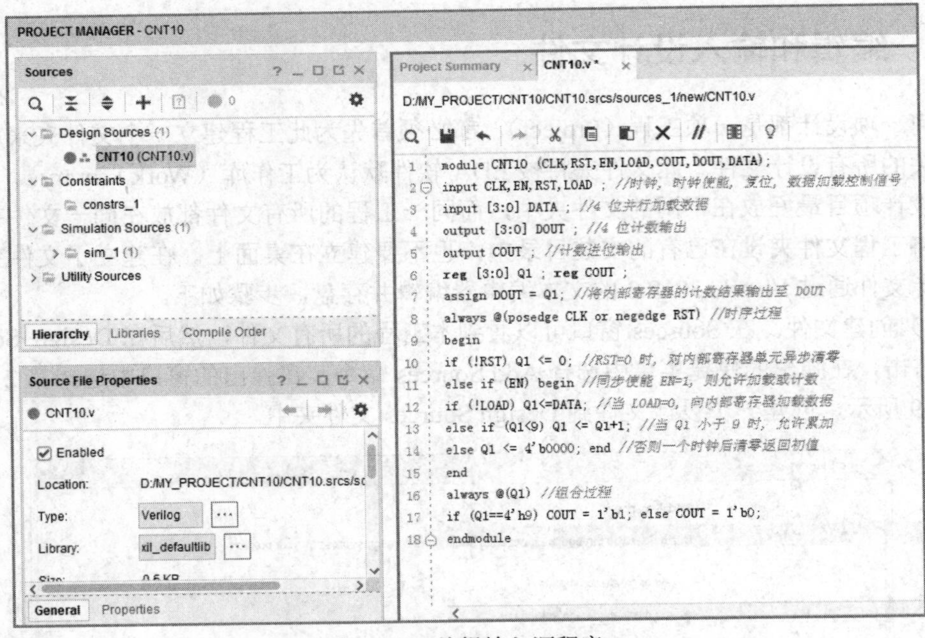

图 4-51　编辑输入源程序

4.9.3　全程综合编译与实现

Vivado 2019.2 编译器是由一系列处理工具模块构成的，这些模块负责对设计项目的检错、逻辑综合、结构综合、输出结果的编辑配置，以及时序分析等。在这一过程中，将设计项目适配到 FPGA 目标器件中，同时产生多种用途的输出文件，如功能和时序信息文件、器件编程的目标文件等。编译器首先检查出工程设计文件中可能的错误信息，以供设计者排除，然后产生一个结构化的以网表文件表达的文件。

在编译前，设计者可以通过各种不同的设置和约束选择，指导编译器使用各种不同的综合和适配技术（如时序驱技术、增量编译技术、逻辑锁定技术等），以便提高设计项目的工作速度，优化器件的资源利用率。而且在编译过程中及编译完成后，可以从编译报告窗口中获得所有相关的详细编译信息，以利于设计者及时调整设计方案。

在创建工程、设计文件的编辑输入后，就要在 Vivado 2019.2 平台上进行编译了。首先在左侧 Flow Navigator 窗口中选择 SYNTHESIS→Run Synthesis 命令，启动综合编译，也可以通过菜单 Flow→Run Synthesis 来启动综合编译。Vivado 2019.2 会自动弹出 Launch Runs 窗口，由于在本地计算机上运行，直接单击 OK 按钮到下一步。综合编译完成后自动弹出 Synthesis Completed 窗口，单击 OK 按钮自动启动实现编译，这里选择单击 Cancel 按钮。

在左侧 Flow Navigator 窗口选择 IMPLEMENTATION→Run Implementation 命令，启动实现编译，也可以通过菜单 Flow→Run Implementation 来启动实现编译。实现编译完成后自动弹出 Implementation successfully completed 窗口，单击 OK 按钮自动启动 Open Implemented Design，然后弹出图形界面配置管脚窗口，如图 4-52 所示。在下方的列表中根据实际板卡，在 Package Pin 列中选择引脚，在 I/O Std 列中选择逻辑电平，并在 Fixed 列中选中对应复选框。完成后进行保存，系统自动弹出 Save Constraints 对话框，如图 4-53 所示，将其保存为 CNT10.xdc 约束文件。单击 OK 按钮后，自动重新启动综合和实现编译。

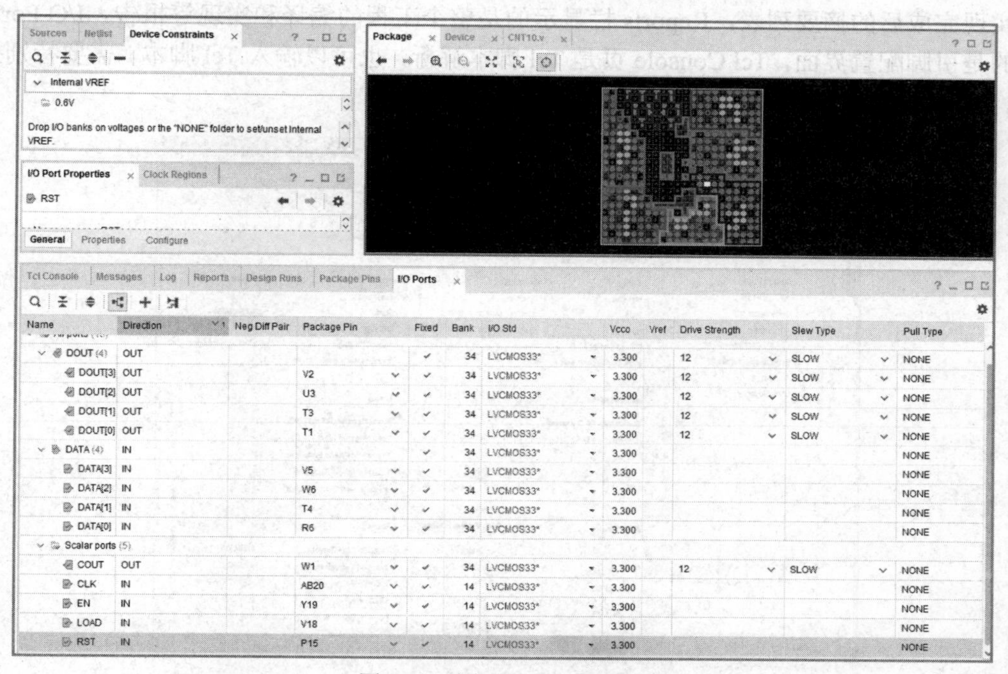

图 4-52　图形界面配置引脚

在 Flow Navigator 窗口选择 PROGRAM AND DEBUG→Generate Bitstream 命令，启动生成比特流文件，成功后会弹出 Bitstream Generation Completed 对话框，如图 4-54 所示。

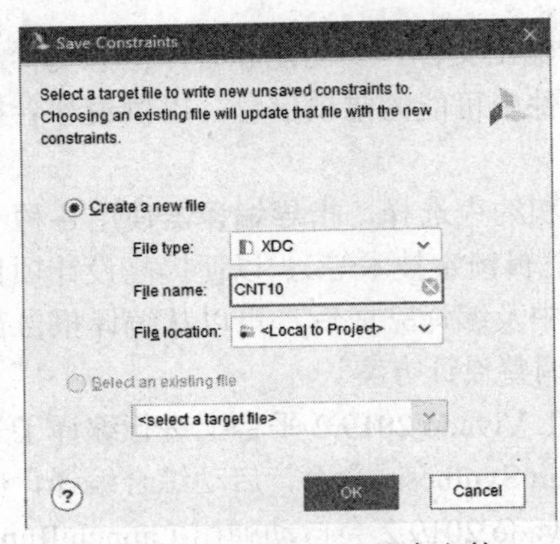

图 4-53　保存 xdc 约束文件

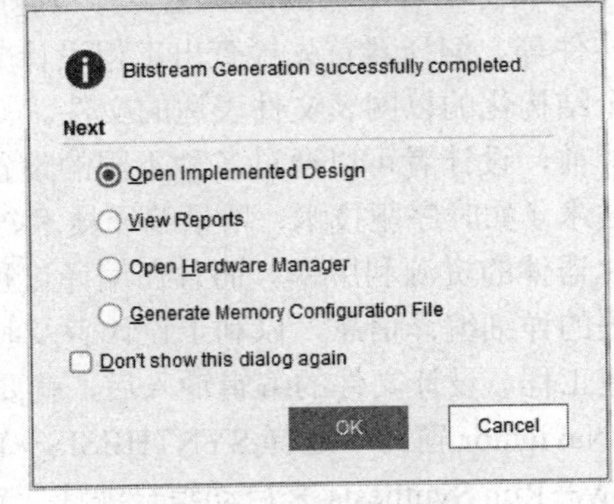

图 4-54　生成比特流文件

编译过程中要注意工程管理窗口下方 Message 处理栏中的编译信息。如果工程中的文件有错误，启动编译后，在下方的 Vivado 2019.2 栏中会显示出来。对于 Vivado 2019.2 栏显示出的语句格式错误，可双击此条文，即弹出对应的 VHDL 文件，在红色波浪线附近有文件错误所在，改错后再次进行编译直至排除所有错误。

如果发现报出多条错误信息，每次只需要检查和纠正最上面报出的错误即可。因为许多情况下，是由于某一种错误导致了多条错误信息报告。

若全程编译成功，Project Summary 如图 4-55 所示，可以看到工程的时序、功耗及资源使用情况的摘要；在最下栏的 Messages 栏显示的是编译处理信息，Design Runs 栏显示的是编译和实现完成后的摘要列表，Reports 栏显示的是整个工程的编译和实现等报告，I/O Ports 栏显示的是引脚配置界面，Tcl Console 页是 Tcl 脚本解析，也可以输入 Tcl 脚本。需要特别提醒两点。

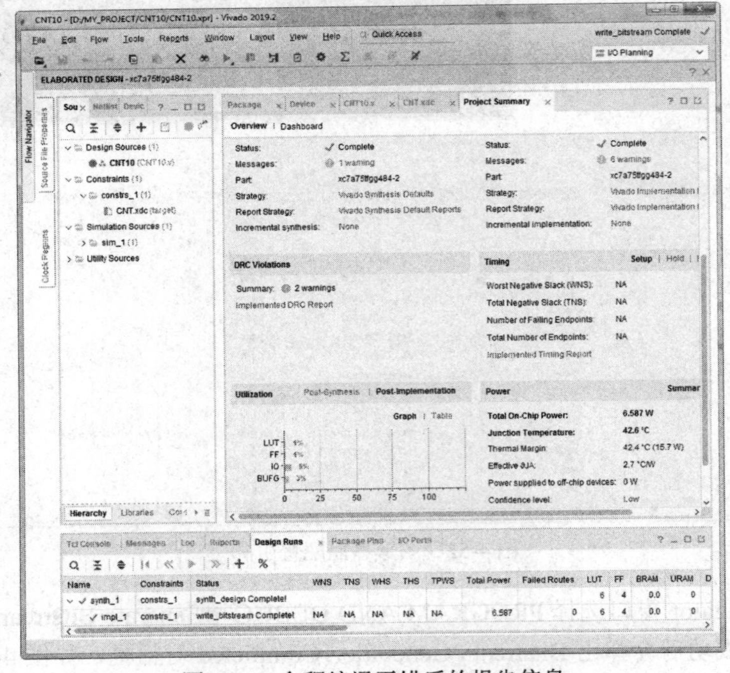

图 4-55　全程编译无错后的报告信息

（1）应该时刻关注图 4-55 所示的工程管理窗口的路径指示和工程名。它指示的是当前处理的一切内容皆为此路径文件夹中的工程，而不是其他任何文件。

（2）若编译能无错通过，甚至也有 RTL 电路产生，但仿真波形有误，硬件功能也出不来。对此，不能一味地靠软件排错，必须仔细检查 Vivado 2019.2 各项设置的正确性；此外，对 Message 栏中显示的编译处理信息中的 Warning 警告信息要仔细阅读，不要放过，问题可能就出在此处。

4.9.4　RTL 图观察器应用

Vivado 2019.2 可实现硬件描述语言或网表文件（Vivado 2019.2 网表文件格式包括 VHDL、Verilog、BDF、TDF、EDIF、VQM）对应的 RTL 电路图的生成。方法如下。

在 Flow Navigator 窗口选择 RTL ANALYSIS→Open Elaborated Design 命令，可以打开 CNT10 工程的 RTL 电路图，如图 4-56 所示。再双击图形中有关模块或选择左侧各项，还可逐层了解各层次的电路结构。

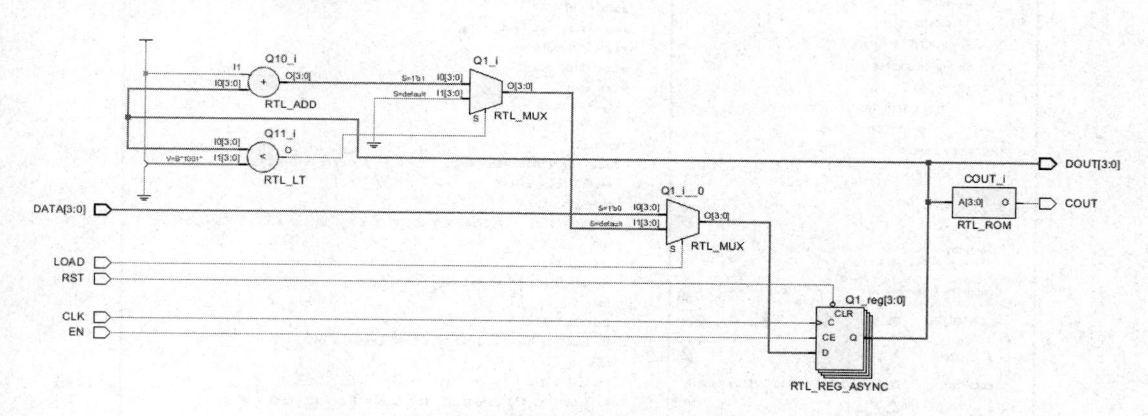

图 4-56　CNT10 工程的 RTL 图

4.9.5　仿真

当前的工程编译通过后，必须对其功能和时序性质进行仿真测试，以了解设计结果是否满足原设计要求。仿真软件采用 Vivado 中自带的 Vivado Simulator 门级波形仿真软件，此类软件针对性强，易学易用，缺点是只适用于小规模设计。

下面即给出基于 Vivado 自带的 Vivado Simulator 的波形仿真器的仿真流程详细步骤。

（1）在 Sources 窗口的 Simulation Sources 文件夹上右击，在弹出的快捷菜单中选择 Add Sources 命令，按照 4.9.2 节所述步骤在图 4-57 和图 4-58 所示窗口中设置，以创建一个新的 Verilog Testbench 仿真文件，命名为 CNT10_TB。

（2）在 Sources 窗口下双击 CNT10_TB.v 文件，在自动弹出的代码输入框内输入例 10-1 的 testbench Verilog 代码并保存，如图 4-59 所示。

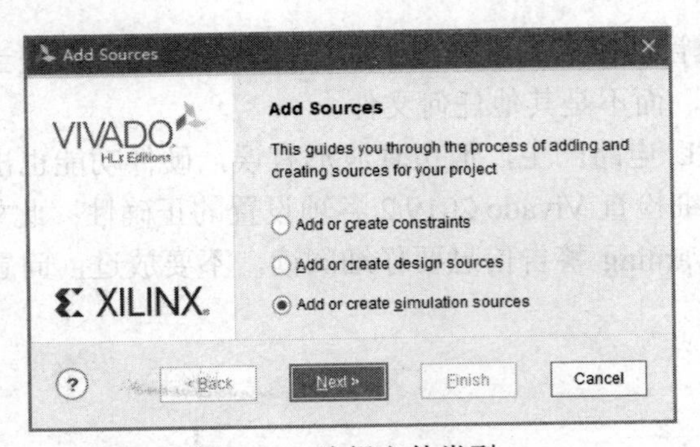

图 4-57　选择文件类型

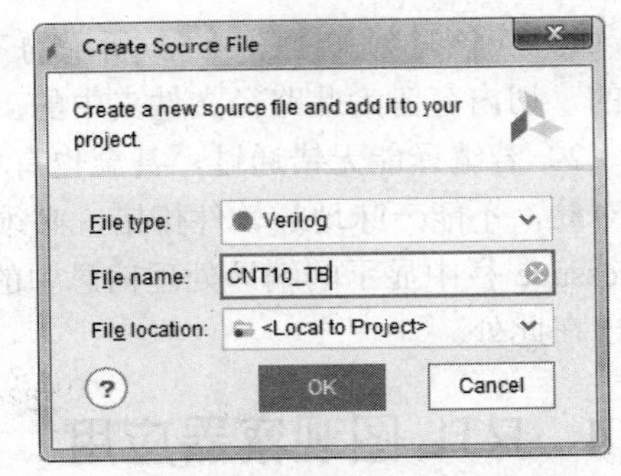

图 4-58　创建 Testbench 文件

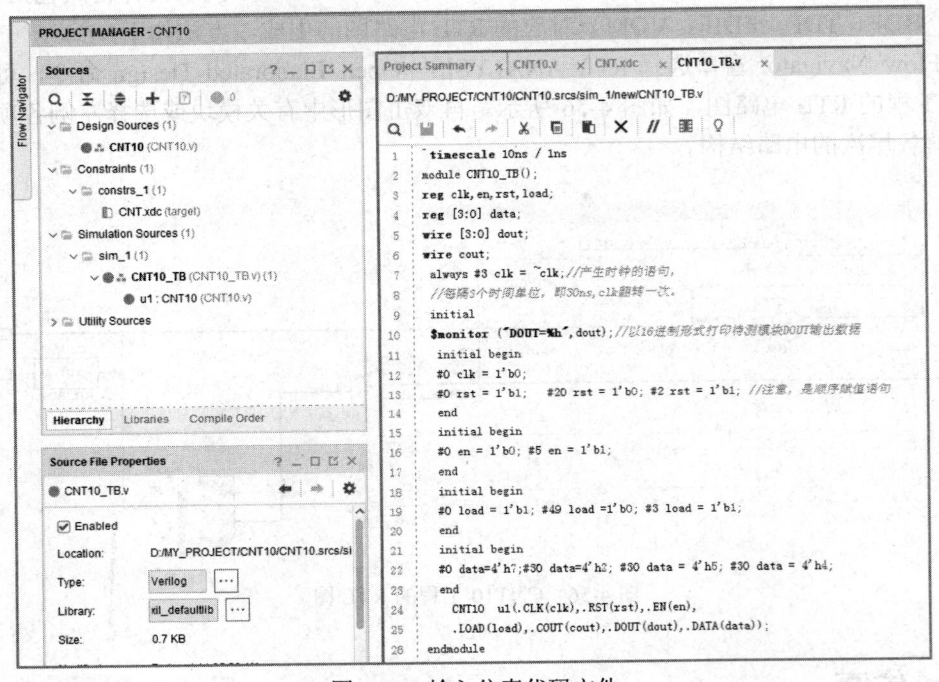

图 4-59　输入仿真代码文件

（3）在左侧 Flow Navigator 窗口选择 PROJECT MANAGER→Settings 命令，在弹出的窗口中选择 Simluation 选项，可以进行仿真软件设置，如图 4-60 所示。在这个对话框内包含了仿真工具、仿真工具语言、仿真顶层文件等仿真设置。

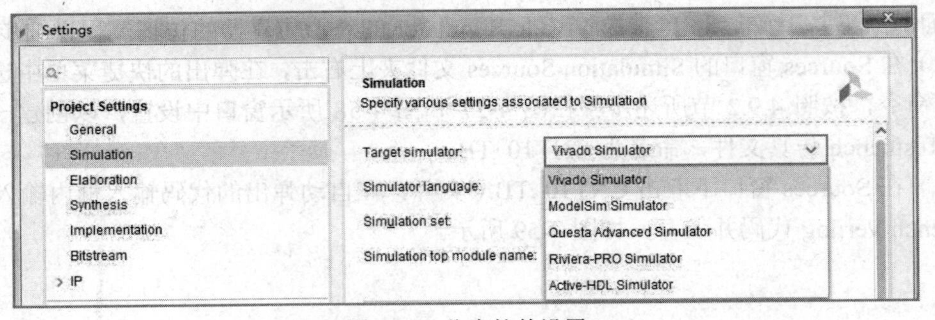

图 4-60　仿真软件设置

（4）在左侧 Flow Navigator 窗口中选择 SIMULATION→Run Simulation→Run Behavior Simulation 命令，Vivado 2019.2 会自动启动 Vivado Simulator 软件。等待仿真工作完成后，弹出图 4-61 所示仿真结果，调节显示窗口大小，查看并分析数据。

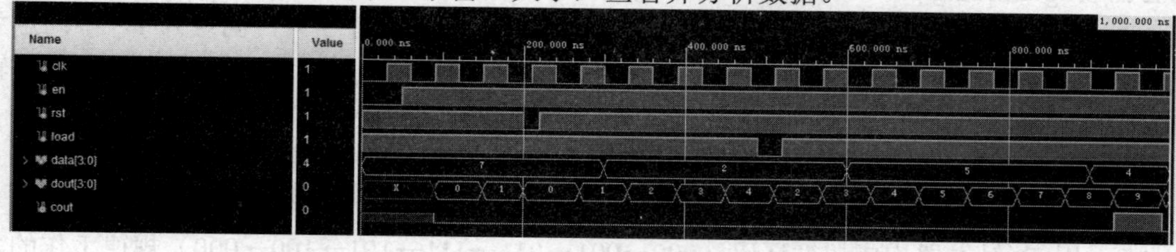

图 4-61　查看仿真结果

4.9.6　硬件测试

在左侧 Flow Navigator 窗口选择 PROGRAM AND DEBUG→Open Hardware Manager 命令，打开硬件程序和调试管理窗口，弹出如图 4-62 所示界面，选择 Open target→Auto Connet 命令识别芯片。

随后弹出如图 4-63 所示界面，单击 Program Device，弹出 Program Device 窗口，选择比特流文件路径，最后单击 Program 进行程序烧录。

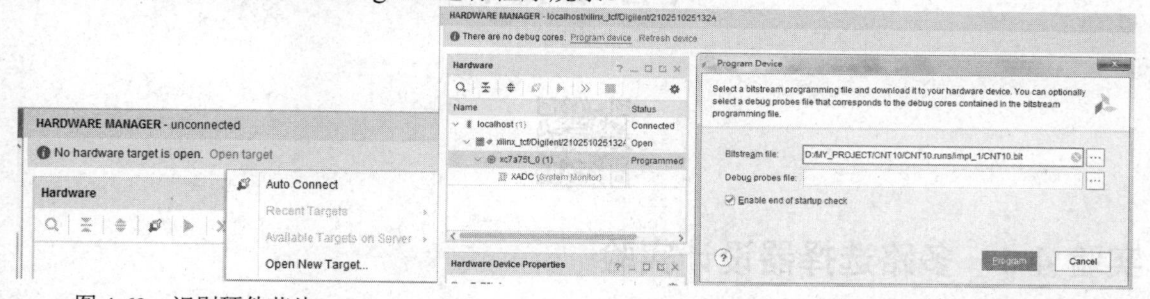

图 4-62　识别硬件芯片　　　　图 4-63　烧录比特流文件

习　题

4-1　归纳 Quartus 进行 Verilog 时序电路代码文本输入设计的流程：从文件输入一直到 Signal Tap 测试。

4-2　参考 Quartus 的 Help，详细说明 Assignments 菜单中 Settings 对话框的功能。

（1）说明其中 Timing Requirements & Qptions 的功能、使用方法和检测途径。

（2）说明其中 Compilation Process 的功能和使用方法。

（3）说明 Analysis & Synthesis Setting 和 Synthesis Netlist Optimization 的功能和使用方法。

4-3　全程编译主要包括哪几个功能模块？这些功能模块各有什么作用？

4-4　对一个设计项目进行全程编译，编译后发现 Quartus 给出编译报错“Can’t place

multiple pins assigned to pin Location Pin_XX”，试问，问题出在哪里？如何解决？提示：考虑这些引脚可能具有双功能。选择图 4-6 所示窗口中的双目标端口设置页，如将 nCEO 原来的“Use as programming pin”改为“Use as regular I/O”。这样也可以将此端口用作普通 I/O 口。

4-5　用原理图输入方式设计一个 5 人表决电路，参加表决者 5 人，同意为 1，不同意为 0。同意者过半则表决通过，绿指示灯亮；表决不通过则红指示灯亮。在 Quartus 上进行编辑输入、仿真、验证其正确性，然后在 FPGA 中进行硬件测试和验证，以下习题相同。

4-6　用 Verilog 设计一个功能类似于 74LS160 的计数器。

4-7　给出含有异步清零和计数使能的 16 位二进制加减可控计数器的 Verilog 描述。

4-8　用 D 触发器构成按循环码（000→001→011→111→101→100→000）规律工作的六进制同步计数器。

4-9　用同步时序电路对串行二进制输入进行奇偶校验，每检测 5 位输入，输出一个结果。当 5 位输入中 1 的数目为奇数时，在最后一位的时刻输出 1。

4-10　设计一个具备异步清零的 4 位 Johnson 计数器。其计数行为是：若当前计数器最高位为 0，则执行最低位补 1 的左移操作；若当前计数器最高位为 1，则执行最低位补 0 的左移操作。例如，000->001-->011-->111-->110-->100-->000-->001 ..。

实验与设计

实验 4-1　多路选择器设计实验

实验目的：进一步熟悉 Quartus 的 Verilog 文本设计流程，以及组合电路的设计仿真和硬件测试。

实验任务 1：根据 4.1 节的流程，利用 Quartus Prime 18.1 完成 4 选 1 多路选择器（例 2-1）的文本代码编辑输入（MUX41a.v）和仿真测试等步骤，给出图 2-2 所示的仿真波形。

实验任务 2：在实验系统上硬件测试，验证此设计的功能。对于引脚锁定以及硬件下载测试，a、b、c 和 d 分别连接来自不同的时钟或键；输出信号接蜂鸣器。最后进行编译、下载和硬件测试实验（若用附录 A 的系统，建议选择模式 5。通过选择键 1、键 2，控制 s0、s1，可使蜂鸣器输出不同音调）。

实验报告：根据以上的实验内容写出实验报告，包括程序设计、软件编译、仿真分析、硬件测试和详细实验过程；给出程序分析报告、仿真波形图及其分析报告。

实验 4-2　十六进制 7 段数码显示译码器设计

实验目的：学习 7 段数码显示译码器的 Verilog 硬件设计。

实验原理：7 段数码是纯组合电路。通常的小规模专用 IC，如 74 或 4000 系列的器件只能作为十进制 BCD 码译码，然而数字系统中的数据处理和运算都是二进制的，所以输出表达都是十六进制的。为了满足十六进制数的译码显示，最方便的方法就是利用 Verilog 译码程序在 FPGA 中实现。所以首先要设计一段程序（表 4-2 的参考程序如例 4-2 所示）。设输入的 4 位码为 A[3:0]，输出控制 7 段共阴数码管（见图 4-64）的 7 位数据为 LED7S[6:0]。输出信号 LED7S 的 7 位分别连接图 4-64 所示的共阴数码管的 7 个段，高位在左，低位在右。例如，当 LED7S 输出为“1101101”时，数码管的 7 个段 g、f、e、d、c、b、a 分别连接 1、1、0、1、1、0、1；接有高电平的段发亮，于是数码管显示“5”。这里没有考虑表示小数点的发光管，如果要考虑，需要增加段 h，然后将 LED7S 改为 8 位输出。

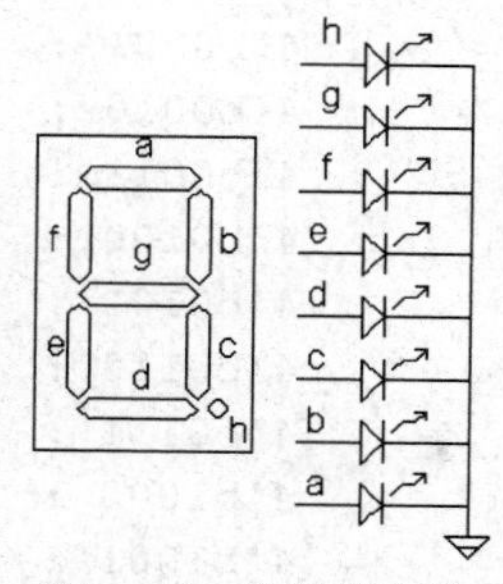

图 4-64　共阴数码管

实验任务：将设计好的 Verilog 译码器程序在 Quartus 上进行编辑、编译、综合、适配、仿真，给出其所有信号的时序仿真波形（注意仿真波形输入激励信号的设置）。提示：设定仿真激励信号时用输入总线的方式给出输入信号仿真数据。

表 4-2　十六进制 7 段译码器真值表

输　入　码	输　出　码	代 表 数 据
0000	0111111	0
0001	0000110	1
0010	1011011	2
0011	1001111	3
0100	1100110	4
0101	1101101	5
0110	1111101	6
0111	0000111	7
1000	1111111	8
1001	1101111	9
1010	1110111	A
1011	1111100	B
1100	0111001	C
1101	1011110	D
1110	1111001	E
1111	1110001	F

【例 4-2】

```
module DECL7S (A,LED7S);
   input [3:0] A;  output [6:0] LED7S;
    reg [6:0] LED7S;
   always @ (A)
    case(A)
      4'b0000 : LED7S <= 7'b0111111 ;
```

```
        4'b0001 :  LED7S <= 7'b0000110 ;
        4'b0010 :  LED7S <= 7'b1011011 ;
        4'b0011 :  LED7S <= 7'b1001111 ;
        4'b0100 :  LED7S <= 7'b1100110 ;
        4'b0101 :  LED7S <= 7'b1101101 ;
        4'b0110 :  LED7S <= 7'b1111101 ;
        4'b0111 :  LED7S <= 7'b0000111 ;
        4'b1000 :  LED7S <= 7'b1111111 ;
        4'b1001 :  LED7S <= 7'b1101111 ;
        4'b1010 :  LED7S <= 7'b1110111 ;
        4'b1011 :  LED7S <= 7'b1111100 ;
        4'b1100 :  LED7S <= 7'b0111001 ;
        4'b1101 :  LED7S <= 7'b1011110 ;
        4'b1110 :  LED7S <= 7'b1111001 ;
        4'b1111 :  LED7S <= 7'b1110001 ;
        default :  LED7S <= 7'b0111111 ;
      endcase
  endmodule
```

实验 4-3　8 位硬件乘法器设计实验

实验目的：进一步熟悉利用 Quartus Prime Standard 18.1 完成 Verilog 硬件设计的流程；深入了解硬件乘法器的设计方法、硬件性能和实现方法。

实验任务：根据例 3-23，完成一个 8 位乘法器的设计、编辑、仿真和硬件实现。

如果使用附录 A 的系统，建议选用模式 1 实验电路（附录 A），这样可以由键 2 和键 1 负责 8 位乘数输入，键 4 和键 3 负责 8 位被乘数输入，数码管 8 到数码管 5 显示 16 位乘积结果。

实验 4-4　应用宏模块设计数字频率计

实验目的：熟悉原理图输入法中 74 系列等宏功能元件的使用方法，掌握原理图层次化设计技术和数字系统设计方法。完成 6 位十进制频率计的设计。

实验原理：以下将首先从一个 2 位十进制频率计的设计流程开始，介绍用原理图输入法设计频率计的流程。

1．2 位十进制计数器设计

（1）设计电路原理图。频率计的核心元件之一是含有时钟使能及进位扩展输出的十进制计数器。为此，这里用一个双十进制计数器 74390 和其他辅助元件来完成。首先在 Quartus Prime 18.1 中建立图形编辑环境，再于原理图编辑窗中的 Name 文本框中分别输入 74390、AND4、AND2、NOT、INPUT 和 OUTPUT 元件名，调出这些元件，并按照图 4-65 所示连接好电路原理图。图中，74390 连接成两个独立的十进制计数器，待测频率信号 clk 通过一个与门进入 74390 的计数器“1”端的时钟输入端 1CLKA。与门的另一端由计数使能信号 enb 控制：当 enb = 1 时允许计数，当 enb = 0 时禁止计数。第一个计数器的 4 位输出 q[3]、q[2]、q[1]和 q[0]并成总线表达方式，即 q[3..0]（注意原理图中的总线表示方法，如 Q[3..0]，与 Verilog 表述不同），由图 4-65 左下角的 OUTPUT 输出端口向外输出计数值。同时由一个 4 输入与门和两个反相器构成进位信号，进位信号进入第二个计数器的时钟输入端 2CLKA。第二个计数器的 4 位计数输出 q[7]、q[6]、q[5]和 q[4]，总线输出信号是 q[7..4]。这两个计数器的总的进位信号，可由一个 6 输入与门和两个反相器产生，由 cout 输出。clr 是计数器的清零信号。

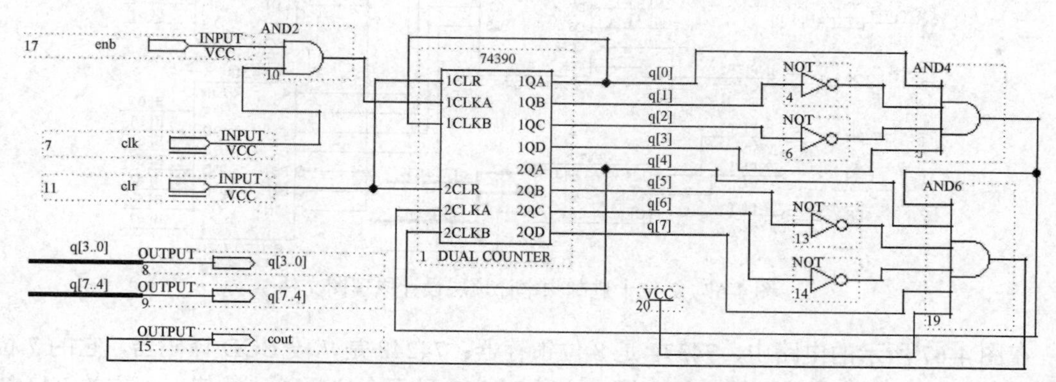

图 4-65　含有时钟使能的 2 位十进制计数器

在原理图的绘制过程中应特别注意图形设计规则中信号标号和总线的表达方式（粗线条表示总线）。对于以标号方式进行的总线连接如图 4-65 所示。例如一根 8 位的总线 bus1[7..0]欲与另外 3 根分别为 1、3、4 位宽的连线相接，它们的标号可分别表示 bus1[0]、bus1[3..1]、bus1[7..4]。最后将图 4-65 电路存盘，文件名可取为 conter8.bdf。

（2）建立工程。为了测试图 4-65 所示电路的功能，可以将 conter8.bdf 设置成工程，工程名和顶层文件名都取为 conter8。建立工程后，若要了解 74390 的内部，可以在其上双击。

（3）系统仿真。完成设计后即可对电路的功能进行测试。由图 4-66 可见，图 4-65 所示电路的功能完全符合原设计要求：当 clk 输入时钟信号时，clr 信号具有清零功能；当 enb 为高电平时允许计数，低电平时禁止计数；当低 4 位计数器计到 9 时向高 4 位计数器进位。另外，由于图中没有显示出高 4 位计数器计到 9，故看不到 count 的进位信号。

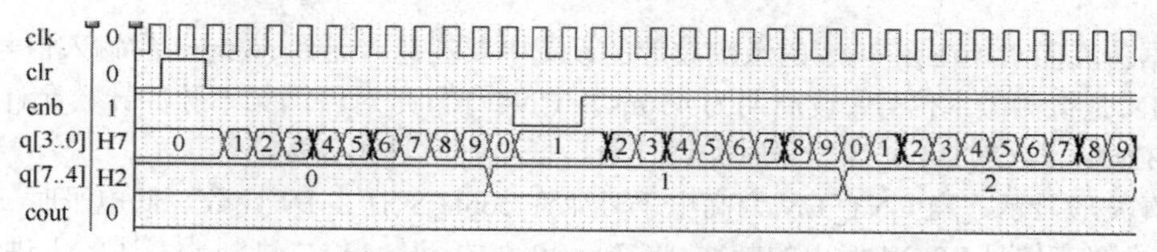

图 4-66　2 位十进制计数器工作波形

（4）生成元件符号。如图 4-30 所示，选择左上角 File 菜单中的相关项，将当前文件 conter8.bdf 变成一个元件 conter8 后存盘，以待在高层次设计中进行调用。关闭此工程。

2．频率计主结构电路设计

根据测频原理，可以完成如图 4-67 所示的频率计主体结构的电路设计。首先关闭原来的工程，再打开一个新的原理图编辑窗口，并将此空原理图设为工程，文件名可取为 ft_ top.bdf。然后在基于新工程的原理图编辑窗中调入图 4-67 所示的所有元件，按图连接好后存盘。

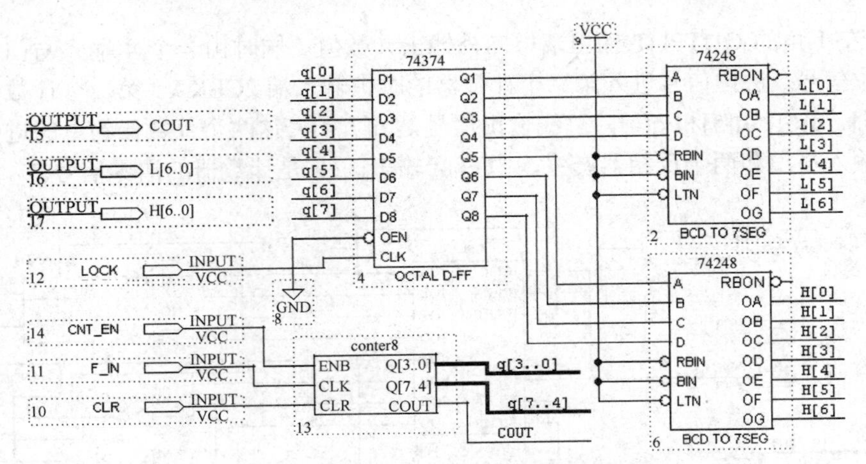

图 4-67　2 位十进制频率计顶层设计原理图文件

在图 4-67 所示的电路中，74374 是 8 位锁存器；74248 是 7 段 BCD 译码器，它的 7 位输出可以直接与 7 段共阴数码管相接，图上方的 74248 显示个位频率计数值，下方的 74248 显示十位频率计数值；conter8 是电路图 4-65 构成的元件。在这些元件上双击鼠标左键，可以看到内部的电路结构。此电路的工作时序波形如图 4-68 所示，由该波形可以清楚地了解电路的工作原理。

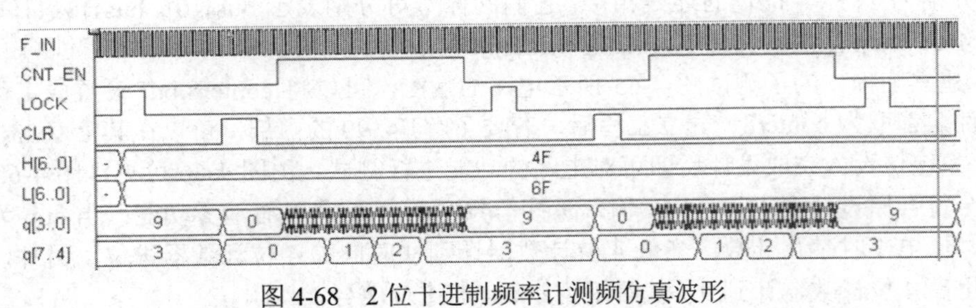

图 4-68　2 位十进制频率计测频仿真波形

根据仿真需求，在图 4-68 的激励波形的设置中要注意，元件 conter8 的输入信号的设置：其中 F_IN 是待测频率信号（设周期为 410ns）；CNT_EN 是对待测频率脉冲计数允许信号（设周期为 32s）；当 CNT_EN 高电平时允许计数，低电平时禁止计数。

仿真波形显示，当 CNT_EN 为高电平时允许 conter8 对 F_IN 计数，低电平时 conter8 停止计数，由锁存信号 LOCK 发出的脉冲，将 conter8 中的两个 4 位二进制数表述的十进制数“39”锁存进 74374 中，并由 74374 分高低位通过总线 H[6..0]和 L[6..0]输给 74248 译码输出显示，这就是测得的频率值。十进制显示值“39”的 7 段译码值分别是“6F”和“4F”。此后由清零信号 CLR 对计数器 conter8 清零，以备下一周期计数之用。图 4-67 中的进位信号 COUT 是留待频率计扩展用的。

在实际测频中，由于 CNT_EN 是输入的测频控制信号，如果此输入频率选定为 0.5Hz，则其允许计数的脉宽为 1s，这样，数码管就能直接显示 F_IN 的频率值。

3. 时序控制电路设计

欲使电路能自动测频工作，还需增加一个测频时序控制电路，要求它能按照图 4-58 所示的时序关系，产生 3 个控制信号，即 CNT_EN、LOCK 和 CLR，以便使频率计能自动完成计数、锁存和清零 3 个重要的功能步骤。根据控制信号 CNT_EN、LOCK 和 CLR 的时序要求，图 4-59 给出了相应的电路，设该电路的文件名取为 tf_ctro.bdf。该电路由 3 部分组成：4 位二进制计数器 7493、4-16 译码器 74154 和两个由双与非门构成的 RS 触发器。其中的 74154 也可以用 3-8 译码器 74138 代替，甚至用其他电路形式实现此功能，读者都不妨一试。

对图 4-69 所示电路（文件：tf_ctro.bdf）的设计和验证流程同上，包装入库的元件名为 tf_ctro。对其建立工程后即可对其功能进行仿真测试。图 4-70 即为其时序波形。比较图 4-70 和图 4-68 中的控制信号 CNT_EN、LOCK 和 CLR 的时序，表明图 4-69 的电路满足设计要求。

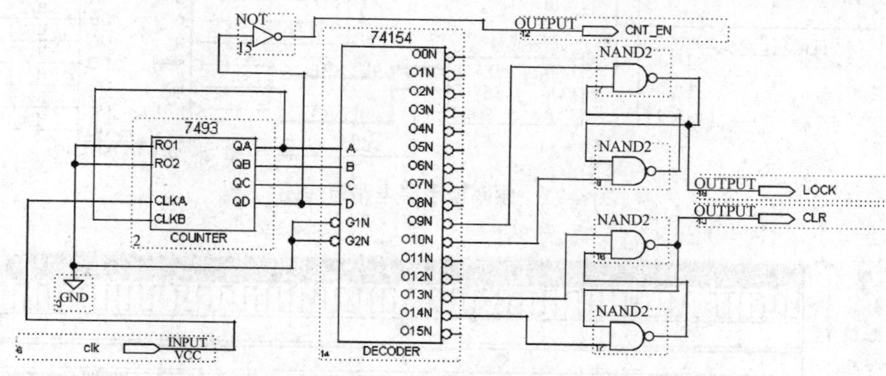

图 4-69　测频时序控制电路

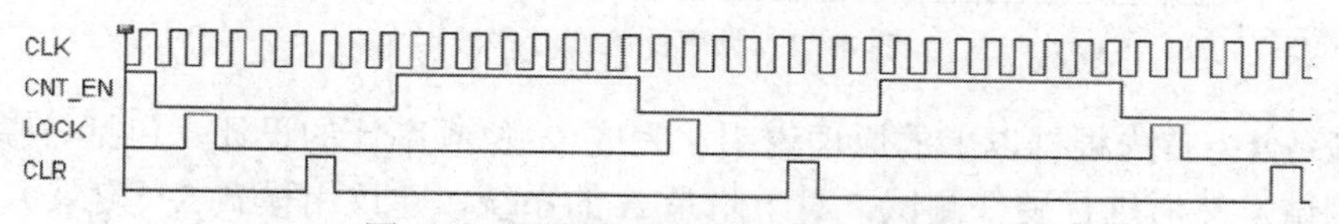

图 4-70　测频时序控制电路工作波形

事实上，图 4-69 所示的电路还有许多其他用途。例如，可构成高速时序脉冲发生器，可通过输入不同频率的 CLK 信号或将 RS 触发器接在 74154 的不同输出端，产生各种不同脉宽和频率的脉冲信号。

4．频率计顶层电路设计

有了图 4-69 所示的电路元件 tf_ctro，就可以改造图 4-67 的电路，使其成为能自动测频和数据显示的实用频率计。改造后的电路如图 4-71 所示，其中含有新调入的元件 tf_ctro。电路中只有两个输入信号：待测频率输入信号 F_IN 和测频控制时钟 CLK。根据电路图 4-69 和波形图 4-70 可以算出，如果从 CLK 输入的控制时钟的频率是 8Hz，则计数使能信号 CNT_EN 的脉宽为 1s，从而可使数码管直接显示 F_IN 的频率值。

图 4-71 中保存的文件名不变，仍为 ft_top.gdf，它的仿真波形如图 4-72 所示。图 4-72 中，待测信号 F_IN 的周期取为 410ns，测频控制信号 CLK 的周期取为 2s。根据测频电路原理，不难算出测频显示应该为“39”。这个结果与图 4-68 给出的数值完全一致。由该图可见，测频计数器中的计数值 q[3..0]和 q[7..4]随着 F_IN 脉冲的输入而不断发生变化，但由于 74374 的锁存功能，两个 74248 输出的测频结果 L[6..0]和 H[6..0]始终分别稳定在“6F”和“4F”上（通过 7 段显示数码管，此二数将分别被译码显示为 3 和 9）。图 4-71 所示的电路模块能很容易地扩展为任意位数的频率计。

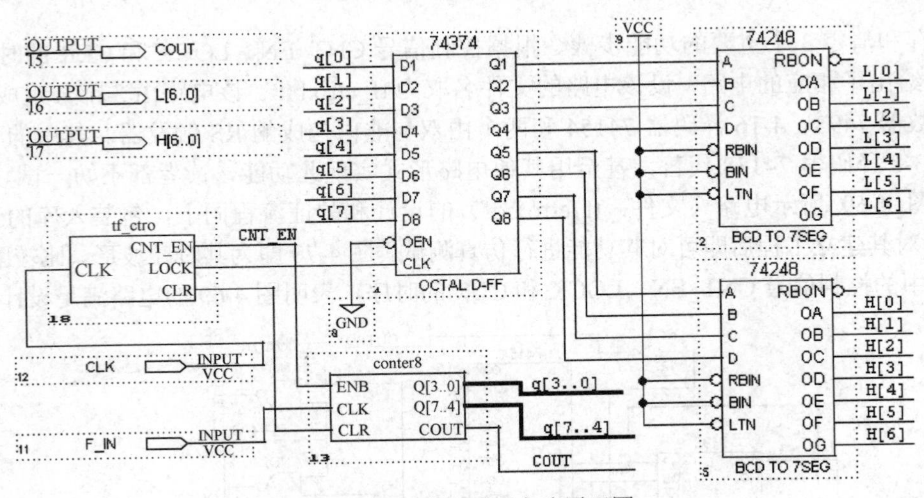

图 4-71　频率计顶层电路原理图

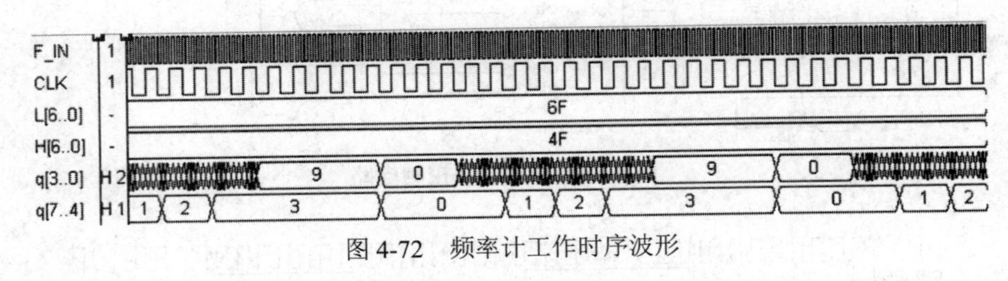

图 4-72　频率计工作时序波形

实验任务 1：首先根据以上的原理说明，完成 2 位频率计的设计，包括各模块和顶层系统的仿真测试，然后进行硬件测试。对于附录 A 的系统，建议用模式 5（附录 A）实验。

实验任务 2：设计一个全新的电路，能取代图 4-59 所示电路的功能，仿真并硬件测试。

实验任务 3：建立一个新的原理图设计层次，在此基础上将其扩展为 6 位频率计，仿真测试该频率计待测信号的最高频率，并与硬件实测的结果进行比较。

实验报告：给出各层次的原理图、工作原理及仿真波形，详述硬件实验过程和实验结果。

实验 4-5　计数器设计实验

实验目的：熟悉 Quartus Prime 18.1 的 Verilog 文本设计流程全过程，学习计数器的设计、仿真和硬件测试；掌握原理图与文本混合设计方法。

实验原理：参考 4.1 节。实验电路如图 4-35 所示，设计流程也参考本章。

实验任务 1：在 Quartus Prime 18.1 上对基于图 4-35 所示的工程进行编辑、编译、仿真。说明模块中各语句的作用。各模块和所有信号的时序仿真波形，根据波形详细描述此设计的功能特点。从时序仿真图和编译报告中了解计数时钟输入至计数数据输出的延时情况，包括设定不同优化约束后的改善情况以及当选择不同 FPGA 目标器件后的延时差距及毛刺情况，给出分析报告。

实验任务 2：用不同方式锁定引脚并硬件下载测试。引脚锁定后进行编译、下载和硬件测试实验。将实验过程和实验结果写进实验报告。在硬件实验中，注意测试所有控制信号和显示信号。时钟 CLK 换不同输入：如 1Hz 或 4Hz 时钟脉冲输入。

实验任务 3：要求全程编译后，将生成的 SOF 文件转变成用于配置器件 EPCS16 的间接配置文件 *.jic，并使用 USB-Blaster 对核心板上的 EPCS16 进行编程，最后进行硬件验证。

实验任务 4：为图 4-35 所示的设计加入 Signal Tap，实时了解其输出信号和数据。

实验 4-6　数码扫描显示电路设计

实验目的：学习硬件扫描显示电路的设计。

实验原理：图 4-73 所示的是 8 位数码扫描显示电路，其中每个数码管的 8 个段 h、g、f、e、d、c、b、a（h 是小数点）都分别连接在一起，8 个数码管分别由 8 个选通信号 k1～k8 来选择。被选通的数码管显示数据，其余关闭。如在某一时刻，k3 为高电平，其余选通信号为低电平，这时仅 k3 对应的数码管显示来自段信号端的数据，而其他 7 个数码管呈现关闭状态。根据这种电路状况，如果希望 8 个数码管显示希望的数据，就必须使 8 个选通信号 k1～k8 分别被单独选通，同时在段信号输入口加上希望该对应数码管上显示的数据，于是随着选通信号的扫变，就能实现扫描显示的目的。

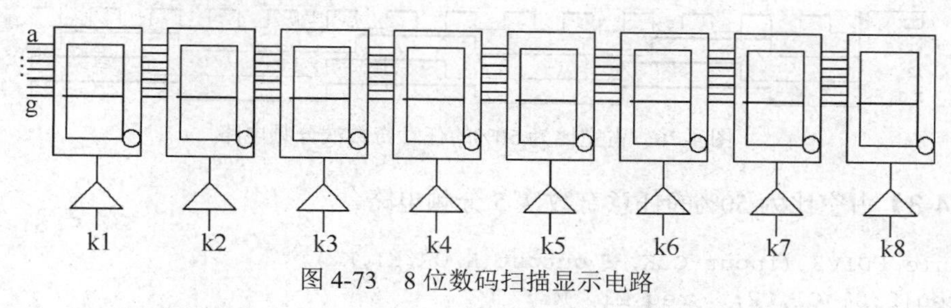

图 4-73　8 位数码扫描显示电路

实验任务 1：给出 Verilog 设计程序。对其进行编辑、编译、综合、适配、仿真，给出仿真波形，并且进行硬件测试。将实验过程和实验结果写进实验报告。

实验任务 2：以同样的设计思路和设计方法设计一个 Verilog 程序，通过 FPGA 控制单 8×8 发光管点阵显示器，或双 8×8 发光管点阵显示器，分别显示十六进制数及英语字母。

实验 4-7　半整数与奇数分频器设计

实验目的：学习完成实用 Verilog 程序的设计。

实验原理：实用数字系统设计中常需要完成不同类型的分频。对于偶数次分频并要求以 50%占空比输出的电路是比较容易实现的。但难以用相同的设计方案直接获得奇数次分频且占空比也是 50%的电路。图 4-74 所示的电路是一个占空比为 50%的任意奇数次分频电路。其中的 M3 目前是一个模 3 计数器，它可以设置为任意模计数器，从而实现整个电路的任意次奇数分频功能。其仿真波形如图 4-75 所示。在图 4-75 中，C1 的输出呈现 50%占空比 5 分频信号。分析表明只要改变图 4-74 的 M3 计数器为任意模计数器，就能得到任意奇数值分频输出，且占空比为 50%。

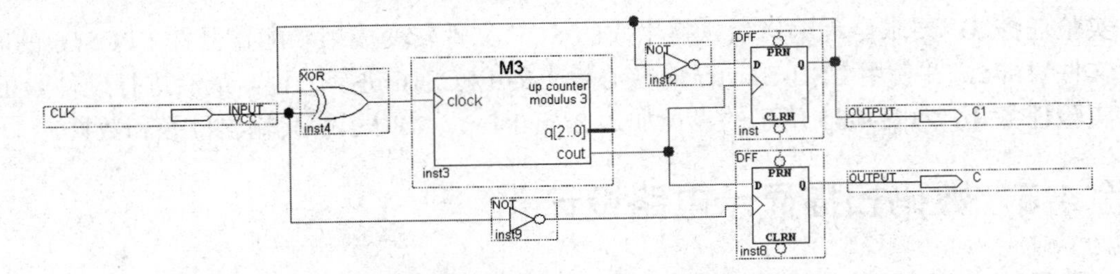

图 4-74　占空比为 50%的任意奇数次分频电路

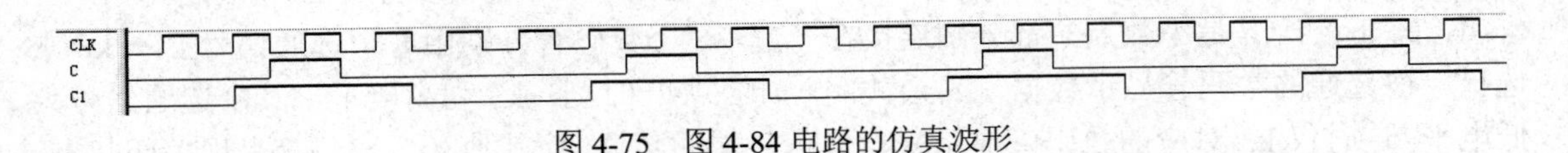

图 4-75　图 4-84 电路的仿真波形

还可以用另外一种思路来实现图 4-74 电路的功能，例 4-3 就是一个输出占空比为 50%的奇数次 5 分频电路，其仿真波形如图 4-76 所示，此波形与图 4-75 完全相同。

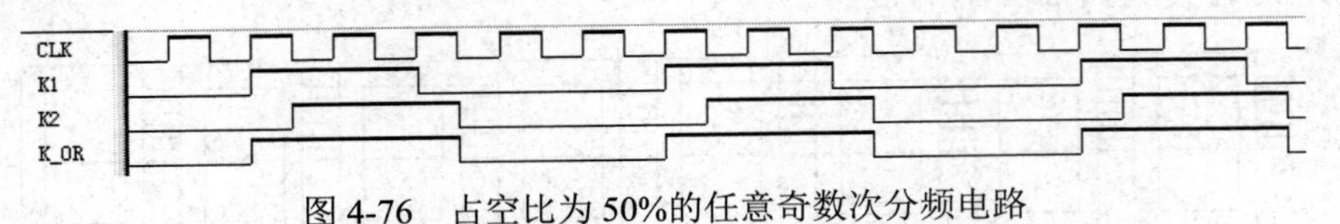

图 4-76　占空比为 50%的任意奇数次分频电路

【例 4-3】占空比为 50%的任意奇数次 5 分频电路。

```
module FDIV3 (input CLK,   output K_OR,K1,K2);
  reg[2:0] C1,C2;   reg M1, M2;
 always @(posedge CLK)  begin
   if(C1==4)  C1<=0;   else C1<=C1+1;
   if(C1==1) M1<=~M1;  else if(C1==3) M1=~M1;  end
 always @(negedge CLK)  begin
   if(C2==4)  C2<=0;    else C2<=C2+1;
   if(C2==1)  M2<=~M2;  else if(C2==3) M2=~M2;  end
 assign  K1 = M1;   assign K2 = M2;
 assign  K_OR = M1 | M2;
endmodule
```

在实用数字系统设计中还常需要另一种分频电路，即半整数分频。如 3.5、4.5、5.5 次分频等。其实只要对图 4-74 所示电路稍加改变即可得到任意半整数分频电路。对于图 4-77 所示的电路，也只要改变 M3（图中是模 3 计数器）模块的计数模值，即可改变此电路为所需要的半整数分频结构。图 4-78 是图 4-77 电路的仿真波形，显示 2.5 分频比。

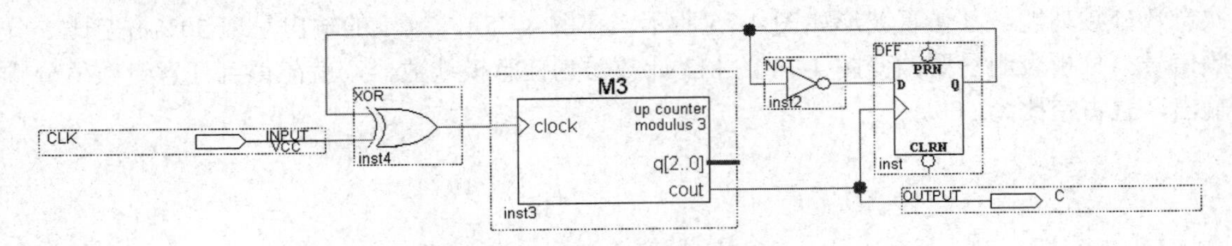

图 4-77　任意半整数分频电路

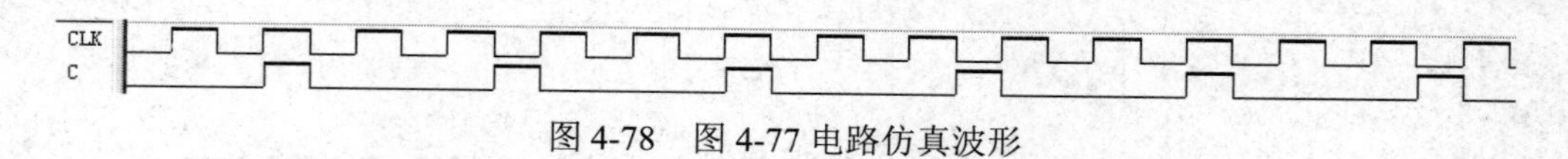

图 4-78　图 4-77 电路仿真波形

实验任务 1：结合图 4-75 所示的时序和其他节点的时序波形（如果必要），详细分析与说明图 4-74 所示电路的工作原理。再给出此电路的 Verilog 程序。然后进行编译和仿真。改变模块 M3 的计数模数，使此电路成为一个输出为 50%占空比的 7 分频器。最后进行 FPGA 硬件测试，其中包括完成 3、5、7、9 计数分频比测试和对应的占空比测试，以及对图 4-74 所示的信号 C 的占空比验证测试。

实验任务 2：结合图 4-76 所示的时序波形，详细分析与说明程序例 4-3 描述的电路的工作原理，与电路图 4-74 比较，说明它们工作原理上的异同点。设计 7 分频电路。

实验任务 3：结合图 4-78 所示的时序波形，详细分析与说明图 4-77 所示电路的工作原理。再给出此电路的 Verilog 程序，然后进行编译和仿真。按实验任务 1 的要求完成所有设计和测试。

实验任务 4：给出图 4-74 所示电路的分频比与输出脉冲占空比之间的关系式。另外，用 Verilog 设计一个电路，使之输出频率恒定，但占空比可随预置数控制，并在 FPGA 上验证。

第 5 章　运算符与结构描述语句

本章首先介绍 Verilog 的运算操作符及其用法，然后介绍 Verilog 的结构描述语句，主要包括例化语句、基本库元件应用等，最后简要介绍编译指示语句。

5.1　运算操作符

Verilog 含有丰富的运算操作符，其中包括按位逻辑操作符、逻辑运算操作符、算术运算操作符、关系运算操作符、缩位操作符、并位操作符、位操作符、移位操作符和条件操作符共 8 类；若按操作符所带的操作数的个数来区别，可分为以下 3 类。

- 单目操作符（unary operators）：可带一个操作数，如逻辑取反“~”。
- 双目操作符（binary operators）：可带两个操作数，如与操作“&”。
- 三目操作符（ternary operators）：可带三个操作数，如条件操作符“? :”。

以下给予分类介绍。

5.1.1　按位逻辑操作符

除了逻辑取反操作符“~”，按位逻辑操作符属于双目操作符，在 Verilog 中是最常用的针对位的基本逻辑操作或称逻辑算符，其功能及用法如表 5-1 所示。由表中的示例结果可知，逻辑操作是按位分别进行的。如果两个操作数位矢具有不同长度，综合器将自动根据最长位的操作数的位数，把较短的数据按左端补 0 对齐的规则进行运算操作。在赋值语句中，逻辑操作和以下将介绍的算术运算操作结果的位宽是由操作表达式左端的赋值目标信号的位宽来决定的。

表 5-1　按位逻辑操作符功能说明与用法示例

逻辑操作符	逻 辑 功 能	A、B 逻辑操作结果	C、D 逻辑操作结果	C、E 逻辑操作结果
~	逻辑取反	~A = 1'b1	~C = 4'b0011	~E = 6'b101001
|	逻辑或	A | B = 1'b 1	C | D = 4'b1111	C | E = 6'b011110
&	逻辑与	A & B = 1'b 0	C & D = 4'b1000	C & E = 6'b000100
^	逻辑异或	A ^ B = 1'b 1	C ^ D = 4'b0111	C ^ E = 6'b011010
~^ 或 ^~	逻辑同或	A ~^ B = 1'b 0	C ~^ D = 4'b1000	C ~^ E =6'b100101

设：A=1'b0，B=1'b1，C[3:0]=4'b1100，D[3:0]=4'b1011，E[5:0]=6'b010110。

通过表 5-1 及其给出的示例，读者可以更详细地了解逻辑操作符的功能细节。对于示例的应用，可参考例 2-2 和例 3-2，它们分别使用了逻辑与“&”、逻辑或“|”和逻辑取反“~”来实现程序中的逻辑功能。

5.1.2 逻辑运算操作符

逻辑运算操作符有以下 3 种类型。

- 逻辑与：&&。
- 逻辑或：||。
- 逻辑非：!。例如，!A=0。

“!”属于单目操作符，“&&”和“||”都属于双目操作符，且优先级高于算术运算操作符。逻辑运算操作符与按位逻辑操作符的区别是，逻辑操作符对应的操作数如果是位矢量，则无论有多少位，操作后输出只有 1 位，即 1 或 0。如果是 1，则说明声明的关系为真；如果是 0，则说明声明的关系为假。逻辑操作符的操作特点就是，首先分别对两个操作数位矢中的所有位进行按位逻辑或操作，最后对两个数进行逻辑操作。

例如设 A=4'b1001，B=4'b0001，则

```
A && B=(1|0|0|1) & (0|0|0|1)=1&1=1'b1。
```

以上的运算可以理解为，如果一个矢量操作数为非 0（即不是所有位都为 0），则认为它是逻辑 1（逻辑真，并且不论这个矢量中是否还含有数值 z 或 x），否则为逻辑 0（即使包含 x 位，也一样）。而矢量 A 中有两个位是 1，矢量 B 中有一个位是 1，所以它们都为逻辑 1，所以 1 & 1 = 1。同理：

```
A||B = 1|1 = 1'b1, ! A = ~1 =0。
```

此外，如果一个矢量中除了 0 还含有 z，则认为它是逻辑 z，且有如下关系。

```
1&z = 1'bz,  0&z = 1'b0,  1|z = 1'b1,  0|z = 1'bz。
```

5.1.3 算术运算操作符

如表 5-2 所示，Verilog 中的算术运算符有 5 种，都属于双目运算符。其中的加、减、乘法运算符（+、–、*）都可以综合，余下两种运算符的操作数必须是以 2 为底数的幂，才可以综合。算术运算对于操作数的位宽的处理方式与按位逻辑操作相同，可参考表 5-1 给出的示例。此外，算术运算操作数对数据类型没有严格要求，二进制数间或整数间或它们的混合都能直接进行运算。

但需要注意的是，所有算术运算都是按无符号操作数进行的，如果是减法运算，输出的结果是补码；如果用无符号加法算符进行减法运算，可通过补码处理。对于乘法运算，若为无符号数，可直接用乘法算符（*）；若为有符号数乘，则需将操作数和输出结果用 signed 定义为有符号数，输出的乘法结果为补码。

例 5-1 及其波形图（见图 5-1）对算术运算做了非常具体的解释。图 5-1 显示，无论是否将操作数定义为有符号数，加法操作都当作无符号数处理；对于减法操作，输出的是补码。例如，当无符号数 C（0100）减 D（1101），输出结果是 7（0111）、借位 C0=1 时，这个借位就相当于符号位，而补码 0111 即为–9。

表 5-2　算术操作符功能及其示例

算术操作符	功　能	说　明	示　例
+	加		S = A + B = 8'b00011000
−	减		S = B − A = 8'b11111110
*	乘		S = A * B = 8'b10001111=2'H8F
/	除	结果：小数抛弃	S = A / 3 = 8'b00000100
%	求余	除法求余数	S = A % 3 = 8'b00000001

设：A[3:0]=4'b1101，B[3:0]=4'b1011，定义 S 为 S[7:0]。

【例 5-1】

```
module test1 (A,B,C,D,RCD,RAB,RM1,RM2,S,C0,R1,R2);
   input [3:0] C,D ;  input signed [3:0] A,B;
   output [3:0] RCD;  output [3:0] RAB;
   output [7:0] RM1;  output [7:0] RM2;
   output [3:0] S;   output C0;  output R1,R2;
    reg [3:0] S ;      reg C0;
    reg [3:0] RCD ;     reg [7:0] RM1 ;
    reg signed [3:0] RAB;  reg signed [7:0] RM2;
    reg R1,R2;
     always@(A,B,C,D) begin
      RCD <= C+D ;   RAB <= A+B;
      RM1 <= C*D ;   RM2 <= A*B;
       {C0,S} <= {1'b0,C} - {1'b0,D};//注意并位操作
         R1  <= (C>D); R2<=(A>B);    end
Endmodule
```

图 5-1 显示，乘法运算时，对于是否定义为有符号操作数，结果大不一样。例如，当操作数为无符号类型时，(0101) * (1001) = 5*9 = 45 =2D（十六进制）；而作为有符号类型时，(0101) * (1001) = 5* (−7) = −35 = −23（十六进制）=10100011（原码）= DD（十六进制补码）。

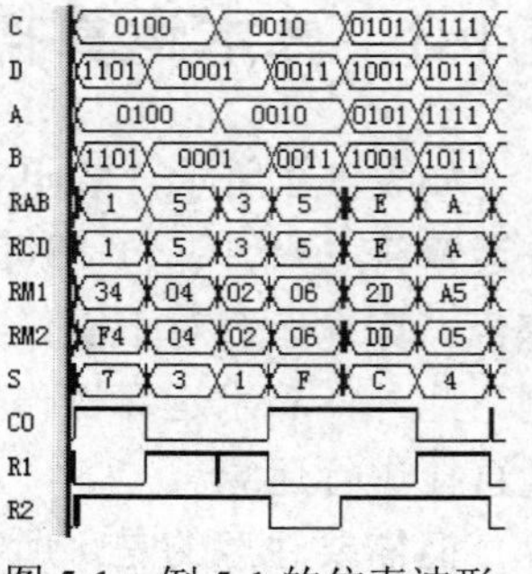

图 5-1　例 5-1 的仿真波形

5.1.4　关系运算操作符

Verilog 中，关系运算符有两大类共 8 种。表 5-3 给出的是等式操作符，有 4 种；表 5-4 给出的是不等式操作符，也有 4 种。

例 2-2 中就有等式操作符的应用示例，如“SEL==2'D0”。等式操作符运算的结果是 1 位逻辑值，也等于 1 位二进制数，这在 Verilog 中是不分的。

当等式操作的结果为 1 时，表明关系为真；结果为 0 时，表示关系为假。用双等于操作符“==”做比较，两个二进制数将被逐位比较；如果两个数的位数不等，则自动将较少位数的数的高位补 0 对齐，再进行比较；当每一位都相等时，才输出结果 1，否则为 0。此外，如果其中有的位是未知值 x 或高阻值 z，则都判定为假，输出 0。

表 5-3　等式操作符与示例

等式操作符	含　义	操 作 示 例
==	等于	(3==4)=0，(A==4'b1011)=1，(B==4'b1011)=0
!=	不等于	(D!=C)=1，(3!=4)=1
===	全等	(D===C)=1，(E===4'b0x10)=0
!==	不全等	(E!==4'b0x10)=1

设：A=5'b01011，B=4'b0010，C=4'b0z10，D=4'b0z10，E=3'bx10。

表 5-4　不等式操作符与示例

不等式操作符	含　义	操 作 示 例
>	大于	(A<B) = 0，(A>B) = 1 (A<20) = 1，(A>12) = 1 (A>=14) = 0，(A<=13) = 1
<	小于	
<=	小于或等于	
>=	大于或等于	

设：A=4'B1101，B=4'B0110。

与“==”不同，全等比较操作符“===”将 x 或 z 都当成确定的值进行比较，当表述完全相同时输出 1。此外，在做全等比较时，对于两个比较数位数不等的情况，不会像处理操作符“==”那样做高位补 0 操作，而会直接判断两个数据不等。

关系操作符在对于有符号操作数的比较时，操作方式类似于乘法操作符，相关示例可参考例 5-1 和图 5-1。

5.1.5　BCD 码加法器设计示例

例 5-2 是实现两位 8421 BCD 码相加的 Verilog 设计程序，其中 A 和 B 分别是输入的两位 BCD 加数和被加数；D 的低 8 位是输出的两位 BCD 数和值；最高位，即 D[8]是进位输出。程序中包含两个过程语句、两个连续赋值语句。注意程序中，在 if 的条件式中判定两个 BCD 码相加后是否大于等于 10，用的是 5 位数，即考虑到了相加后的进位情况。程序中的 S 是低位 BCD 码相加后的进位标志。

【例 5-2】

```
module BCD_ADDER (A,B,D) ;
      input [7:0] A,B;   output [8:0] D;
      wire [4:0] DT0, DT1 ; reg [8:0] D; reg S;
     always@ (DT0)
       begin  if (DT0[4:0] >= 5'b01010 )
       //如果低位 BCD 码的和大于等于 10,则使和加上 6，且有进位，使进位标志 S 等于 1
                 begin D[3:0] = (DT0[3:0]+4'b0110); S=1'b1; end
                 else  begin D[3:0] = DT0[3:0] ; S=1'b0; end
       end //否则，将低位值赋予低位 BCD 码 D[3:0]输出，无进位，使进位标志 S 等于 0
   always@ (DT1)   begin
       if (DT1[4:0]>=5'b01010)
    begin D[7:4] = (DT1[3:0]+4'b0110); D[8]=1'b1; end
        else begin D[7:4] = DT1[3:0] ; D[8]=1'b0;  end
```

```
    end
   assign DT0 = A[3:0] + B[3:0] ;          //设没有来自低位的进位
   assign DT1 = A[7:4] + B[7:4] + S;      //S 是来自低位 BCD 码相加的进位
endmodule
```

8421 BCD 码相加的编程应该考虑以下两个问题。

（1）由于用 4 位二进制数表示的 BCD 码的表示范围是 0~9，其余的 6 个数，即 10（4'b1010）～15（4'b1111），都属于无效 BCD 码，因此如果两个 BCD 码相加后的值超过 9，则必须再加上 6 来得到一个有效的 BCD 码，且向高位进 1。

（2）有时尽管当两个 BCD 码相加后的值仍旧是有效的 BCD 码，但如果相加后向高位有进位，仍然须认为其和大于等于 10，故仍需要将相加的结果再加上 6。

例 5-2 中的 if 语句条件式“DT0[4:0]>=5'b01010”和“DT1[4:0]>=5'b01010”使用了 5 位进行比较，就是考虑到了可能的进位情况。

例 5-2 使用了不等式构建 if 语句的条件式。图 5-2 是例 5-2 的仿真波形图。图中的数据都以矢量形式表示，特别注意这些数据的类型必须设定为十六进制数，而非表面上显示的十进制数。因为其实 8421 BCD 码就是利用了 4 位二进制码，即一位十六进制数的低 10 个数值表达的。

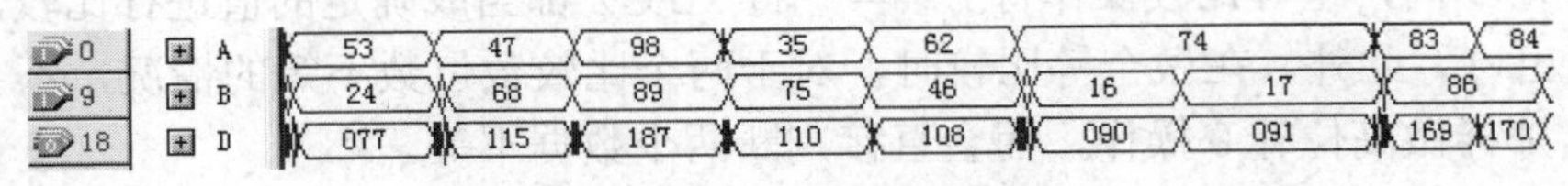

图 5-2　例 5-2 的仿真波形

5.1.6　缩位操作符

缩位操作符有 6 种类型，包括&（与），~&（与非），|（或），~|（或非），^（异或），^~、~^（同或）。缩位操作符属于单目操作符，其操作的输出结果也是一个位。

缩位操作符的操作方法与位操作符的逻辑运算法则一样，但是缩位操作符是对单个位矢（如果是的话）操作数中的每一个位值进行与、或、非递推运算。表述时操作符放在操作数的前面。缩位操作符将一个位矢缩减为一个标量。例如，若 A=8'b11101111，则&A=1&1&1&0&1&1&1&1=0，因为只有 A 的各位都为 1 时，其与的缩减操作值才为 1。

5.1.7　并位操作符

在之前的许多示例中已多次出现并位操作符的应用。例如，例 2-1 中 case 语句的功能是：当 case 语句的表达式 {s1, s0}=2'b00 时就执行赋值语句 y <= a。这里大括号“{ }”就是并位运算符。“{ }”可以将两个或多个信号按二进制位拼接起来，作为一个数据信号来使用。如例 2-1 的选通信号 s1、s0 的取值范围是二进制数 1 和 0，而若将它们用并位操作符拼接起来就得到一个新的信号变量，即位矢：{s1, s0}。这时这个新的信号的取值范围是两位二进制数：00、01、10、11。

并位操作符也可以嵌套使用，用于简化某些重复表述，例如以下表达式。

```
{a1, b1, 4{a2,b2}} = { a1, b1, {a2,b2},{a2,b2},{a2,b2},{a2,b2}} =
{a1,b1,a2,b2,a2,b2,a2,b2,a2,b2}
```

5.1.8　移位操作符

“>>”是右移移位操作符，“<<”是左移移位操作符，它们的一般格式如下。

V >> n 或 V << n

以上表达式表示将操作数或变量 V 中的数据右移或左移 n 位。这里指的是二进制数移位。移出腾空的位用 0 填补。例如，若 V=8'b11001001，则 V >> 1 的值是 8'b01100100，V << 3 的值是'b01001000。

Verilog-2001 版本还增加了对有符号数左移和右移的操作符，即“>>>”作为右移移位操作符，“<<<”作为左移移位操作符。它们的一般用法格式如下。

V >>> n 或 V <<< n

以上表达式表示将操作数或变量 V 中的数据（有符号数）右移或左移 n 位，且对于右移操作，一律用符号位即最高位填补移出的位，而左移操作同普通左移“<<”。

试比较以下左右两段语句的操作结果，注意有符号变量的定义情况。

```
output signed[7:0] y;
 input signed[7:0] a;
 assign y = (a<<<2);
 若 a=10101011,则输出 y=10101100
 若 a=10001111,则输出 y=00111100
```

```
parameter  C=8'sb10101011;
parameter  D=8'sb01001110;
 output [7:0] Y1,Y2;
assign Y1=(C>>>2); //结果: Y1=11101010
assign Y2=(D>>>2); //结果: Y2=00010011
```

5.1.9　移位操作符用法示例

例 5-3 和例 5-4 是两则利用 for 语句和移位操作符，基于移位相加原理实现的 4 位乘法器设计。对于循环控制变量增值表达式，前者采用增值的方式，后者采用减值的方式。此二例的仿真结果相同，时序仿真图如图 5-3 所示，其中的数值类型是无符号十进制数，而且逻辑综合后的 RTL 电路也相同。

【例 5-3】

```
module MULT4B(R,A,B);
  parameter S=4;
  output[2*S:1] R ;
  input[S:1] A,B ;
   reg[2*S:1] R;
     integer i;
     always @(A or B)
      begin
      R = 0 ;
      for(i=1;  i<=S; i=i+1)
      if(B[i])  R=R+(A<<(i-1));
      end
endmodule
```

【例 5-4】

```
module MULT4B (R,A,B);
  parameter S=4;
  output[2*S:1] R;
  input[S:1] A,B;
  reg[2*S:1] R,AT;
  reg[S:1] BT,CT;
  always @(A,B )
    begin
    R=0; AT = {{S{1'B0}},A};
    BT = B;  CT = S;
    for(CT=S; CT>0; CT=CT-1)
      begin  if(BT[1]) R=R+AT;
       AT = AT<<1;  BT = BT>>1;
      end
 end   endmodule
```

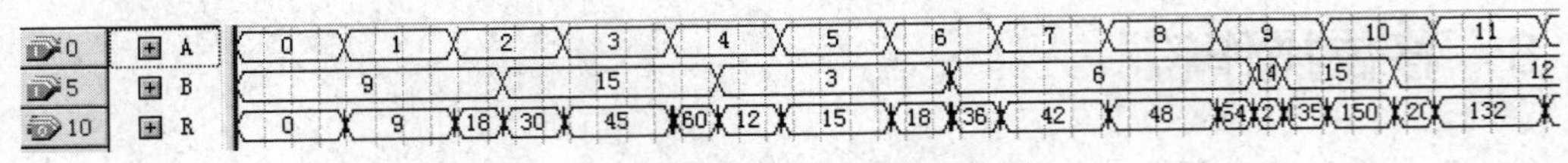

图 5-3　4 位乘法器时序仿真图

例 5-5 和例 5-6 是两例移位寄存器。例 5-6 所示的设计是使用移位运算符实现的 4 位右移寄存器。例 5-5 和例 5-6 的功能和原理是相同的。例 5-5 和例 5-6 综合后的 RTL 电路也完全一样。

【例 5-5】

```
module SHIF4(DIN,CLK,RST,DOUT);
 input CLK,DIN,RST;
 output DOUT;
 reg [3:0] SHFT;
 always@(posedge CLK or posedge RST)
    if(RST) SHFT<=4'B0;
    else begin   SHFT[3]<=DIN;
      SHFT[2:0] <= SHFT[3:1];
    end
   assign DOUT=SHFT[0];
endmodule
```

【例 5-6】

```
module SHIF5 (DIN,CLK,RST,DOUT);
 input CLK,DIN,RST;   output DOUT;
 reg [3:0] SHFT;
 always@(posedge CLK or posedge RST)
  if(RST) SHFT<=4'B0;
     else begin
        SHFT  <= (SHFT >> 1);
        SHFT[3] <= DIN;
     end
  assign  DOUT  = SHFT[0];
endmodule
```

移位操作符还可以用来实现 1-8 数据分配器（译码器），代码比较简洁。

```
module demux8a(input [2:0] s, input a, output [7:0] y);
assign y = a << s;
endmodule
```

5.1.10　条件操作符

条件操作符用法的一般格式如下。

```
条件表达式  ? 表达式 1 : 表达式 2
```

当条件表达式的计算值为真（数值等于 1）时，选择并计算表达式 1 的值，否则（数值等于 0）选择并计算表达式 2 的值。基于条件操作符“?:”的逻辑表达式和赋值语句，在连续赋值语句和过程赋值语句结构中都可以使用，即在并行赋值语句或顺序赋值语句中都可使用。例 3-14 中就使用过含条件赋值语句的连续赋值语句，此语句使用了两个条件操作符“?:”。例 5-7 就是一个在过程中使用条件操作符赋值语句的示例。它描述的电路结构就是图 3-13 所示的 D 触发器，但描述形式要比例 3-12 简洁。

【例 5-7】

```
module DFF2 (input CLK, input D, input RST , output reg Q );
       always @(posedge CLK )
         Q <= RST ? 1'b0 : D;
endmodule
```

5.2　连续赋值语句

例 2-2 采用的就是连续赋值语句加布尔代数的表达方式，属于所谓数据流描述方式，这种描述方式通常使用连续赋值语句来描述输入、输出间的逻辑关系。

连续赋值语句的基本格式如下。

```
assign  目标变量名 = 驱动表达式;
```

其中，assign 是连续赋值命名的关键词。由 assign 引导的赋值语句的执行方式是，当等号右侧驱动表达式中的任一信号变量发生变化时，此表达式即被计算一遍，并将获得的数据立即赋给等号左侧的变量名所标示的目标变量。

在这里，驱动的含义就是强调这一表达式的本质是：对于目标变量的激励源或赋值源，为左侧的目标变量提供运算操作后的结果。

模块 module_endmodule 中所有的由关键词 assign 引导的语句的运行特性是并行运行。显然，例 2-2 中所有 assign 语句是同时执行的（假设这些语句中的变量同时发生变化）。如果考虑到 testebench 仿真，那么此语句更一般的表述如下。

```
assign [延时] 目标变量名 = 驱动表达式;
```

即多了一个延时表述。方括号只是表示，括号中的内容是可以选择使用的。如果选择加入“延时”内容，则表示在任何时刻，当此语句等式右侧的“驱动表达式”中任一变量发生变化时即计算出此表达式的值，而此值经过指定的延时时间后再被赋值给左侧的目标变量。当然，这个延时值在综合器中是被忽略的，不参与综合，如以下语句。

```
'timescale 10ns/100ps;
assign #6 R1 = A & B;
```

第二句表示当右侧表达式中的 A 或 B 中任一变量发生变化后，即刻算出变化后的值，但需要等待 6 个时间单位之后才将运算结果赋值给左侧的目标变量 R1。这个延时称为惯性延时。而时间单元的大小则由上一语句的关键词'timescale 在编译时指定。此句表示，仿真的基本时间单位是 10ns，仿真时间的精度是 100ps。在这个时间划分单元下，语句 assign #6 R1 = A & B 在执行后，一旦计算出 A & B 的值，还要再等待 6 个时间单元，也就是 60ns 后才将此值赋给 R1。

例 5-8 利用连续赋值语句中的条件操作符描述了一个 4 选 1 多路选择器。图 5-4 是对例 5-8 综合后生成的 RTL 电路图，电路包含了 3 个 2 选 1 多路选择器，分别对应 3 条连续赋值语句。程序与电路显示了很直观的对应关系。

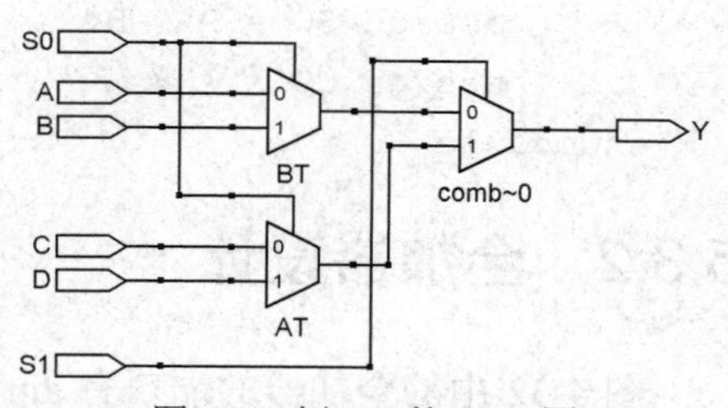

图 5-4　例 5-8 的 RTL 图

【例 5-8】

```
module MUX41a (A,B,C,D,S1,S0,Y);
```

```
      input A,B,C,D,S1,S0;
      output Y;
      assign AT = S0 ? D : C ;
      assign BT = S0 ? B : A ;
      wire  Y = (S1 ? AT : BT);
endmodule
```

注意示例中可以利用关键词 wire 来替代 assign 直接引导连续赋值语句，同样其他两条语句中的关键词 assign 也都能用 wire 替代。

以例 5-8 中的语句“assign AT=S0 ? D : C;”为例，其功能是，如果 S0=1 成立，则 AT=D；如果 S0=0 成立，则 AT=C。这显然是一个 2 选 1 多路选择器的逻辑描述。

5.3 例化语句

为了便于理解，本节将通过一个全加器的设计流程，介绍含有层次结构的 Verilog 程序的设计方法，从而引出例化语句的使用方法。

4.4 节已经从原理图的形式设计了一个全加器，图 4-32 所示就是一个全加器的电路原理图。它由 3 个逻辑模块组成，其中两个是半加器，一个是或门。本节将参照图 4-32，从顶层的全加器设计到内部的半加器元件，直至连接关系（即用例化语句），全部使用 Verilog 程序代码来表述。

5.3.1 半加器设计

根据 4.4 节的半加器电路图（见图 4-25），能获得例 5-9 所示的半加器电路模块的 Verilog 描述。这里将例 5-9 作为构建全加器的元件先存盘，文件名取为 h_adder.v。

【例 5-9】

```
module h_adder (A,B,SO,CO);
    input A,B;
    output SO,CO;
    assign SO = A ^ B;      //将变量 A 和 B 执行异或逻辑后的结果赋给输出信号 SO
    assign CO = A & B;      //将变量 A 和 B 执行与逻辑后的结果赋给输出信号 CO
endmodule
```

5.3.2 全加器设计

图 4-32 中的全加器的端口有 ain、bin、cin、sum 和 cout，它们分别是加数、被加数、进位输入、和值输出与进位输出。

对于全加器来说，预存的半加器描述文件 h_adder.v（如例 5-9）和“或门”库元件 or（Verilog 综合器的元件库中已预存了此元件，元件名是 or）就可以作为较低层次的基本元件，以待高层次的顶层设计（全加器）的调用。这时，这两个元件的元件名就是 h_adder 和 or，它们在全加器电路结构（见图 4-32）中的“插座名”，即例化元件名，分别是 U1、U2 和 U3；它们在全加器内部的引脚连线分别是 net1、net2 和 net3。

以下介绍全加器顶层设计文件的 Verilog 表述和元件的调用方法。

任一 Verilog 模块对应一个硬件电路功能实体器件。如果要将这些实体器件连接起来构成一个更大的系统，就需要一个总的模块将所有涉及的子模块连接起来，这个总的模块所对应的 Verilog 设计文件就是顶层文件或顶层模块。

例 5-10 是按照图 4-32 的连接方式，利用例化语句将半加器和或门元件连接起来构成全加器的 Verilog 顶层设计文件。此全加器的仿真波形如图 4-33 所示。

【例 5-10】

```
module f_adder(ain,bin,cin,cout,sum);
      output cout,sum;
      input ain,bin,cin;
      wire  net1,net2,net3;
      h_adder  U1( ain, bin, net1, net2);
      h_adder  U2(.A(net1), .SO(sum), .B(cin), .CO(net3) );
           or  U3(cout, net2, net3);
endmodule
```

为了达到连接底层元件形成更高层次电路设计结构的目标，例 5-10 给出了利用例化语句实现 Verilog 结构化表述的典型方式。文件中首先用 wire 定义了网线型变量 net1、net2 和 net3，用作内部底层元件连接的连线。然后利用例化语句分别调用了底层元件 h_adder（源文件是例 5-9 的 h_adder.v）和 Verilog 库元件 or。

下面将结合例 5-10 详细说明 Verilog 例化语句及其用法。

5.3.3　Verilog 例化语句及其用法

例化（instantiation）有调用复制的意思，例化的对象叫作实例（instance）或实体，通俗地说，就是元件。所谓元件例化就是引入一种连接关系，将预先设计好的设计模块定义为一个元件，然后利用特定的语句将此元件与当前设计实体中指定的端口相连接，从而为当前设计模块引进一个新的、低一级的设计层次。

在这里，当前实体模块（如例 5-10）相当于一个较大的电路系统，所定义的例化元件相当于一个要插在这个电路系统板上的芯片（如例 5-9 的半加器），而当前设计实体模块中指定的端口则相当于这块电路板上准备接受此芯片的一个插座。

元件例化是使 Verilog 设计模块构成自上而下层次化设计的一种重要途径。元件例化可以是多层次的，一个调用了较低层次元件的顶层设计实体模块本身也可以被更高层次设计实体所调用，成为该设计实体模块中的一个元件。

任何一个被例化语句声明并调用的底层模块可以以不同的形式出现，它可以是一个设计好的 Verilog 设计文件（即一个设计好的模块，如例 5-9 等），可以是来自 Verilog 元件库中的元件（如或门 or）或是 FPGA 器件中的嵌入式功能块，也可以是以其他硬件描述语言，如 VHDL 设计的元件，还可以是 IP 核。例化语句结合 generate for 语句可以实现批量的元件例化。

1. 例化语句端口名关联法

Verilog 中元件例化语句有两种形式，比较常用的端口名关联法的一般格式如下。

```
<模块元件名>  <例化元件名> ( .例化元件端口 (例化元件外接端口名),...);
```

为了便于解释，以 3-8 译码器 74LS138 为例。如果一块电路板上要使用 3 片此元件承担不同的任务，设计者可能在电路板上分别为它们的插座标注 3 个名称，如 IC1、IC2、IC3。在此，74LS138 就是模块元件名，它具有唯一性。如果是用 Verilog 描述的模块，则它就是模块名，也即元件名；而在具体电路上它被调用后放在不同的位置（如插座）或担任不同的任务又必须有对应的名称，即例化元件名，简称为例化名，如 IC1、IC2、IC3 等，这是用户取的名，没有唯一性。但在模块中一旦确定此名，就唯一确定下来了，此名通常可以省略。

下面以来自例 5-10 的例化语句进一步说明此语句的含义和用法。

```
h_adder  U2(.A(net1), .SO(sum), .B(cin), .CO(net3));
```

此语句的功能就是描述某一元件与外部连线或其他元件连接的情况。h_adder 就是待调用的元件名（是图 4-32 中的第二个半加器 U2），也是已存盘的半加器的文件名，即例 5-9 程序。注意，文件 h_adder.v 和例 5-10 的顶层文件 f_adder.v 存盘在同一文件夹中。

U2 是用户在此特定情况下调用元件 h_adder 而取的名字，即例化名。括号中的“.A(net1)”表示图 4-32 的第二个半加器的输入端口 A 与外部的连线 net1 相接。在此，A 就是例化元件 U2 的端口名，也即原始的 h_adder 模块文件中已定义的端口名，不妨称其为内部端口名；而括号中的 net1 是 U2 的 A 端将要连接的连线名或其他元件的某端口名，这里不妨称为外部端口名（或外部连线名）。

这样比较好记：括号内、外信号名分别对应外部、内部端口。

同理，连接表述“.SO(sum)”表示图 4-32 的第二个半加器的输出端口 SO 与全加器的输出口线 sum 相接，以此类推。这种连接的表达方式就称为端口名关联法，也称信号名映射法。这种连接表述比较直观，因而也最为常用。由于端口名关联法中的连接表述放置的位置不影响连接结果，如以上语句也可表述为下面的形式。

```
h_adder  U2(.B(cin), .CO(net3), .A(net1), .SO(sum));
```

再次强调，表述时注意，括号中的信号名是外部端口名，括号外带点的信号名是待连接的元件自己的端口名。此外，端口名关联法允许某些或某个端口不接，即连接表述不写上去。如在例 5-10 中，元件 U2 的端口 B 不连外部的进位信号 cin，则可表述为“.B( )”。对此，若是输入口，综合后的结果是高阻态；若是输出口，则为断开。

2. 例化语句位置关联法

还有一种对应的连接表述方法称为位置关联法，也称位置映射法。所谓位置关联，就是以位置的对应关系连接相应的端口。例 5-10 中关于 U1 和 U3 元件的连接表述都采用了位置关联法。回顾一下，例 5-9 半加器 U1 的 Verilog 描述的端口表是 h_adder(A, B, SO, CO)；当它作为元件 U1 在图 4-32 连接时，其对应的连接信号就是(ain, bin, net1, net2)，如果与此半加器的端口表对应起来，就得到了例 5-10 中关于 U1 的位置关联法例化表述。

对于位置关联法，不难发现，关联表述的信号位置十分重要，不能放错；而且，一旦位置关联例化语句确定，被连接元件的源文件中端口表内的信号排列位置就不能再变动。如例

5-9 中的语句 module h_adder(A,B,SO,CO)不能再改为 module h_adder(A,B,CO, SO)。因此，通常不推荐使用此类关联表述来编程。

与调用 U1 的语句相比较，可以发现例 5-10 中调用库元件或门 or 的 U3 的映射方式也是位置关联法。它的信号位置排列方式符合 Verilog 原语库元件端口的默认安排位置，即输出口放在最左端。

5.4　参数传递语句应用

前面曾初步介绍过利用 parameter 进行参数定义的方法以及相关的示例。本节将结合一则乘法器设计示例，介绍 parameter 更深入的应用，即 parameter 的参数传递功能，并由此帮助读者进一步了解例化语句的用法。

事实上，使用 parameter 除了能用标识符定义一些常数，还能通过例化语句来传递参数，以便仅通过上层设计中的相关参数的改变来轻易地改变底层电路的结构功能与逻辑规模。

这里从例 5-3 出发，简要说明 parameter 在参数传递上的用法。首先将例 5-3 看成一个底层乘法器元件，然后通过上层设计文件对此元件的例化，以及乘法器位数参数的传递，即可随意改变此乘法器的数据规模。

为了达到这个目的，首先应该改写例 5-3 中 parameter 表述的方式。即只需将此例最上的两条语句“module MULT4B(R,A,B);”和“parameter S=4;”改写成以下形式。

```
module MULT4B #(parameter S=4)(R,A,B);
```

或

```
module MULT4B #(parameter S)(R,A,B);
```

程序形式如例 5-11 所示。顶层设计则如例 5-12 所示，此例仅对例 5-11 做了简单的例化，但在程序中将参数 S=8 传递进了底层设计（注意表述 .S(8)）例 5-11 的 MULT4B 模块中，从而使例 5-12 综合后的结果变为 8×8 位，输出结果是 16 位的乘法器。

【例 5-11】

```
module MULT4B
  #(parameter S)(R,A,B);
   output[2*S:1] R ;
  input[S:1] A,B ;
    reg[2*S:1] R;   integer i;
 ...      //以下与例 5-3 相同
```

【例 5-12】

```
module MULTB (RP,AP,BP);
    output[15:0] RP ;
    input[7:0] AP,BP ;
     MULT4B #(.S(8))
    U1(.R(RP), .A(AP), .B(BP) );
endmodule
```

注意例 5-12 中的例化语句表述方法。其中第 4 行中的 MULT4B 是模块元件名，U1 是例化元件名。“#”旁的括号是参数传递表，其中的参数名和数量应该与底层文件中的表述相同，例如若原底层文件的模块语句和参数表述如下。

```
module SUB_E
      #(parameter S1=4, parameter S2=5, parameter S3=2)(A,B,C);
```

则在例化语句中应做如下类似表述。

```
SUB_E  #(.S1(8), .S2(9), .S3(7)) U1(.C(CP), .A(AP), .B(BP) );
```

SUB_E 是模块元件名，即底层模块名；同样，诸如参数定义"parameter S2=5"可省略为"parameter S2"。这是因为当一底层模块被调用后，其内部原来被 parameter 定义的参数 5 已经失效，而对应的参数将来自上层例化语句给定的数据 9。

显然，对于此类语法表述，localparam 无法替代 parameter。

Verilog 中还有一种与 parameter 功能相似的参数传递语句，即 defparam，其详细用法将在第 6 章通过示例来介绍。

5.5 用库元件实现结构描述

本节所介绍的所谓结构描述是指，在设计中，通过调用 Verilog 库中的元件或是已设计好的模块来完成电路功能的实现。即在程序的模块结构中，无须描述电路的行为或功能，而只需通过诸如例化的方法直接调用库中的基本元件或模块，然后按照一定的形式将它们连接起来，实现既定的逻辑功能。如果调用的元件不存在于库中，就必须首先进行元件的创建，然后将其放在工作库中，以便在后来的设计中可以从库中调用。

基于结构描述方式的 Verilog 程序可通过以下方式来构建电路并实现其功能。

- 调用 Verilog 内置的基本门元件，此所谓门级结构描述。
- 调用开关级元件，这属于晶体管级结构描述。
- 用户自定义元件，这也属于门级结构描述。
- 通过例化方式调用以不同方式表述的模块元件，这属于更常用的结构描述。

以下重点讨论第一种情况，即基于库基本元件的门级结构描述。

Verilog 中预先定义的基本逻辑单元称为原语（Primitive 或 Basic Primitive），即现成的门级库元件。Verilog 中定义了 26 个此类基本元件，对应 26 个元件名称关键词，可通过调用实现不同类型的简单门逻辑。这其中有 14 个门级元件（Gate-level Primitive）、12 个开关级元件（Switch-level Primitive）。这里主要介绍门级元件的应用。

门级元件可分为 3 类，即多输入门、多输出门和三态门。最常用的门有 12 个，它们的功能和关键词包括以下几个。

（1）多输入门类 6 个：与门（and）、与非门（nand）、或门（or）、或非门（nor）、异或门（xor）、同或门（xnor）。

（2）多输出门类 2 个：缓冲门（buf）、非门（not）。

（3）三态门类 4 个：高电平使能三态门（bufif1）、低电平使能三态门（bufif0）、低电平使能三态非门（notif0）、高电平使能三态非门（notif1）。

门元件的调用方法与例化语句使用方法完全一致，可以直接利用这些语句调用，但要注意，使用的语句都必须是位置关联法例化，而非端口关联法。

例 5-10 中就有调用库元件 or 的示例。例 5-13 是另一则调用基本门元件的结构描述示例程序，其对应的电路如图 5-5 所示。

【例 5-13】

```
module LOGICGATE (input A,B,C,S, output OUT);
    wire a1,a2,a3,a4;
        not u1 (a1,B);
        and u2 (a2,A,a1);
        or  u3 (a3,C,B);
        xor u4 (a4,a3,a2);
     notif1 u5 (OUT,a4,S);
endmodule
```

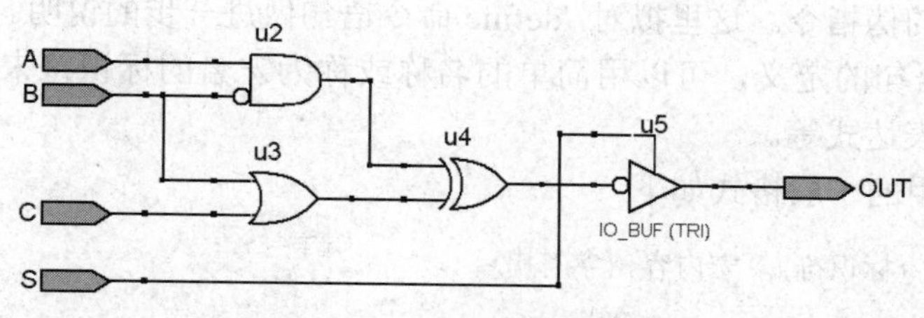

图 5-5　例 5-13 描述的逻辑电路

由例 5-13 可知，门元件的调用结构描述的每一句都是模块例化语句，同时显示了调用门元件的一般格式和规律。调用门元件的格式如下。

基本门元件名　<门例化名>　(<端口关联列表>)

其中普通门的端口关联列表按以下的顺序列出。

(输出，输入 1，输入 2，输入 3，...);

例如，3 输入与门和 2 输入与门的例化语句如下。

```
and U1 (out,in1,in2,in3);          //3 输入与门，例化名是 U1
and U2 (out,in1,in2);              //2 输入与门，例化名是 U2
```

对于三态门，则按以下顺序列出输入/输出端口，例如以下语句。

```
bufif1 U1(out,in,enable);          //高电平使能的三态门
bufif2 U2(out,a,ctrl);             //低电平使能的三态门
```

至于 buf 和 not 两种元件的调用需注意，它们允许有多个输出，但只能有一个输入，例如以下语句。

```
not IC1 (out1,out2,in);            //1 输入 in，2 输出 out1,out2
buf IC2 (out1,out2,out3,in);       //1 输入 in，3 输出 out1,out2，out3
```

5.6　编译指示语句

Verilog 和 C 语言一样都提供了编译指示控制语句。Verilog 允许在程序中使用特定的编

译指示语句（compiler directives）。在综合前，通常先对编译指示语句进行“预处理”，再将预处理的结果和源程序一并交付综合器进行编译。

在程序的表述方式上，编译指示语句以及被定义后调用的宏名都以符号“'”开头。Verilog 提供了多条编译指示语句，如宏定义语句 'define，以及条件编译语句 'ifdef、'else、'endif、'restall 等。其中最常用的此类语句是 'define、'include、'ifdef、'else、'endif。下面进行简要介绍。

5.6.1　宏定义命令语句

宏定义命令语句 'define 属于编译指示语句，不参与综合，只是在综合前做一些数据控制操作，类似于汇编的伪指令。这里拟对 'define 命令语句做进一步的说明。

通过 'define 语句的定义，可以用简单的名称或称为宏名的标识符来替代一个复杂的名字，或字符串，或表达式等。

'define 语句使用的一般格式如下。

```
'define  宏名（标识符）  宏内容（字符串）
```

'define 属于编译预处理命令语句。在编译预处理时，把程序中在该定义以后的所有同名宏名或标识符的内容都换成定义中指定的宏内容。例如下式。

```
'define  s   A+B+C+D
```

一个简单的表述 s，即宏名 s 被定义为可以代替右面的复杂表达式 A+B+C+D。采用了这样的定义形式后，在此后的程序中就可以直接用 s 来代表这一串较复杂的表达式。例如，若此后程序中出现了语句“assign DOUT= 's + E;”，则表示此语句实际上等价于语句“assign DOUT = A+B+C+D+E ;”。

当然，可以类似于 parameter 定义参数，利用 'define 定义一个常数。在第 8 章中将能看到它们的类似用法。不同之处是 'define 的定义具有全局性。

采用宏定义的好处是，简化了程序的书写，也便于程序修改，而且若需要改变某个变量，只需改变 'define 定义行的内容即可。在 'define 的具体应用上还应注意以下两点。

（1）宏定义语句行末尾不加分号。

（2）在程序中引用已定义的宏名时，必须在定义了宏名的标识符前面加上符号“'”，以示该标识符是一个宏定义的名字。

5.6.2　文件包含语句 'include

文件包含语句'include 的功能是将一个文件全部包含到另一个文件中，其格式如下。

```
'include "文件名"
```

例 5-14 与例 5-10 功能相同，只是在表述上增加了文件包含语句。对于这个全加器，f_adder 模块使用两条'include 语句调用了一个半加器 h_adder 模块和一个或门模块 or2a（假设 or2a.v 是一个或门 Verilog 程序）。其实这种表述对 Quartus 来说是多余的，因为其综合器会自动根据例化语句的表述，在工作库中即当前工程所在的文件夹中调用例化语句指示的模块。当然，对于其他类型综合器未必是多余的。

【例 5-14】

```
'include "h_adder.v"
'include "or2a.v"
module f_adder(input ain,bin,cin,output cout,sum );
    wire  e,d,f ;
   h_adder  u1( ain, bin, e, d );
   h_adder  u2(.a(e), .so(sum), .b(cin),.co(f) );
     or2a  u3(.a(d), .b(f), .c(cout) );
endmodule
```

使用文件包含语句时应注意以下几点。

（1）一条'include 语句只能指定一个被包含的文件，语句中要给出全名和后缀。

（2）'include 语句可出现于程序的任何地方。

（3）如果被包含的文件不在当前工程所在的文件夹中，须标明此文件的路径。例如：'include "e:/ADDER/h_adder.v"。

（4）'include 语句的文件包含允许多层次。例如，文件 1 包含文件 2，文件 2 又包含文件 3 等。

（5）不同编译器和综合器对'include 语句的要求不尽相同，需要区别对待。

5.6.3　条件编译命令语句'ifdef、'else、'endif

条件编译命令语句'ifdef、'else、'endif 的功能是，命令综合器将此语句指定的部分参与 Verilog 源程序一同编译综合。条件编译命令语句有以下两种使用格式。

<table>
<tr><th>条件编译命令语句格式 1</th><th>条件编译命令语句格式 2</th></tr>
<tr><td>'ifdef 宏名
  语句块
'endif</td><td>'ifdef 宏名
    语句块 1
'else　语句块 2
  'endif</td></tr>
</table>

第一种格式的编译命令语句的功能是：如果当用'define 语句定义的宏名在程序中被定义，则由语句'ifdef 和'endif 涵盖的 Verilog 语句块可以参与源文件的编译综合；否则该语句块将不参加编译综合。

第二种格式的编译命令语句的功能是：如果当用'define 语句定义的宏名在程序中被定义，则语句块 1 将被编译到源文件中参与综合；否则语句块 2 将被编译到源文件中参与综合。例 5-15 和例 5-16 是两个第二种格式的语句应用的比较。

在例 5-15 中用语句'define 定义了宏名 AND，且于命令语句中也规定了宏名 AND，于是在程序中执行赋值语句“assign out = A & B;”。图 5-6 所示是其对应的 RTL 图。

而在例 5-16 中用语句'define 定义了某宏名 OR1，但在命令语句中规定的是另外一个名字或宏名 AND，于是在程序中只执行赋值语句“assign out = A | B;”。图 5-7 所示是其对应的 RTL 图。

【例 5-15】

```
'define AND
module andd (out,A,B);
  input[1:0] A,B;
  output [1:0] out;
   'ifdef AND
   assign out=A&B;
  'else assign out=A|B;
   'endif
endmodule
```

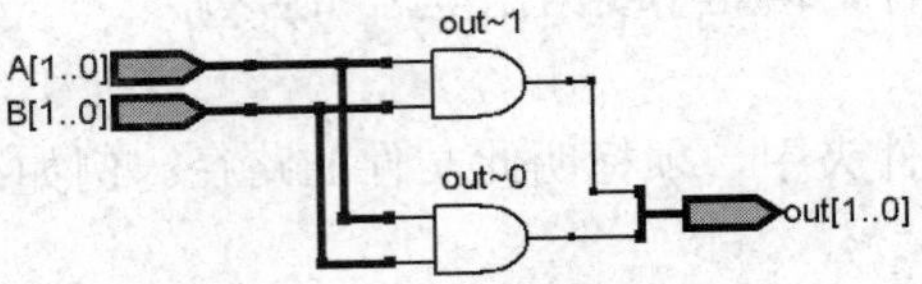

图 5-6　例 5-15 的 RTL 图

【例 5-16】

```
'define OR1
module andd (out,A,B);
  input[1:0] A,B;
  output [1:0] out;
   'ifdef AND
   assign out=A&B;
  'else assign out=A|B;
   'endif
endmodule
```

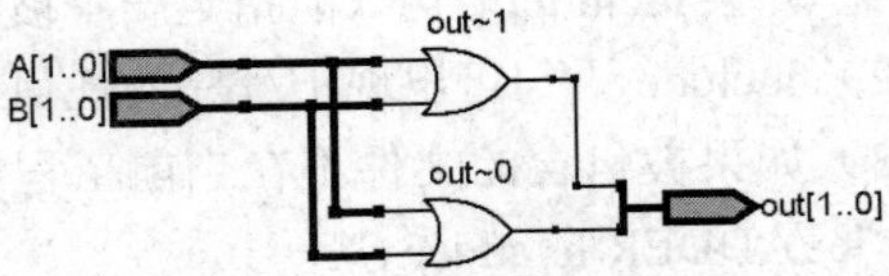

图 5-7　例 5-16 的 RTL 图

5.7　keep 属性应用

有时设计者希望在不增加与设计无关的信号连线的条件下，在仿真中也能详细了解定义在模块内部的某数据通道上的信号变化情况，如例 5-10 中的信号 net3。但往往由于此信号是模块内部临时性信号或数据通道，在经逻辑综合和优化后被精简掉并除名了，于是在仿真信号中便无法找到此信号，也就无法在仿真波形中观察到此信号。使用 keep 属性可以解决这个问题，通过对关心的信号定义 keep 属性，告诉综合器把此信号保护起来，不要删除或优化掉，从而使此信号能完整地出现在仿真信号中。

这里以例 5-10 来说明 keep 属性的应用。以下的例 5-17 即为例 5-10 改变后的程序。为了在仿真波形中观察到例 5-17 中连线 net3 上的信号，对 net3 定义 keep 属性。

【例 5-17】

```
module ff_adder(ain,bin,cin,cout,sum);
        output cout,sum ;    input ain,bin,cin ;
        (* synthesis, keep *)  wire  net3 ;
        wire  net2,net1 ;
        ...   //以下与例 5-10 相同
```

若设计者希望在仿真中也能详细了解定义在模块内部的某信号的变化情况，就要加上规定此变量也能完整地出现在仿真信号中的属性语句。

```
(* synthesis, keep *)
```

或

```
(* synthesis, probe_port, keep *)
```

此属性定义语句可以作用于 net 和 reg 类变量。由于例 5-17 中的 net3 未被列入模块端口，只是被定义在模块内的节点信号。为了能了解 net3，即在例 5-17 中用属性语句规定 net 型变量 net3 为测试端口，告诉综合器保留 net3 信号。此后的操作如下。

对例 5-17 进行全程编译后，在仿真激励文件编辑中，首先进入图 5-8 所示的对话框，在 Filter 下拉列表框中选择 Post-synthesis 选项，单击 List 按钮后，向 vwf 文件窗口拖入所有需要的端口信号：ain、bin、cin、cout、sum 和 net3。启动仿真处理后即得图 5-9 所示的波形图，从图中可以看到 net3 的电平变化情况。另外注意，由于设置的激励信号宽度仅几十 ns，在选择了时序仿真的条件下，图 5-9 所示的输出信号波形显示了明显的延时特性。

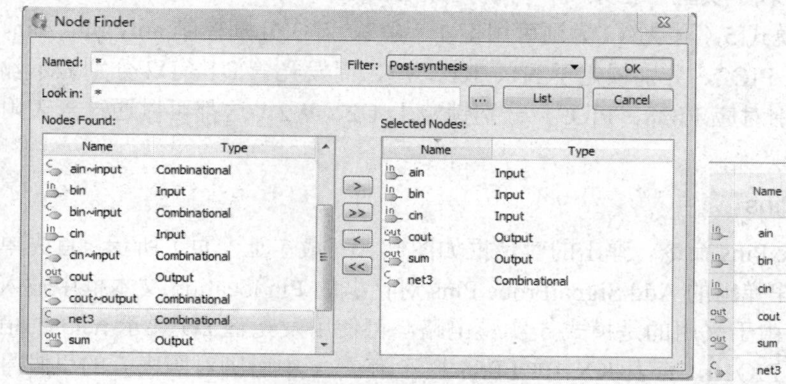

图 5-8　加入仿真测试信号 net3

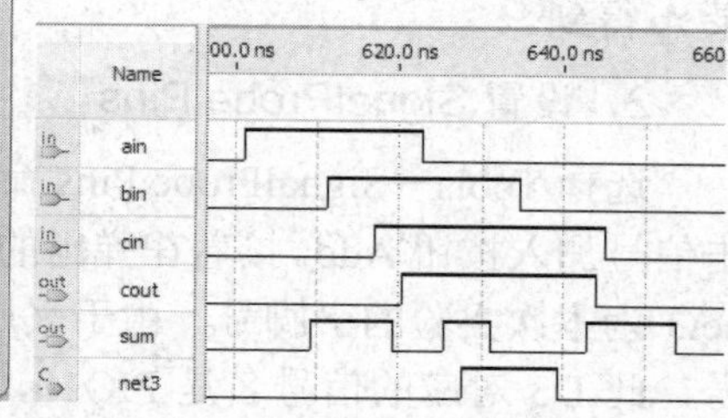

图 5-9　例 5-17 的仿真波形

但也可能出现这样的情况，有的信号即使做此处理后，在综合时仍有可能被优化掉，而无法看到它。这时就要赋予它"端口测试属性"。可加入 probe_port 属性，把两个属性定义合在一起，即有如下语句。

```
(* synthesis, probe_port, keep *)  wire  net3;
```

对于矢量信号，如 A[7:0]，可做如下定义。

```
(* synthesis, probe_port, keep *) reg [7:0]  A ;
```

未被引入端口的在内部定义的信号被综合器删除或优化掉的情况多出现于组合逻辑模块，至于触发器或寄存器输出口的内部信号一般情况下不会被优化掉。

5.8　SignalProbe 使用方法

在对 FPGA 开发项目的硬件测试过程中，为了了解某项设计内部的某个或某些信号，通常的方法是增加一些外部引出端口，将这些内部信号引到外部以利于测试。待测试结束后再删去这些引脚设置。然而此类方法的缺点是，当引出仅用于测试的引脚时已改变了原设计的布线布局，导致删去这些引脚后的系统功能未必能还原到原来的功能结构。为此，可以利用 Quartus 的 SignalProbe 信号探测功能，它能在不改变原设计布局的条件下利用 FPGA 内空闲的连线和端口将用户需要的内部信号引出 FPGA。

这个功能与使用 keep 属性不同。使用 keep 属性仅仅是告诉综合器不要把某信号优化掉，以便在仿真文件中能调出来观察；而 SignalProbe 探测功能的使用是将不属于端口的、指定的内部信号引到器件外部，以便测试。当然，有时也必须与 keep 属性的应用联合起来，使 SignalProbe 能在器件端口实测到内部某些有可能被优化掉的信号。

下面举例说明其使用方法。这里仍以例 5-17 为例，使用 SignalProbe 功能，在器件端口上探测在原来可能被优化掉的信号 net3。步骤如下。

1. 按常规流程完成设计仿真和硬件测试

对于例 5-17，首先按常规流程进行编译和仿真测试，然后锁定引脚进行硬件测试。这里假设使用附录 A 的 KX 系列教学实验平台系统，并仍用康芯的 KX-10CL055 核心板（见附录图 A-4）。若选择实验电路模式 5（附录 A），则可用键 1、键 2、键 3 分别控制 ain、bin、cin，引脚分别对应 PIO0、PIO1、PIO2，分别锁定于 N1、R1、V1，而发光管 D1、D2 分别显示输出信号 sum、cout，引脚分别对应 PIO8、PIO9，分别锁定于 U2、W2。这都可以通过查表附录 A 得到。

2. 设置 SignalProbe Pins

选择 Tools→SignalProbe Pins 命令，弹出的对话框如图 5-10（最左上一页）所示。首先单击信号加入按钮 Add。接着在弹出的 Add SignalProbe Pins 对话框的 Pin location 文本框中输入 net3 为本次实验的引脚号。由于采用的是模式 5 实验电路，可使用发光管 D3 显示 net3 的信号，此 D3 对应的信号名是 PIO10，查表 KX-10CL055 栏（附录 A 中引脚对照表）的引脚号是 AA3。接着在 SignalProbe pin name 文本框中输入为测试信号取的信号名，如 TEST_net3。

然后在 Source Node Name 栏中单击“...”按钮，进入如图 5-10 所示的最右侧的 Node Finder 对话框。在 Filter 下拉列表框中选择 Post-synthesis 选项，单击 List 按钮，再选择 net3 信号。注意这个 net3 必须使用 keep 属性才会产生。

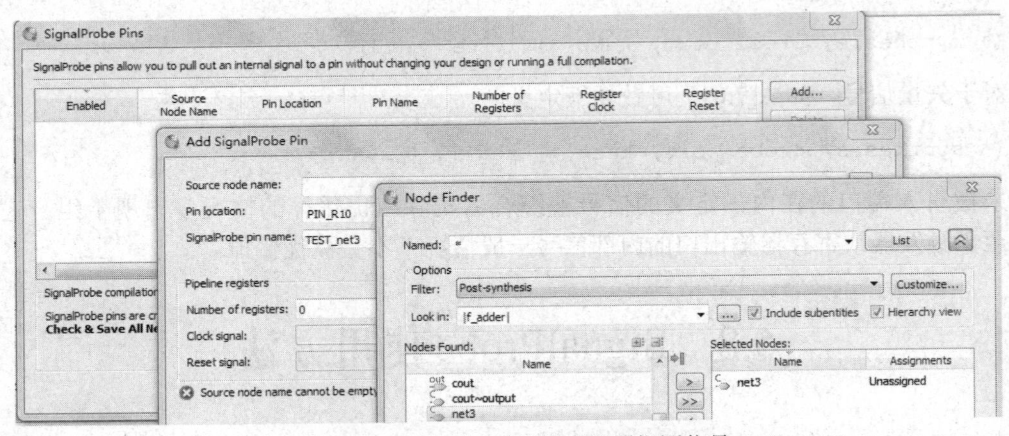

图 5-10　在 SignalProbe 对话框中设置探测信号 net3

图 5-11 所示就是 SignalProbe Pins 对话框的设置情况。由于是组合电路，下面的 Clock 和 Registers 栏都空着。如果需要，可以按以上流程再加入第 2 个、第 3 个测试信号。

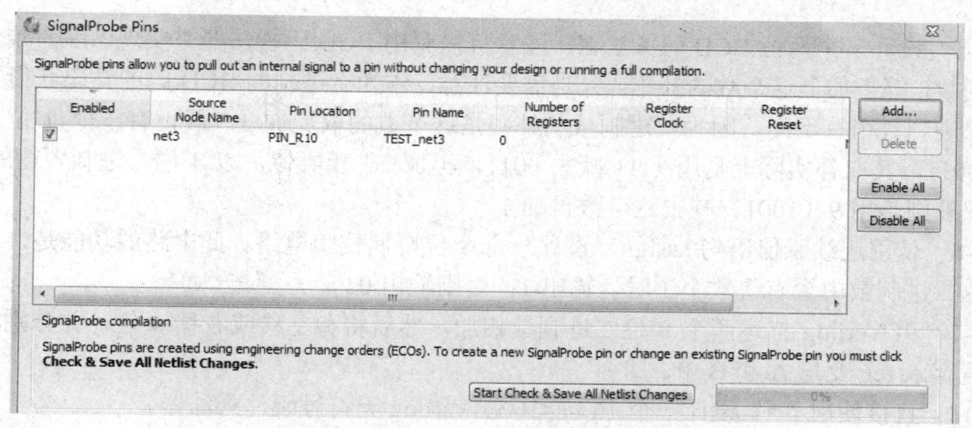

图 5-11　SignalProbe Pins 对话框设置情况

3. 编译 SignalProbe Pins 测试信息并下载测试

第 3 个步骤是编译这些设置好的信息。特别注意不可全程编译！

在图 5-11 所示的对话框中选择单击下方的 Start Check & Save All Netlist Changes 按钮（或在 Tools 下拉菜单中选择 Start → SignalProbe Compilation 命令）进行专项编译，即对工程硬件结构进行微量更改。编译成功后即可用一般形式下载设计文件于 FPGA 中。

如果是时序电路信号，在图 5-10 的对话框的 Clock 栏中可以加入某时钟信号，这是对应探测信号输出的锁存时钟，也可不用。若用了，则需在以下的 Registers 栏中输入信号锁存寄存器数；若为 1，则输出信号将随 Clock 延迟一个脉冲周期。

习　题

5-1　举例说明，Verilog HDL 的操作符中，哪些操作符的运算结果总是 1 位的。

5-2　给出全减器的 Verilog 描述。要求如下。

（1）设计半减器，然后用例化语句将它们连接起来。图 5-12 中 h_suber 是半减器，diff 是输出差，s_out 是借位输出，sub_in 是借位输入。根据图 5-12 设计全减器。

（2）以全减器为基本硬件，构成串行借位的 8 位减法器，要求用例化语句来完成此项设计。

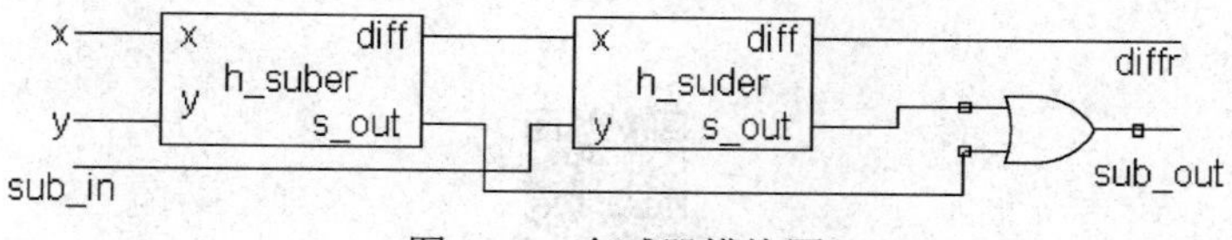

图 5-12　全减器模块图

5-3　利用 if 语句设计一个 3 位二进制数 A[2:0]、B[2:0]的比较器电路。对于比较 A<B、A>B、A==B、A===B 的结果分别给出输出信号 LT=1、GT=1、EQ=1、AEQ=1。

5-4　利用 8 个全加器，可以构成一个 8 位加法器。利用循环语句来实现这项设计，并以此项设计为例，使用 parameter 参数传递的功能，设计一个 32 位加法器。

5-5　设计一个两位 BCD 码减法器。注意可以利用 BCD 码加法器来实现。因为减去一个二进制数，等于加上这个数的补码。只是需要注意，作为十进制的 BCD 码的补码获得方式与普通二进制数稍有不同。因为二进制数的补码是这个数的取反加 1。假设有一个 4 位二进制数是 0011，其取补实际上是用 1111 减去 0011，再加 1。相类似，以 4 位二进制表达的 BCD 码的取补则是用 9（1001）减去这个数再加 1。

5-6　使用连续赋值语句 assign，设计一个 8 位奇偶校验电路。此电路的功能是，当输入的 8 位二进制数中含有偶数个 1 时，输出 1；否则输出 0。

5-7　用 Verilog 描述两个 8 位二进制数相加，然后将和左移或右移 4 位，并分别将移位后的值存入 reg 变量 A 和 B 中。

5-8　直接使用“*”设计一个 16 位×16 位 Verilog 无符号硬件乘法器。

5-9　在本章示例中，自主选择一个示例，使用 keep 属性说明 keep 属性应用的好处。

5-10　在本章示例中，自主选择一个示例，使用 SignalProbe 在 FPGA 上进行硬件测试，并说明这一功能特点及优势。

5-11　设计 Verilog 程序，产生 0～100 的随机数，其中小于 50 的数的比例是 70%。

5-12　设计一个 4 位乘法器，为此首先设计一个加法器，用例化语句调用这个加法器，用移位相加的方式完成乘法。并以此项设计为基础，使用 parameter 参数传递的功能，设计一个 16 位乘法器。

5-13　设计一个比较电路，当输入的 8421BCD 码大于 5 时输出 1，否则输出 0。

5-14　设计一个具有同步置 1，异步清零的 D 触发器。建议使用条件赋值语句。

5-15　用基于基本库元件的结构描述方法给出图 5-13 的 Verilog 描述。

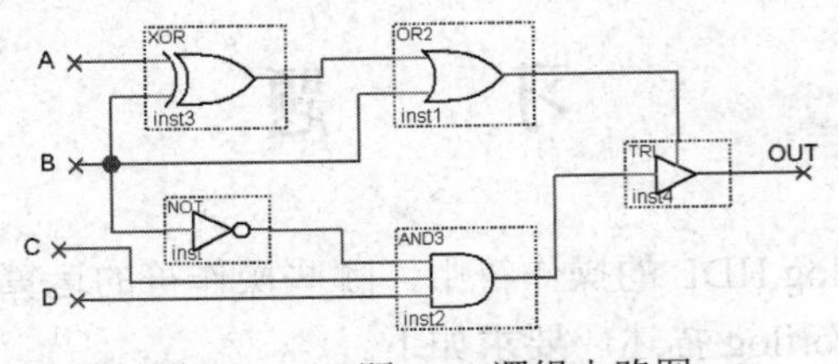

图 5-13　习题 5-15 逻辑电路图

实验与设计

实验 5-1　高速硬件除法器设计实验

实验目的：了解和掌握硬件除法器的结构和工作原理，分析除法器的仿真波形和工作时序。

实验任务 1：用 Verilog 设计除法器。除法器的实验程序如例 5-18 所示。其中 A 和 B 是除法器输入端的两个 16 位数，分别为被除数和除数。输出结果分成两部分：QU 是商，RE 是余数。

根据例 5-18，画出此硬件除法器的工作流程图，并说明其工作原理。

【例 5-18】

```
module DIV16 (input CLK,input [15:0] A,B, output reg [15:0] QU,RE);
        reg [15:0] AT,BT,P,Q;  integer i;
        always @(posedge CLK)  begin
            AT = A ;  BT = B;  P = 16'H0000; Q = 16'H0000 ;
               for (i=15; i>=0; i=i-1)
                 begin   P={P[14:0], AT[15]};
                         AT={AT[14:0],1'B0} ; P=P-BT;
                    if (P[15]==1)  begin
                      Q[i]=0;  P = P+BT ;
                    end
                    else Q[i]=1 ;    end
        end
      always @( * )  begin  QU = Q; RE = P ; end
endmodule
```

实验任务 2：给出例 5-18 的仿真时序波形图，并做出说明。最后在 FPGA 上验证其硬件功能。

实验任务 3：设计基于移位累加方法的 16 位×16 位高速硬件乘法器，给出仿真波形和波形分析，最后在 FPGA 上进行硬件验证。

实验 5-2　不同类型的移位寄存器设计实验

实验目的：学习设计不同类型的移位寄存器。

实验任务 1：首先在 Quartus 上分别对例 3-18、例 5-5 和例 5-6 给出的移位寄存器进行仿真，然后在 FPGA 上进行硬件验证。

实验任务 2：用 Verilog 分别设计并进串出/并出型、串进串出/并出型 8 位移位寄存器。给出仿真波形和功能说明，然后在 FPGA 上进行硬件测试。

实验任务 3：用移位操作符设计一个纯组合电路的 16 位移位器。要求能控制移位方向和移位位数，以及移位显示，如移空位用 1 填补的方式或不同循环移位方式等。此模块在第 9 章的 CPU 设计中有用处。

实验 5-3　基于 Verilog 代码的频率计设计

实验目的：利用 Verilog 设计 8 位十进制/十六进制频率计。

实验原理：基本原理同实验 4-4。只是在本项实验中须使用 Verilog 来设计。根据频率的定义和频率测量的基本原理，测定信号的频率必须有一个脉宽为 1s 的输入信号脉冲计数允许的信号；1s 计数结束后，计数值被锁入锁存器，计数器清零，为下一测频计数周期做好准备。

实验任务 1：测频控制信号可以由一个独立的发生器来产生（如例 5-19），即图 5-14 中的 FTCTRL。根据测频原理，测频控制时序可以如图 5-15 所示。设计要求 FTCTRL 的计数使能信号 CNT_EN 能产生一个 1s 脉宽的周期信号，并对频率计中的 32 位二进制计数器 COUNTER32B（见图 5-14）的 ENABL 使能端进行同步控制。当 CNT_EN 高电平时允许计数；低电平时停止计数，并保持其所计的脉冲数。在停止计数期间，首先需要一个锁存信号 LOAD 的上跳沿将计数器在前一秒钟的计数值锁存进锁存器 REG32B 中，并由外部的十六进制 7 段译码器译出，显示计数值。锁存信号后，必须有一清零信号 RST_CNT 对计数器清零，为下一秒的计数操作做准备。对例 5-19 仿真测试，验证其功能。

【例 5-19】

```
module FTCTRL (CLKK, CNT_EN, RST_CNT, LOAD);
      input CLKK;        output CNT_EN, RST_CNT,LOAD;
      wire CNT_EN, LOAD;          reg RST_CNT,Div2CLK;
      always @(posedge CLKK)   Div2CLK <= ~Div2CLK ;
      always @(CLKK or Div2CLK)  begin
        if (CLKK==1'b0 & Div2CLK==1'b0)  RST_CNT <= 1'b1 ;
          else  RST_CNT <= 1'b0 ;       end
      assign LOAD = ~Div2CLK ;        assign CNT_EN = Div2CLK ;
endmodule
```

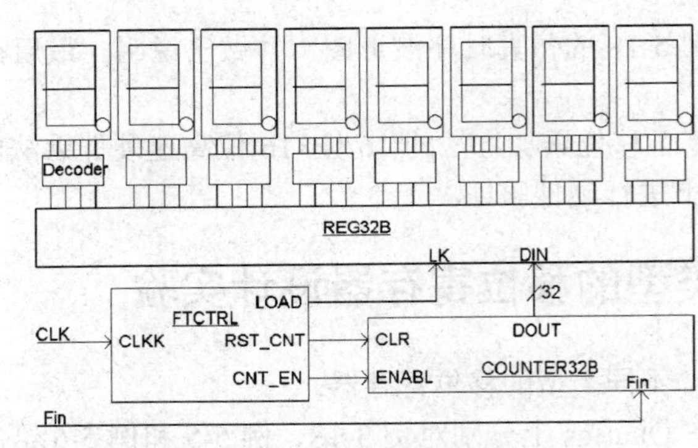

图 5-14　频率计电路图

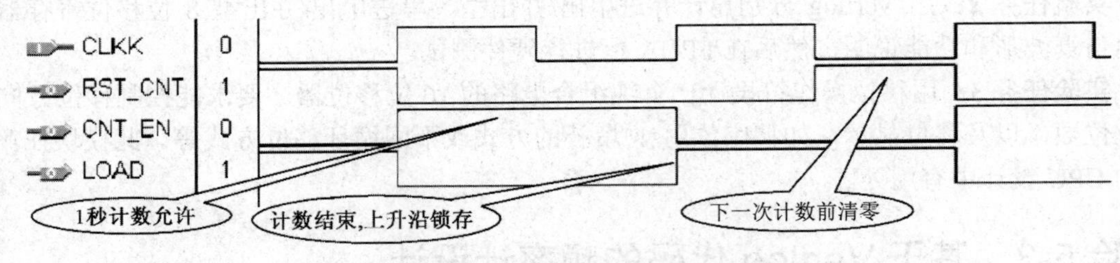

图 5-15　频率计测频控制器 FTCTRL 测控时序图

用 Verilog 设计另两个模块：REG32B 和 COUNTER32B。对它们进行单独仿真测试。根据图 5-14 完成 Verilog 设计，程序中例化这 3 个模块。最后完成频率计设计、仿真和硬件实现，并给出其测频时序波形及其分析。

实验任务 2：将频率计改为 8 位十进制频率计。

实验 5-4　8 位加法器设计实验

实验目的：熟悉利用 Quartus 的原理图输入方法设计简单组合电路，掌握层次化设计的方法，并通过一个 8 位加法器的设计把握文本和原理图输入方式设计的详细流程。

学习 SignalProbe 的用法。

实验原理：一个 8 位加法器可以由 8 个全加器构成，加法器间的进位可以由串行方式实现，即将低位加法器的进位输出 cout 与相邻的高位加法器的最低进位输入信号 cin 相接。

实验任务 1：完成半加器和全加器的设计，包括用文本或原理图输入，编译、综合、适配、仿真、实验系统的硬件测试，并将此全加器电路设置成一个元件符号入库。

实验任务 2：使用 keep 属性，在仿真波形中了解信号 net1 的输出情况。

实验任务 3：使用 SignalProbe，在实验系统上观察信号 net1 随输入的变化情况。

实验任务 4：建立一个更高层次的原理图或文本设计，利用以上获得的全加器构成 8 位加法器，并完成编译、综合、适配、仿真和硬件测试。

实验任务 5：对于第 4 章的实验 4-5，用例化语句，按图 4-34 所示的方式连接成顶层设计电路。最终完成能实现图 4-34 结构的 Verilog 文件设计，并对其进行仿真和硬件测试。最后用 SignalProbe 将信号 DOUT 引出（先删除图 4-34 所示的对应的输出端口），并于数码管或发光管上显示出来。

实验 5-5　VGA 彩条信号显示控制电路设计

实验目的：学习 VGA 图像显示控制电路设计。

实验原理：计算机显示器的显示有许多标准，常见的有 VGA、SVGA 等。一般这些显示控制都用专用的显示控制器（如 6845）。在这里不妨尝试用 FPGA 来实现 VGA 图像显示控制器，用以显示一些图形、文字或图像，这在产品开发设计中有许多实际应用。

常见的彩色显示器一般由 CRT（阴极射线管）构成，彩色是由 R（红：red）、G（绿：green）、B（蓝：blue）三基色组成的，用逐行扫描的方式解决图像显示。阴极射线枪发出电子束打在涂有荧光粉的荧光屏上，产生 R、G、B 三基色，合成一个彩色像素。扫描是从屏幕的左上方开始的，从左到右、从上到下，进行扫描。每扫完一行，电子束回到屏幕左边下一行的起始位置，在这期间，CRT 对电子束进行消隐，每行结束时，用行同步信号进行行同步；扫描完所有行，用场同步信号进行场同步，并使扫描回到屏幕的左上方，同时进行场消隐，预备下一场的扫描。

对于普通的 VGA 显示器，其引出线共含 5 个信号，即 R、G、B 是三基色信号，HS 是行同步信号，VS 是场同步信号。对于 VGA 显示器的 5 个信号的时序驱动要注意严格遵循“VGA 工业标准”，即 640×480×60Hz 模式。图 5-16 是 VGA 行扫描、场扫描的时序图，表 5-5、表 5-6 分别列出了它们的时序参数。VGA 工业标准要求的频率如下。

- 时钟频率（clock frequency）：25.175MHz（像素输出的频率）。
- 行频（line frequency）：31 469Hz。
- 场频（field frequency）：59.94Hz（每秒图像刷新频率）。

VGA 工业标准显示模式要求：行同步、场同步都为负极性，即同步头脉冲要求是负脉冲。

设计 VGA 图像显示控制要注意两个问题：一个是时序驱动，这是完成设计的关键，时序稍有偏差，显示必然不正常；另一个是 VGA 信号的电平驱动（注意，VGA 信号的驱动电平是模拟信号），详细情况可参考相关资料。对于一些 VGA 显示器，HS 和 VS 的极性可正可负，显示器内可自动转换为正极性逻辑。此处以正极性为例，说明示例中 CRT 的工作过程——R、G、B 为正极性信号，即高电平有效。

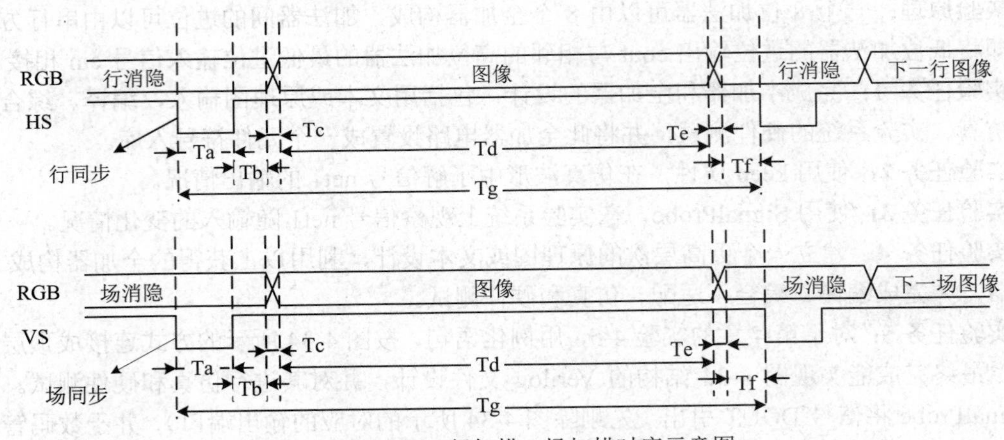

图 5-16　VGA 行扫描、场扫描时序示意图

表 5-5　行扫描时序要求

单位：像素（即输出一个像素的时间间隔）

		行同步头			行图像		行周期
对应位置	Tf	Ta	Tb	Tc	Td	Te	Tg
时间（pixels）	8	96	40	8	640	8	800

表 5-6　场扫描时序要求

单位：行（即输出一行的时间间隔）

		场同步头			场图像		场周期
对应位置	Tf	Ta	Tb	Tc	Td	Te	Tg
时间（lines）	2	2	25	8	480	8	525

当 VS=0、HS=0 时，CRT 内容高亮显示，此过程即正向扫描过程，约需 26μs。当一行扫描完毕，行同步 HS=1，约需 6μs；其间，CRT 扫描产生消隐，电子束回到 CRT 左边下一行的起始位置（X=0，Y=1）；当扫描完 480 行后，CRT 的场同步 VS=1，产生场同步，使扫描线回到 CRT 的第一行第一列（X=0，Y=0）处（约为两个行周期）。HS 和 VS 的时序图如图 5-17 所示：T1 为行同步消隐（约为 6μs），T2 为行显示时间（约为 26μs），T3 为场同步消隐（两行周期），T4 为场显示时间（480 行周期）。

为了节省存储空间，本示例中仅采用 3 位数字信号表达（纯数字方式），即三基色信号（R、G、B），因此仅可显示 8 种颜色，表 5-7 是此 8 色对应的编码电平。例 5-20 设计的彩条信号发生器可通过外部控制产生 3 种显示模式，共 6 种显示变化（见表 5-8）。

图 5-18 是对应例 5-20 的 VGA 图像显示控制器接口电路图。首先按照图 5-18 的方式将 VGA 显示器（液晶或 CRT 管都可）插入实验系统的 VGA 接口。将编译文件下载进 FPGA 后，

即可控制键 K1，每按一次键换一种显示模式，6 次一循环，其循环显示模式分别为横彩条 1、横彩条 2、竖彩条 1、竖彩条 2、棋盘格 1 和棋盘格 2。时钟信号必须是 20MHz，如果是 12MHz 或 50MHz，则必须改变程序中的分频控制。对此，例 5-20 已做了注释。

实验任务 1：根据 VGA 的工作时序，详细分析并说明例 5-20 程序的设计原理，给出仿真波形，并进行说明。然后完成 VGA 彩条信号显示的硬件验证实验。

下载后，接上 VGA 显示器，连续按控制键即显示不同模式的彩条图像。

实验任务 2：设计可显示横彩条与棋盘格相间的 VGA 彩条信号发生器。

实验任务 3：设计可显示英语字母的 VGA 信号发生器电路。

实验任务 4：设计可显示移动彩色斑点的 VGA 信号发生器电路。

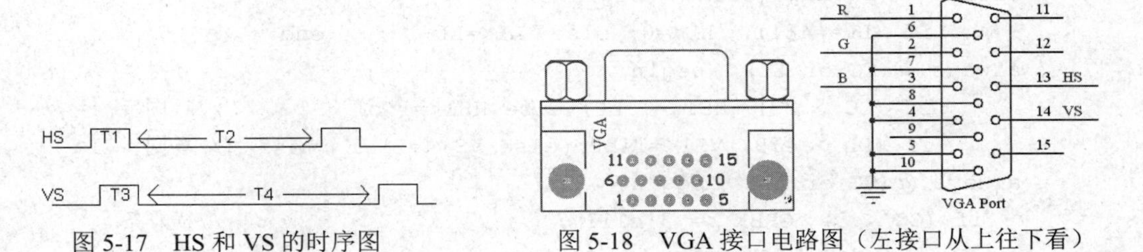

图 5-17 HS 和 VS 的时序图

图 5-18 VGA 接口电路图（左接口从上往下看）

表 5-7 颜色编码

颜 色	黑	蓝	红	品	绿	青	黄	白
R	0	0	0	0	1	1	1	1
G	0	0	1	1	0	0	1	1
B	0	1	0	1	0	1	0	1

表 5-8 彩条信号发生器 3 种显示模式

1	横彩条	1：白黄青绿品红蓝黑	2：黑蓝红品绿青黄白
2	竖彩条	1：白黄青绿品红蓝黑	2：黑蓝红品绿青黄白
3	棋盘格	1：棋盘格显示模式 1	2：棋盘格显示模式 2

【例 5-20】

```
module VGA_COLOR_LINE (CLK, MD, HS, VS, R, G, B); //VGA 显示器、彩条、发生器
    input CLK, input MD;
    output HS, VS, R,  G, B;
     wire R,G,B,VS,HS;                //红、绿、蓝，场同步，行同步信号
     wire FCLK, CCLK;    reg  HS1, VS1;   reg[1:0] MMD;   reg[4:0] FS;
    reg[4:0] CC;                      //行同步，横彩条生成
    reg[8:0] LL;                      //场同步，竖彩条生成
    reg[3:1] GRBX,GRBY,GRBP;          //X 横彩条，Y 竖彩条
    wire[3:1] GRB;
    assign GRB[2] = (GRBP[2] ^ MD) & HS1 & VS1 ;
    assign GRB[3] = (GRBP[3] ^ MD) & HS1 & VS1 ;
    assign GRB[1] = (GRBP[1] ^ MD) & HS1 & VS1 ;
    always @(posedge MD)  begin
```

```
        if (MMD==2'b10) MMD<=2'b00; else MMD<=MMD+1 ;  end //3 种模式
    always @(MMD)  begin
         if (MMD == 2'b00)  GRBP <= GRBX ;                    //选择横彩条
      else if (MMD == 2'b01)  GRBP <= GRBY ;                  //选择竖彩条
      else if (MMD == 2'b10)  GRBP <= GRBX ^ GRBY ;           //产生棋盘格
      else GRBP <= 3'b000 ;   end
    always @(posedge CLK ) begin                              //20MHz 21 分频
        if (FS==20)  FS<=0;  else  FS<=(FS+1) ;  end
    always @(posedge FCLK)  begin
        if (CC==29)  CC<=0;  else  CC<=CC+1 ;   end
    always @(posedge CCLK)  begin
       if (LL==481)  LL<=0; else  LL<=LL+1 ;   end
    always @(CC or LL)  begin
       if (CC > 23)  HS1<=1'b0; else HS1<=1'b1 ;          //行同步
       if (LL > 479) VS1<=1'b0; else VS1<=1'b1 ; end  //场同步
    always @(CC or LL)  begin
      if (CC < 3)  GRBX <= 3'b111 ;                           //横彩条
      else if (CC < 6)  GRBX <= 3'b110 ;
      else if (CC < 9)  GRBX <= 3'b101 ;
      else if (CC < 12) GRBX <= 3'b100 ;
      else if (CC < 15) GRBX <= 3'b011 ;
      else if (CC < 18) GRBX <= 3'b010 ;
      else if (CC < 21) GRBX <= 3'b001 ;
      else  GRBX <= 3'b000 ;
      if (LL < 60)  GRBY <= 3'b111 ;                          //竖彩条
      else if (LL < 120)  GRBY <= 3'b110 ;
      else if (LL < 180)  GRBY <= 3'b101 ;
      else if (LL < 240)  GRBY <= 3'b100 ;
      else if (LL < 300)  GRBY <= 3'b011 ;
      else if (LL < 360)  GRBY <= 3'b010 ;
      else if (LL < 420)  GRBY <= 3'b001 ;
      else   GRBY <= 0 ;   end
    assign HS = HS1 ;   assign FCLK = FS[3] ;
    assign HS = HS1 ;   assign VS = VS1   ;
    assign R = GRB[2] ; assign G = GRB[3] ;
    assign B = GRB[1] ; assign CCLK = CC[4] ;
endmodule
```

第 6 章　IP 核的应用

LPM 是 library of parameterized modules（参数可设置模块库）的缩写，Intel-Altera 提供的可参数化宏功能模块和 LPM 函数均基于 Intel-Altera FPGA 的结构做了优化设计。在许多设计中，必须利用 LPM 模块才可以使用一些 FPGA 器件中的特定硬件功能模块。例如，各类片上存储器、DSP 模块、LVDS 驱动器及嵌入式锁相环 PLL 等。这些能以图形或 HDL 代码形式方便调用的宏功能块，使基于 EDA 技术的电子设计的效率和系统性能有很大的提高。设计者可以根据实际电路的需要，选择 LPM 库中的适当模块，并为其设定适当的参数来满足自己的设计需要，从而在自己的项目中十分方便地调用优秀电子工程技术人员的硬件设计成果。LPM 功能模块内容丰富，每一模块的功能、参数含义、使用方法、硬件描述语言模块参数设置及调用方法都可以在 Quartus 的 Help 中查阅。

6.1　调用计数器宏模块示例

本节通过介绍 LPM 计数器 LPN_COUNTER 的调用和测试的流程，给出 MegaWizard Plug-In Manager 管理器对同类宏模块的一般使用方法，此流程具有示范意义。对于之后介绍的其他模块则主要介绍调用方法上的不同之处和不同特性的仿真测试方法。

6.1.1　计数器 LPM 模块文本代码的调用

在介绍测试和使用方法前，先介绍此模块的文本文件调用流程。

（1）打开 LPM 宏功能块调用管理器。首先建立一个文件夹，如 D:\LPM_MD。选择 Tools→IP Catalog 命令，打开图 6-1 所示的对话框，可以看到栏中有各类功能的 LPM 模块选项。在 Library→Basic Functions→Arithmetic 中，展示了许多 LPM 算术模块选项。选择计数器 LPM_COUNTER，单击 Add...按钮，在弹出的图 6-2 所示的对话框中，输入此模块文件存放的路径和文件名：D:\LPM_MD\CNT4B，单击 OK 按钮。注意此时的 Device Family 选择的是 Cyclone 10 LP。

（2）单击 OK 按钮后打开如图 6-3 所示的 MegaWizard Plug-In Manager 对话框。在对话框中选择 4 位计数器，再选中 Create an 'updown' input port to allow me to do both (1 counts up; 0 counts down)单选按钮使计数器有加减控制功能。

（3）单击 Next 按钮，打开如图 6-4 所示的对话框。在此若选中 Plain binary 单选按钮则表示是普通二进制计数器；现在选中 Modulus, with a count modulus of 12 单选按钮，即模 12 计数器，从 0 计到 11（4'b1011）。然后选择时钟使能控制（Clock Enable）和进位输出（Carry-out）。

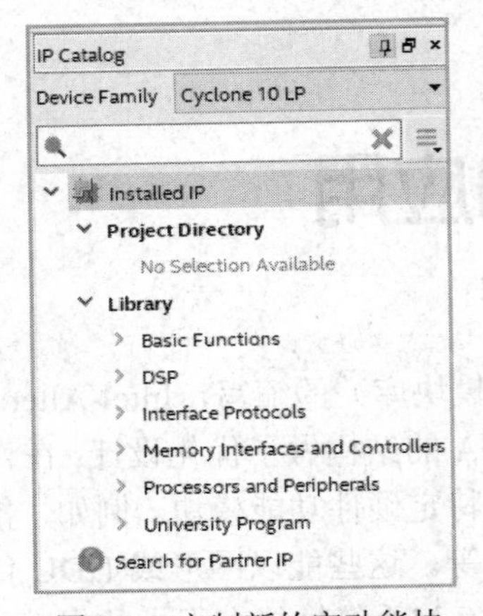

图 6-1　定制新的宏功能块

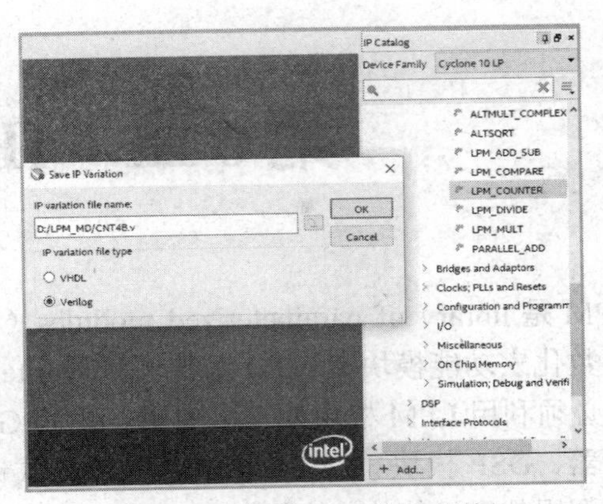

图 6-2　设定 LPM 宏功能块

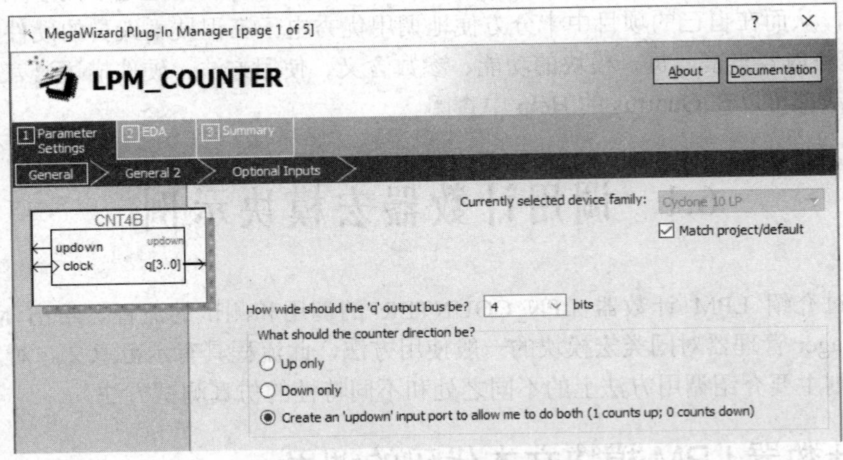

图 6-3　设置 4 位可加减计数器

（4）再单击 Next 按钮，打开如图 6-5 所示的对话框。在此选择 4 位数据加载控制 Load 和异步清零控制（Clear）。最后单击 Next 按钮结束设置。

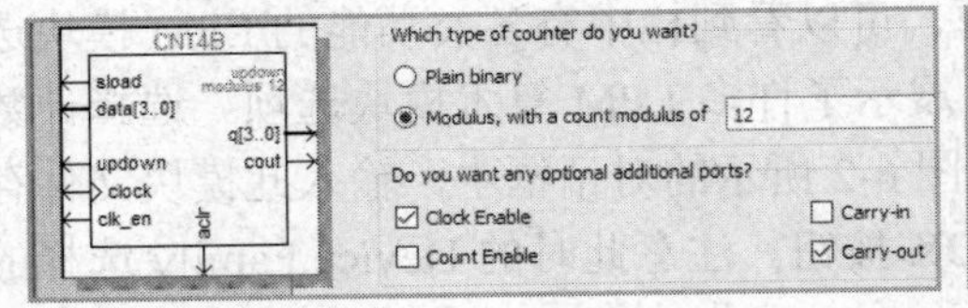

图 6-4　设定计数器（含时钟使能和进位输出）

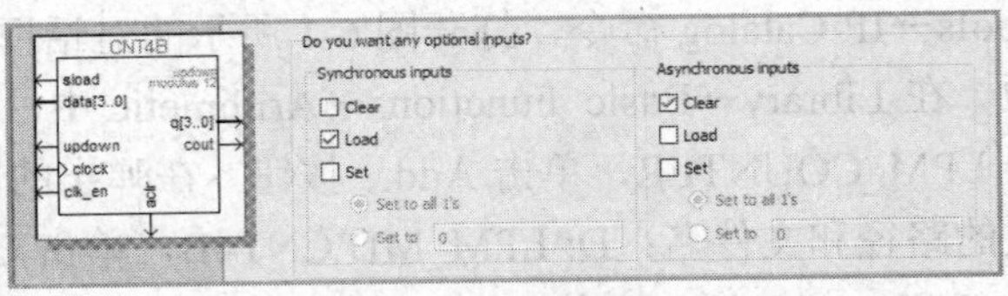

图 6-5　加入 4 位并行数据预置功能

以上的流程设置生成了 LMP 计数器的 Verilog 文件 CNT4B.v，可被高一层次的 Verilog 程序作为计数器元件调用。

6.1.2　LPM 计数器代码与参数传递语句应用

利用 Quartus Prime 18.1 打开刚才生成的 Verilog 文件 CNT4B.v，如例 6-1 所示，其实只是一个调用更低一层的计数器元件模块的代码文件。从中可以看出更核心的计数器模块是

lpm_counter。这是一个可以设定参数的封闭的模块，用户看不到内部设计，只能通过参数传递说明语句 defparam 将用户设定的参数通过文件 CNT4B.v 传递进 lpm_counter 中。而 CNT4B.v 本身又可以作为一个底层元件，被上一层设计调用或例化。

【例 6-1】

```
module CNT4B (aclr, clk_en, clock, data, sload, updown, cout, q);
    input aclr, clk_en;              //异步清零, 1清零; 时钟使能, 1使能, 0禁止
    input clock, sload;              //时钟输入; 同步预置数加载控制, 1加载, 0计数
    input [3:0] data; input  updown; //4位预置数和加减控制, 1加, 0减
    output  cout;  output [3:0]  q;  //进位输出和4位计数输出
    wire  sub_wire0;  wire [3:0] sub_wire1;  //定义内部连线
    wire  cout = sub_wire0;               //与assign相同的赋值语句
    wire [3:0] q = sub_wire1[3:0];        //与assign相同的赋值语句
  lpm_counter  lpm_counter_component( //注意例化语句中未用端口必须接上指定电平
    .sload(sload), .clk_en(clk_en), .aclr(aclr),
    .data(data), .clock(clock), .updown(updown),
    .cout(sub_wire0), .q(sub_wire1), .aload(1'b0),
    .aset(1'b0), .cin(1'b1), .cnt_en(1'b1),
    .eq(),  .sclr(1'b0), .sset(1'b0));
  defparam
    lpm_counter_component.lpm_direction = "UNUSED", //单方向计数参数未用
    lpm_counter_component.lpm_modulus = 12,         //模12计数器
    lpm_counter_component.lpm_port_updown = "PORT_USED", //使用加减计数
    lpm_counter_component.lpm_type = "LPM_COUNTER",     //计数器类型
    lpm_counter_component.lpm_width = 4;                //计数位宽
endmodule
```

读者可以通过此程序给出的说明，了解此类元件的调用方法。其实只要看懂了程序，就不必利用以上的工具 MegaWizard Plug-In Manager 来一步步设置了，可以直接写出符合相关参数设置要求的 LPM 模块的调用程序代码。

注意例 6-1 的例化语句中，未设定的端口必须接上特定的电平。例如，“.cin(1'b1)”和“.sset(1'b0)”分别表示计数器的进位输入口接高电平，同步置位端接低电平。

另外，lpm_counter 元件以及其他同类 LPM 元件有些什么端口、需要 defparam 传递什么参数都必须查阅 Quartus 帮助中的 Magafunctions/LPM 选项。

参数传递说明语句 defparam 的一般表述如下。

```
defparam <宏模块元件例化名>.<宏模块参数名> = <参数值>
```

例 6-1 中，lpm_counter 是参与例化的元件名，是可以从 LPM 库中调用的宏模块的元件名，而 lpm_counter_component 则是在此文件中为使用和调用 lpm_counter 取的例化名，即参数传递语句中的<宏模块元件例化名>。<宏模块参数名>是被调用的元件（lpm_counter）文件中已定义的参数名，而<参数值>可以是整数、操作表达式、字符串或在当前模块中已定义的参数。使用时注意 defparam 语句只能将参数传递到比当前层次仅低一层的元件文件中，即当前的例化文件中，不能进一步深入。

其实，defparam 语句与第 5 章中介绍的 parameter 语句具有类似的功能。

例 6-2 是一个 defparam 语句应用示例。模块 REG24B 是一个 24 位寄存器，其中调用了可参数设置的 LPM 寄存器模块 LPM_FF。共例化了两次 LPM_FF，各设定 12 位。第一次调用中，设例化语句调用的 LPM_FF 的元件名是 U1，即<宏模块元件名>，并用 defparam 语句将位宽参数 12 传递进 LPM_FF 中。第二次调用与此类似。

【例 6-2】

```
module REG24B (d, clk, q);
      input [23:0] d;    input  clk;
      output [23:0] q;
      lpm_ff  U1(.q (q[11:0]), .data (d[11:0]), .clock (clk));
         defparam U1.lpm_width = 12;
      lpm_ff  U2(.q(q[23:12]), .data(d[23:12]), .clock(clk));
         defparam U2.lpm_width = 12;
endmodule
```

现在再来讨论对例 6-1 的调用。为了能调用计数器文件 CNT4B.v，并进行测试和硬件实现，必须设计一个程序来例化它，例 6-3 就是这个程序 CNT4BIT.v。此程序很简单，只是对 CNT4B.v 进行了例化。

【例 6-3】

```
module CNT4BIT (RST,ENA,CLK,DIN,SLD,UD,COUT,DOUT);
      input RST, ENA, CLK, SLD,UD ;
      input [3:0]  DIN;
      output  COUT;   output [3:0]  DOUT ;
      CNT4B  U1(.sload (SLD), .clk_en (ENA), .aclr (RST), .cout (COUT),
              .clock (CLK), .data (DIN),  .updown (UD), .q (DOUT));
endmodule
```

6.1.3　创建工程与仿真测试

首先将例 6-3 的 CNT4BIT.v 设定为顶层工程文件，然后对其仿真。图 6-6 是其仿真波形，注意第 3 个 SLD 加载信号在没有 CLK 上升沿处发生时，无法进行加载，显然是由于它是对时钟同步的控制信号。从波形中可以了解此计数器模块的功能和性能。这里将根据图 6-6 详细讨论计数器例 6-3 的功能的任务留给读者。

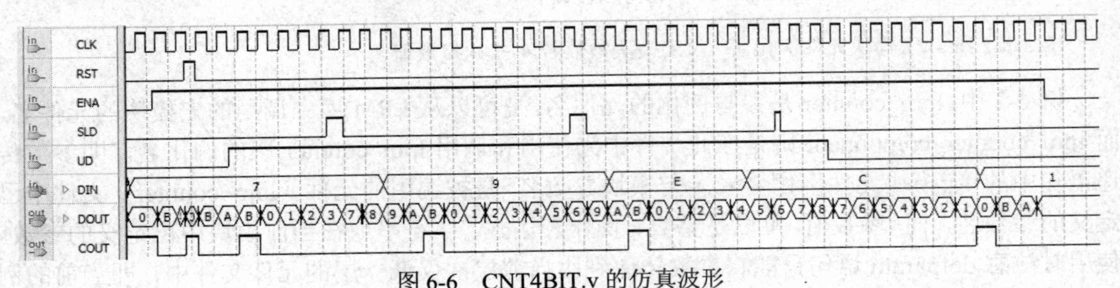

图 6-6　CNT4BIT.v 的仿真波形

其实，完全可以利用此计数器宏模块的原理图文件 CNT4B.bsf，通过在原理图工程中调用此元件来测试它。

6.2　利用属性控制乘法器构建的示例

例 6-4 是直接利用乘法操作符实现的 8 位普通乘法器的 Verilog 描述。如果按照 Verilog 通常的表述方式，综合出的乘法器有可能占用大量的逻辑资源，而且运行速度不见得快。在 FPGA 开发中，最常用的方法是直接调用 FPGA 内部已嵌入的硬件乘法器，此类乘法器常用于 DSP 技术中，故称 DSP 模块。

【例 6-4】

```
module MULT8 (A1,B1,A2,B2,R1,R2);
      output signed[15:0]  R1, R2;              //定义有符号数据类型输出
      input signed[7:0] A1,B1,A2,B2;            //定义有符号数据类型输入
      wire [15:0] R2, R1;
      assign R1 = A1 * B1;     assign R2 = A2 * B2;
endmodule
```

这可以在例 6-4 中加入特定的属性表述来指导综合器和适配器对乘法器的结构做出选择。例如，定义输出值网线变量右侧的属性表述即乘法器结构方式属性，形式如下。

```
wire  [15:0]  R2 /* synthesis multstyle = "logic" */
```

此表示指示适配器将以 R2 为输出口的乘法器以纯组合方式的逻辑宏单元构建，其中 logic 是属性关键词。若指示适配器以 R2、R1 为输出口的乘法器都以纯组合方式的逻辑宏单元来构建，wire 语句可改为如下形式。

```
wire  [15:0]  R2, R1 /* synthesis multstyle = "logic" */
```

于是从全程编译后的“Flow Summary”报告中可以看出，编译结果将如图 6-7 所示，乘法器占用的资源是 95 个逻辑宏单元。

如果将上式中的" logic "改为 " dsp "，则将指示适配器以 R2、R1 为输出口的乘法器调用 FPGA 的嵌入式乘法器来构建乘法器。如果以这样的方式构建此乘法器，则编译结果如图 6-8 所示，其中用了 2 个 DSP 乘法器专用模块（Embedded Multiplier 9-bit element），以及 0 个逻辑宏单元。显然，此项设计高速且节省逻辑资源。

Flow Status	Successful - Sat Mar 27 23:38:53 2021
Quartus Prime Version	18.1.0 Build 625 09/12/2018 SJ Standard Edition
Revision Name	MULT8
Top-level Entity Name	MULT8
Family	Cyclone 10 LP
Device	10CL006YU256C8G
Timing Models	Final
Total logic elements	95 / 6,272 (2 %)
Total registers	0
Total pins	64 / 177 (36 %)
Total virtual pins	0
Total memory bits	0 / 276,480 (0 %)
Embedded Multiplier 9-bit elements	1 / 30 (3 %)
Total PLLs	0 / 2 (0 %)

图 6-7　完全用逻辑宏单元构建乘法器的编译报告

Flow Status	Successful - Sat Mar 27 23:42:52 2021
Quartus Prime Version	18.1.0 Build 625 09/12/2018 SJ Standard Edition
Revision Name	MULT8
Top-level Entity Name	MULT8
Family	Cyclone 10 LP
Device	10CL006YU256C8G
Timing Models	Final
Total logic elements	0 / 6,272 (0 %)
Total registers	0
Total pins	64 / 177 (36 %)
Total virtual pins	0
Total memory bits	0 / 276,480 (0 %)
Embedded Multiplier 9-bit elements	2 / 30 (7 %)
Total PLLs	0 / 2 (0 %)

图 6-8　调用了 DSP 模块的编译报告

如果要求整个模块内的乘法器构建方式都用 DSP 模块，也可做如下表述。

```
module andd(A1,B1,A2,B2,R1,R2)  /* synthesis multstyle = "dsp" */;
```

当然也可以通过 Quartus 来设置。方法是进入 Assignments 菜单的 Settings 对话框，在左栏选择 Compiler Settings 选项，在其对话框中单击 Advanced Settings（Synthesis...）按钮，在弹出的对话框 Analysis & Synthesis Settings（见图 6-9）中将 Auto DSP Block Replacement 设置为 On，即设置乘法器用 DSP 乘法器模块构建。

注意，这种能随意调用的预置于 FPGA 内部的硬件乘法器模块不是所有 FPGA 都有，所以此语句的使用要依 FPGA 而定（如前所述，Cyclone 3/4/5/10 LP 系列 FPGA 都含有此类模块）。

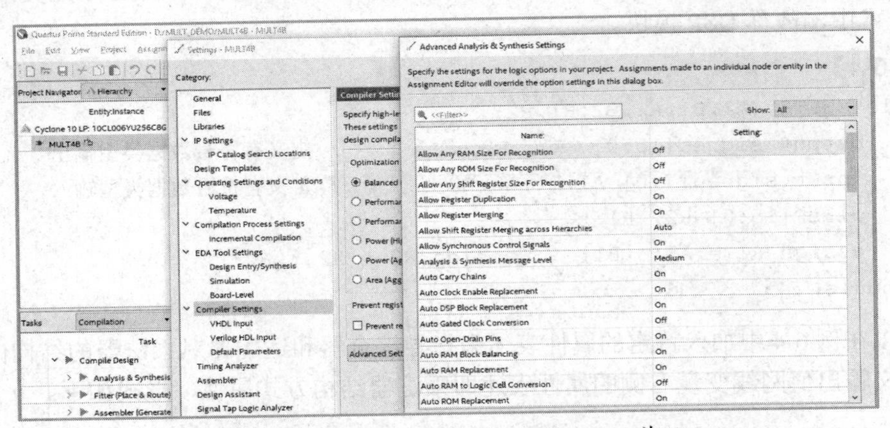

图 6-9　选择 Auto DSP Block Replacement 为 On

6.3　LPM_RAM 宏模块用法

在涉及 RAM 和 ROM 等存储器应用的设计开发中，调用 LPM 模块类存储器是最方便、最经济、最高效和性能最容易满足设计要求的途径。以下介绍利用 Quartus 调用 LPM_RAM 的相关技术，包括仿真测试、初始化配置文件生成、例化程序表述、相关属性应用以及存储器的 Verilog 语言描述等。

6.3.1　初始化文件及其生成

所谓存储器的初始化文件就是可配置于 LPM_RAM 或 LPM_ROM 中的数据或程序代码。在设计中，通过 EDA 工具设计或设定的存储器中的代码文件必须由 EDA 软件在统一编译时自动调入，所以此类代码文件，即初始化文件的格式必须满足一定的要求。以下介绍 3 种格式的初始化文件及生成方法。其中，Memory Initialization File（mif）格式和 Hexadecimal（Intel-Format）File（hex）格式是 Quartus 能直接调用或生成的两种初始化文件的格式；而更具一般性的 dat 格式文件可通过 Verilog 语言直接调用。

1. mif格式文件

生成mif格式的文件有多种方法。

（1）直接编辑法。首先在Quartus Prime中打开mif文件编辑窗，即选择File→New命令，并在New窗口中选择Memory Files栏（见图4-1）的Memory Initialization File选项，单击OK按钮后产生mif数据文件大小选择窗口。在此根据存储器的地址和数据宽度选择参数。如果对应地址线为7位，将Number设置为128；对应数据宽为8位，将Word size设置为8位。单击OK按钮，将出现如图6-10所示的mif数据表格，可以在此输入数据。表格中的数据格式可通过右击窗口边缘的地址数据所弹出的窗口进行选择。此表中任一数据对应的地址为左列与顶行数之和，填完此表后，选择File→Save As命令，保存此数据文件，如取名为data7X8.mif。

DATA7X8.mif

Addr	+0	+1	+2	+3	+4	+5	+6	+7
00	80	86	8C	92	98	9E	A5	AA
08	B0	B6	BC	C1	C6	CB	D0	D5
10	DA	DE	E2	E6	EA	ED	F0	F3
18	F5	F8	FA	FB	FD	FE	FE	FF
20	FF	FF	FE	FE	FD	FB	FA	F8
28	F5	F3	F0	ED	EA	E6	E2	DE
30	DA	D5	D0	CB	C6	C1	BC	B6
38	B0	AA	A5	9E	98	92	8C	86
40	7F	79	73	6D	67	61	5A	55
48	4F	49	43	3E	39	34	2F	2A
50	25	21	1D	19	15	12	0F	0C
58	0A	07	05	04	02	01	01	00
60	00	00	01	01	02	04	05	07
68	0A	0C	0F	12	15	19	1D	21
70	25	2A	2F	34	39	3E	43	49
78	4F	55	5A	61	67	6D	73	79

图6-10 mif文件编辑窗口

（2）文件直接编辑法。即使用Quartus以外的编辑器设计mif文件，其格式如例6-5所示，其中地址和数据都为十六进制，冒号左边是地址值，右边是对应的数据，并以分号结尾。存盘以.mif为后缀，如取名为data7X8.mif。

【例6-5】

```
DEPTH=128;                  //数据深度，即存储的数据个数
WIDTH=8;                    //输出数据宽度
ADDRESS_RADIX = HEX;        //地址数据类型，HEX表示选择十六进制数据类型
DATA_RADIX = HEX;           //存储数据类型，HEX表示选择十六进制数据类型
CONTENT                     //此为关键词
BEGIN                       //此为关键词
0000      :      0080;
0001      :      0086;
0002      :      008C;
  ... (数据略去)
007E      :     0073;
007F      :     0079;
END;
```

（3）高级语言生成。mif文件也可以用C或MATLAB等高级语言生成。

（4）专用mif文件生成器。参考附录A介绍的mif文件生成器的用法来生成不同波形、不同数据格式、不同符号（有符号或无符号）、不同相位的mif文件。例如，某ROM的数据线宽度为8位，地址线宽为7位，即可以放置128个8位数据。或者说，如果需要一个周期可分为128个点、每个点精度为8位二进制数，初相位为0的正弦信号波形数据，则此初始化配置文件应该如图6-11所示设置。

如以文件名data7X8.mif存盘。用记事本打开此文件将如图6-12所示。

2. hex格式文件

建立hex格式文件也有多种方法。例如，也可采用类似前文所述的方式在New窗口中选择Hexadecimal（Intel-Format）File选项（见图4-1），最后保存为hex格式文件；或是用诸如

单片机编译器来产生，方法是利用汇编程序编辑器将数据编辑于汇编程序中，然后用汇编编译器生成 hex 格式文件。这里提到的 hex 格式文件生成的第二种方法很容易应用到 51 单片机或 CPU 或程序 ROM 调用应用程序的设计技术中。

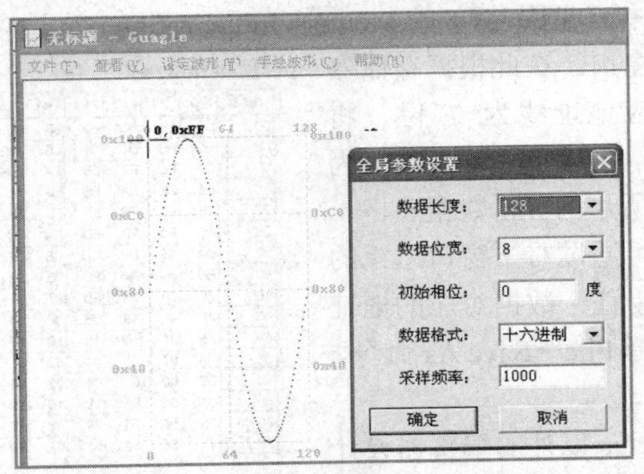

图 6-11　利用 mif 文件生成器生成 mif 正弦波文件

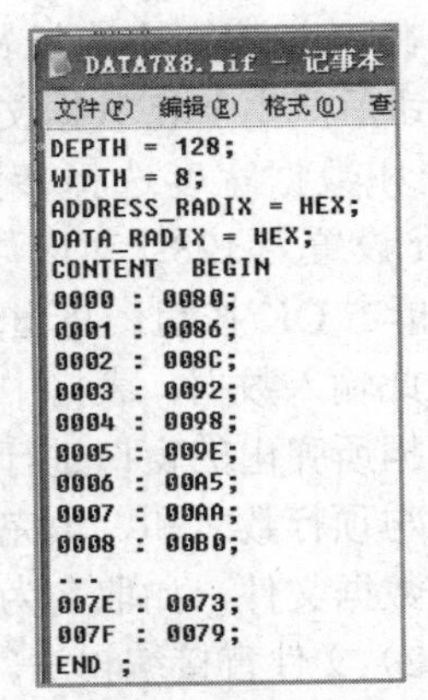

图 6-12　打开 mif 文件

3．dat 格式文件

在 Verilog 设计中，dat 格式的数据文件最具有一般性，不像以上提到的两种文件格式是与具体开发软件相关的，因此它们在 Verilog 文本中调用必须使用 Quartus 规定的属性表述，而 dat 格式的数据文件的调用则可用标准的 Verilog 语句直接实现。dat 文件的数据格式也最简单，其形式如下（只是要求每一数据要占一行）。

```
00
E5
6D
...
34
```

6.3.2　以原理图方式对 LPM_RAM 进行调用

基本流程同前。为测试方便，首先仍打开一个原理图编辑窗口，再存盘，假设文件取名为 RAMMD，并将其创建成工程。在此工程的原理图编辑窗口中单击 IP Catalog 按钮，进入图 6-13 所示的 LPM 模块编辑调用窗口，选择 On Chip Memory 选项下的单口 RAM 模块：RAM: 1-PORT。文件可取名为 RAM1P，设存盘在 D:\LPM_MD 中。选择器件 Cyclone 10 LP 和语言 Verilog HDL。

单击 Next 按钮，打开如图 6-14 所示的对话框。选择数据位 8 和数据深度 128，即 7 位地址线，再选择双时钟方式（选中图 6-14 最下方的单选按钮）。

再单击 Next 按钮，打开如图 6-15 所示的对话框。在这里取消选中'q' output port 复选框，即选择时钟只控制锁存输入信号。以后可以看出，这样的选择十分重要。

单击 Next 按钮，打开如图 6-16 所示的对话框。这里的选项有 3 个，即 Old Data、New Data 和 Don’t Care，意思是：当允许写入时，读出的数据是新写入的数据（New Data）还是写入前的数据（Old Data），或是无所谓（Don’t Care）？这里选择 Old Data。RAM 的此类特性，仅 Cyclone 3 或以上版本系列拥有。

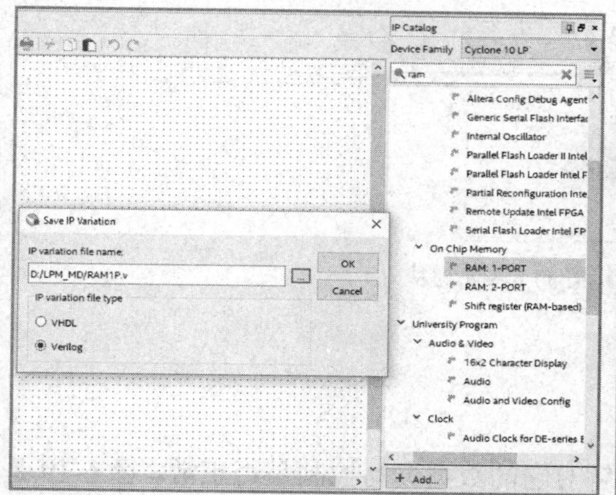

图 6-13　调用单口 LPM RAM

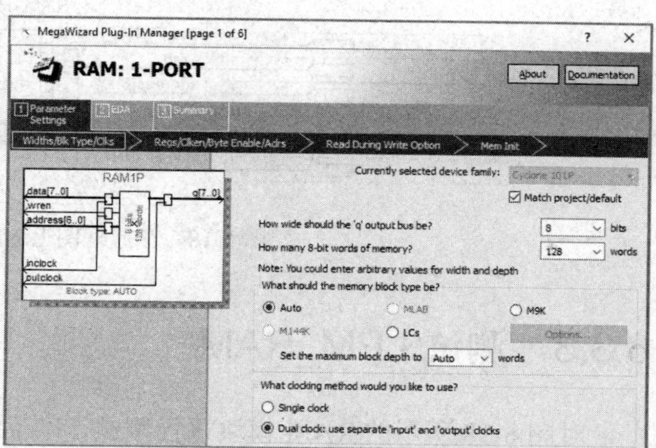

图 6-14　设定 RAM 参数

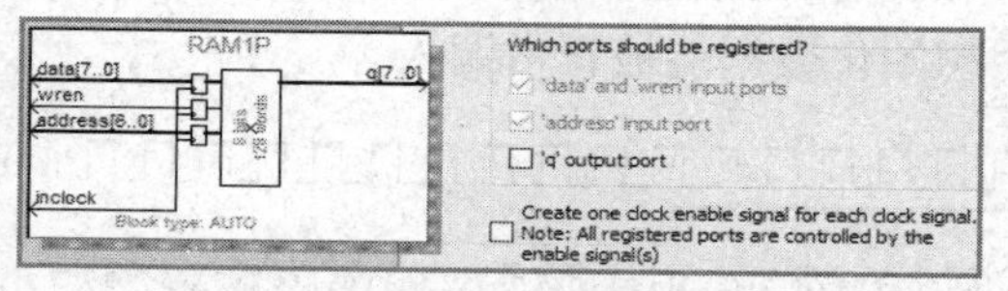

图 6-15　设定 RAM 仅输入时钟控制

图 6-16　设定在写入同时读出原数据：Old Data

继续单击 Next 按钮，打开如图 6-17 所示的对话框。在“Do you want to specify the initial content of the memory？”栏中选中“Yes, use this file for the memory content data”单选按钮，并单击 Browse 按钮，选择指定路径上的初始化文件 DATA7X8.mif。

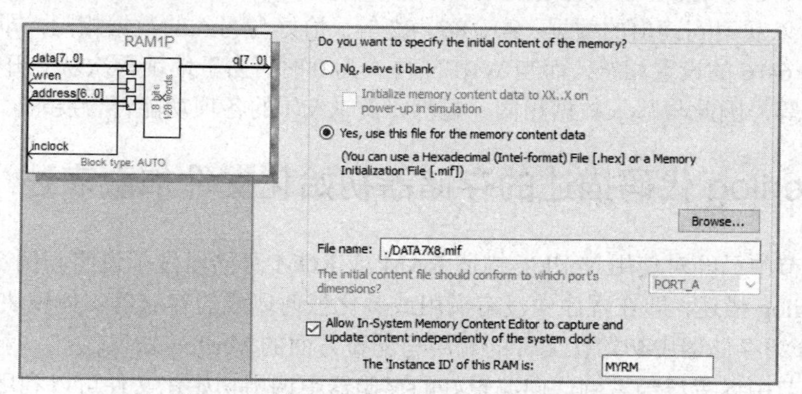

图 6-17　设定初始化文件和允许在系统编辑

其实对于 RAM 来说，在普通应用中不一定非得加初始化文件。但若是特殊应用，如第 9 章中介绍 CPU 设计，则有重要作用。这时，如果选择调入初始化文件，则系统于每次开电后，将自动向此 LPM RAM 加载此 mif 文件，于是 RAM 也可做 ROM 来使用。

若选中图 6-17 中的 Allow In-System Memory…复选框，并在 The 'Instance ID' of this RAM is 文本框中输入 4 个字符，如 MYRM，作为此 RAM 的 ID 名称。通过这个设置，可以允许 Quartus 通过 JTAG 口对下载于 FPGA 中的此 RAM 进行“在系统”测试和读写。如果需要读写多个嵌入的 LPM_RAM 或 LPM_ROM，此 ID 号 MYRM 就作为此 RAM 的识别名称。最后单击 Finish 按钮完成 RAM 定制。调入顶层原理图后，连接好的端口引脚如图 6-18 所示。

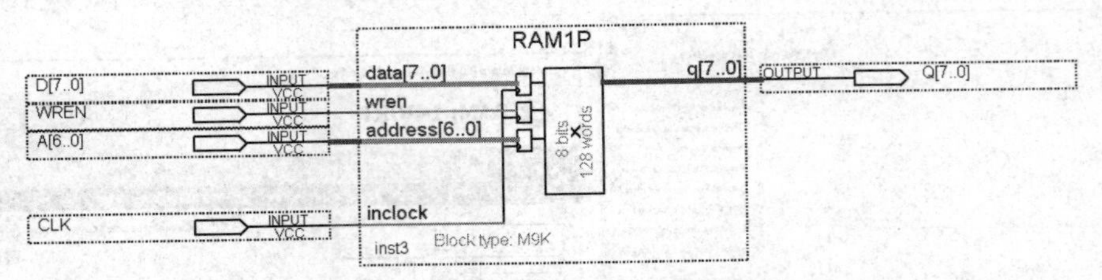

图 6-18　在原理图上连接好的 RAM 模块

6.3.3　测试 LPM_RAM

对图 6-18 所示的 RAM 模块进行测试，以了解对它的数据读写控制是否正常。图 6-19 是此模块的仿真波形图。地址 A 是从 0 开始的，当写允许 WREN=0 时，读出 RAM 中的数据。随着地址的递增，对应每一个时钟上升沿，RAM 中的数据被读出，它们分别是 80、86、8C、92 等，正好与图 6-10 和图 6-12 的数据相符，说明初始化数据能被正常调入。

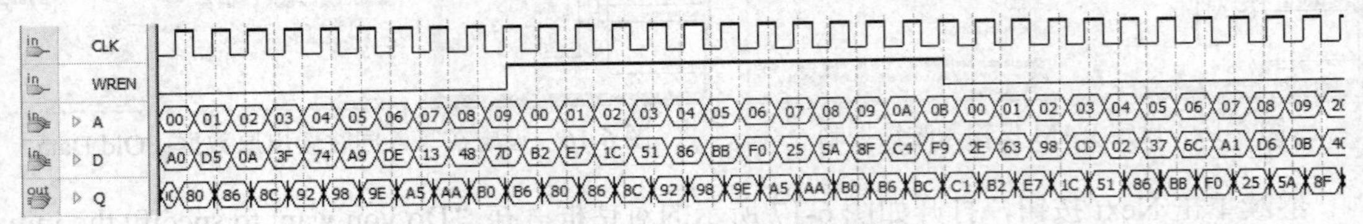

图 6-19　图 6-18 的 RAM 仿真波形

当 WREN=1 时（注意这时地址 A 仍然被设置成 0 开始），数据 D 会随着时钟上升沿被写入。同时还可以观察到读出的数据：80、86、92 等。恰好与写入的数据相同，即读出的是 Old Data，这与图 6-16 的设置相符。而当 WREN 再次为 0 时，由于地址再次从 0 开始，读出数据 B2、E7、1C 等，因此与写入数据相同。显然，此 RAM 的各项功能符合要求。

6.3.4　Verilog 代码描述的存储器初始化文件加载表述

在 2.2.6 节中已经对使用 Verilog 描述 RAM 或 ROM 存储器做了说明。例 2-3 就是 RAM 模块的纯 Verilog 描述，即在程序中没有调用或例化任何现成的存储器实体模块。下面将就此例，进一步介绍存储器中初始化文件的调用与配置方面的 Verilog 知识。

在 6.3.2 节中读者已经看到，向编辑好的存储器中调用初始化文件可以利用 LPM 模块调用的编辑器在特定的对话框中选择设定（见图 6-17）。但如果在纯代码的 Verilog 程序的存储器中调用初始化文件则必须使用特定的指示语句，以下给出两种方法。

第一种方法是利用 Quartus 给定的属性语句。这些语句仅限于 Quartus 平台使用。在例 2-3 的存储器定义语句右侧有

```
/* synthesis ram_init_file="DATA7X8.mif" */ ;
```

这是给所定义的存储器配置初始化文件的属性定义。其中 DATA7X8.mif 是放在当前工程文件夹中的 mif 文件，其格式大小与所定义的存储器相配。

为了证明此初始化文件通过综合后确实已进入存储器中，须对其进行仿真，仿真结果与

图 6-19 完全相同。

下面的定义语句是 Verilog-2001 版的表述，功能相同。

```
(* ram_init_file = "DATA7X8.mif" *) reg [7:0] mem [127:0]
```

第二种方法是直接利用 Verilog 语言，即利用过程语句 initial 和系统函数$readmemh。由于所用的是标准的 Verilog 语句，其表述方法具有一般性，所以不局限于 Quartus 一种 EDA 软件环境。

以下的例 6-6 是例 2-3 的改写形式，其接口、功能甚至表述形式都与例 2-3 的描述完全一样，所不同的是在此例中使用了过程语句 initial 和系统函数$readmemh，因此初始化数据文件的格式必须是 dat 文件。假定 RAM78_DAT.dat 的数据与文件 DATA7X8.mif 相同（格式不同），那么例 6-6 的仿真结果应该与图 6-19 相同。

【例 6-6】

```
module RAM78 (output[7:0]Q, input[7:0]D,input[6:0]A, input CLK,WREN);
    reg[7:0]  mem[0:127] ;
    always @(posedge CLK ) if (WREN) mem[A] <= D;
     assign Q = mem[A];
     initial $readmemh("RAM78_DAT.dat", mem );
endmodule
```

请特别注意，例 6-6 中 mem 的表述格式是 mem[0:127]，这与例 2-3 不同。这是因为综合器只会以 dat 文件中的数据排列顺序对应的形式加载到 mem[0:127]存储器中，而 dat 文件中的数据排列顺序是默认从低位（低地址位）开始排列的。

例 6-6 中的语句“initial $readmemh("RAM78_DAT.dat", mem);”给出了 RAM 调用初始化文件很好的说明。此语句表述，initial 后的语句只执行一次，而执行的对象是读取存储器初始化文件的系统函数$readmemh()；在括号中用了引号的是待调用的初始化文件的文件名，而逗号旁边的是存储器名称。注意，$readmemh 用于十六进制数据文件读取，而$readmemb 用于二进制数据文件读取。

建议读者按照图 6-19 的地址设置方式对例 6-6 进行仿真，测试它的功能。

6.3.5　存储器设计的结构控制

以不同的 Verilog 表述方式构建存储器将获得不同结构的存储器，如以逻辑宏单元构建的存储器或以嵌入式 RAM 单元构建的存储器。后者对于含有大量 RAM 单元的 FPGA 来说，具有最好的资源利用率，以及最简洁高速的存储器硬件结构。

例 6-6 和例 6-7 所描述的 RAM 具有完全相同的接口和功能。现在来比较它们的结构。例 6-6 对应的 RTL 图如图 6-20 所示；例 6-7 对应的 RTL 图如图 6-21 所示。

【例 6-7】

```
module RAM78(output reg[7:0] Q, input[7:0] D,input[6:0] A, input CLK,WREN);
     reg[7:0]  mem[127:0]  /* synthesis ram_init_file="DATA7X8.mif" */;
     always @(posedge CLK )  if (WREN) mem[A] <= D;
     always @(posedge CLK )  Q = mem[A];
```

```
endmodule
```

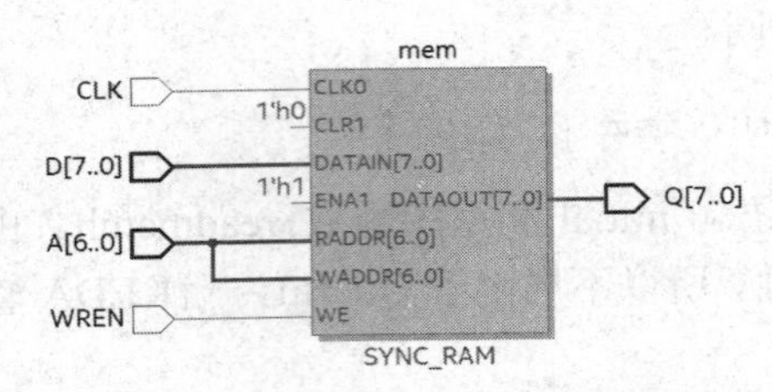

图 6-20　例 6-6 的 RTL 电路模块图

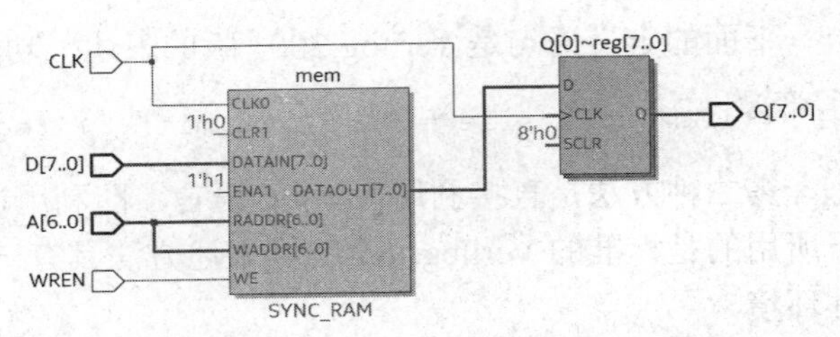

图 6-21　例 6-7 的 RTL 电路模块图

从例 6-6（例 2-3）的编译报告可以看出，此项存储器设计花费了大量逻辑宏单元（1491 个）而没有使用任何 RAM 单元，并使用了其中的 1024 的专用寄存器，即 D 触发器模块；这恰好等于此存储器的总存储位数。显然在 FPGA 开发中，此种设计存储器的方案不经济，故通常不会使用这种方案。例 6-7 的编译报告说明，描述的存储器所使用的逻辑宏单元是 0，而使用的专用 RAM 单元数正好是 1024 个单元。显然这种结构节省了大量逻辑资源，而且模块的速度和可靠性也大为增加。

那么为何例 2-3 与例 6-7 综合后的结构有如此大的差别呢？这涉及两方面的因素。

（1）Verilog 的表述形式。比较程序例 2-3 和例 6-7 及它们对应的 RTL 电路图，可以发现，在例 2-3 对存储器的输出 Q 采用了连续赋值语句。这就是说，RAM 数据端口是直接对外的，其输出口没有任何锁存电路。显然，这样的结构描述无法使用 FPGA 中现成的 RAM 位。例 6-7 就不同了，在此程序中使用了两个过程语句，且它们的敏感信号都是 CLK 的上升沿，特别是 Q 的输出增加了一个 CLK 信号控制的锁存器。这样的描述恰好满足了 FPGA 内部 RAM 单元的这种结构。

（2）调用嵌入式 RAM 单元的约束设置。正确而恰当的 Verilog 描述是综合器能调用 FPGA 内 RAM 单元的基础，但不一定能保证这项设计会自动调用 RAM 单元。这是因为综合器还不知道用户的设计意图。为了使例 6-7 在综合后能使用现成的 RAM 单元构建电路，必须对 EDA 工具的综合器做必要的约束设置，方法是进入如图 6-9 所示的对话框，对 Auto RAM Replacement 项选择 On，即设置 RAM 单元的自动替代控制功能。对例 6-7 全程编译后即可获得图 6-21 所示的结果。

6.4　LPM_ROM 使用示例

除了作为数据和程序存储单元，ROM 还有许多用途，如数字信号发生器的波形数据存储器、查表式计算器的核心工作单元等。本节介绍一个简单应用示例。

6.4.1　简易正弦信号发生器设计

首先是调用 ROM，这完全可以仿照以上调用 RAM 的流程对 LPM_ROM 进行定制和调用，不过为了以下的设计方便，可以先创建一个原理图工程文件（假设此工程名为 SIN_GNT），然后进入此工程的原理图编辑窗口，双击后，进入原件放置对话框，单击 MegaWizard Plug-In

Manager 按钮。在图 6-13 所示窗内选择 On Chip Memory 下的 ROM:1-PORT 选项，设文件名为 ROM78，FPGA 仍然是第 4 章中选用的 KX-10CL055 核心板上的 Cyclone 10 LP 系列的 10CL006YU256C8G，文本表述选择 Verilog。

定制调用此 ROM 模块的参数设置和初始化文件的配置如图 6-22 所示。正弦波数据初始化文件仍然使用 6.3 节使用过的 DATA7X8.mif。

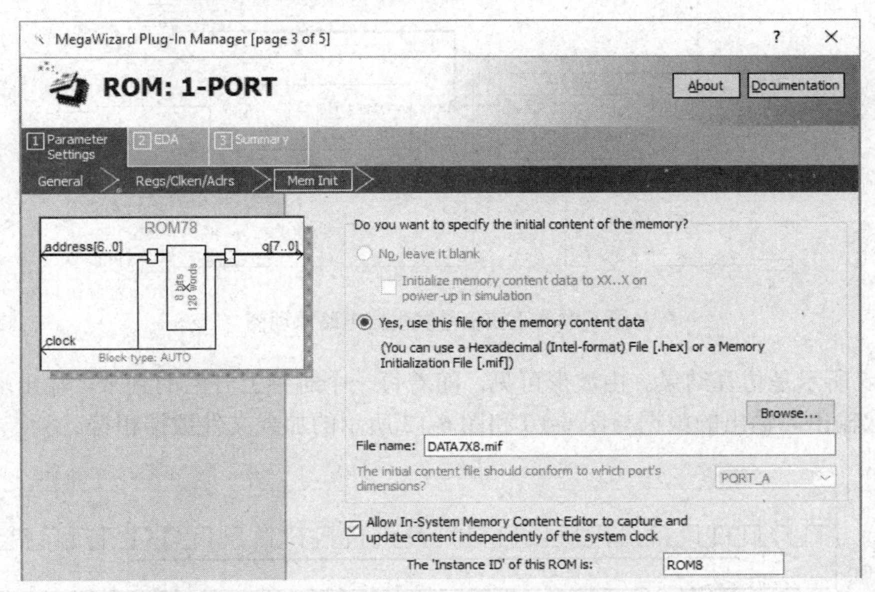

图 6-22　加入初始化配置文件并允许在系统访问 ROM 内容

然后根据原理图中已定制完成的 LPM_ROM 设计一个简易的正弦信号发生器。

如图 6-23 所示的简易正弦信号发生器的结构由如下 4 个部分组成。

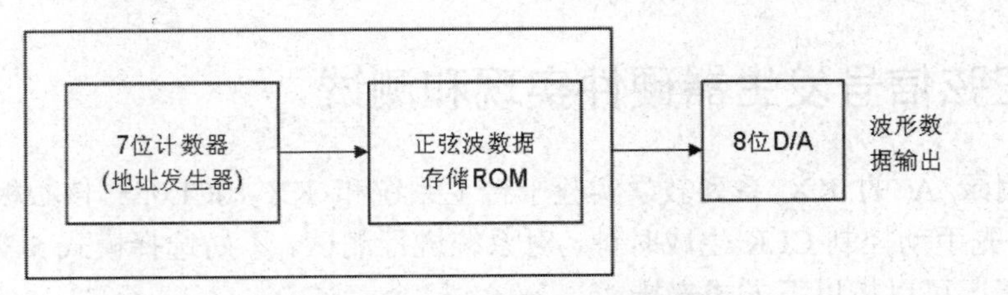

图 6-23　正弦信号发生器结构框图

- 计数器或地址信号发生器，这里根据以上 ROM 的参数选择 7 位输出。
- 正弦信号数据存储器 ROM（7 位地址线，8 位数据线），含有 128 个 8 位波形数据（一个正弦波形周期），即 LPM_ROM : ROM78。
- 顶层原理图设计。
- 8 位 D/A（设此示例之实验器件选择 DAC0832）。

在图 6-23 所示的信号发生器结构图中，顶层文件是原理图工程 SIN_GNT，它包含两个部分：ROM 的地址信号发生器，由 7 位计数器担任；正弦数据 ROM，由 LPM_ROM 模块构成。地址发生器的时钟 CLK 的输入频率 f_0 与每周期的波形数据点数（在此选择 128 点），以及 D/A 输出的频率 f 的关系是 $f = f_0/128$。图 6-24 所示是此正弦信号发生器的顶层设计原理图。

图 6-24 中包含作为 ROM 的地址信号发生器的 7 位计数器模块和 LMP_ROM 的 ROM78 模块。此后的设计流程包括编辑顶层设计文件、创建工程、全程编译、观察 RTL 电路图、仿真、了解时序分析结果、引脚锁定、再次编译并下载，以及对 FPGA 的存储单元在系统读写测试和嵌入式逻辑分析仪测试等。

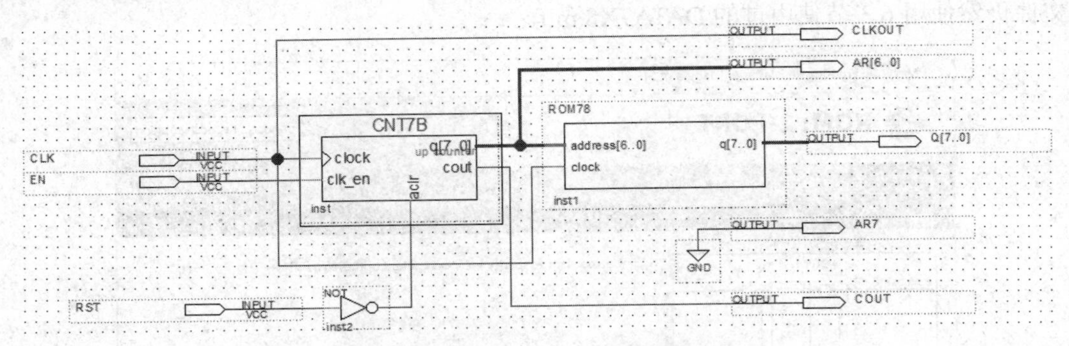

图 6-24　正弦信号发生器电路原理图

图 6-25 所示是仿真结果。由波形可见，随着每一个时钟上升沿的到来，输出端口将正弦波数据依次输出。输出的数据与图 6-10 和图 6-12 所示的加载文件数据相符。

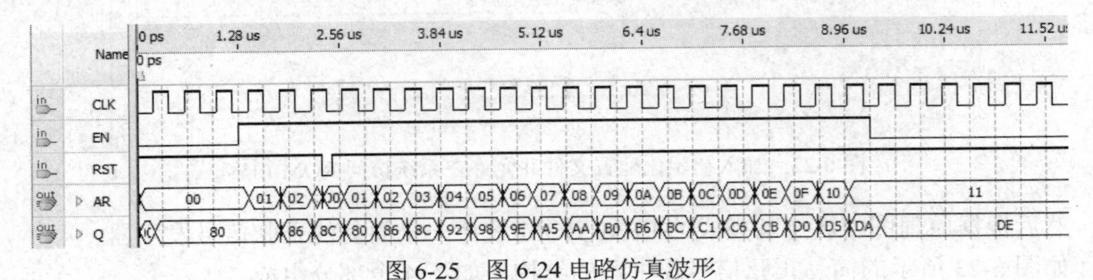

图 6-25　图 6-24 电路仿真波形

6.4.2　正弦信号发生器硬件实现和测试

若选择附录 A 的 KX 系列教学实验平台主系统和 KX-10CL055 核心板，则 FPGA 是 10CL055。首先手动控制 CLK 生成时钟，对系统进行测试。不妨选择模式 5 实验电路。FPGA 锁定引脚的情况可以按以下方式安排。

CLK、EN、RST 分别受控于键 1、键 2、键 3，它们分别对应 PIO0（N1）、PIO1（R1）、PIO2（V1）；AR7 和 AR[6]～AR[0]输出至数码管 2 和数码管 1 显示，对应的引脚分别是 PIO23（AA4）、PIO22（AA5）、PIO21（Y2）、PIO20（AA1）、PIO19（V2）、PIO18（W1）、PIO17（R2）、PIO16（U1）；Q[7]～Q[0] 输出至数码管 4 和数码管 3 显示，对应的引脚分别是 PIO31（AA9）、PIO30（AB9）、PIO29（AA7）、PIO28（AB7）、PIO27（W7）、PIO26（Y8）、PIO25（V6）、PIO24（Y6）。其他的锁定至空闲引脚。

编译下载至 FPGA 后，控制键 2 和键 3 为高电平，连续按键 1（CLK），可以看到数码管上的数据变化，数码管 2 和数码管 1 显示的是计数器输出的地址码，数码管 4 和数码管 3 显示的是 ROM78 输出的数据。整个数据变化可以与图 6-25 做比较。若接外部 DAC，即可通过示波器观察输出的波形。

如果不准备用或没有 DAC 和示波器来观察波形，则可以使用 Signal Tap 测试和观察输出波形。Signal Tap 的参数设置：采样深度是 4K；采用时钟是信号源的时钟 CLK（65 536Hz）；触发信号是计数使能控制 EN，触发模式是 EN=1 触发采样。

图 6-26 是 Signal Tap 测试采样后得到的数据情况，其中 Q 对应的数据是来自 LPM_ROM 中的正弦波数据；AR 对应的数据是计数器输出的地址值。这个实时测试结果与仿真情况吻合良好。图 6-27 是图 6-26 的波形显示图。

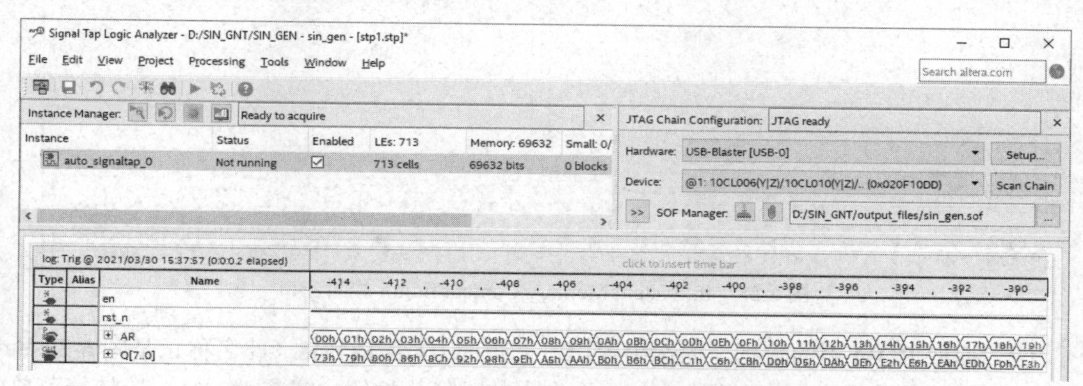

图 6-26　正弦信号发生器数据输出的 Signal Tap 实时测试界面

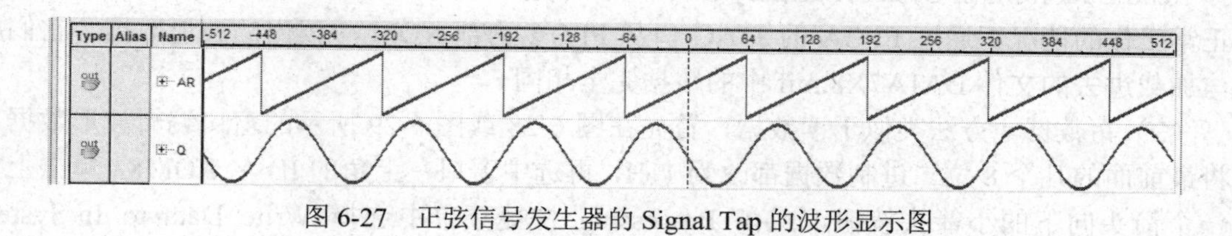

图 6-27　正弦信号发生器的 Signal Tap 的波形显示图

6.5　存储器内容在系统编辑器应用

对于 Cyclone 3/4/5/10LP 等系列的 FPGA，只要对使用的 LPM_ROM 或 LPM_RAM 等存储器模块做适当设置，就能利用 Quartus 的存储器内容在系统编辑器（In-System Memory Content Editor）直接通过 JTAG 口读取或改写 FPGA 内处于工作状态的存储器中的数据，读取过程不影响 FPGA 的正常工作。

此编辑器的功能有许多用处，如在系统了解 ROM 中加载的数据、读取基于 FPGA 内的 RAM 中采样获得的数据，以及对嵌入在由 FPGA 资源构建的 CPU 中的数据 RAM 和程序 ROM 中的信息读取和数据修改等。

这里以 6.4 节的设计项目为例，简要说明此工具的具体功能和用法。

（1）打开 In-System Memory Content Editor。通过 USB-Blaster 使计算机与开发板上 FPGA 的 JTAG 口处于正常连接状态。打开 6.4 节的工程 SIN_GNT，下载 SOF 文件。选择 Tools→In-System Memory Content Editor 命令，弹出的编辑窗口如图 6-28 所示。单击右上角的 Setup 按钮，在弹出的 Hardware Setup 对话框中选择 Hardware Settings 选项卡，再双击此选项卡中的 USB-Blaster 选项之后，单击 Close 按钮关闭对话框。这时将出现图 6-28 窗口右侧的显示情况，即显示出 USB-Blaster 和器件的型号。

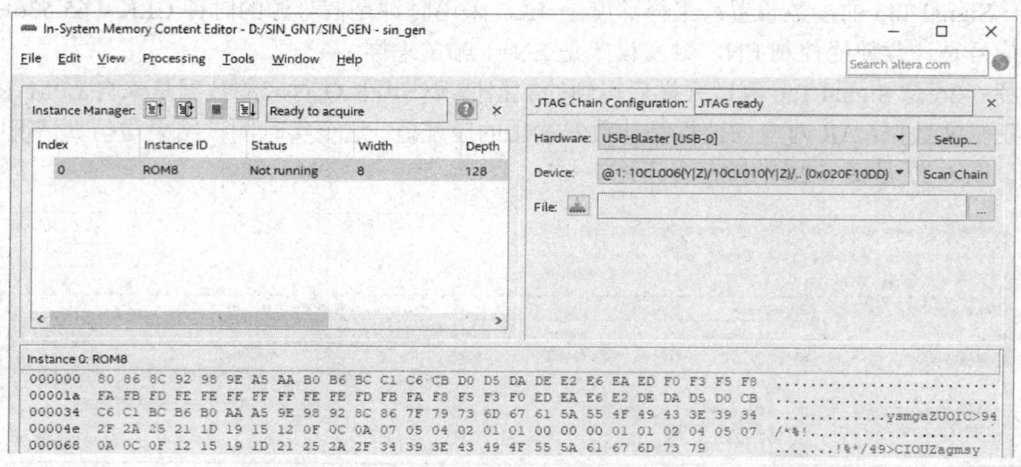

图 6-28　In-System Memory Content Editor 编辑窗口

（2）读取 ROM 中的数据。先选中窗口左上角的 ID 名 ROM8（此名称正是图 6-22 所示窗口中设置的 ID 名称），再单击上方的一个向上的小箭头按钮，或在 Processing 快捷菜单中选择 Read Data from In-System Memory 命令，即出现如图 6-28 所示的数据，这些数据是在系统正常工作的情况下通过 FPGA 的 JTAG 口从 FPGA 内部 ROM 中读出的波形数据，它们应该与加载进去的文件 DATA7X8.mif 中的数据完全相同。

（3）写数据。方法类似于读数据，首先在图 6-28 或图 6-29 所示的窗口编辑波形数据。如将最前面的几个 8 位二进制数据都改为 11H，再选中窗口左上角的 ID 名 ROM8，单击上方的一个箭头向下的小箭头按钮，或在 Processing 快捷菜单中选择 Write Data to In-System Memory 命令，即可将编辑后的所有数据（见图 6-29）通过 JTAG 口下载于 FPGA 的 LPM_ROM 中，这时可以从示波器和 Signal Tap 上同步观察到波形的变化。

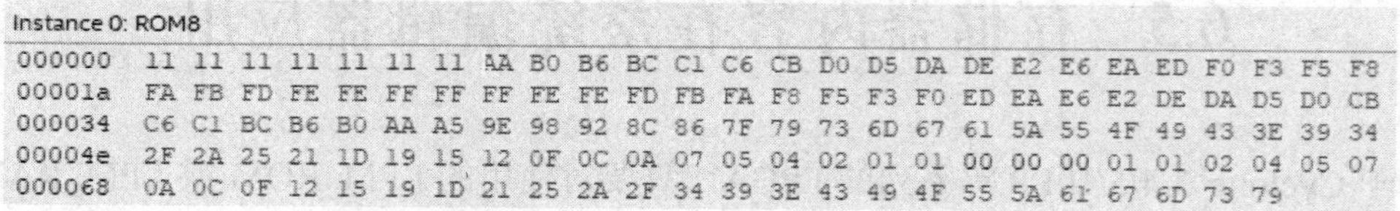

```
Instance 0: ROM8
000000 11 11 11 11 11 11 11 AA B0 B6 BC C1 C6 CB D0 D5 DA DE E2 E6 EA ED F0 F3 F5 F8
00001a FA FB FD FE FE FF FF FF FE FE FD FB FA F8 F5 F3 F0 ED EA E6 E2 DE DA D5 D0 CB
000034 C6 C1 BC B6 B0 AA A5 9E 98 92 8C 86 7F 79 73 6D 67 61 5A 55 4F 49 43 3E 39 34
00004e 2F 2A 25 21 1D 19 15 12 0F 0C 0A 07 05 04 02 01 01 00 00 00 01 01 02 04 05 07
000068 0A 0C 0F 12 15 19 1D 21 25 2A 2F 34 39 3E 43 49 4F 55 5A 61 67 6D 73 79
```

图 6-29　在此将编辑好的数据载入 FPGA 中的 ROM 内

图 6-30 所示为 Signal Tap 在此时的实时波形。

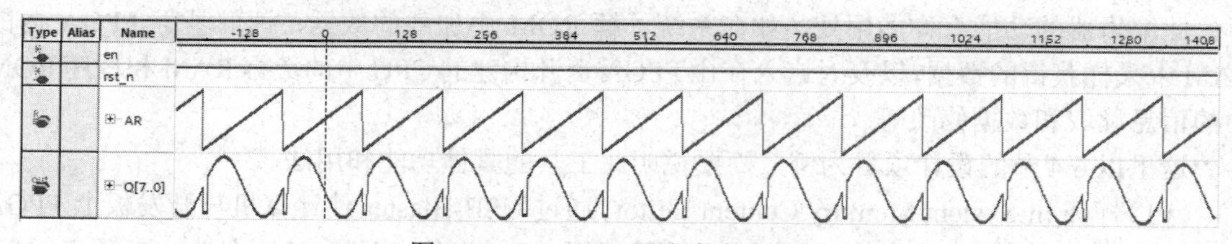

图 6-30　SignalTap 测得的数据波形

（4）输入/输出数据文件。用以上相同的方法通过选择快捷菜单中的 Export Data to File 或 Import Data from File 命令，即可将在系统读出的数据以 mif 或 hex 的格式文件存入计算机中，或将此类格式的文件系统地下载到 FPGA 中。

6.6　嵌入式锁相环调用

Cyclone 3/4/5/10 LP 和 Stratix 等系列的 FPGA 中含有高性能的嵌入式模拟锁相环，此锁相环 PLL 可以与一个输入的时钟信号同步，并以其作为参考信号实现锁相，从而输出一至多个同步倍频或分频的片内时钟，以供逻辑系统应用。与直接来自外部的时钟相比，这种片内时钟可以减少时钟延时和时钟变形，减少片外干扰；还可以改善时钟的建立时间和保持时间，是系统稳定、高速工作的保证。嵌入式锁相环能对输入的参考时钟相对于某一输出时钟同步独立乘以或除以一个因子而输出含小数的精确频率，或直接输入所需要输出的频率，并提供任意相移和输出信号占空比。

6.6.1　建立嵌入式锁相环元件

建立片内锁相环 PLL 模块的步骤如下。

（1）为了在已建工程项目的顶层设计中加入一个锁相环，在 Quartus 主界面右侧的 IP Catalog 的搜索栏中输入“PLL”，选择 PLL 项下的 ALTPLL，如图 6-31 所示。再选择 Verilog HDL 语言方式，最后输入设计文件存放的路径和文件名，如 D:\LPM_MD\PLL50M.v。单击 OK 按钮，弹出如图 6-32 所示的对话框。

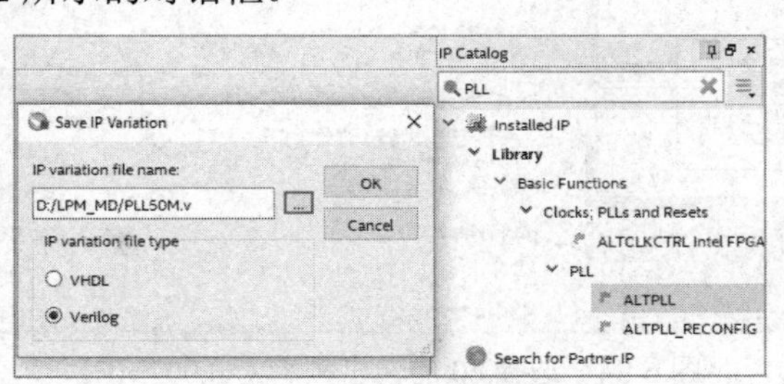

图 6-31　选择锁相环 ALTPLL

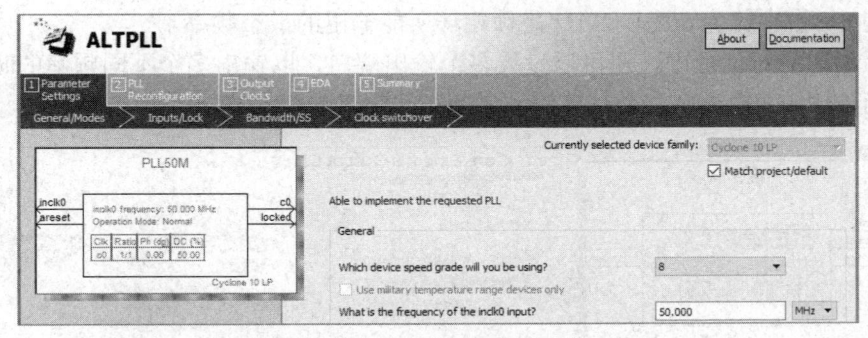

图 6-32　选择输入参考时钟 inclk0 为 50MHz

（2）在图 6-32 所示窗口中设置输入时钟频率 inclk0=50MHz。这是因为 KXC-10CL055 核心板上配置了此晶振，时钟信号进入两个专用时钟输入脚。

（3）在如图 6-33 所示窗口中选择锁相环的工作模式（选择内部反馈通道的通用模式）。主要选择 PLL 的控制信号，如异步复位 areset；锁相标志输出 locked 等，通过此信号可以了解有否失锁（这些信号也可不用）。

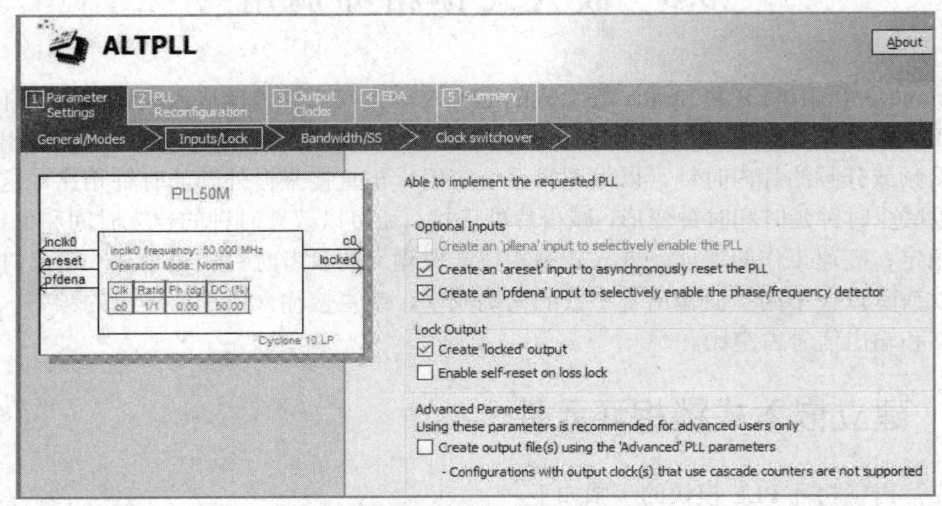

图 6-33　选择锁相环的控制信号

（4）单击 Next 按钮，在不同的窗口进行设置。进入如图 6-34 所示窗口。

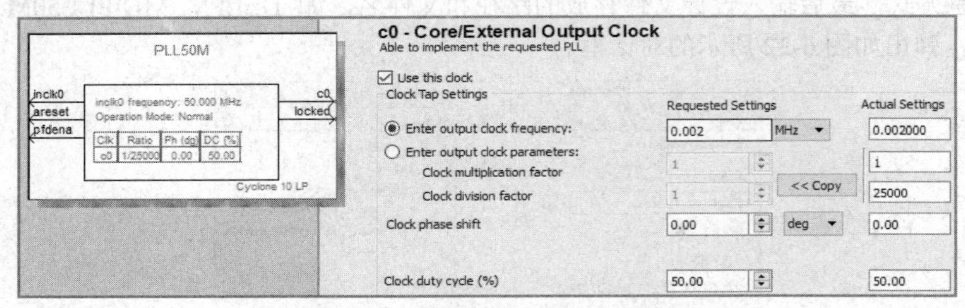

图 6-34　选择 c0 的输出频率为 0.002MHz

选中 Enter output clock frequency 单选按钮，输入 c0 的输出频率为 0.002MHz（2kHz）、相移默认为 0，占空比为 50%。2kHz 是锁相环所能输出的最小频率。

在此后出现的对话框中，还可以设置多个输出端口，以输出多个不同频率的时钟；例如图 6-35 所示的由 c1 输出第二个时钟信号，选择的频率是 195MHz。

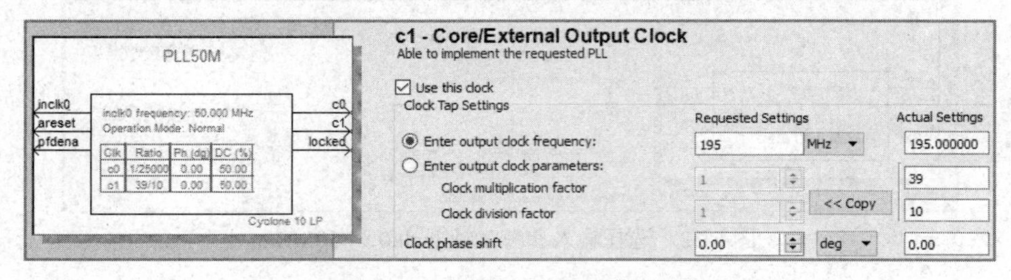

图 6-35　输出第二个时钟信号 c1

此后，再多次单击 Next 按钮后结束设置。将设置好的锁相环加入图 6-24 所示的电路中，最后获得的电路如图 6-36 所示（注意此图中只用了输出 2kHz 的 c0）。

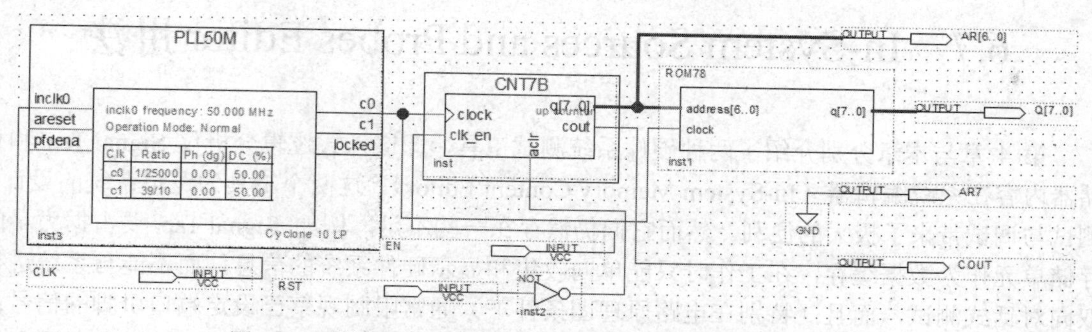

图 6-36　采用了嵌入式锁相环作时钟的正弦信号发生器电路

FPGA 中的每一个锁相环可以输出多个不同的时钟信号，如 c0、c1、e0 等，这要看具体器件系列。例如可以设置 c0 的输出频率为 30MHz，c1 的输出频率为 50MHz，以及 e0 的输出频率为 200MHz。在设置参数的过程中必须密切关注编辑窗口右框上的提示“Able to implement…”，此句表示所设参数可以接受；如出现“Can’t…”提示，表示不能接受所设参数，必须改设其他参数对应的时钟频率。

一般地，Cyclone 3/4/5/10 LP 系列 FPGA 的锁相环输出频率的下限至上限的频域为 2kHz～1300MHz。

FPGA 中锁相环的应用应该注意以下几点。

- 不同的 FPGA 器件，其锁相环输入时钟频率的下限不同，注意了解相关资料。
- 在仿真时先删除锁相环电路。因为锁相的时钟输入需要一个锁相跟踪时间，这个时间不确定。因此，如果电路中含有锁相环，则仿真的激励信号长度很难设定。
- 通常情况下，锁相环须放在工程的顶层文件中使用。
- 在硬件设置中，FPGA 中锁相环的参考时钟的引入脚不是随意的，只能是专用时钟输入脚，相关情况可参考相关系列 FPGA 的 DATA Book。
- 锁相环的输入时钟必须来自外部，不能从 FPGA 内部某点引入锁相环。
- 锁相环的工作电压也是特定的，如由 VCCA_PLL1 输入，电平为 VCCINT（1.2V），电源质量要求高，因此要求有良好的抗干扰措施。普通情况下，设置的锁相环若为单频率输出，并希望将输出信号引到片外，可通过普通 I/O 口输出。

6.6.2　测试锁相环

也可以单独对调用的锁相环进行测试。对于输入时钟 inclk0 的激励频率的大小要注意，其周期一般不能大于 60ns（此值通常需具体决定），即 inclk0 的输入频率要足够高。在时序仿真中应注意，输入时钟 inclk0 的时间区域也要足够长，因为对于每一正常输出频率都有一个锁相捕捉时间。因此，若 inclk0 的时间域太短，将可能看不到输出信号。将已设置好的锁相环调入系统的方法有两种：图形法（以上已介绍）和 HDL 方法。

6.7　In-System Sources and Probes Editor 用法

第 4 章与本章分别介绍了两种硬件系统测试工具，即嵌入式逻辑分析仪 Signal Tap 和存储器内容在系统编辑器（In-System Memory Content Editor）。这两个工具为逻辑系统的设计、测试与调试带来了极大的便利。然而它们仍然存在一些不足，例如 Signal Tap 要占据大量的存储单元作为数据缓存，在工作时只能单向收集和显示硬件系统的信息，而不能与系统进行双向对话式测试，而且（特别在电路原理图条件下）通常限制观察已设定端口引脚的信号；至于 In-System Memory Content Editor，虽然能与系统进行双向对话式测试，但对象只限于存储器。

本节将介绍一种硬件系统的测试调试工具，它能有效地克服以上两种工具的不足，特别是对系统进行硬件测试的所有信号都不必通过 I/O 端口引到引脚处，及所有测试信号都在内部引入测试系统，或通过测试系统给出激励信号；所有这一切都由 FPGA 的 JTAG 口通信。这就是源和探测端口在系统编辑器（In-System Sources and Probes Editor）。

这里仍以图 6-24 的正弦信号发生器设计为例说明此编辑器的使用方法。本例中使用 KX 系列教学实验平台系统上的核心板，FPGA 是 Cyclone 10 LP 型的 10CL006YU256C8G。

（1）在顶层设计中嵌入 In-System Sources and Probes 模块。首先打开以图 6-24 所示电路为工程的电路原理图编辑界面。进入 IP Catalog 元件调用对话框，选中 In-System Sources and Probes，单击 Add 按钮。再于右上方选择 Cyclone 10 LP 器件系列和 Verilog HDL 语言方式。最后输入此模块文件名称，例如 JTAG1。

（2）设定参数。单击确定按钮后进入 In-System Sources and Probes 对话框（见图 6-37）。按图所示，设置这个取名为 JTAG1 模块的测试口 probe 为 16 位，信号输出源 source 是 3 位。最后单击 Finish 按钮，结束设置。

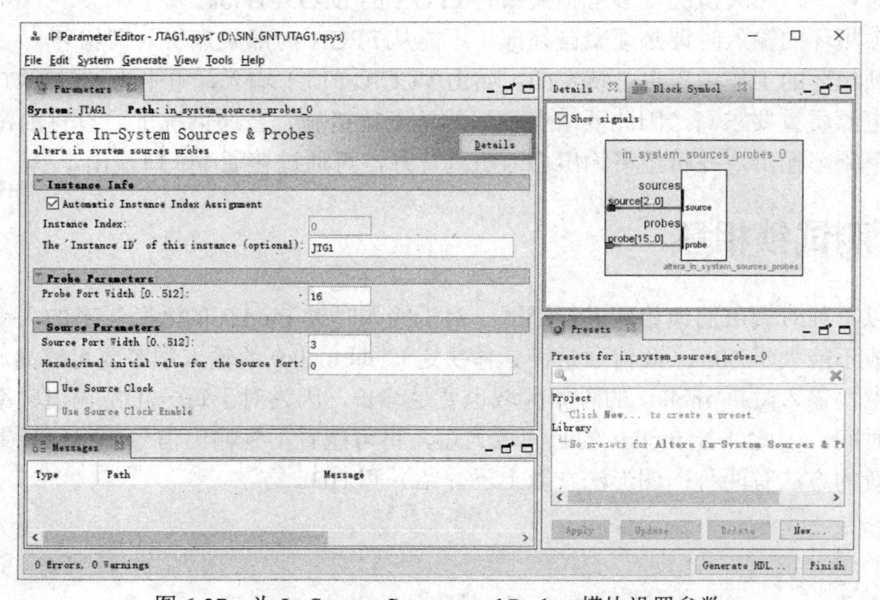

图 6-37　为 In-System Sources and Probes 模块设置参数

（3）与需要测试的电路系统连接好。将设定好的 JTAG1 模块加入图 6-24 电路原理图，并做信号连接。最后结果如图 6-38 所示。图中显示，JTAG1 模块的数据探测口通过 WIRE 连接线分别将 probe 的低 8 位与 ROM 输出端相连，高 7 位与 7 位计数器输出相连，最高位 PB[15]与计数器进位输出相连；信号发生源 S[2..0]的 3 位则分别与 RST、EN、CLK 相连。这些信号还分别输出至开发板上的 3 个发光管，以便直接观察控制信号。对于附录 A 介绍的系统，选择模式 5，则它们可分别锁定于 R10、Y10 和 T8 上（参考附录 A 的引脚对照表）。

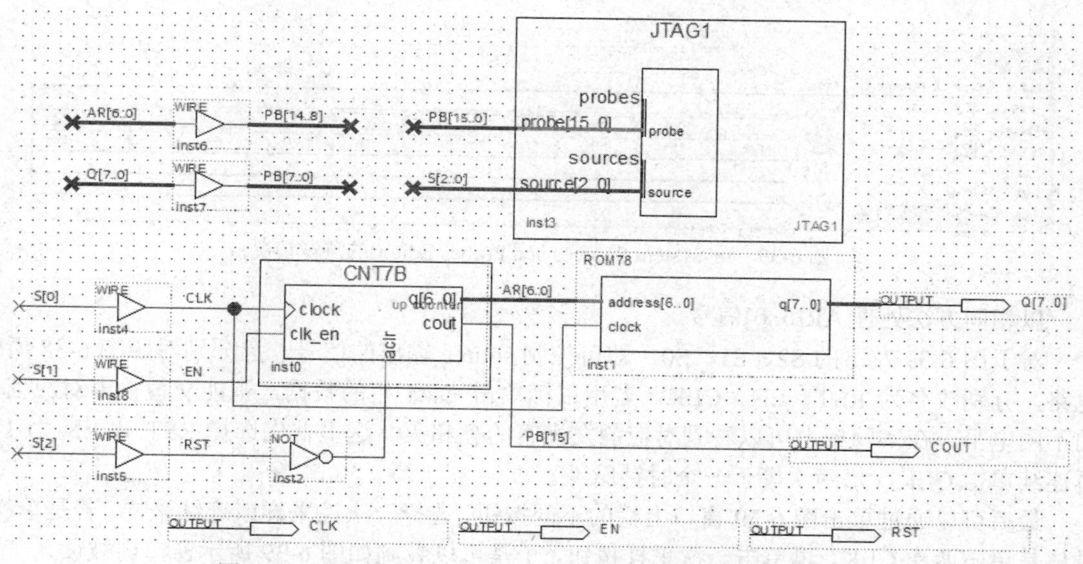

图 6-38　在电路中加入 In-System Sources and Probes 测试模块

在实际情况中，探测口 probe 与控制源 source 通常是与系统内部的电路相接（不一定接在端口上）。例如需要测试一个 CPU，可以将 probe 与多条数据总线相连，而 source 可以与某些单步控制信号相连。这时 source 信号就相当于多个可任意设定的电平控制键。整个控制通过 JTAG 口可在计算机界面上进行。

（4）调用 In-System Sources and Probes Editor。使用此编辑器的方法与存储器内容在系统编辑器的用法类似：选择 Tools→In-System Sources and Probes Editor 命令。对于弹出的编辑窗口（见图 6-39，也可在工程目录中找到相关文件），单击右上角的 Setup 按钮，在之后弹出的 Hardware Setup 对话框中选择 Hardware Settings 选项卡，再双击此选项卡中的选项 USB-Blaster，之后单击 Close 按钮关闭对话框。此时在窗口右上角的 Hardware 栏出现了 USB-Blaster（USB-0），而在下一栏的器件栏显示出测得的 FPGA 型号名。这说明此编辑器已通过 JTAG 口与 FPGA 完成了通信联系。下面就可以对指定的信号进行测试和控制（在这之前要对整个电路进行编译，然后下载进 FPGA）。

当所需考查信号较多时，通常要对信号进行整理归类和改名。将信号 P7 至 P0，即来自探测口 probe 的数据，按住 Ctrl 键，用鼠标单击选择所需的信号，再右击所选中的块后，选择 Group 命令，然后改名为 Q[7..0]，其结果如图 6-39 所示。如果还希望默认的二进制数以十六进制数格式表达，可右击 Q[7..0]总线表述处，在弹出的下拉列表中选择 Bus Display Format 选项；再于下级菜单中选择 Hexedecimal 选项即可。此外，还可在图 6-39 所示的 Maximum size 栏中输入能一次观察的数据范围，如 16。

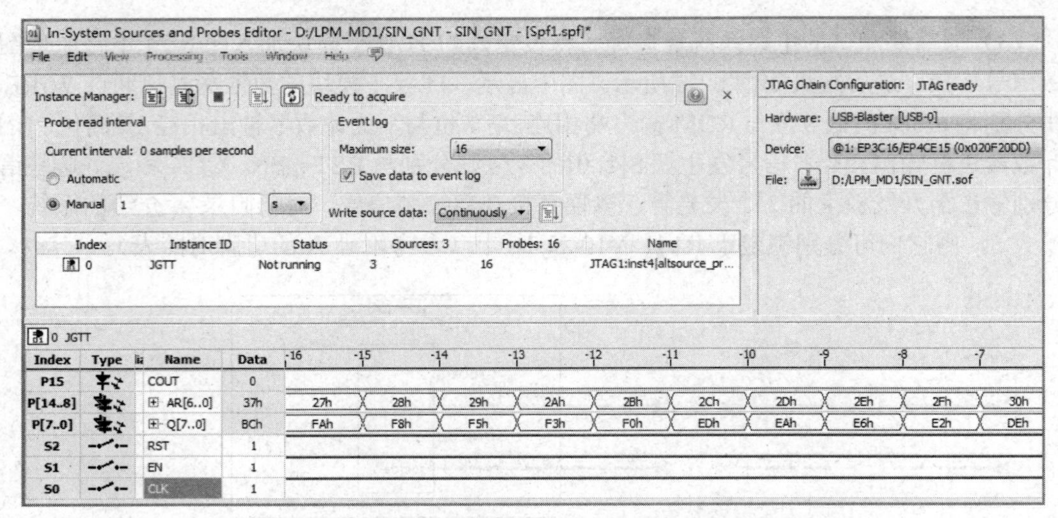

图 6-39　In-System Sources and Probes Editor 的测试情况

以相同方法处理 AR[6..0]信号。

对于图 6-39 左下的 S2、S1、S0，即可控制 source 输出的信号，已分别对照图 6-38 所示电路，分别改名为 RST、EN、CLK。若用鼠标单击 Data 栏的数据，则能交替输出对应信号的不同电平，在实验板上可以看到对应的发光管的亮和灭。这里首先选择 RST 和 EN 为 1；再连续单击 CLK，每两次等于一个时钟脉冲。

最后可以通过单击图 6-39 窗口上栏的不同按钮，选择一次性采样或连续采样（若是单次，具体是单击两次 CLK，再单击一次采样按钮，于是可以看到如图 6-39 所示窗口内被读入一个数据）。这里所谓采样只是针对 probe 读取信号的，对于 source 输出的信号，则可随时进行。图 6-39 的采样数据显示，与电路的仿真波形图有很好的吻合。

6.8　DDS 实现原理与应用

DDS（direct digital synthesizer）即直接数字合成器，是一种频率合成技术，具有较高的频率分辨率，可以实现快速的频率切换，并在改变时能够保持相位的连续，很容易实现频率、相位和幅度的数控调制。因此在现代电子系统及设备的频率源设计中，尤其在通信领域，直接数字频率合成器的应用尤为广泛。本节将介绍 DDS 的工作原理及其硬件实现。

6.8.1　DDS 原理

对于正弦信号发生器，它的输出可以用下式来描述。

$$S_{\text{out}} = A\sin\omega t = A\sin(2\pi f_{\text{out}} t) \tag{6-1}$$

其中，S_{out} 指该信号发生器的输出信号波形，f_{out} 指输出信号对应的频率。上式的表述对于时间 t 是连续的，为了用数字逻辑实现该表达式，必须进行离散化处理，用基准时钟 clk 进行抽样，令正弦信号的相位为

$$\theta = 2\pi f_{\text{out}} t \tag{6-2}$$

在一个 clk 周期 T_{clk}，相位θ的变化量为

$$\Delta\theta = 2\pi f_{\mathrm{out}} T_{\mathrm{clk}} = \frac{2\pi f_{\mathrm{out}}}{f_{\mathrm{clk}}} \tag{6-3}$$

其中，f_{clk}指 clk 的频率对于 2π 可以理解成“满”相位，为了对$\Delta\theta$进行数字量化，把 2π 切割成 2^N 份，由此每个 clk 周期的相位增量$\Delta\theta$用量化值$B_{\Delta\theta}$来表述。

$B_{\Delta\theta} \approx \dfrac{\Delta\theta}{2\pi}\cdot 2^N$，且$B_{\Delta\theta}$为整数。与式（6-3）联立，可得

$$\frac{B_{\Delta\theta}}{2^N} = \frac{f_{\mathrm{out}}}{f_{\mathrm{clk}}},\quad B_{\Delta\theta} = 2^N\cdot\frac{f_{\mathrm{out}}}{f_{\mathrm{clk}}} \tag{6-4}$$

显然，信号发生器的输出可描述为

$$S_{\mathrm{out}} = A\sin(\theta_{k-1}+\Delta\theta) = A\sin\left[\frac{2\pi}{2^N}\cdot\left(B_{\theta_{k-1}}+B_{\Delta\theta}\right)\right] = Af_{\sin}\left(B_{\theta_{k-1}}+B_{\Delta\theta}\right) \tag{6-5}$$

其中，θ_{k-1}指前一个 clk 周期的相位值，同样得出

$$B_{\theta_{k-1}} \approx \frac{\theta_{k-1}}{2\pi}\cdot 2^N \tag{6-6}$$

由上面的推导可以看出，只要对相位的量化值进行简单的累加运算，就可以得到正弦信号的当前相位值，而用于累加的相位增量量化值$B_{\Delta\theta}$决定了信号的输出频率 fout，并呈简单的线性关系。

直接数字合成器 DDS 就是根据上述原理而设计的数控频率合成器。图 6-40 所示是一个基本的 DDS 结构，主要由相位累加器、相位调制器、正弦 ROM 查找表和 DAC 构成。图中的相位累加器、相位调制器、正弦 ROM 查找表是 DDS 结构中的数字部分，由于具有数控频率合成的功能，或可称为 NCO（numerically controlled oscillators）。

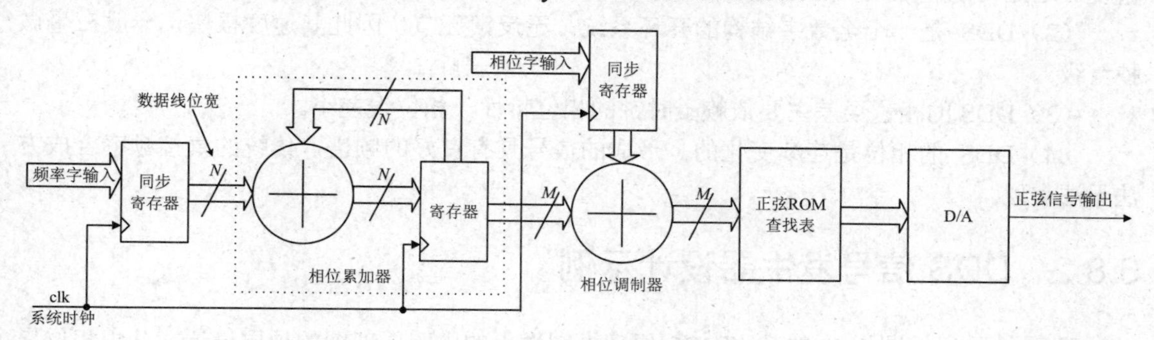

图 6-40　基本 DDS 结构

相位累加器是整个 DDS 的核心，在这里完成上文原理推导中的相位累加功能。相位累加器的输入是相位增量$B_{\Delta\theta}$，又由于$B_{\Delta\theta}$与输出频率f_{out}是简单的线性关系：$B_{\Delta\theta} = 2^N\cdot\dfrac{f_{\mathrm{out}}}{f_{\mathrm{clk}}}$。相位累加器的输入又可称为频率字输入。事实上，当系统基准时钟f_{clk}是 2^N 时，$B_{\Delta\theta}$就等于f_{out}。频率字输入在图 6-40 中还经过了一组同步寄存器，使频率字改变时不会干扰相位累加器的正常工作。

相位调制器接收相位累加器的相位输出，在这里加上一个相位偏移值，主要用于信号的相位调制，如 PSK（相移键控）等，在不使用时可以去掉该部分，或者加一个固定的相位字

常数输入。相位字输入最好也用同步寄存器保持同步。注意，相位字输入的数据宽度 M 与频率字输入 N 往往是不相等的，$M<N$。

正弦波形数据存储 ROM（查找表）完成 $f_{\sin}(B_\theta)$ 的查表转换，也可以理解成相位到幅度的转换，它的输入是相位调制器的输出，事实上就是 ROM 的地址值；输出送往 D/A，转化成模拟信号。由于相位调制器的输出数据位宽 M 也是 ROM 的地址位宽，因此在实际的 DDS 结构中 N 往往很大，而 M 为 10 位左右。M 太大会导致 ROM 容量的成倍上升，而输出精度受 D/A 位数的限制未必有大的改善。

基本 DDS 结构的常用参量计算如下。

（1）DDS 的输出频率 f_{out}。由以上原理推导的公式中可得

$$f_{\text{out}} = \frac{B_{\Delta\theta}}{2^N} \cdot f_{\text{clk}} \tag{6-7}$$

其中，$B_{\Delta\theta}$ 为频率输入字，即频率控制字，它与系统时钟频率成正比；f_{clk} 为系统基准时钟的频率值；N 为相位累加器的数据位宽，也是频率输入字的数据位宽。

（2）DDS 的频率分辨率 Δf。DDS 的频率分辨率 Δf 也即频率最小步进值，可用频率输入值步进一个最小间隔对应的频率输出变化量来衡量。由式（6-7）得到

$$\Delta f = \frac{f_{\text{clk}}}{2^N} \tag{6-8}$$

由式（6-7）可见，利用 DDS 技术，可以实现输出任意频率和指定精度的正弦信号发生器；而且也可做任意波形发生器，即只要改变 ROM 查找表中的波形数据就可以实现。

DDS 的特点有如下 4 个。

（1）DDS 的频率分辨率在相位累加器的位数 N 足够大时，理论上可以获得相应的分辨精度，这是传统方法难以实现的。

（2）DDS 是一个全数字结构的开环系统，无反馈环节，因此其速度极快，一般在毫微秒量级。

（3）DDS 的相位误差主要依赖于时钟的相位特性，相位误差小。

（4）DDS 的相位是连续变化的，形成的信号具有良好的频谱，传统的直接频率合成方法无法实现。

6.8.2　DDS 信号发生器设计示例

图 6-41 是根据图 6-40 的基本 DDS 原理框图做出的电路原理图的顶层设计，其中相位累加器的位宽是 32，图中共有 3 个元件和一些接口。

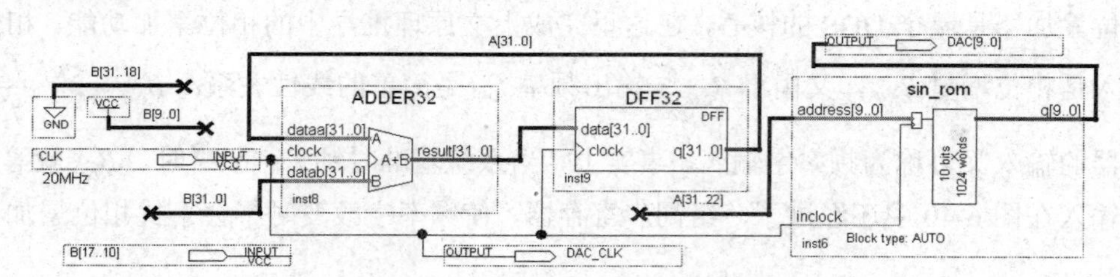

图 6-41　DDS 信号发生器电路顶层原理图

对图6-41电路的说明如下。

（1）32位加法器ADDER32。由LPM_ADD_SUB宏模块构成。设置了2阶流水线结构，使其在时钟控制下有更高的运算速度和输入数据稳定性。

（2）32位寄存器DFF32。由LPM_FF宏模块担任。ADDER32与DFF32构成一个32位相位累加器。其高10位A[31..22]作为波形数据ROM的地址。

（3）正弦波形数据ROM。正弦波形数据ROM模块sin_rom的地址线和数据线位宽都是10位。这就是说，其中的一个周期的正弦波数据有1024个，每个数据有10位。其输出可以接一个10位的高速DAC；如果只有8位DAC，可截去低2位输出。ROM中的mif数据文件可用附录A介绍的软件工具获得。

（4）频率控制字输入B[17..10]。本来的频率控制字是32位的，但为了方便实验验证，把高于17和低于10的输入位预先设置成0或1。对于附录A的系统，此8位数据B[17..10]可由键1和键2控制输入（选择实验电路模式1）。

频率控制字B[31..0]与由DAC[9..0]驱动的DAC的正弦信号的频率的关系，可以由式(6-7)算出，即

$$f_{\text{out}}=\frac{B[31..0]}{2^{32}}\cdot f_{\text{clk}} \tag{6-9}$$

其中，f_{out}为DAC输出的正弦波信号频率，f_{clk}为CLK的时钟频率，直接输入是20MHz，接入锁相环后可达到更高频率。频率上限要看DAC的速度。如果接高速的DAC，如10位的DAC900，输出上限速度可达180MHz。但应该注意，DAC900需要一个与数据输入频率相同的工作时钟驱动，这就是图6-41中的DAC_CLK。它用作外部DAC的工作时钟。

图6-42是图6-41所示电路的仿真波形。尽管这个波形只是局部的，但也能看出DDS的部分性能。即随着频率字B[17..0]的加大，电路中ROM的数据输出的速度也将提高。如当B[17..10]=1FH、56H、F5H时，DAC输出数据的速度有很大不同。

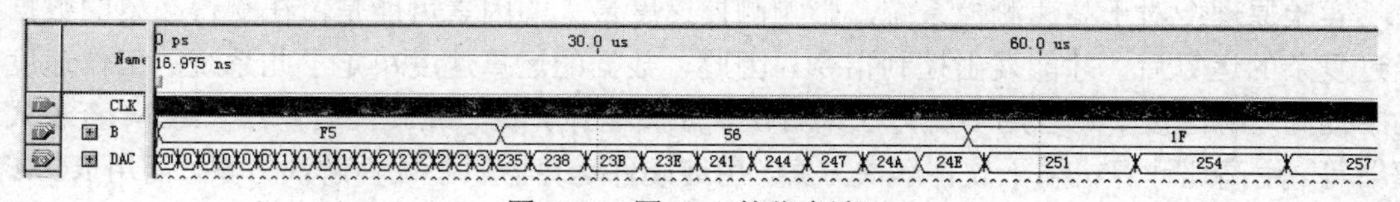

图6-42 图6-41的仿真波形

（5）DAC驱动数据口DAC[9..0]。如果外部DAC是DAC0832，只需将DAC[9..2]输出给0832即可，信号频率算法不变。注意，0832的速度只有1MHz。

习 题

6-1 如果不使用MegaWizard Plug-In Manager工具，如何在自己的设计中调用LPM模块？以计数器lpm_counter为例，写出调用该模块的程序，其中参数自定。

6-2 试详细说明，以下3句寄存器数据类型定义语句的含义是什么。

```
reg [1:8] DATA,  Reg DATA[1:8],  Reg [1:8] DATA[1:8];
```

6-3 用defparam语句取代parameter改写例5-12调用例5-11，并注意设置参数的方式，

证明此语句与 parameter 语句具有相同功能。讨论它们的特点和用法的不同之处。

6-4　调用一个 LPM 宏模块的乘法器，参数与例 6-4 相同。与例 6-4 的乘法器比较，考查它们的逻辑资源利用情况以及工作速度等指标。

6-5　分别以例 6-6 和例 6-7 的代码形式设计两个相同参数的 RAM 程序，它们是 10 位数据线和 8 位地址线。初始化文件是 mif 格式的正弦波数据文件，即含 1024 个点，每个点 8 位二进制数的一个周期的正弦波波形，设初相位是 0。要求尽可能调用 FPGA 内的 RAM 来构建。在 Quartus 上进行仿真，验证设计的正确性，并比较它们的结构特点、资源利用情况及工作速度。

6-6　修改例 6-6，用 parameter 语句定义例 6-6 中数据线宽的参数和存储单元的深度的参数，再设计一个顶层文件例化例 6-6。此顶层文件能将参数传入底层模块例 6-6。顶层文件的参数设数据宽度=16，存储深度 msize=1024。

6-7　建立一个原理图顶层设计工程，调用 LPM_RAM，结构参数与习题 6-5 相同，初始化文件是 hex 格式的正弦波数据文件。给出设计的仿真波形。

实验与设计

实验 6-1　查表式硬件运算器设计

实验原理：对于高速测控系统，影响测控速度最大的因素可能是，在测得必要的数据并经过复杂的运算后，才能发出控制指令。因此，数据的运算速度决定了此系统的工作速度。为了提高运算速度，可以用多种方法来解决，如高速计算机、纯硬件运算器、ROM 查表式运算器等。用高速计算机属于软件解决方案，用纯硬件运算器属于硬件解决方案，而用 ROM 属于查表式运算解决方案。

方案一：用计算机的 CPU 完成需要的计算。一般地，如果只是处理不变的算式，由于使用软件方式完成，此方案的计算速度是最低的。因为对于每一个到来的数据，都必须利用大量的程序指令，通过计算机重复性地完成每一个计算细节。

方案二：利用逻辑器件构成能完成一切该算法的运算模块，从而构成一个“硬件运算器”。由于每一运算步骤都由硬件逻辑模块完成，没有了软件指令损失的大量指令周期，所以速度一定比方案一要快得多。

方案三：预先将一切可能出现的且需要计算的数据都计算好，装入 ROM 中（根据精度要求选择 ROM 的数据位宽和存储量的大小），然后将 ROM 的地址线作为测得的数据的输入口。测控系统一旦得到所测的数据，并将数据作为地址信号输入 ROM 后，即可获得答案。这个过程的时间很短，只等于 ROM 的数据读出周期。所以这种方案的“运算”速度最高。

实验任务 1：设计一个 4×4bit 查表式乘法器。包括创建工程，调用 LPM_ROM 模块，在原理图编辑窗口中绘制电路图，全程编译，对设计进行时序仿真，根据仿真波形说明此电路的功能，引脚锁定编译，编程下载于 FPGA 中，进行硬件测试，完成实验报告。

实验任务 2：利用查表完成算法的原理，要求输入 8 位二进制数输出 3 位十进制数，并要求每一位能直接驱动共阴极 7 段数码管显示。完成完整的实验流程。

实验 6-2　正弦信号发生器设计

实验目的：进一步熟悉 Quartus Prime 18.1 及其 LPM_ROM 与 FPGA 硬件资源的使用方法。

实验任务 1：实验原理参考本章 6.4 节相关内容。根据图 6-24，在 Quartus Prime 18.1 上完成简易正弦信号发生器设计，包括建立工程、生成正弦信号波形数据、仿真等，以及 FPGA 中 ROM 的在系统数据读写测试和利用示波器观察。最后完成 EPCS4 配置器件的编程。信号输出的 D/A 使用 DAC0832。

实验任务 2：对图 6-24 所示的电路，通过 Signal Tap 观察波形。最后在实验系统上实测，包括利用 In-System Sources and Probes Editor 测试。

实验任务 3：设计一个任意波形信号发生器，可以使用 LPM 双口 RAM 担任波形数据存储器，利用单片机产生所需要的波形数据，然后输向 FPGA 中的 RAM。

实验 6-3　简易逻辑分析仪设计

实验原理：逻辑分析仪就是一个多通道逻辑信号或逻辑数据采样、显示与分析的电子设备。逻辑分析仪可以将数字系统中的脉冲信号、逻辑控制信号、总线数据甚至毛刺脉冲都能同步高速地采集进该仪中的高速 RAM 中暂存，以备显示和分析。因此，逻辑分析仪在数字系统，甚至计算机的设计开发和研究中提供必不可少的帮助。本实验只是利用 RAM 和一些辅助器件设计一个简易的数字信号采集电路模块。但如果进一步配置好必要的控制电路和通信接口，就能构成一台实用的设备。

图 6-43 所示是一个 8 通道逻辑数据采集电路，主要由 3 个功能模块构成：一个 LPM_RAM、一个 10 位计数器 LPM_COUNTER 和一个锁存器 74244。RAM0 是一个 8 位 LPM_RAM，存储 1024 个字节，有 10 根地址线 address[9..0]，它的 data[7..0]和 q[7..0]分别是 8 位数据输入和输出总线口；wren 是写入允许控制，高电平有效；inclock 是数据输入锁存时钟；inclocken 是此时钟的使能控制线，高电平有效。

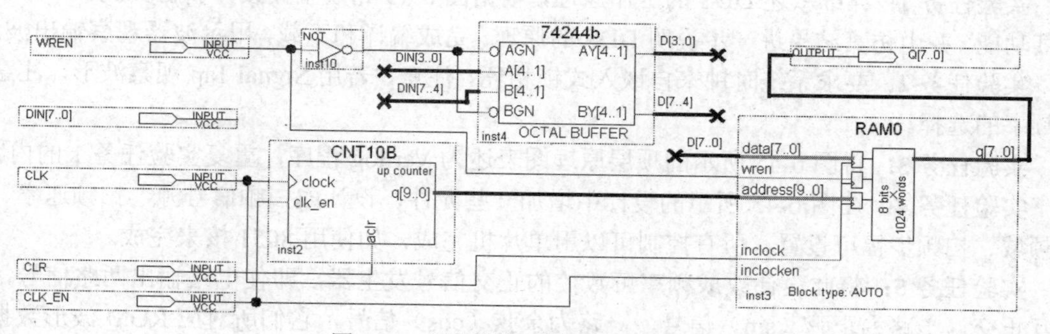

图 6-43　逻辑数据采样电路顶层设计

对图 6-43 电路的时序仿真报告波形如图 6-44 所示。在编辑仿真激励文件时，注意输入信号 CLK、CLK_EN、CLR、WREN 和输入总线数据 DIN(7..0)的激励信号波形的设置及时序安排。

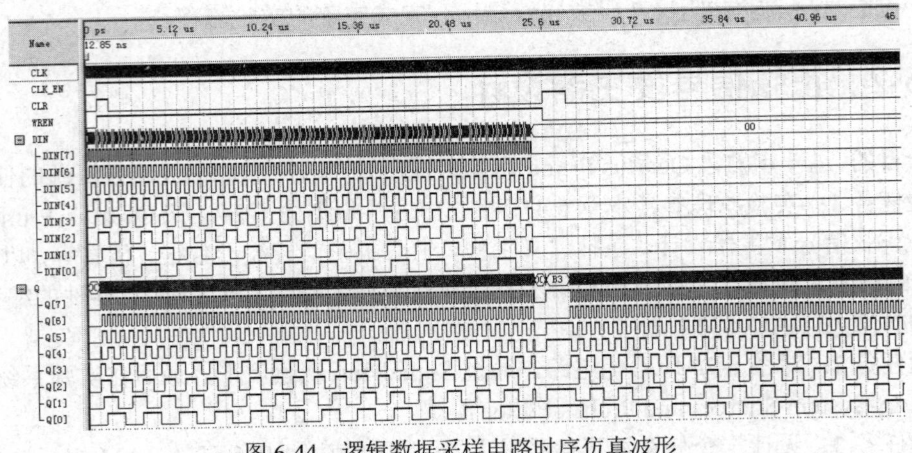

图 6-44　逻辑数据采样电路时序仿真波形

由图 6-44 所示的波形可以看到，在 RAM 数据读出时间段，能正确地将写入的数据完整地按地址输出。这表明，图 6-43 所示的电路确能成为一个 8 通道的数字信号采集系统。

实验任务 1： 完成图 6-43 所示的完整设计（包括加入锁相环）和仿真，并进行硬件测试。首先根据实验系统的基本情况进行引脚锁定、编译，然后下载。被测的 8 路逻辑信号可以来自实验系统上的时钟信号源。利用 Quartus 的存储器内容在系统编辑器（In-System Memory Content Editor），或使用 Quartus 的 Signal Tap 测试采样的波形数据，也可使用 In-System Sources and Probes 来显示采样的数据，而且可以利用其 Sources 信号在 FPGA 内部直接控制 WREN 等信号。

实验任务 2： 对电路做一些改进，如为不同的触发方式加入一些逻辑控制，则容易将其设计成为一个 8 通道、深度 1024 位的简易逻辑分析仪。

实验 6-4　DDS 正弦信号发生器设计

实验目的： 学习利用 DDS 理论，在 FPGA 中实现直接数字频率综合器 DDS 的设计。

实验任务 1： 详细叙述 DDS 的工作原理，根据图 6-45 完成整体设计和仿真测试，深入了解其功能，并由仿真结果进一步说明 DDS 的原理。完成编译和下载，用示波器观察输出波形。

实验任务 2： 要求系统时钟来自嵌入式锁相环。注意，若用 Signal Tap 观察波形，注意采样频率的选择。

实验任务 3： 将图 6-45 所示的顶层原理图表述为 Verilog 程序，重复实验任务 1 的内容。

实验任务 4： 在图 6-45 所示的设计中增加一些元件，设计成扫频信号源，扫频速率、扫频频域、扫频步幅可设置。所有控制可以用单片机完成，如使用 8051 核来完成。

实验任务 5： 将此设计改成频率可数控的正交信号发生器，即使电路输出两路信号，且相互正交，一路为正弦（sin）信号，一路为余弦（cos）信号，它们所对应 ROM 波形数据相差 90°，可用附录 A 介绍的软件生成。

实验任务 6：利用此电路设计一个 FSK 信号发生器，并硬件实现。用示波器和 Signal Tap 观察输出波形。

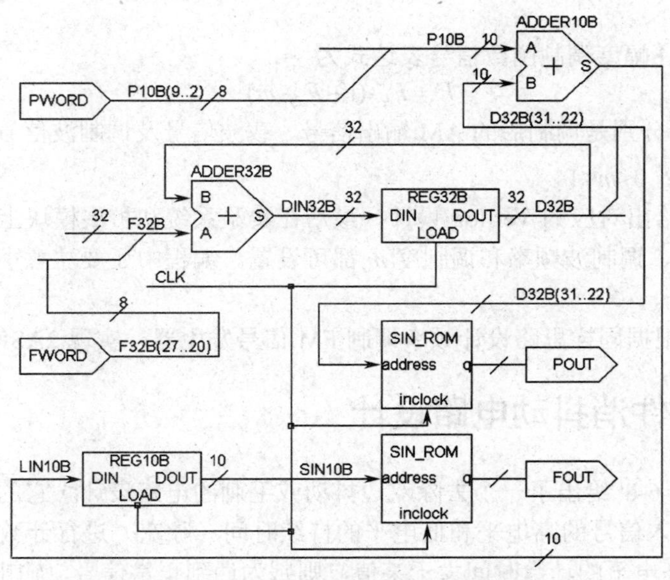

图 6-45　DDS 正弦信号发生器顶层原理图

实验 6-5　移相信号发生器设计

实验原理：图 6-45 是基于 DDS 模型的数字移相信号发生器的电路模型图。FWORD 是 8 位频率控制字，控制输出信号的频率；PWORD 是 8 位相移控制字，控制输出信号的相移量；ADDER32B 和 ADDER10B 分别为 32 位和 10 位加法器；SIN_ROM 是存放正弦波数据的 ROM，10 位数据线，10 位地址线，设其中的数据文件是 LUT10X10.mif，可由附录 A 中的软件或用 MATLAB 生成；REG32B 和 REG10B 分别是 32 位和 10 位寄存器；POUT 和 FOUT 分别为 10 位输出，可以分别与两个高速 D/A 相接，它们分别输出参考信号和可移相正弦信号。图 6-45 所示的相移信号发生器与图 6-41 的不同之处是多了一个波形数据 ROM，它的地址线没有经过移相用的 10 位加法器，而直接来自相位累加器，所以用于基准正弦信号输出。

实验任务 1：完成 10 位输出数据宽度的移相信号发生器的设计，要求使用锁相环，设计正弦波形数据 mif 文件；给出仿真波形。最后进行硬件测试。对于附录 A.1 的系统，需要使用含双路 DAC0832 的扩展模块，或基于高速 DAC 的双路 DAC900。

实验任务 2：修改设计，增加幅度控制电路（如可以用一个乘法器控制输出幅度）。

实验思考题 1：如果频率控制字宽度直接用 32 位，相位控制字宽度直接用 10 位，输出仍为 10 位，时钟为 20MHz（通过锁相环产生），分别计算频率、相位和幅度三者的步进精度，并给出输出频率的上下限。

实验思考题 2：给出基于此项设计的李萨如图形信号发生器的设计方案。

实验报告：根据以上的实验要求、实验内容和思考题写出实验报告。

实验 6-6　AM 幅度调制信号发生器设计

实验原理：AM 幅度调制函数信号表达式为

$$F = F_{\mathrm{dr}} \cdot (1 + F_{\mathrm{am}} \cdot m)$$

其中，F、F_{dr}、F_{am} 分别是调制后的 AM 输出信号、载波信号及调制波信号，它们都是有符号函数；m 是调制度：$0<m<1$。

实验任务 1：给出对应的 Verilog 设计，最后在实验系统和扩展模块上进行硬件验证。设计要求、载波频率、调制波频率和调制度 m 都可设置。编程中还要注意小数和有符号数的表述和运算。

实验任务 2：根据同样思路设计频率调制 FM 信号发生器，实现 2ASK、2PSK 调制器。

实验 6-7　硬件消抖动电路设计

实验原理：例 6-8 给出了一个去除双边抖动或毛刺的电路设计。它的主要原理是分别用两个计数器去对输入信号的高电平和低电平的持续时间（脉宽）进行计数（在时间上是同时但独立计数）。若高电平的计数时间大于某值，则判为遇到正常信号，输出 1；若低电平的计数时间大于某值，则输出 0。此例的仿真波形如图 6-46 所示。

【例 6-8】

```
module ERZP  (CLK, KIN,KOUT);
    input   CLK, KIN;                               //工作时钟和输入信号
    output  KOUT;      reg KOUT;
    reg [3:0] KH,KL;                                //定义对高电平和低电平脉宽计数之寄存器
    always @(posedge CLK)  begin
       if (!KIN)  KL<=KL+1 ;                        //对按键输入的低电平脉宽计数
         else KL<=4'b0000;     end                  //若出现高电平，则计数器清零
    always @(posedge CLK)  begin
         if (KIN)  KH<= KH+1;                       //同时对按键输入的高电平脉宽计数
           else KH<=4'b0000;   end                  //若出现高电平，则计数器清零
    always @(posedge CLK)  begin
         if (KH > 4'b1100) KOUT<=1'B1;              //对高电平脉宽计数一旦大于 12，则输出 1
           else if (KL > 4'b0111)
  KOUT<=1'B0;                                       //对低电平脉宽计数若大于 7，则输出 0
      end
 endmodule
```

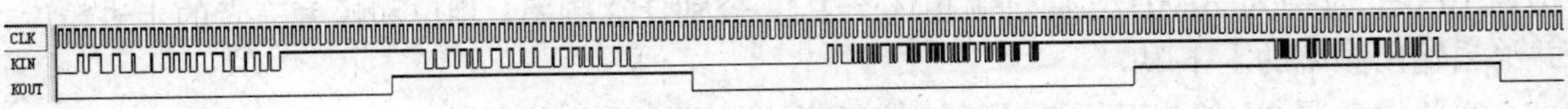

CLK
KIN
KOUT

图 6-46　例 6-8 消抖动电路仿真波形

由波形图可见，其输出信号脉宽比逻辑方式输出的信号宽得多。此例的输出脉宽由正常信号高电平 KH 的位宽和工作时钟频率共同决定，不单纯由时钟决定，所以优于以上的逻辑方式。例 4-3 给出的设计比前面的电路要容易控制，且效果更好，只是耗用资源比较多。此电路同样能用于消除来自不同情况的干扰、毛刺和电平抖动。其中的工作时钟 CLK 的频率大小要视干扰信号和正常信号的宽度而定。对于类似键抖动产生的干扰信号，频率可以低一些，数十 kHz 即可；若为比较高速的时钟信号，则可利用 FPGA 内的锁相环，使 CLK 能达到 400MHz 以上。此外，KH 和 KL 的计数位宽和计数值都可以根据具体情况调节。

实验任务：FPGA 中的去抖动电路十分常用，在以后的实验中会多次用到。较方便的方法是用原理图做顶层设计，调入不同的消抖动模块进行比较测试。DE0 板上有 4 个键都有抖动，可以利用它们进入一个计数器，按键后观察其计数情况，可以很容易了解其去抖动效果。

第7章 Verilog HDL 深入

在前几章中，随着对 Verilog 建模和设计技术的介绍，已对逐步展现的许多重要的 Verilog 语句结构和语法现象，以及相关的设计技术做了较详细的说明，但限于当时考查问题的角度以及相关知识面的约束，难免留下了诸多有待深入探讨的语法问题和相关的技术细节。本章拟对尚存的问题做深入的剖析和探讨。最后介绍部分优化设计方面的知识。

7.1 过程中的两类赋值语句

被定义为某种数据类型的变量和常量是一种数据对象，它类似于一种容器，能接受对应数据类型的赋值。在 Verilog 程序设计中，清晰地认识信号或变量的赋值特性，对正确使用 Verilog 设计逻辑电路十分重要。本节拟对阻塞式和非阻塞式赋值的特性做深入探讨。

7.1.1 未指定延时的阻塞式赋值

在 Verilog 程序的过程结构中，阻塞式赋值（blocking assignment）的特点是，只有在当前这条语句执行完后才会执行下一条语句。而在执行这条语句的过程中，赋值是立即发生的（假设没有指定延时）。阻塞式赋值的一般表述方式如下。

```
目标变量名 = 驱动表达式;
```

阻塞式赋值的适用范围仅限于过程结构。从综合和仿真的角度看，“阻塞”的含义就是在当前的赋值操作完成前阻塞，或停止其他语句的执行。就仿真而言，如果右边的驱动表达式含有延时语句，则在延时没有结束前，赋值更新不会发生。

一般地，在过程被启动后，阻塞式赋值语句的执行流程可以分成 3 步来完成。

（1）阻塞本过程中的其他语句的执行，计算出“驱动表达式”的值。

（2）向目标变量进行赋值操作（假设没有指定延时）。

（3）完成赋值，即实现目标变量的更新，允许对本过程中其他语句的执行。

对于阻塞式赋值，这 3 步是并成一步完成的，即一旦执行，目标变量被立即更新，而且在此过程中其他同类赋值语句必须停止工作。

从另一角度看，如果在某一块语句结构中存在多条对同一目标变量赋值的此类语句，则在赋值过程中，赋值符号“=”左侧目标变量的值将随变量赋值语句前后顺序的执行和赋值而改变。因此在同一过程结构中，允许对同一目标变量多次赋值，即所谓对于同一目标变量允许有多个来自“驱动表达式”的驱动源。由于是阻塞式赋值，在任一语句处于赋值更新状态时，其他语句不会操作，因此，不会出现像 assign 语句那样由于存在多个驱动源造成同一目标信号最终不知接受哪一个赋值驱动源数据的矛盾状态。

由此可见，阻塞式赋值语句的执行与软件描述语言中的顺序执行语句有相似之处，都具有顺序赋值的特点，即在过程中的阻塞式赋值语句的先后排序情况将直接影响最后的结果，包括综合或仿真的结果。

7.1.2　指定了延时的阻塞式赋值

与 assign 语句的连续赋值一样，如果考虑 Verilog 仿真，过程结构中阻塞式赋值语句的更一般的表述形式中也可以使用延时。其延时有两种形式，即赋值号左侧的（即 interstatement）延时和赋值号右侧的（instrastatement）延时。

赋值号左侧的含延时的赋值语句表述方式有如下形式。

```
[延时] 目标变量名 = 驱动表达式;
```

赋值号右侧的含延时的赋值语句表述方式有如下形式。

```
目标变量名 = [延时] 驱动表达式;
```

赋值号左侧的“[延时]”是指对此整条语句执行的延时，即相隔与上一条语句执行的延时量，也即当上一条语句执行完成后，要等待指定的“[延时]”后，再计算驱动表达式，并将计算的结果对目标变量进行赋值。

赋值号右侧的“[延时]”是指，在赋值语句的右侧表达式得出运算结果后，“[延时]”一段指定的时间，然后将运算结果赋值给赋值符号左边的变量。显然，这种延时形式与第 3 章介绍的 assign 语句的延时方式类同。

对于这两种表述方式，如果没有专门指定延时，则默认为 0，其功能与最初的赋值表述“目标变量名 = 驱动表达式;”完全一样，其赋值操作是在瞬间完成的。

例 7-1 是第一种延时赋值方式的示例。其执行过程是：一旦当前过程被启动，在第一条语句“Y1 = A^B;”被执行后，要延时 6 个时间单位才能执行第二条语句，其操作顺序是首先计算“A & B | C”，然后将结果向 Y2 赋值。

例 7-2 使用了第二种延时赋值方式，即右侧延时方式。其执行过程是，一旦当前过程被启动，在第一条语句 Y1=A^D 执行后，即刻执行第二条语句；在执行过程中，首先运算出“A & E | C”的值，然后延时 6 个时间单元后再将运算结果赋给 Y2。

【例 7-1】

```
    ... //过程语句
        Y1 = A^B;
    #6 Y2 = A & B | C;
```

【例 7-2】

```
    ... //过程语句
    Y1 = A^D;
    Y2 = #6 A & E | C;
```

注意，延时量的考虑和应用只在 Verilog 仿真文件和仿真编译软件中才有意义，而在逻辑综合器中不参与综合。但对于赋值语句延时量的研究非常有助于对不同类型赋值语句赋值特性和规律的深入理解。

7.1.3　未指定延时的非阻塞式赋值

在 Verilog 程序的过程结构中，非阻塞式赋值（nonblocking assignment）语句的执行不会阻塞，即不会影响同一过程块中其他语句的执行。换言之，在同一过程块中，当多条非阻塞式赋值语句执行时，此所有语句是同步赋值操作的，即具有并行性执行特点。

非阻塞式赋值的一般表述形式如下。

```
目标变量名 <= 驱动表达式;
```

与阻塞式赋值表述相比，仅赋值符号有所不同。此类赋值在其赋值过程中不会影响同过程中其他语句的赋值操作。在过程被启动后，非阻塞式赋值语句的执行与阻塞式赋值一样，也可以分成同样的 3 个步骤来完成，但在时间控制上有很大的不同。在时间上，非阻塞式赋值的 3 个步骤不是一步完成的。它的执行过程是这样的：假定有 5 条同类赋值语句，在过程被启动后，当执行到某条非阻塞式赋值语句（假设是第三条）时，它将首先计算出“驱动表达式”的值（理论上是可以立即完成而无须耗时），然后进入其步骤 2 的赋值阶段；此阶段即进入等待时间段，这个时间段中允许其他赋值语句的执行或者说赋值操作，即所谓非阻塞。由于同一过程中的其他 4 条赋值语句的驱动表达式的运算也不会花费时间，所以 5 条语句在第二个步骤等待的起始时刻和等待的时间长短是相同的，即都是重合的。于是包括第三条语句的所有 5 条赋值语句要直到这个过程执行到结尾时才开始进入赋值的第 3 个步骤，即目标变量的更新，而且这 5 条语句的目标变量是同时被更新的。

换一个角度来考虑同一个问题。在一个过程结构中，若存在多条对同一目标变量赋值的此类赋值语句，与阻塞式赋值语句一样，非阻塞式赋值语句也是顺序语句，同样允许存在对同一目标变量多次赋值或驱动的现象（作为并行语句的连续赋值语句不允许这种现象），并且最终获得赋值（更新）的目标变量是最后一个，即最接近过程结束的那一条语句的目标变量。这一结果与阻塞式赋值相同，但注意，执行过程不会像阻塞式赋值那样，目标变量的值是随变量赋值语句的前后顺序的执行和赋值而轮流更新的。

下面以 3 个示例来对此做进一步的说明。

例 7-3 的程序是不允许的，这是由于连续赋值语句的并行性，使综合器无法确定 Q1 究竟应该获得什么值，除非这 3 条语句被执行后，Q1 能获得高阻态 z 的赋值。

例 7-4 是过程语句块，它的执行过程是这样的：由于都是阻塞式赋值语句，当过程启动后，首先执行第一条语句，即计算表达式 A|B = 2'b11，即刻赋值后，Q1 更新为 2'b11；接着计算第 2 条语句的 B&C = 2'b01，Q1 又被更新为 2'b01；最后，~C = 2'b00，Q1 最终被更新为 2'b00。注意，在整个过程块的执行过程中，Q1 的值被先后更新，且顺序为 2'b11、2'b01 和 2'b00。

例 7-5 的过程语句块中是非阻塞式赋值语句，当过程启动后，首先顺序计算 3 条语句的表达式，获得的结果分别是 2'b11、2'b01 和 2'b00。由于是非阻塞式赋值，又由于 3 条语句面对同一目标变量 Q1 进行赋值，Verilog 规定仅对最后一条语句的变量赋值，于是最后的 Q1 被更新为 2'b00。这个最后结果尽管与例 7-4 相同，但请注意，在整个执行过程中，Q1 未曾经历过 2'b11 和 2'b01 数据的更新！

以下再换一个角度来考察阻塞与非阻塞式赋值的不同之处。

首先假设 A 和 B 在某一时刻同时从原来的 0 变为 1，从而其过程被启动。在例 7-6 的 3 条赋值语句中，首先 M1 获得更新：M1=1；接着 M2 得到 M1 传递的 A，以及与 B 的运算数据，于是 M2 被更新为 1；最后的 Q 又获得 M1 或 M2 的值，于是 Q=1。

【例 7-3】	【例 7-4】	【例 7-5】

assign Q1 = A|B;
assign Q1 = B&C;
assign Q1 = ~C;
	begin
	Q1 = A|B;
	Q1 = B&C;
	Q1 = ~C ; end
		begin
		Q1 <= A|B;
		Q1 <= B&C;
		Q1 <= ~C ; end

设：进程启动后，A=2'b10，B=2'b01，C=2'b11。

再来看例 7-7。当过程启动后，由于是非阻塞式赋值语句，首先分别顺序计算了 3 条赋值语句右侧表式的值，然后当执行到 end 时，把这些已经计算好的值同时分别赋予左侧的目标信号。于是这 3 个信号得到更新后的值分别是：M1=1，M2=0，Q=0。结果显然与例 7-6 不同，其原因是，例 7-6 的 M2 得到了 A 通过 M1 传递的数据 1，而 Q 得到了 A 和 B 通过 M1 和 M2 传递过来的更新值 1，这显然是顺序执行的结果；而例 7-7 中的 M2 和 Q 在此过程的本次启动中分别尚未来得及得到来自 A 和 B 的值，从而只获得 A 和 B 变动前赋予 M1 和 M2 的值，即 M2= 1 & 0 = 0，Q= 0 | 0 = 0。

【例 7-6】	【例 7-7】
always @(A,B) begin M1 = A ;　　　　//更新结果：M1=1 M2 = B&M1;　　　//更新结果：M2=1&1=1 Q = M1|M2; end　//更新结果：M2=1|1=1	always @(A,B) begin M1 <= A ;　　　　//更新结果：M1=1 M2 <= B&M1;　　　//更新结果：M2=1&0=0 Q <= M1|M2; end　//更新结果：Q=0|0=0

当然，由于此二例的特殊性，以上的分析结果只能在 Verilog 仿真中看到，综合后的电路结构并无差异，但这不妨碍我们通过这些示例了解这两种不同赋值方式的特点。后面给出的一些示例将证明，在一定条件下，它们的综合结果也是不相同的。

7.1.4　指定了延时的非阻塞式赋值

对于非阻塞式赋值语句，也能像阻塞式赋值语句那样以两种不同的方式指定延时，用了延时后的这两类赋值语句在具体执行的延时效果上是有所不同的，这与它们的赋值特性相关。赋值号左侧含延时的赋值语句表述方式有如下形式。

```
[延时] 目标变量名 <= 驱动表达式;
```

赋值号右侧含延时的赋值语句表述方式有如下形式。

```
目标变量名 <= [延时] 驱动表达式;
```

赋值号左侧的“[延时]”是指对整条语句执行的延时，即相隔与上一条语句的延时量；而赋值号右侧的“[延时]”是指在赋值语句的右侧表达式得出运算结果后，延迟一段指定的时间再将运算结果赋值给赋值符号左边的变量。

根据以上讨论的阻塞式赋值语句和非阻塞式赋值语句的赋值特点，对于一个过程结构中的多条含延时的阻塞式赋值语句的执行，具有时间积累性质；这是因为此类赋值语句是顺序执行的，在执行当前赋值操作时，禁止了块中其他赋值语句的执行，其延时定时器当然也被停止；而对于一个过程结构中的多条含延时的非阻塞式赋值语句的执行，则没有时间积累性质，因为此类语句具有并行执行特性，块中所有赋值语句的延时定时器被同时启动。对此，以示例来说明。

例 7-8 的 3 条含延时的阻塞式赋值语句的执行情况是这样的：一旦过程被启动，首先计算 A^B，然后在 6 个时间单元后将计算结果向 Y1 赋值；接着在 4 个时间单元后，将 A|B 的计算结果向 Y2 赋值；最后再等待 7 个时间单元，便将 A&B 的结果向 Y3 赋值。执行完这 3 条语句（即此过程块的执行周期）总共等待了 6+4+7=17 个时间单元。

例 7-9 所示的过程块的执行周期有很大不同。其中 3 条含延时的非阻塞式赋值语句的总的执行时间单元数，应该是 3 条语句中最长的延时单元，即 7 个时间单元，而不是 17。这是因为这 3 条语句在顺序计算完右侧表达式的值后（耗时都为 0），是同时进入延时等待的。换言之，一旦此例的过程块被启动，这 3 条语句的延时计时是分别同时进行的：6 个时间单元后将 A^B 的结果向 Y1 赋值；4 个时间单元后将 A|B 的结果向 Y2 赋值；7 个时间单元后将 A&B 的结果向 Y3 赋值。执行这 3 条语句总共等待了 7 个时间单元。Y2 首先得到更新，Y1 次之，Y3 再次之（赋值更新并非按照顺序来进行）。

再来看例 7-10。过程启动后，延时#5 后，Y1 首先被更新；延时#2 后，Y3 被更新；延时#1 后，Y2 被更新；再延时#1 后，Y4 被更新。4 个变量先后被更新的顺序是 Y1、Y3、Y2、Y4。整个过程块的执行时间是 5+4=9 个时间单元。

【例 7-8】

```
begin
Y1 = #6 A^B;
Y2 = #4 A|B;
Y3 = #7 A&B;
end
```

【例 7-9】

```
begin
Y1 <= #6 A^B;
Y2 <= #4 A|B;
Y3 <= #7 A&B;
end
```

【例 7-10】

```
begin
Y1  = #5 A^B;
Y2 <= #3 A|B;
Y3 <= #2 A&B;
Y4  = #4 (~B);  end
```

7.1.5　深入认识阻塞式与非阻塞式赋值的特点

通过以上几个示例，读者可能已感受到了准确理解和把握过程中的阻塞式和非阻塞式赋值行为特点以及它们功能上的异同点，对正确利用 Verilog 进行电路设计的巨大重要性。下面还将通过一些典型设计示例和逻辑综合后的结果来揭示阻塞式和非阻塞式赋值的规律，使读者对它们有更深入的认识。

首先比较例 7-11 和例 7-12（分析过程与 7.1.3 节的例 7-6 和例 7-7 相同）。

两例唯一的区别是在过程中采用了不同的信号赋值类型。前者使用了非阻塞式赋值语句，后者对于同样的赋值语句采用了阻塞式赋值类型。最后发现例 7-11 和例 7-12 的综合结果却有很大的不同，前者综合的结果如图 7-1 所示，其 RTL 电路图由 3 个 D 触发器构成类似移位寄存器的电路形式，而后者的 RTL 电路如图 7-2 所示，是一个普通的 D 触发器，这显然与例 7-11 的结果差别很大。

【例 7-11】使用非阻塞赋值符的时序模块。

```
module DDF3(CLK,D,Q);
input CLK,D;  output Q; reg a,b,Q;
always @(posedge CLK) begin
a <= D;
```

【例 7-12】使用阻塞赋值符的时序模块。

```
module DFF3(CLK,D,Q);
input CLK,D; output Q;reg a,b,Q;
always @(posedge CLK) begin
a = D;
```

```
b <= a;
Q <= b;    end
endmodule
```

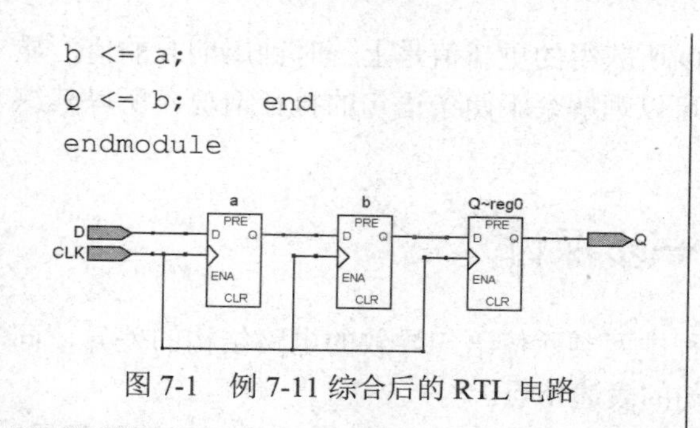

图 7-1　例 7-11 综合后的 RTL 电路

```
b = a;
Q = b;    end
endmodule
```

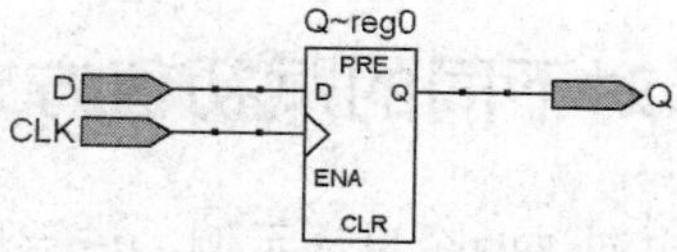

图 7-2　例 7-12 综合后的 RTL 电路

事实上，就综合而言，从过程启动到执行完过程中所有类型的语句，并没有耗费任何时间。这就是说，如果有两个过程，一个过程中全部是阻塞式赋值语句，另一个过程中则全部是非阻塞式赋值语句，它们的执行周期是相同的，不会有谁比谁更快的现象。

其实，在 Verilog 中，执行赋值操作和完成赋值（即目标变量得到更新）是两个不同的概念。对于类似于 C 的软件语言，执行与完成一条语句的赋值是没有区别的，但对于 Verilog 的变量赋值却有很大的不同。在 Verilog 程序中，“执行赋值语句”只是一个行为流程，它具有顺序的特征；而最后“完成赋值”，即目标变量得到更新是一种结果。对于非阻塞式赋值，是并行完成的；而对于阻塞式赋值，则是顺序完成的。

由此便能根据以上的讨论，较好地理解例 7-11 和例 7-12 的不同综合结果。

由于例 7-11 中的 3 条赋值语句都必须在遇到块结束关键词 end 后才真正被赋值（更新），所以它们具有了并行执行的特性，即当执行到 end 时的同一时刻中：

第一条语句 a <= D 中的 a 获得了来自 D 的赋值。

第二条语句 b <= a 的 b 在此时获得的更新值是 a 早先的值。由于与上一条语句的执行是同时的，这个值并非通过第一条语句的目标变量 a 得到的当前 D 的赋值，而且对于此例的时钟过程来说，b 所获得的更新值是上一时钟周期中 a 获得的更新值，而非当前时钟的更新值。

同理，第三条语句 Q <= b 中 Q 所获得的更新值也是上一时钟周期中 b 所获得的更新值，而非当前时钟的更新值。这与第二条语句的情况相同。

因此在进程启动后的一次运行中（或者说在一个时钟周期内），D 端口不可能通过信号赋值的方式将当前数据传递到 Q，使 Q 得到更新。这就是说，a 被更新的值是上一时钟周期的 D 值（即当前时钟上升沿以前的值），b 被更新的值也是上一时钟周期的 a，而 Q 被更新的值同样是上一时钟周期的 b。显然，此程序的综合结果只能用图 7-1 所示的电路来表达。

例 7-12 就不同了。由于都是阻塞式赋值，所有目标变量的赋值更新是立即发生的，因而有了明显的顺序性和数据的传递性。当 3 条赋值语句以阻塞方式顺序执行时，变量 a 和 b 就有了依次传递数据的功能。语句执行中，先将 D 的值传给 a，再通过 a 传给 b，最后由 b 传给 Q，最后结束过程语句的执行。在这些过程中，a 和 b 只担当了 D 数据的暂存单元。Q 最终被更新的值即为上一时钟周期的 D。

由此来看，例 7-12 的综合结果确实应该是图 7-2 所示的单个 D 触发器。

当然，也可以利用同样的时序特性实现图 7-1 的电路结构，即根据阻塞式赋值的特点，按如下方式倒置例 7-12 的赋值顺序即能达到目的。

```
begin Q = b;     b = a;     a = D;  end
```

这是因为，在执行第一条语句 Q = b 时，Q 所获得的更新值是上一时钟周期 b 的值，显然当前来自 D 的值尚未接收到。以此类推，就可以理解余下两条语句的执行情况。所以其综合后的电路应该如图 7-1 所示。

7.1.6　对不同的赋初值方式的进一步探讨

以下再通过两个设计示例，进一步探讨过程中两类赋值语句导致的电路结构的差异，同时，通过这些示例，进一步认识不完整条件语句的表述特点。

试比较例 7-13 和例 7-14。从程序结构上看，笔者的意图是要设计一个 4 选 1 多路选择器，对应的电路理应是一个纯组合电路，其中的 S1 和 S0 是通道选通控制信号。

【例 7-13】

```
module MUX41a(D,S,DOUT);
  output DOUT ;
  input [3:0] D; input [1:0] S;
  integer T;  reg DOUT;
  always @(D,S)
  begin   T <= 0;
    if (S[0]==1)   T<=T+1;
    if (S[1]==1)   T<=T+2;
    case (T)
       0 : DOUT = D[0] ;
       1 : DOUT = D[1] ;
       2 : DOUT = D[2] ;
       3 : DOUT = D[3] ;
    default : DOUT = D[0] ;
    endcase   end
 endmodule
```

【例 7-14】

```
module MUX41a(D,S,DOUT);
  output DOUT ;
  input [3:0] D; input [1:0] S;
  integer T; reg DOUT;
  always @(D,S)
  begin   T = 0;
    if (S[0]==1)   T=T+1;
    if (S[1]==1)   T=T+2;
    case (T)
       0 : DOUT = D[0] ;
       1 : DOUT = D[1] ;
       2 : DOUT = D[2] ;
       3 : DOUT = D[3] ;
    default : DOUT = D[0] ;
    endcase   end
endmodule
```

例 7-13 和例 7-14 的主要不同在于，前者对标识符 T 做非阻塞式赋值，且赋初值 0，后者对 T 做阻塞式赋值，也赋初值 0。结果综合出了完全不同的电路（可通过 Quartus 获得它们的 RTL 电路图），前者含有时序电路模块，后者是纯组合电路。

它们对应的时序波形也完全不同。可以看出，例 7-13 的仿真时序图（见图 7-3）未获得正确结果，因为其输出并未按照选通信号给出正确结果，显然此例的设计是错误的。

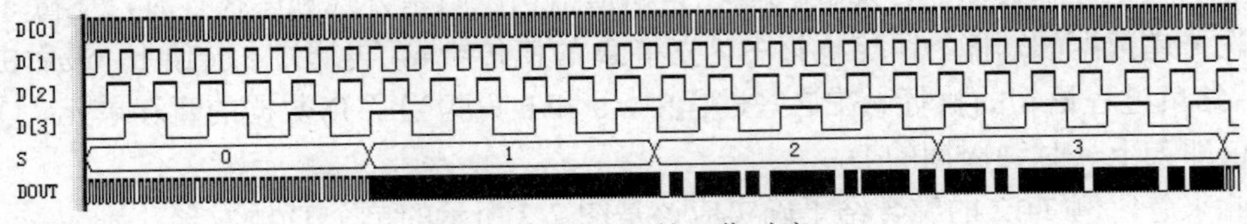

图 7-3　例 7-13 的工作时序

而例 7-14 对应的仿真波形图（见图 7-4）显示出了正确的输出结果，表明电路设计是正确的。那么，问题出在哪里呢？

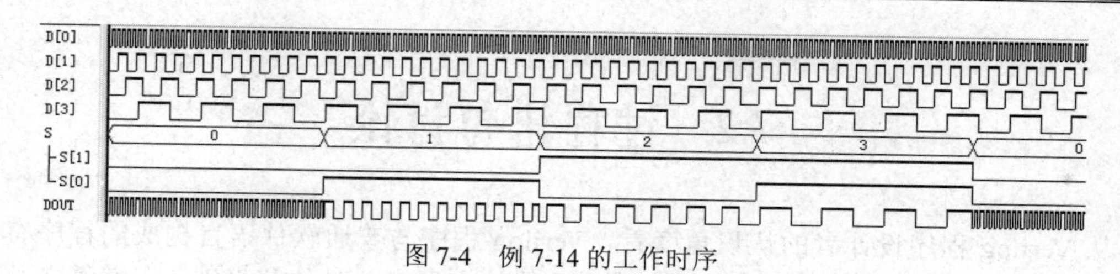

图 7-4　例 7-14 的工作时序

事实上，例 7-13 在过程中出现了 3 次对 T 的非阻塞式赋值操作，即有 3 个赋值源对同一信号 T 进行赋值：T<=0、T<=T+1 和 T<=T+2。但根据前面的讨论，对于非阻塞式赋值，前两条语句中的赋值目标信号 T 都不可能得到任何更新的数值，只有最后的 T<=T+2 语句中的 T 的值能得到更新。然而正是由于始终未能通过最初的语句 T<=0 使 T 获得初值，使得 T 在最后一条赋值语句的执行中也未能得到任何确定的值，即 T 始终是一个未知值。结果在过程最后的 case 语句中，无法通过判断 T 的值来确定选通输入，即对 OUT 的赋值。于是使图 7-3 的 OUT 输出了与选通控制不对应的信号。

那么为什么还会出现时序模块呢？这个时序模块又是由哪条语句产生的呢？

根据以上讨论，例 7-13 中的 3 条非阻塞式赋值语句中，只有最后一条语句，即 T<=T+2 会被全部执行（以上的两条语句可以看成不存在）；此外不难发现，此句是一个非完整性条件句，会被综合出锁存器；此锁存器的锁存控制端信号是 S[1]，T+2 从锁存器的 D 端输入，而输出端 Q 有反馈信息进入 D 端。这样的电路显然偏离了设计的要求。

例 7-14 就不一样了。程序首先执行了阻塞式赋值语句 T=0，T 即刻被更新，从而使两个 if 语句中的 T 都能得到确定的初值。对此，下面分别进行讨论。

- 若 S=11，则顺序执行完两条 if 语句后，得到 T=T+2=1+2=3。
- 若 S=10，则只执行第二条 if 语句，得到 T=T+2=0+2=2。
- 若 S=01，则只执行第一条 if 语句，得到 T=T+1=0+1=1。
- 若 S=00，由于都不满足 if 的条件，于是只执行语句 T=0，而跳过其下的两条 if 语句，直接执行 case 语句。

最终，对于以上 4 种情况，在 S 所有可能的选择下，T 分别得到了 case 语句条件项的所有 4 个选择数据：0、1、2、3。这样的结果一方面完全满足了 4 选 1 多路选择器的逻辑要求，有了图 7-4 的正确的波形输出；同时此项设计中也不再有可能出现时序模块。这是因为，尽管两条 if 语句从表面上看都属于不完整的条件语句，但实际上，在 S 的所有可能的选择下，T 都有了明确的数据。因此，整个过程语句的逻辑表述表明，例 7-14 中的两条 if 语句都属于完整性条件语句。

顺便强调一下，过程结构中的输出信号和双向端口信号的数据类型必须是寄存器类型，如 reg 类型、integer 类型等。此外，Verilog 规定，在同一个过程中，对同一个目标信号的赋值形式必须一致，不能混合。即在同一过程中，多次对同一目标信号的赋值，或者全部用阻塞式赋值，或者全部用非阻塞式赋值。

7.2　过程语句讨论

从 Verilog 程序设计者的认识角度看，Verilog 程序与普通软件语言构成的程序有很大的不同，普通软件语言中语句的执行方式和功能的实现十分具体和直观，在编程中几乎可以立即做出判断。但 Verilog 程序，特别是过程结构，程序设计者要从多个方面去判断它的功能和执行情况，而不是一个直观的传统软件仿真就能确定的。以下将对过程语句的应用做出总结归纳。

7.2.1　过程语句应用总结

和软件语言不同，过程语句 always 的执行依赖于敏感信号的变化（或称发生事件）。当某一敏感信号，如 a，从原来的高电平 1 跳变到低电平 0，或者从原来的 0 跳变到 1 时，就将启动此过程语句，于是由 always 引导的块中的所有顺序语句被执行一遍，然后返回过程起始端，再次进入等待状态，直到下一次敏感信号表中某个或某些敏感信号发生了事件后才再次进入“启动—运行”状态。

在一个模块中可以包含任意个过程语句结构，所有的过程语句结构本身都属于并行语句，而由任一过程引导的各类语句结构都属于顺序语句；过程结构又是一个不断重复运行的模块，只要其敏感信号发生变化，就将启动此过程执行一遍其中包含的所有语句。

与引导顺序语句的 always 语句相对应，assign 引导的语句属于并行语句。always 语句本身也属于并行语句，所以在许多情况下这两类语句是可以相互转换表达的。从这个意义上讲，认为此语句属于连续赋值的数据流描述方式就不正确了，考查以下赋值语句。

```
assign DOUT = a & b;
```

可以这样来认识此语句的执行过程：如果变量 a、b 恒定不变，此赋值语句始终不会被执行，尽管同样属于与其他语句地位平等的并行语句。此语句被执行一次（导致 DOUT 的数据被更新）的唯一条件是等号右侧的某一或某些变量发生了改变。因此，等号右边所有相关的信号都是启动执行此赋值语句的敏感信号，其执行方式与 always 引导过程语句完全相同。显然，此语句很容易写成功能完全相同的，由过程语句 always 引导的语句形式，而在此语句中，a 和 b 就是敏感信号。

前面也提到过，当一个模块中出现多个 assign 语句时，由于此类语句的并行性，同一目标变量名下是不允许有多个不同赋值表达式的，即在一个模块中，wire 型变量不允许有多个驱动源，或者说不允许有不同的数据赋给同一个变量。但如果驱动表达式最终体现为高组态，则另作别论。

许多有关 Verilog 设计资料都认为，assign 语句主要用于描述组合电路，而时序电路必须由过程语句来构建。但实际情况是，如果描述的信号有反馈，assign 语句也会构成时序电路，例 3-14 已对这个问题做了证明。

7.2.2 不完整条件语句与时序电路的关系

第 3 章曾提到，例 3-10 和例 3-15 的这种表达方式是一种不完整的条件语句，即在条件语句中没有将所有可能发生的条件给出对应的处理方式。可以看出，例 3-10 中的 if 语句没有利用通常的 else 语句明确指出当 if 语句不满足条件时做何操作。

显然，此类时序电路构建的关键在于利用这种不完整的条件语句的描述。这种方式是 Verilog 描述时序电路的途径之一（通常用于描述电平触发类锁存器电路）。

通常，完整的条件语句只能构成组合逻辑电路，如例 7-15 的描述，表面上与例 3-15 相似，但使用完整的 if 条件语句。即指明了当不满足 if 语句的条件时（即当 CLK=0 时），通过 else 语句执行另一条赋值语句 Q<=RST，于是构建了一个纯组合电路（见图 7-5）。

需要指出，虽然在构成时序电路方面，可以利用不完整的条件语句所具有的独特的功能构成时序电路，如有意不明确指明条件语句中的某个（或某些）条件不满足时此语句当如何动作。但在利用条件语句进行纯组合电路设计时，如果没有充分考虑电路中所有可能出现的问题（条件），即没有列全所有的条件及其对应的处理方法，将导致不完整的条件语句出现，从而综合出了设计者不希望的组合与时序电路的混合体。这种电路的功能常常偏离设计者的初衷，如例 3-21 就是这种情况。

在此，不妨比较一下例 7-16 和例 7-17 的综合结果。

【例 7-15】

```
module mux2_1
  (CLK, D, Q, RST);
   output Q;
   input CLK,D,RST;
   reg Q;
always @(D, CLK, RST)
   if(CLK)  Q <= D;
      else  Q <= RST;
endmodule
```

【例 7-16】

```
module COMP(A,B,Q);
input[3:0] A,B;
output Q;  reg Q;
always @(A,B)
  begin
   if(A>B) Q=1'b1;
    else
   if(A<B)  Q=1'b0;
end   endmodule
```

【例 7-17】

```
module COMP(A,B,Q);
input[3:0] A,B;
output Q;   reg Q;
always @(A,B)
  begin
        if(A>B) Q=1'b1;
else  if(A<B) Q=1'b0;
        else    Q=1'bz;
end     endmodule
```

例 7-16 的原意是要设计一个纯组合电路的比较器，但是由于在条件语句中漏掉了给出当 A==B 时 Q 做何操作的表述，结果导致了一个不完整的条件语句。这时综合器对例 7-16 的条件表述解释为：当条件 A==B 时，对 Q 不做任何赋值操作，即在此情况下保持 Q 的原值。这意味着必须为 Q 配置一个锁存器，以便保存其原值。图 7-6 所示的电路图即为例 7-16 的综合结果，不难发现综合器为输出结果配置了一个锁存器。

通常在仿真时对这类电路的测试，很难发现在电路中已被插入了不必要的时序元件，这种设计浪费了逻辑资源，降低了电路的工作速度，影响了电路的可靠性，甚至导致系统无法工作。因此，设计者应该尽量避免此类电路的出现。

例 7-17 是对例 7-16 的改进，其中的“else Q = 1'bz”语句交代了当 A 等于 B 情况下，Q 做何赋值行为（即呈现高组态），从而能产生图 7-7 所示的电路。

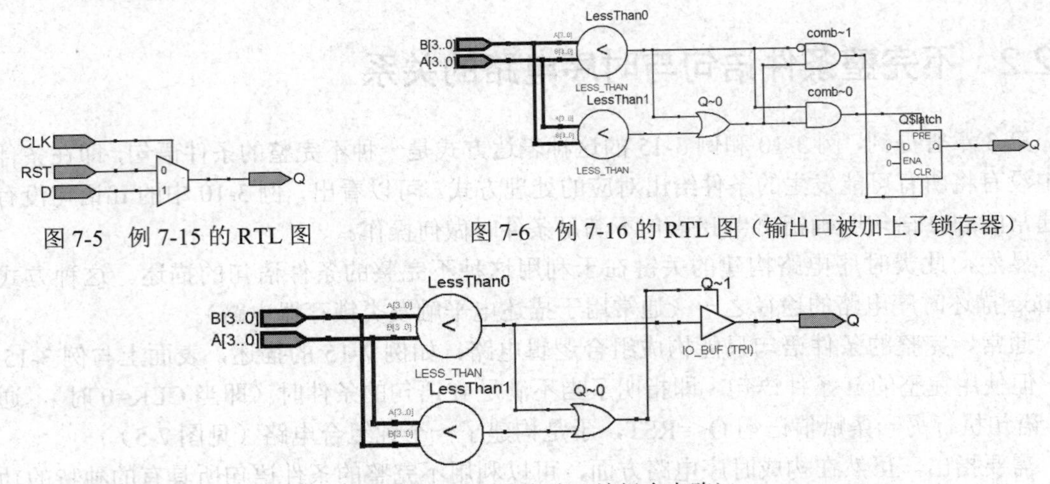

图 7-5　例 7-15 的 RTL 图　　　图 7-6　例 7-16 的 RTL 图（输出口被加上了锁存器）

图 7-7　例 7-17 的电路（纯组合电路）

前文也提到，如果设计不当，case 语句会产生我们不希望看见的锁存器电路模块。例 3-6 和图 3-6 已经证明了这一点。

此外还需注意，由于 case 语句中的种种遗漏导致的时序模块的引入，在 EDA 软件的资源利用报告中是看不到的，因为此类情况下产生的时序模块都是电平敏感性锁存器，且多数情况下不是专用时序模块，有可能严重影响电路系统的速度、效率，甚至功能，所以要有足够警惕。

尽管第 3 章中强调，为了保险起见，推荐在通常情况下都加上 default 语句。当然也有一些特殊情况，在 case 语句中必须通过略去 default 语句才使输出结果具有锁存功能，从而实现普通途径不易达到的目的，这也属于一种编程技巧。

7.3　三态与双向端口设计

三态门和双向端口有许多实际应用，如 CPU 的数据和地址总线的构建，单片机的 I/O 口，RAM 的数据端口的设计等。在设计中，常利用高组态数据“Z”对一个变量赋值而引入具有高阻态输出的端口。本节将讨论含此类端口的电路的设计方法。

7.3.1　三态控制电路设计

程序例 7-18 是一个 4 位三态控制门电路的描述。当使能控制信号 ENA 为 1 时，4 位数据输出；为 0 时输出呈高阻态。语句中将高阻态数据 4'HZ 向输出端口赋值，其综合后的电路则如图 7-8 所示。

这里一个“Z”表示 4 个高阻逻辑位。另外需注意，“Z”与普通数值不同，它只能在端口赋值，不能在电路模块中被信号传递；而且由于“Z”在综合中是一个不确定的值，有的情况下不同的综合器可能会给出不同的结果，因而对于 Verilog 综合前的行为仿真与综合后功能仿真结果也可能是不同的。此外，在以原理图为顶层设计的电路中使用三态门比较简单，只需调用三态门元件即可，此元件符号名是“tri”。

【例 7-18】

```
module tri4B (ENA,DIN,DOUT);
  input ENA;
  input [3:0] DIN ;
  output [3:0] DOUT ;
  reg [3:0] DOUT;
  always @(DIN,ENA)
    if (ENA) DOUT <= DIN ;
       else  DOUT <= 4'HZ;
endmodule
```

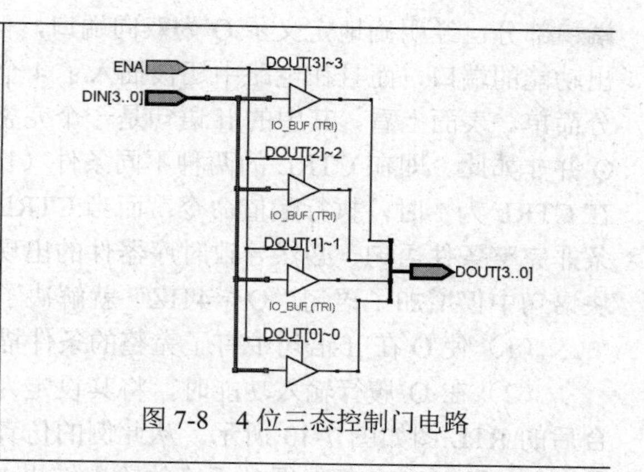

图 7-8　4 位三态控制门电路

7.3.2　双向端口设计

用 inout 端口模式设计双向端口也必须考虑三态口的使用，因为双向端口的设计与三态端口的设计十分相似，都必须考虑端口的三态控制。由于双向端口在完成输入功能时，必须使原来呈输出模式的端口呈高阻态，否则待输入的外部数据势必会与端口处原有电平发生“线与”，导致无法将外部数据正确地读入，也就无法实现双向功能。

例 7-19 是一个 1 位双向口的设计描述。程序中使用了连续赋值语句和条件操作符。综合后的 RTL 图如图 7-9 所示。

【例 7-19】

```
module bi4b(TRI_PORT,DOUT,DIN,ENA,CTRL);
   inout TRI_PORT;  input DIN,ENA,CTRL;  output DOUT ;
   assign TRI_PORT = ENA ? DIN : 1'bz;
   assign DOUT = TRI_PORT | CTRL;
 endmodule
```

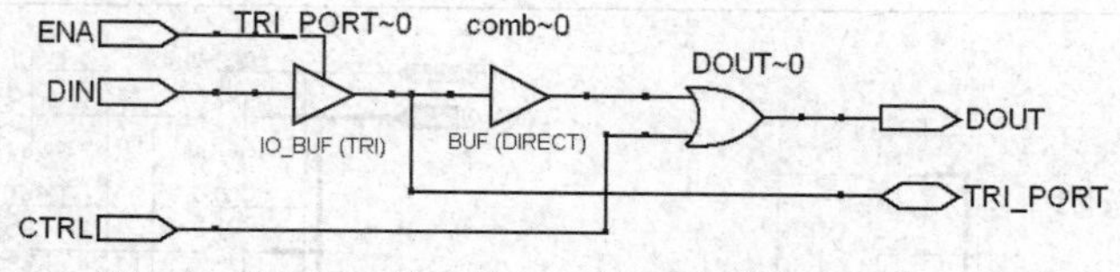

图 7-9　例 7-19 的 1 位双向端口电路设计之 RTL 图

下面再来讨论例 7-20 和例 7-21 用过程语句完成双向端口设计的示例。此二例都将 Q 定义为双向端口，将 DOUT 定义为三态输出口，它们的区别仅在于前者当利用 Q 的输入功能将 Q 端口的数据读入并传输给 DOUT（即执行 DOUT<=Q）时，没有将 Q 的端口设置成高阻态输出，即执行语句 Q<=4'HZ，从而导致了此例错误的仿真波形图（见图 7-10）。从例 7-20 的波形图可以清楚地看到，当 CTRL 为 0 时，DOUT 无法得到正确的输出结果；并且有明显的时序电路特点：图 7-10 中，CTRL 从 1 变到 0 的过程中，将其高电平时输入端口 DIN 的数据 9 锁入电路，直到 CTRL 等于 0 时，DOUT 仍输出 9。

例 7-20 的综合结果也证实了这一点。从例 7-20 的 RTL 图（见图 7-12）可以看到，电路中出现了锁存器。这显然是一个不希望的逻辑电路。从图 7-12 还发现，尽管在例 7-20 程序的端口部分已经明确地定义了 Q 为双向端口，但显示在电路中的综合结果却只是一个单方向输出功能的端口，而且在电路中还被插入了 4 个锁存器。其实，例 7-20 变成时序电路的原因十分简单。表面上看，其中的 if 语句是一个完整的条件语句，但这仅是对 DOUT 而言的，而对 Q 并非如此。即在 CTRL 的两种不同条件（1 和 0）下都给出了 DOUT 的输出数据，而 Q 只在 CTRL 为 1 时，执行赋值命令；而当 CTRL 为 0 时，没有给出 Q 的操作说明，显然这是一条非完整条件语句，必然导致时序器件的出现。例 7-21 的情况就不同了，例中在 else 之前的块语句中仅增加了语句“Q<=4'HZ”就解决了以下两个重要的问题。

（1）使 Q 在 if 语句中有了完整的条件描述，从而克服了时序元件的引入。

（2）在 Q 履行输入功能时，将其设定为高阻态输出，使 Q 成为真正的双向端口，其综合后的 RTL 图如图 7-13 所示。从此例的仿真波形图（见图 7-11）可见，无论 CTRL 为 1 还是 0，Q 和 DOUT 都能得到正确的输出结果。

【例 7-20】

```
module BI4B(CTRL,DIN,Q,DOUT);
  input CTRL;       input[3:0] DIN;
  inout[3:0]Q; output[3:0] DOUT;
  reg [3:0] DOUT,Q ;
  always @(Q,DIN,CTRL)
    if (!CTRL)  DOUT<=Q ;
      else
  begin Q<=DIN; DOUT<=4'HZ;  end
    endmodule
```

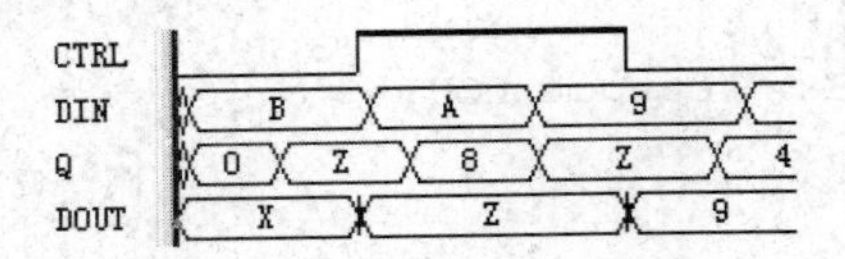

图 7-10　例 7-20 的仿真波形图

【例 7-21】

```
module BI4B(CTRL,DIN,Q,DOUT);
  input CTRL;      input[3:0] DIN;
  inout[3:0] Q; output[3:0] DOUT;
  reg [3:0] DOUT,Q ;
always @(Q,DIN,CTRL)
if (!CTRL) begin DOUT<=Q;
      Q<=4'HZ; end else
begin Q<=DIN;  DOUT<=4'HZ;  end
endmodule
```

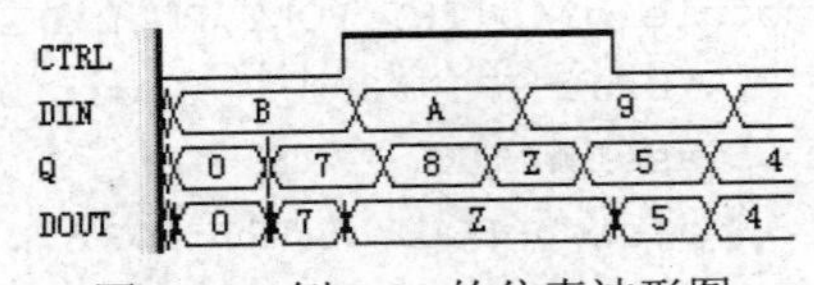

图 7-11　例 7-21 的仿真波形图

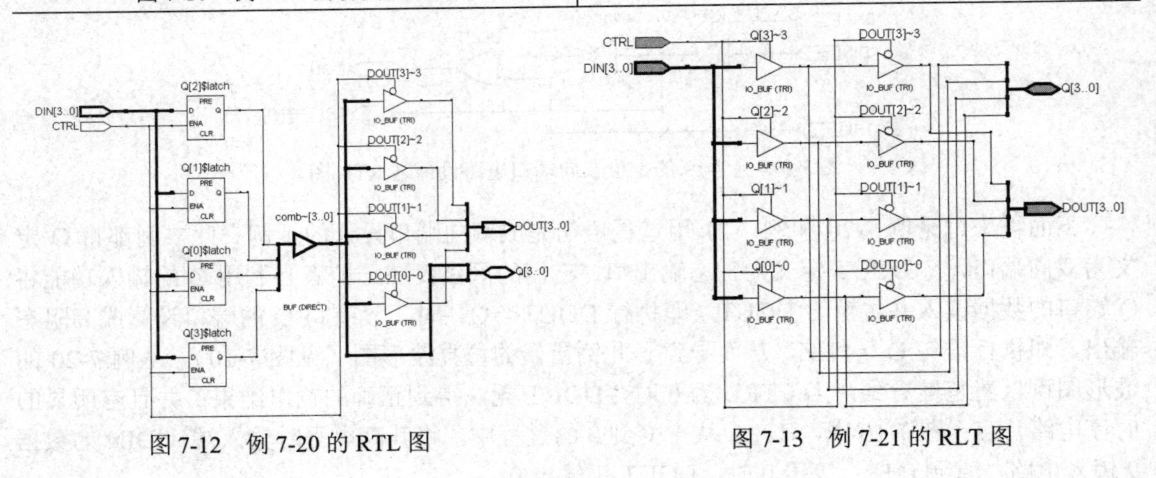

图 7-12　例 7-20 的 RTL 图　　　　图 7-13　例 7-21 的 RLT 图

7.3.3 三态总线控制电路设计

为构成芯片内部的总线系统，必须设计三态总线驱动器电路，这可以有多种表达方法，但必须注意信号多驱动源的处理问题。例 7-22 和例 7-23 都试图描述一个 4 位 4 通道的三态总线驱动器，但其中一个程序是错误的。

【例 7-22】

```
module triBUS4(
  IN3,IN2,IN1,IN0,ENA,DOUT);
  input[3:0] IN3,IN2,IN1,IN0;
  input[1:0]  ENA;
  output[3:0] DOUT;
  reg[3:0] DOUT;
  always @(ENA,IN3,IN2,IN1,IN0)
   begin
   if (ENA==0)  DOUT=IN3;
       else  DOUT=4'HZ;
   if (ENA==1)  DOUT=IN2;
       else  DOUT=4'HZ;
   if (ENA==2)  DOUT=IN1;
       else  DOUT=4'HZ;
   if (ENA==3)  DOUT=IN0;
       else  DOUT=4'HZ;
   end
endmodule
```

【例 7-23】

```
module triBUS4(
   IN3,IN2,IN1,IN0,ENA,DOUT);
  input[3:0] IN3,IN2,IN1,IN0 ;
  input[1:0]  ENA;
  output[3:0] DOUT; reg[3:0]DOUT;
  always @(ENA, IN0)
  if (ENA==2'b00)  DOUT=IN0;
      else  DOUT=4'hz;
  always @(ENA, IN1)
  if (ENA==2'b01)  DOUT=IN1;
      else  DOUT=4'hz;
  always @(ENA, IN2)
  if (ENA==2'b10)  DOUT=IN2;
      else  DOUT=4'hz;
  always @(ENA, IN3)
  if (ENA==2'b11)  DOUT=IN3;
      else  DOUT=4'hz;
endmodule
```

例 7-22 在一个过程结构中放了 4 个顺序完成的 if 语句，并且都是完整的条件描述句。纯粹从语句上分析，通常会认为将产生 4 个 4 位的三态控制通道，且输出只有一个信号端 DOUT，即一个 4 通道的三态总线控制电路。但事实并非如此。

如果考虑到前面曾对过程语句中关于变量的两种不同赋值特点的讨论，就会发现例 7-22 中的输出信号 DOUT 在任何条件下都有 4 个并行激励源（即赋值源）。从综合的角度看，它们不可能都被顺序赋值更新。这是因为在过程中，顺序等价的语句，包括赋值语句和 if 语句等，当它们列于同一过程的敏感表中的输入信号同时变化时（即使不是这样，综合器对过程也会自动考虑这一可能的情况），只可能对过程结束前的那一条赋值语句（含 if 语句等）进行赋值操作，而忽略其上所有的等价语句。因此，对于例 7-22 中 DOUT 的赋值，无论使用阻塞式还是非阻塞式赋值方式，都能毫无例外地得出图 7-14 的 RTL 图。这就是说，例 7-22 虽然能通过综合，却不能实现原有的设计意图。显然，例 7-22 是一个错误的设计方案。

图 7-14 显示，除了 IN0 通道，其余 3 个 4 位输入端都处于悬空状态，没能用上，显然是将 IN0 安排为过程中 DOUT 的最后一个激励信号所致。这是一个阻塞式和非阻塞式赋值都得出相同结果的示例。顺便建议，一般情况下，同一过程中最好只放一个 if 语句结构（包含嵌套的 if 语句），无论描述组合逻辑还是时序逻辑都是如此。这样更容易对程序的功能进行直接

分析，也适合综合器的一般性能。当然，若为实现某些功能，在过程中也可以并列放置多个仅描述组合逻辑的 if 语句，这时不要忘了将它们用块语句括起来。

再来看例 7-23，由于在其模块中使用了 4 个并列独立的过程语句结构，因此综合出图 7-15 所示的正确的电路结构（为了便于比较，此图是例 7-23 对应的 2 位 2 通道简化 RTL 图）。这是因为，在模块中的每一条 always 并行语句都是一个独立运行的过程，它们独立且不冲突地监测各并行语句中作为敏感信号的输入值 ENA，即在作为敏感信号的 ENA 变化的同一时刻中，4 条 always 语句的地位是平等的，但始终只有一条语句被执行，从而获得了图 7-15 的正确结果；而例 7-22 中的 4 条 if 语句却只能被执行最后一条。例 7-23 启示我们，设计出能产生独立控制的多通道的三态总线电路结构，必须使用并行语句。显然，若将例 7-23 中的 4 个过程用 4 个对应的连续赋值语句来描述也一定能得出正确结果。

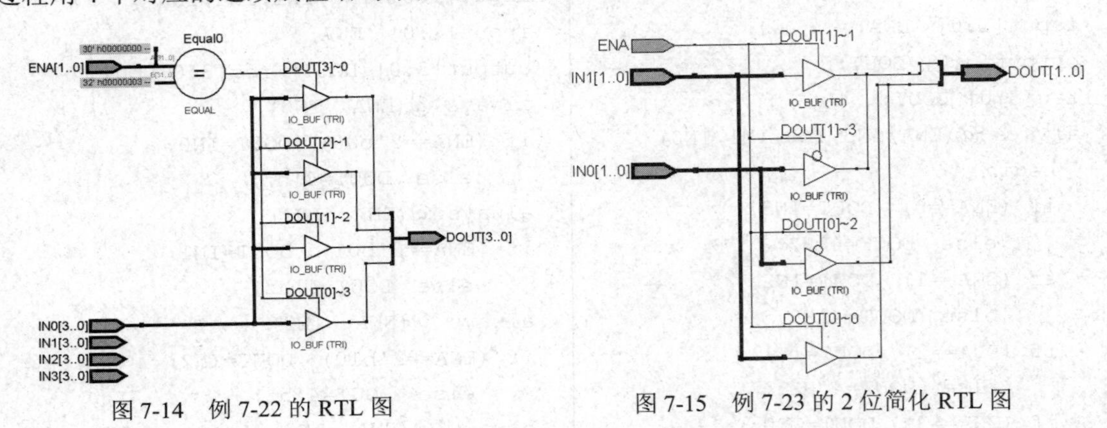

图 7-14　例 7-22 的 RTL 图　　　　图 7-15　例 7-23 的 2 位简化 RTL 图

7.4　资 源 优 化

基于 EDA 的硬件系统设计中，对于相同的功能要求，所实现的不同的电路构建往往会有迥异的性能指标，这主要表现在系统速度、资源利用率、可靠性等方面。因此，EDA 的实用技术中必须包括优化设计和验证测试等方面的技术手段。此外，好的程序设计风格，即所谓编码风格（coding style）对于设计出拥有良好性能的系统也关系重大。

本节重点讨论资源优化设计。在 ASIC 设计中，硬件设计资源及所谓“面积”（area）是一个重要的技术指标。对于 FPGA，其逻辑资源是固定的，但有资源利用率问题，这里的“面积”优化是一种习惯上的说法，指的是 FPGA 的资源利用优化。

FPGA 资源的优化具有一定的实用意义。

- 通过优化，可以使用规模更小的可编程器件，从而降低系统成本，提高性价比。
- 对于某些 PLD 器件，当耗用资源过多时会严重影响优化的实现。
- 为以后的技术升级留下更多的可编程资源，方便添加产品的功能。
- 对于多数可编程逻辑器件，资源耗用太多会使器件功耗显著上升。

面积优化的实现有多种方法，其中比较典型的是资源共享优化。

7.4.1 资源共享

在设计数字系统时常会碰到的一个问题是，同样结构的模块需要反复地被调用，但该结构模块需要占用较多的资源，这类模块往往是基于组合电路的算术模块，如乘法器、宽位加法器等。系统的组合逻辑资源大部分被它们占用，由于它们的存在，不得不使用规模更大、成本更高的器件。下面是一个典型的示例。

在例 7-24 中使用了两个 4×4 乘法器：A0×B 和 A1×B。该设计可用图 7-16 来描述其 RTL 结构：整个设计除两个乘法器以外就只剩一个多路选择器。乘法器在设计中面积占有率最大。仔细观察该电路的结构可以发现，当 sel=0 时使用了乘法器 0，没有使用乘法器 1；而当 sel =1 时只使用了乘法器 1，乘法器 0 是闲置的。同时输入 B 一直被接入乘法器模块，并被使用；sel 信号选择 0 或 1 的唯一区别是乘法器中一端的输入发生了变化，在 A0 信号和 A1 信号间切换。据此分析，可以设法拿掉一个乘法器，让剩下的乘法器共享利用，即不论 sel 信号是什么，乘法器都在使用，或者说不同的 sel 选择共享了一个（仅仅一个）乘法器。图 7-17 即为优化的 RTL 图（对应例 7-25）。

【例 7-24】

```
module multmux (A0, A1, B, S, R);
  input[3:0] A0, A1, B;  input S;
  output[7:0] R;   reg[7:0] R;
  always @(A0 or A1 or B or S)
   begin
   if (S==1'b0)  R <= A0*B;
     else  R <= A1*B ;   end
endmodule
```

【例 7-25】

```
module multmux (A0, A1, B, S,R);
  input[3:0] A0, A1, B;  input S;
  output[7:0] R;   wire [7:0] R;
   reg [3:0] TEMP;
  always @(A0 or A1 or B or S)
  begin  if (S==1'b0)  TEMP<=A0;
   else  TEMP <= A1;   end
  assign R = TEMP*B;
endmodule
```

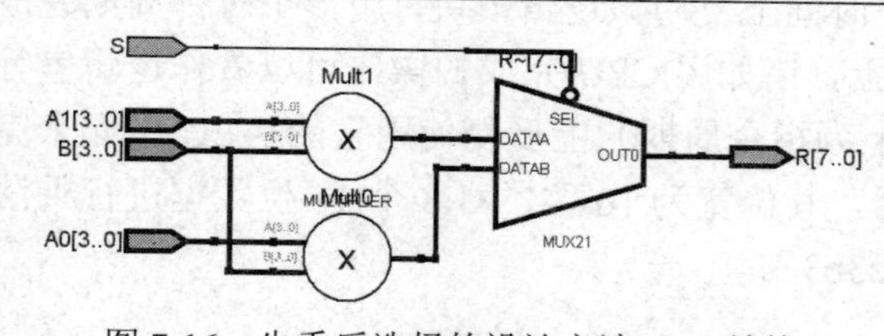

图 7-16 先乘后选择的设计方法 RTL 结构

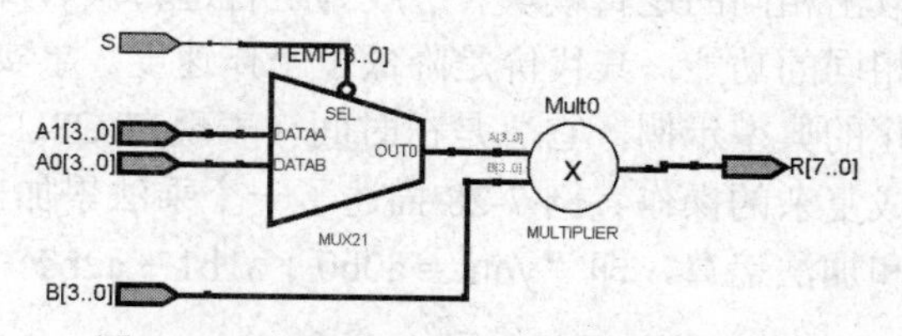

图 7-17 先选择后乘设计方法 RTL 结构

图 7-17 中，使用 sel 信号选择 A0、A1 作为乘法器的输入，B 信号固定作为共享乘法器的输入。与图 7-16 相比，在逻辑结果上没有任何改变，然而却节省了一个代价高昂的乘法器，使整个设计占用的面积几乎减少了一半。

这里介绍的内容只是资源优化的一个特例。但是此类资源优化思路具有一般性意义，主要针对数据通路中耗费逻辑资源比较多的模块，通过选择、复用的方式共享使用该模块，以减少该模块的使用个数，达到减少资源使用、优化面积的目的，也对应 HDL 特定目标的编码风格。但应注意，并不是在任何情况下都能以此法实现资源优化的。在有的情况下，对简单模块进行资源共享是无意义的，有时甚至会增加资源的使用。而若对于多位乘法器、快速进位加法器等算术模块，使用资源共享技术往往能大大优化资源。现在某些高级的 HDL 综合器，如 Quartus 和 Synplify Pro 等，通过设置就能自动识别设计中需要资源共享的逻辑结构，自动地进行资源共享。

7.4.2 逻辑优化

使用优化后的逻辑进行设计，可以明显减少资源的占用。在实际的设计中常常会遇到两个数相乘，而其中一个为常数的情况。例 7-26 是一个较典型的示例，它构建了一个二输入的乘法器 mc <= ta * tb，然后对其中一个端口赋予一个常数值。若按照例 7-26 的设计方法处理，显然会引起很大的资源浪费，有的综合器对此将耗用更多的逻辑资源；如果按照例 7-27 对其进行逻辑优化，采用常数乘法器，则将大幅减少资源耗用。

当然，Quartus 能自动调整，故无此差异，但其设计风格值得关注。

【例 7-26】

```
module mult1 (clk, ma, mc);
  input clk;  input[11:0] ma;
  output[23:0] mc;
  reg[23:0] mc; reg[11:0] ta,tb;
  always @(posedge clk)
  begin  ta<=ma; mc<=ta * tb;
    tb <= 12'b100110111001; end
endmodule
```

【例 7-27】

```
module mult2  (clk, ma, mc);
  input clk;  input[11:0] ma;
  output[23:0] mc;
  reg[23:0] mc;   reg[11:0] ta;
  parameter tb=12'b100110111001;
  always @(posedge clk)
  begin  ta<=ma ; mc<=ta * tb; end
endmodule
```

7.4.3 串行化

串行化是指把原来耗用资源巨大、单时钟周期内完成的并行执行的逻辑块分割开来，提取出相同的逻辑模块（一般为组合逻辑块），在时间上复用该逻辑模块，用多个时钟周期完成相同的功能，其代价是降低了工作速度。事实上，诸如用 CPU 完成的操作可以看作逻辑串行化的典型示例，它总是在时间（表现在 CPU 上为指令周期）上反复使用它的 ALU 单元来完成复杂的操作。例 7-28 描述了一个乘法累加器，其位宽为 16 位，对 8 个 16 位数据进行乘法和加法运算，即“yout = a0b0 + a1b1 + a2b2 + a3b3”。

【例 7-28】

```
module pmultadd  (clk, a0, a1, a2, a3, b0, b1, b2, b3, yout);
      input clk;   input[7:0] a0, a1, a2, a3, b0, b1, b2, b3;
      output[15:0] yout;    reg[15:0] yout;
      always @(posedge clk)   begin
         yout <= ((a0 * b0)+(a1 * b1))+((a2 * b2)+(a3 * b3)) ;   end
endmodule
```

例 7-28 采用并行逻辑设计。由其 RTL 图可以看出，共耗用了 4 个 8 位乘法器和一些加法器，在 Quartus 中若适配于器件 EP3C10，则共耗用 460 个 LC。如果把上述设计用串行化的方式进行实现，只需用 1 个 8 位乘法器和 1 个 16 位加法器（二输入的）。程序如例 7-29 所示。从综合后的电路可以看出，串行化后，电路逻辑明显复杂了，加入了许多时序电路进行控制，例如 3 位二进制计数器，另增加了 2 个大的选择器，但资源使用却小得多，例 7-29 使用了相同的 Quartus 综合/适配设置，LC 的耗用数为 186 个。

【例 7-29】

```
module smultadd  (clk, start, a0, a1, a2, a3, b0, b1, b2, b3, yout);
     input clk, start;  input[7:0] a0, a1, a2, a3, b0, b1, b2, b3;
     output[15:0] yout;   reg[15:0] yout, ytmp;   reg[2:0] cnt;
     wire[7:0] tmpa, tmpb; wire[15:0] tmp;
  assign tmpa=(cnt==0)? a0:(cnt==1)? a1:(cnt==2)? a2:(cnt==3)? a3:a0;
  assign tmpb=(cnt==0)? b0:(cnt==1)? b1:(cnt==2)? b2:(cnt==3)? b3:b0;
  assign tmp = tmpa * tmpb ;
  always @(posedge clk)  begin
     if (start==1'b1)  begin  cnt<=3'b000 ; ytmp<={16{1'b0}} ;  end
     else if (cnt<4)     begin  cnt<=cnt+1  ; ytmp<=ytmp+tmp ;  end
     else if (cnt==4)    begin  yout<=ytmp ;   end    end
endmodule
```

应该注意，串行化后需要使用 5 个 clk 周期才能完成一次运算，还需附加运算控制信号（start）；而对于并行设计，每个 clk 周期都可完成一次运算且不需要运算控制信号。

7.5 速 度 优 化

对大多数设计来说，速度优化比资源优化更重要，需要优先考虑。速度优化涉及的因素比较多，如 FPGA 的结构特性、HDL 综合器性能、系统电路特性、PCB 制板情况等，也包括 Verilog 的编码风格。本节主要讨论基于流水线电路结构的速度优化方法。

流水线（pipelining）技术在速度优化中是最常用的技术之一，它能显著地提高设计电路的运行速度上限。在现代微处理器（如微机中的 Intel CPU 就使用了多级流水线技术，主要指指令执行的流水操作）、数字信号处理器、高速数字系统、高速 ADC、DAC 器件设计中，几乎都离不开流水线技术，甚至在有的新型单片机设计中也采用了流水线技术，以期达到高速特性（通常每个时钟周期执行一条指令）。

事实上，在设计中加入流水线并不会减少原设计中的总延时，有时甚至还会略微增加插入的寄存器的延时及信号同步的时间差，但可以提高总体的运行速度，这并不存在矛盾。图 7-18 是一个未使用流水线的设计，在设计中存在一个延时较大的组合逻辑块。显然，该设计从输入到输出需经过的时间至少为 T_a，就是说，时钟信号 clk 周期不能小于 T_a。图 7-19 是对图 7-18 设计的改进，使用了二级流水线。在设计中表现为把延时较大的组合逻辑块切割成两块延时大致相等的组合逻辑块，它们的延时分别为 T_1、T_2。设置为 $T_1 \approx T_2$，与 T_a 存在关系式：$T_a=T_1+T_2$。在这两个逻辑块中插入了寄存器。

图 7-18 未使用流水线

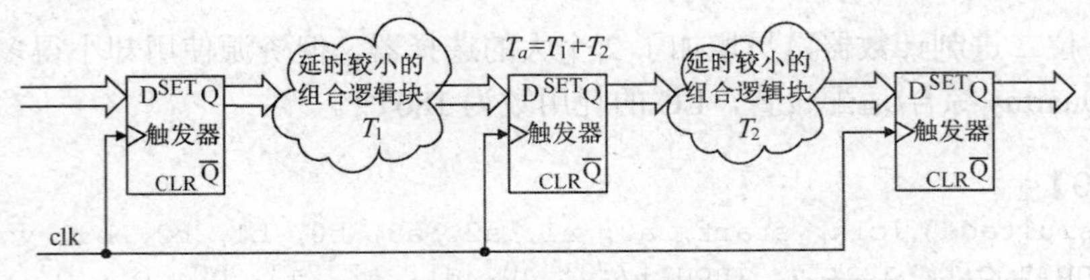

图 7-19　使用流水线结构

但是对于图 7-19 中流水线的第一级（指输入寄存器至插入的寄存器之间的新的组合逻辑设计），时钟信号 clk 的周期可以接近 T_1，即第一级的最高工作频率 F_{max1} 可以约等于 $1/T_1$；同样，第二级的 F_{max2} 也可以约等于 $1/T_1$。由此可以得出图 7-19 中的设计，其最高频率为 $F_{max}\approx F_{max1}\approx F_{max2}\approx 1/T_1$。

显然，最高工作频率比图 7-18 设计的速度提升了近一倍。

图 7-19 中流水线的工作原理是这样的，一个信号从输入到输出需要经两个寄存器（不考虑输入寄存器），共需时间为 T_1+T_2+2T_{reg}（T_{reg} 为寄存器延时），时间约为 T_a。但是每隔 T_1 时间，输出寄存器就输出一个结果，输入寄存器输入一个新的数据。这时两个逻辑块处理的不是同一个信号，资源被优化利用，而寄存器对信号数据做了暂存。

流水线工作节拍可以用图 7-20 来表示。以下用具体示例来进一步说明。

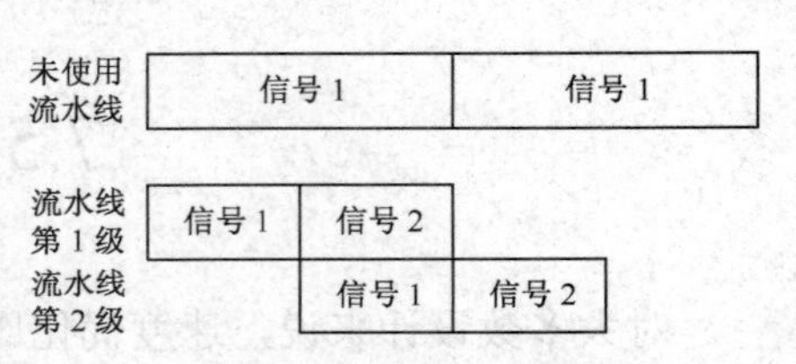

图 7-20　流水线工作图示

例 7-30 和例 7-31 同是 8 位加法器设计描述。前者是普通加法器描述方式，后者是二级流水线描述方式，其结构如图 7-21 所示。将 8 位加法分成两个 4 位加法操作，其中用锁存器隔离。基本原理与图 7-19 和图 7-20 显示的原理相同。

【例 7-30】普通加法器，EP3C10 综合结果：LCs=10，REG=0，T=7.748ns。

```
module ADDER8(CLK,SUM,A,B,COUT,CIN);
    input [7:0] A,B;  input CLK,CIN;  output COUT;  output [7:0] SUM;
    reg COUT;   reg [7:0] SUM;
     always @(posedge CLK)    {COUT,SUM[7:0]} <= A+B+CIN;
endmodule
```

【例 7-31】流水线加法器，EP3C10 综合结果：T=3.63ns，LCs=24，REG=22。

```
module ADDER8(CLK,SUM,A,B,COUT,CIN);
    input [7:0] A,B;  input CLK,CIN;  output COUT;  output[7:0] SUM;
     reg TC,COUT;   reg[3:0] TS,TA,TB;   reg[7:0] SUM;
      always @(posedge CLK)  begin
        {TC,TS} <= A[3:0]+B[3:0]+CIN;   SUM[3:0]<=TS;   end
      always @(posedge CLK)  begin
        TA <= A[7:4];   TB <= B[7:4];
       {COUT,SUM[7:4]} <= TA+TB+TC;     end
endmodule
```

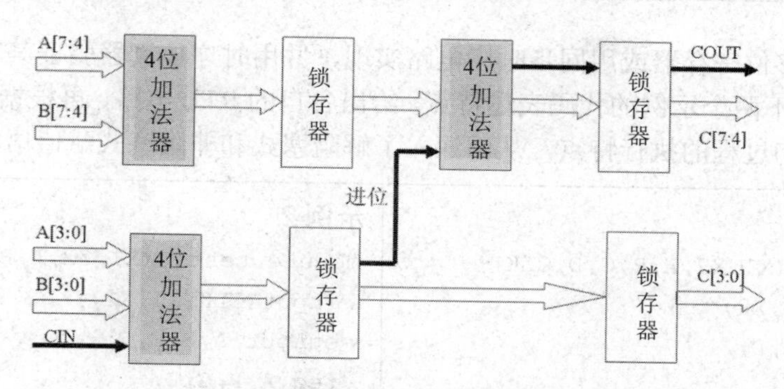

图 7-21　8 位加法器流水线工作图示

读者可以对以下两个示例的工作时序、逻辑耗用和时钟速度，在 Quartus 上进行比较。图 7-22 和图 7-23 分别是例 7-30 和例 7-31 的时序仿真波形图。以 A9H+78H 为例，图 7-22 所示波形显示，此结果在一个时钟后即出现，等于 121H，而图 7-23 显示，此结果需要两个时钟才输出。

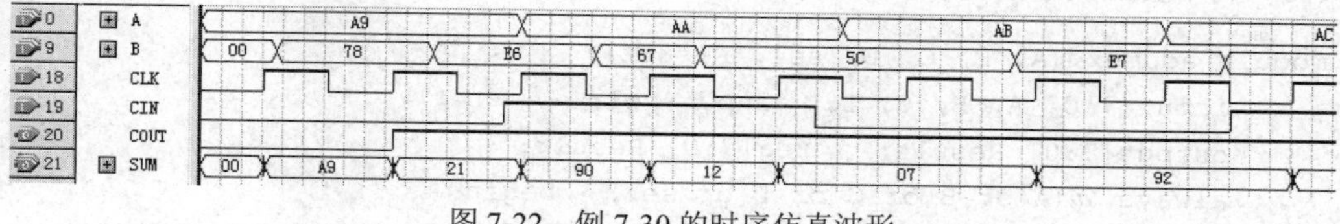

图 7-22　例 7-30 的时序仿真波形

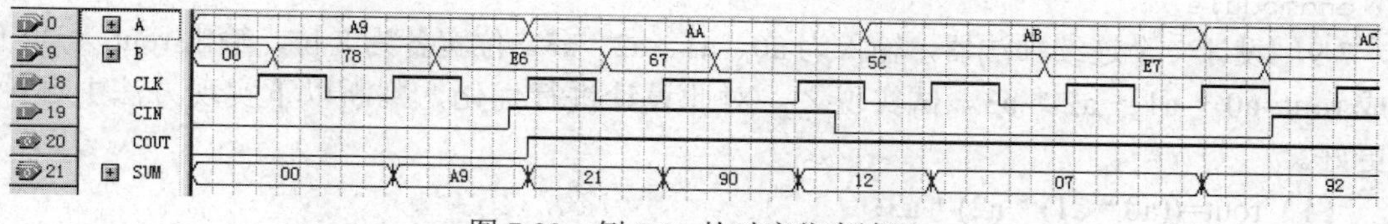

图 7-23　例 7-31 的时序仿真波形

习　题

7-1　举例说明，类型 1 的 if 语句描述含有使能或清零控制的边沿触发器和电平触发型锁存器的 Verilog 表述特点和其中的主要语句的功能。

7-2　举例说明，当 Verilog 表述中存在条件不完整语句时，综合出了时序模块。

7-3　从不完整的条件语句产生时序模块的原理看，例 7-13 和例 7-14 从表面上看都包含不完整条件语句，试说明，为什么例 7-13 的综合结果含锁存器，而例 7-14 却没有。

7-4　通常情况下，直接调用的 LPM_RAM 的输入数据口和输出数据口是分开的，如果希望获得一个含 8 位双向数据口的 LPM_RAM，如何改进？试用两种形式展示你的设计：① 原理图形式；② Verilog 代码形式。给出它们的仿真波形图，设 RAM 配置了初始化文件。

7-5　分别用原理图形式和 Verilog 代码形式设计一个具有 4 个通道的三态总线控制电路，可分别对 4 个 8 位 LPM_RAM 进行数据读取和写入操作。仿真后证明设计的正确性。

7-6　用原理图或 Verilog 输入方式分别设计一个周期性产生二进制序列 01001011001 的

序列发生器，用移位寄存器或用同步时序电路实现，并用时序仿真器验证其功能。

7-7　讨论以下两个示例的代码表述特点，给出各自的 RTL 电路，再根据电路情况讨论含混合赋值类型语句过程的执行特点，从而深入了解阻塞式和非阻塞式赋值语句的用法特点。

示例 1

```
module test1 (X1,X2,A,B,C,D,CLK);
  input CLK,X1,X2;
  output A,B,C,D;
  reg A,B,C,D;
   always@(posedge CLK)
    begin
      A=X1; D=X2; B<=D;  C<=A; end
endmodule
```

示例 2

```
module test1 (X1,X2,A,B,C,D,CLK);
  input CLK,X1,X2;
  output A,B,C,D;
  reg A,B,C,D;
   always@(posedge CLK)
     begin
    B<=D;  C<=A;  A=X1; D=X2;   end
endmodule
```

7-8　利用资源共享的面积优化方法对下面程序进行优化（仅要求在面积上优化）。

```
module addmux (A, B, C, D, sel, Result);
       input[7:0] A, B, C, D;   input sel;
       output[7:0] Result;    reg[7:0] Result;
       always @(A or B or C or D or sel)   begin
          if (sel==1'b0)  Result <= A+B;  else  Result <= C+D ; end
endmodule
```

7-9　设计一个连续乘法器，输入为 a0、a1、a2、a3，位宽各为 8 位，输出 rout 为 32 位，完成 rout=a0 * a1 * a2 * a3。试实现之。对此设计进行优化，判断以下实现方法中哪种方法更好。

（1）rout=((a0 * a1) * a2) * a3；

（2）rout=(a0 * a1) * (a2 * a3)。

7-10　为提高速度，对习题 7-9 中的前一种方法加上流水线技术进行实现。

7-11　试对以上的习题解答通过设置 Quartus 相关选项的方式，提高速度，减小面积。

7-12　参考例 7-31 设计一个 16 位加法器，含有三级流水线结构。与只含一级寄存器的同样加法器（即无流水线结构的例 7-30）在运行速度上进行比较。

7-13　设计一个三级流水线结构的 8 位乘法器，与只有一级锁存结构的 8 位乘法器的工作速度进行比较。从仿真时钟速度与 FPGA 实测速度两方面进行比较。讨论实验结果。

7-14　以下程序及其波形图（见图 7-24）分别是一个 3-8 译码器的设计程序及对应的时序波形。试根据 7.1.3 节所述内容讨论此项设计所依据的原理。

```
module DCD3_8  (output reg [7:0]Q, input[2:0]D);
    always @(D )
     begin  Q<= 8'b00000000;  Q[D]<=1;  end
endmodule
```

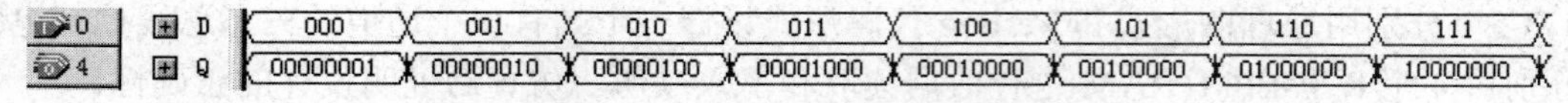

图 7-24　习题 7-14 的时序仿真波形

实验与设计

实验 7-1 4×4 阵列键盘按键信号检测电路设计

实验目的：用 Verilog 设计能识别 4×4 阵列键盘的实用电路（示例程序见例 7-32）。

实验原理：4×4 阵列键盘十分常用，图 7-25 是此键盘电路原理图；图 7-26 是此键盘的 10 芯接口原理图(这种接口安排十分容易与附录A的KX系列教学实验平台系统上的接口相接)。注意，此项设计要求输入端有上拉电阻。假设其两个 4 位口，A[3:0]和 B[3:0]都有上拉电阻。在应用中，当按下某键后，为了辨别和读取键信息，一种比较常用的方法是，向 A 口扫描输入一组分别只含一个 0 的 4 位数据，如 1110、1101、1011 等。若有键按下，则 B 口一定会输出对应的数据，这时，只要结合 A、B 口的数据，就能判断出键的位置。如当键 S0 按下，输入的 A=1110 时，输出 B=0111。于是{B,A}=0111_1110 就成了 S0 的代码。

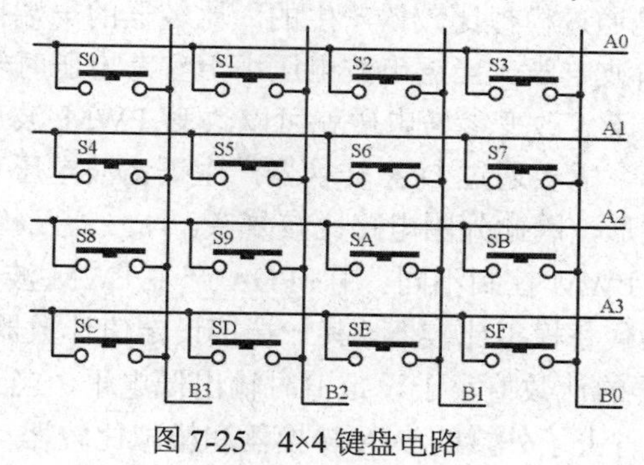

图 7-25 4×4 键盘电路

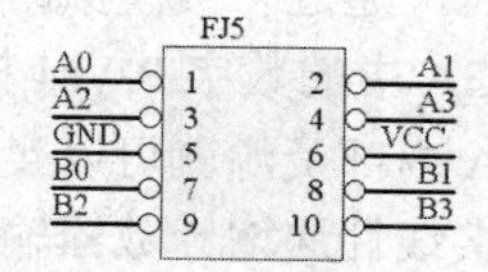

图 7-26 4×4 键盘的 10 芯接口

【例 7-32】

```
module KEY4X4 (input CLK, input [3:0]A, output reg[3:0]B,R);
   reg [1:0] C;
  always  @ (posedge CLK)    begin     C<=C+1;
   case(C)
   0: B=4'B0111; 1: B=4'B1011; 2: B=4'B1101; 3: B=4'B1110;
   endcase
   case({B,A} )
   8'B0111_1110: R=4'H0; 8'B0111_1101 : R=4'H1;
   8'B0111_1011: R=4'H2; 8'B0111_0111 : R=4'H3;
   8'B1011_1110: R=4'H4; 8'B1011_1101 : R=4'H5;
   8'B1011_1011: R=4'H6; 8'B1011_0111 : R=4'H7;
   8'B1101_1110: R=4'H8; 8'B1101_1101 : R=4'H9;
```

```
    8'B1101_1011: R=4'HA; 8'B1101_0111 : R=4'HB;
    8'B1110_1110: R=4'HC; 8'B1110_1101 : R=4'HD;
    8'B1110_1011: R=4'HE; 8'B1110_0111 : R=4'HF;
    endcase   end
endmodule
```

实验任务 1：根据实验原理分析例 7-32，仿真并详细说明程序中各语句结构的功能，并在 FPGA 上硬件验证。

实验任务 2：修改程序例 7-32，并增加一个显示译码器，使按下键时输出此键的键码值，松开键后不做任何显示。

实验任务 3：为键盘电路加上去抖动电路模块，实验验证此电路的可行性。

实验任务 4：回答问题。例 7-32 的程序中为何没有加 default 语句，它希望借此实现什么功能？如果加上 default 语句，会有什么后果？分别用仿真波形说明。在 default 语句存在的条件下，需要增加什么电路才能实现与原来同样的功能？试给出完整程序，并进行硬件验证。

实验 7-2　直流电机综合测控系统设计

实验目的：学习直流电机 PWM 的 FPGA 控制。掌握 PWM 控制的工作原理，对直流电机进行闭环转速控制、旋转方向控制、变速控制。

实验原理：一般的脉宽调制 PWM 信号是通过模拟比较器产生的。比较器的一端接给定的参考电压，另一端接周期性线性增加的锯齿波电压。当锯齿波电压小于参考电压时输出低电平，当锯齿波电压大于参考电压时输出高电平。改变参考电压就可以改变 PWM 波形中高电平的宽度。若用单片机产生 PWM 信号波形，需要通过 D/A 转换器产生锯齿波电压和设置参考电压，通过外接模拟比较器输出 PWM 波形，因此外围电路比较复杂。

FPGA 中的数字 PWM 控制与一般的模拟 PWM 控制不同。用 FPGA 产生 PWM 波形，只需 FPGA 内部资源就可以实现。用数字比较器代替模拟比较器，其一端接设定值计数器输出，另一端接线性递增计数器输出。当线性计数器的计数值小于设定值时输出低电平，当计数值大于设定值时输出高电平。与模拟控制相比，省去了外接的 D/A 转换器和模拟比较器，FPGA 外部连线很少、电路更加简单，便于控制。

其实，设计对步进电机的脉宽调制式细分驱动电路的关键也是脉宽调制。

图 7-27 是直流电机控制电路顶层设计，主要由以下 3 个部分组成。

（1）PWM 脉宽调制信号发生模块 SQU（如例 7-33 所示）。此模块是 FPGA 中的 PWM 脉宽调制信号产生电路。它的输出接电机转向控制电路模块，此模块输出的两个端口接电机。通过控制 SL 端，可以改变电机转向。SQU 的输入端之一来自模块 CNT8B。这是一个 8 位计数器，输出的数据相当于锯齿波信号，此信号的频率就是输出 PWM 波的频率，它由来自锁相环的 c0 的频率决定，频率选择 4096Hz。SQU 模块的另一端来自键控的 8 位数据，其中低 4 位 CIN[3..0]设定为恒定 1111，高 4 位由计数器 CNT4B 产生。于是可以通过手动按键控制电机的转速。

在按键输入计数器前加了一个消抖动模块 ERZP（如例 6-8 所示）。为了在实验板上看到按键输入的控制数据，在计数器前加了 7 段译码模块 DECL7S（如例 4-2 所示）。由于键抖动的脉冲频率比较低，故 ERZP 的工作时钟可选择 4096Hz。

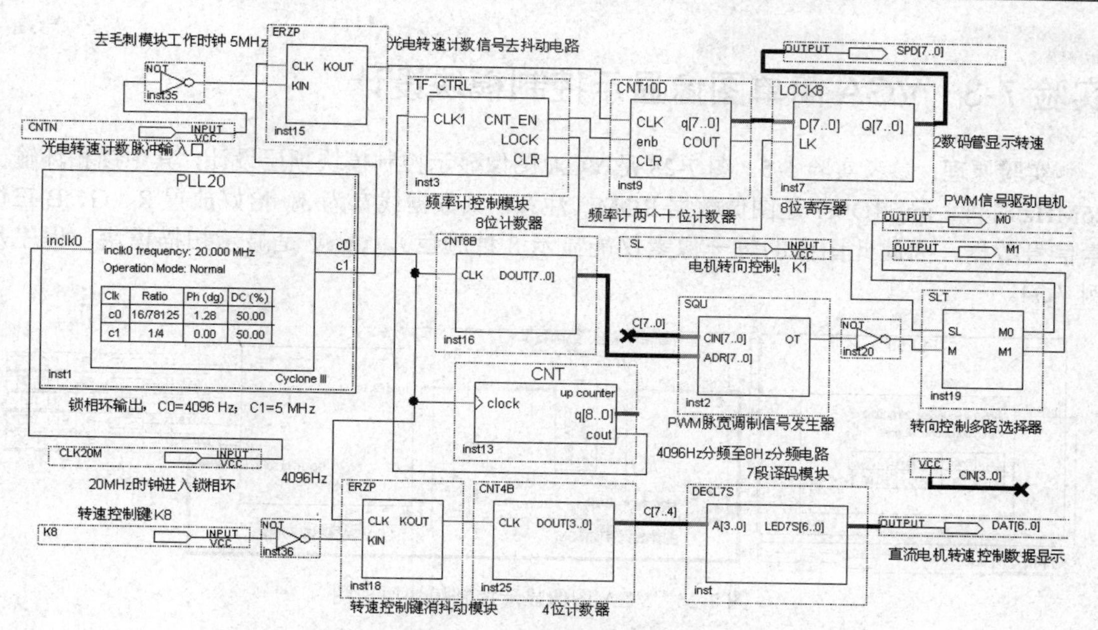

图 7-27　直流电机驱动控制电路顶层设计

【例 7-33】

```
module SQU (input[7:0] CIN, input[7:0] ADR, output reg OT);
    always @(CIN)  if (ADR<CIN)  OT<=1'b0;  else  OT<=1'b1;
endmodule
```

（2）电机转速测试系统。电机转速的测定很重要，一方面可以直观了解电机的转动情况，更重要的是可以据此构成电机的闭环控制，即可以设定电机的某一转速后，确保负载变动时仍旧能保持不变转速和恒定输出功率。本项实验是通过红外光电测定转速的。每转一圈光电管发出一个负脉冲，由图 7-27 中左上方的 CNTN 口进入。由于此类方法测转速，会附带大量毛刺脉冲（注意考查转速控制键和光电脉冲的去抖动效果），所以在 CNTN 的信号后必须接入消毛刺模块 ERZP，其工作时钟频率是 5MHz。ERZP 的输出信号进入一个两位十进制显示的频率计。图 7-27 中频率测量功能模块 TF_CTRL 是测频时序控制电路，其功能可参考实验 4-4（注意，此频率计只需显示两位十进制数即可）；模块 CNT10D 是双十位计数器；模块 LOCK8 是 8 位寄存器，由 74374 担任。

（3）工作时钟发生器。这主要由锁相环 PLL20 模块担任，假设其输入频率是 20MHz，直接来自实验系统板上；输出两个频率：C0=4096Hz，C1=5MHz。再用计数器分频 C0 至 8Hz。

实验任务 1： 如图 7-27 所示，对直流电机控制电路的所有模块进行定制、设计，并分别进行仿真，给出电机的驱动仿真波形，并与示波器中观察到的电机控制波形进行比较；讨论其工作特性；最后完成整个系统的验证性实验。

实验任务 2： 增加逻辑控制模块，用测到的转速数据控制输出的 PWM 信号，实现直流电机的闭环控制，要求旋转速度可设置。转速每秒 10～40 转。

实验任务 3： 了解工业专用直流电机转速控制方式，利用以上原理测速和控制电机，实现闭环控制。要求在允许的转速范围转矩功率不变。

实验 7-3　VGA 简单图像显示控制模块设计

实验原理：参考实验 5-5。图 7-28 是 VGA 图像显示控制模块顶层设计，其中锁相环输出 25MHz 时钟，imgROM1 是图像数据 ROM（注意，其数据线宽为 3，恰好放置 R、G、B 三像素信号数据，因此此图像的每一像素仅能显示 8 种颜色），vgaV 是显示扫描模块，程序是例 7-34。

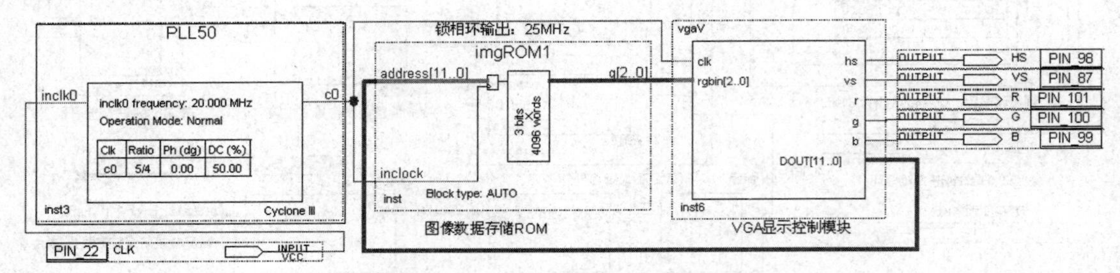

图 7-28　VGA 图像显示控制模块原理图

【例 7-34】

```
module vgaV (clk, hs, vs, r, g, b, rgbin, DOUT);
    input clk;                          //工作时钟 25MHz
    output hs,vs;  output r,g,b;        //场同步，行同步信号，以及红、绿、蓝控制信号
    input[2:0] rgbin;                   //像素数据
    output[11:0] DOUT;                  //图像数据 ROM 的地址信号
    reg[9:0] hcnt, vcnt;      reg r,g,b;      reg hs,vs;
    assign DOUT = {vcnt[5:0], hcnt[5:0]} ;
    always @(posedge clk)  begin  //水平扫描计数器
      if (hcnt<800)   hcnt<=hcnt+1;   else   hcnt<={10{1'b0}} ;  end
    always @(posedge clk)   begin //垂直扫描计数器
      if (hcnt==640+8)    begin
        if (vcnt<525)  vcnt<=vcnt+1;  else  vcnt<={10{1'b0}};  end  end
    always @(posedge clk)   begin //场同步信号发生
      if ((hcnt>=640+8+8) & (hcnt<640+8+8+96))
        hs<=1'b0 ; else  hs<=1'b1 ;    end
    always @(vcnt)   begin              //行同步信号发生
      if ((vcnt>=480+8+2) & (vcnt<480+8+2+2))
         vs<=1'b0 ;  else  vs<=1'b1 ;  end
    always @(posedge clk)   begin
      if (hcnt<640 & vcnt<480)    //扫描终止
      begin  r<=rgbin[2] ;  g<=rgbin[1] ;  b<=rgbin[0];   end
      else begin  r<=1'b0; g<=1'b0;  b<=1'b0;  end
    end
endmodule
```

实验任务 1：设计与生成图像数据；根据 imgROM1 件的接口，定制放置图像数据的 ROM。

实验任务 2：硬件验证例 7-34 和图 7-28，电路图脚锁定方式同实验 5-5。

实验任务 3：为了显示更大的图像，将 imgROM1 规模加大，修改例 7-34，并设计纯逻辑硬件控制的动画游戏。控制键可以用开发板上备有的键或 KX 系列教学实验平台系统板上的无抖动键。

实验 7-4　硬件乐曲演奏电路设计

实验目的：学习设计硬件乐曲演奏电路以及相关的控制电路。

实验原理：硬件乐曲演奏电路顶层模块图如图 7-29 所示，电路由 6 个子模块构成。

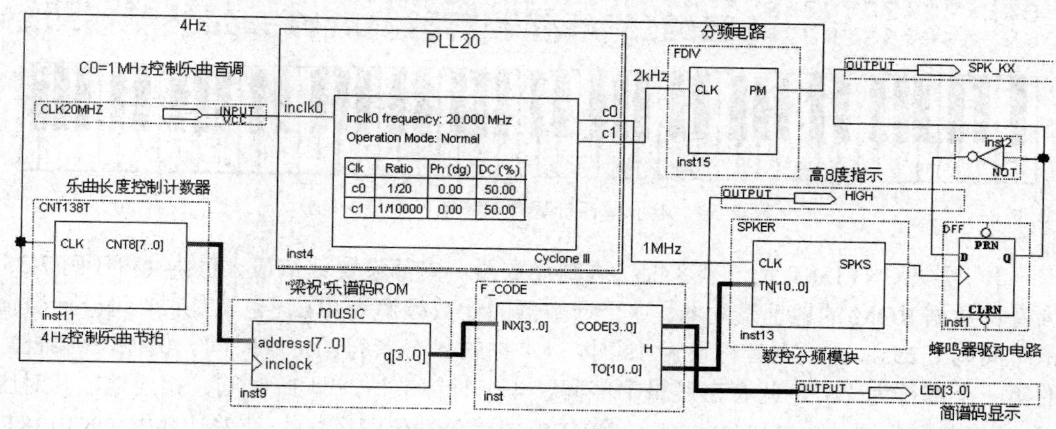

图 7-29　乐曲演奏电路顶层设计

与利用微处理器（CPU 或 MCU）来实现乐曲演奏相比，以纯硬件完成乐曲演奏电路的逻辑要复杂一些。本实验设计项目作为《梁祝》乐曲演奏电路的实现。

组成乐曲的每个音符的发音频率值及其持续的时间是乐曲能连续演奏所需的两个基本要素。问题是如何来获取这两个要素所对应的数值以及通过纯硬件的手段来利用这些数值实现所希望乐曲的演奏效果。下面首先从几个方面来了解图 7-29 的工作原理。

（1）音符的频率可以由图 7-29 中的 SPKER 获得，对应的程序如例 7-37 所示。这是一个用作分频器的可预置计数器。由 CLK 端输入一个具有较高频率（1MHz）的时钟，通过 SPKER 分频后，经由 D 触发器构成分频电路，由 SPK_KX 口输出。由于直接从分频器中出来的输出信号是脉宽极窄的信号，为了有利于驱动扬声器，需另加一个 D 触发器分频以均衡其占空比，但这时的频率将是原来的 1/2。SPKER 对 CLK 输入信号的分频比由输入的 11 位预置数 TN[10..0]决定。SPK_KX 的输出频率将决定每一音符的音调；这样，分频计数器的预置值 TN[10..0] 与输出频率就有了对应关系，而输出的频率又与音乐音符的发声有对应关系，例如，在 F_CODE 模块（例 7-36）中若取 TN[10..0]=11'H40C，将由 SPK_KX 发出音符为“3”音的信号频率。详细的对应关系可以参考图 7-30 的电子琴音阶基频对照图。

（2）音符的持续时间需根据乐曲的速度及每个音符的节拍数来确定，图 7-29 中模块 F_CODE（例 7-36）的功能首先是为模块 SPKER（11 位分频器）提供决定所发音符的分频预置数，而此数在 SPKER 输入口停留的时间即为此音符的节拍周期。模块 F_CODE 是乐曲简谱码对应的分频预置数查表电路，例 7-36 中的数据是根据图 7-30 得到的，程序中设置了《梁祝》乐曲全部音符所对应的分频预置数，共 14 个，每一音符的停留时间则由音乐节拍和音调发生查表模块 MUSIC 中简谱码和工作时钟 inclock 的频率决定，在此为 4Hz。这 4Hz 频率来自分频模块 FDIV，模块 MUSIC 是一个 LPM_ROM。它的输入频率来自锁相环 PLL20 的 2kHz 输出频率，而模块 F_CODE 的 14 个值的输出由对应于 MUSIC 模块输出的 q[3..0]及 4 位输入值 INX[3..0]确定，而 INX[3..0] 最多有 16 种可选值。输向模块 F_CODE 中 INX[3..0]的值在 SPKER 中对应的输出频率值与持续的时间由模块 MUSIC 决定。

图 7-30　电子琴音阶基频对照图（单位：Hz）

（3）模块 CNT138T 是一个 8 位二进制计数器，内部设置计数最大值为 139（例 7-35），作为音符数据 ROM 的地址发生器。这个计数器的计数频率为 4Hz，也就是说，每一计数值的停留时间为 0.25s，即当全音符设为 1s 时，4/4 拍的 4 分音符的持续时间。例如，《梁祝》乐曲的第一个音符为“3”，此音在逻辑中停留了 4 个时钟节拍，即 1s 时间，相应地，其对应的“3”音符分频预置值为 11'H40C，在 SPKER 的输入端停留了 1s。随着计数器 CNT138T 按 4Hz 的时钟速率做加法计数时，即随地址值递增时，音符数据 ROM 模块 MUSIC 中的音符数据将从 ROM 中通过 q[3..0]端口输向 F_CODE 模块，《梁祝》乐曲就开始连续自然地演奏起来了。CNT138T 的节拍是 139，正好等于 ROM 中的简谱码数，所以可以确保循环演奏。对于其他乐曲，此计数最大值要根据情况更改。

实验任务 1：定制音符数据 ROM MUSIC。该 ROM 中对应《梁祝》乐曲的音符数据已列于例 7-39 中。注意该例数据表中的数据位宽、深度和数据的表达类型。为了节省篇幅，例 7-39 中的数据都横排排列，实际上必须以每一分号为一行来展开。最后对该 ROM 进行仿真，确认例 7-39 中的音符数据已经进入 ROM 中。图 7-31 是利用 Quartus 的存储器内容在系统编辑器（In-System Memory Content Editor）读取开发板上 MUSIC ROM 中的数据，与例 7-39 的数据相同。

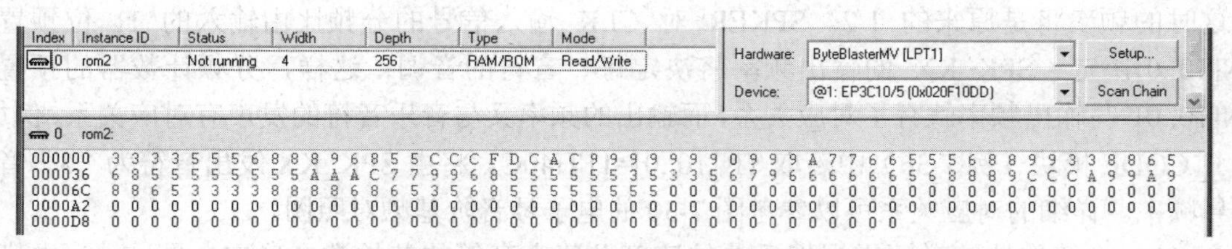

图 7-31　In-System Memory Content Editor 对 MUSIC 模块的数据读取

实验任务 2：对图 7-29 中的所有模块分别进行仿真测试，特别是通过联合测试模块 F_CODE 和 SPKER，进一步确认 F_CODE 中的音符预置数的精确性，因为这些数据决定了音准。可以根据图 7-31 的数据进行核对。

实验任务 3：完成系统仿真调试和硬件验证。演奏发音输出口是 SPK_KX。简谱码输出显示可由 LED[3:0]输出在数码管上显示；HIGH 为高 8 度音指示，可由发光管指示。

实验任务 4：在模块 MUSIC 中填入新的乐曲。针对新乐曲的曲长和节拍情况改变模块 CNT138T 的计数长度（注意，一个计数值就是一个 1/4 拍）。

实验任务 5：在一个 ROM 装上多首歌曲，可手动或自动选择歌曲。

实验任务 6：根据此项实验设计一个电子琴，有 16 个键，用 4×4 键盘。

实验任务 7：为以上的电子琴增加一到两个 RAM，用以记录弹琴时的节拍、音符和对应的分频预置数。当演奏乐曲后，可以通过控制功能自动重播曾经弹奏的乐曲。

实验报告：详细叙述硬件电子琴的工作原理及其 5 个模块的功能，叙述硬件实验情况。

【例 7-35】

```
module CNT138T (CLK, CNT8);
      input CLK;   output[7:0] CNT8;   reg[7:0] CNT;   wire LD;
      always @(posedge CLK or posedge LD )   begin
        if (LD) CNT <= 8'b00000000;  else   CNT<=CNT+1;   end
      assign CNT8=CNT;   assign LD=(CNT==138);
endmodule
```

【例 7-36】

```
module F_CODE (INX, CODE, H, TO);
      input[3:0] INX;  output[3:0] CODE;  output H;  output[10:0] TO;
      reg[10:0] TO;   reg[3:0] CODE;   reg H;
      always @(INX)   begin
      case (INX)          //译码电路，查表方式，控制音调的预置
      0 : begin TO <= 11'H7FF; CODE<=0; H<=0; end
      1 : begin TO <= 11'H305; CODE<=1; H<=0; end
      2 : begin TO <= 11'H390; CODE<=2; H<=0; end
      3 : begin TO <= 11'H40C; CODE<=3; H<=0; end
      4 : begin TO <= 11'H45C; CODE<=4; H<=0; end
      5 : begin TO <= 11'H4AD; CODE<=5; H<=0; end
      6 : begin TO <= 11'H50A; CODE<=6; H<=0; end
      7 : begin TO <= 11'H55C; CODE<=7; H<=0; end
      8 : begin TO <= 11'H582; CODE<=1; H<=1; end
      9 : begin TO <= 11'H5C8; CODE<=2; H<=1; end
      10 : begin TO <= 11'H606; CODE<=3; H<=1; end
      11 : begin TO <= 11'H640; CODE<=4; H<=1; end
      12 : begin TO <= 11'H656; CODE<=5; H<=1; end
      13 : begin TO <= 11'H684; CODE<=6; H<=1; end
      14 : begin TO <= 11'H69A; CODE<=7; H<=1; end
      15 : begin TO <= 11'H6C0; CODE<=1; H<=1; end
       default : begin TO <= 11'H6C0; CODE<=1; H<=1;
        end
      endcase   end
endmodule
```

【例 7-37】

```
module SPKER (CLK, TN, SPKS);
      input CLK;  input[10:0] TN;  output SPKS;
      reg SPKS;  reg[10:0] CNT11;
      always @(posedge CLK)   begin  : CNT11B_LOAD//11 位可预置计数器
        if (CNT11==11'h7FF) begin CNT11=TN;  SPKS<=1'b1;   end
        else begin   CNT11=CNT11+1;  SPKS<=1'b0 ;    end
      end
endmodule
```

【例 7-38】2kHz 至 4Hz 分频器。

```
module FDIV  (CLK,PM);
      input CLK;  output PM;  reg [8:0] Q1;  reg FULL;  wire RST;
        always @(posedge CLK or posedge RST) begin
          if (RST) begin Q1<=0; FULL<=1; end
            else  begin Q1 <= Q1+1; FULL<=0;   end    end
      assign RST = (Q1==499); assign PM = FULL;
      assign DOUT = Q1;
endmodule
```

【例 7-39】

```
WIDTH = 4 ;                   //《梁祝》乐曲演奏数据
DEPTH = 256 ;                 //实际深度 139
ADDRESS_RADIX = DEC ;         //地址数据类是十进制
DATA_RADIX = DEC ;            //输出数据的类型也是十进制
CONTENT  BEGIN                //注意实用文件中要展开以下数据,每一组占一行
   00: 3 ; 01: 3 ; 02: 3 ; 03: 3; 04: 5;  05: 5; 06: 5; 07: 6; 08: 8; 09: 8;
   10: 8 ; 11: 9 ; 12: 6 ; 13: 8; 14: 5;  15: 5; 16:12; 17: 12;18: 12;19:15;
   20:13 ; 21:12 ; 22:10 ; 23:12; 24: 9;  25: 9; 26: 9; 27: 9; 28: 9; 29: 9;
   30: 9 ; 31: 0 ; 32: 9 ; 33: 9; 34: 9;  35:10; 36: 7; 37: 7; 38: 6; 39: 6;
   40: 5 ; 41: 5 ; 42: 5 ; 43: 6; 44: 8;  45: 8; 46: 9; 47: 9; 48: 3; 49: 3;
   50: 8 ; 51: 8 ; 52: 6 ; 53: 5; 54: 6;  55: 8; 56: 5; 57: 5; 58: 5; 59: 5;
   60: 5 ; 61: 5 ; 62: 5 ; 63: 5; 64:10;  65:10; 66:10; 67:12; 68: 7; 69: 7;
   70: 9 ; 71: 9 ; 72: 6 ; 73: 8; 74: 5;  75: 5; 76: 5; 77: 5; 78: 5; 79: 5;
   80: 3 ; 81: 5 ; 82: 3 ; 83: 3; 84: 5;  85: 6; 86: 7; 87: 9; 88: 6; 89: 6;
   90: 6 ; 91: 6 ; 92: 6 ; 93: 6; 94: 5;  95: 6; 96: 8; 97: 8; 98: 8; 99: 9;
   100:12;101:12 ;102:12 ;103:10;104: 9; 105: 9;106:10;107: 9;108: 8;109: 8;
   110: 6;111: 5 ;112: 3 ;113: 3;114: 3; 115: 3;116: 8;117: 8;118: 8;119: 8;
   120: 6;121: 8 ;122: 6 ;123: 5;124: 3; 125: 5;126: 6;127: 8;128: 5;129: 5;
   130: 5;131: 5 ;132: 5 ;133: 5;134: 5; 135: 5;136: 0;137: 0;138: 0;
END ;
```

实验 7-5　PS/2 键盘控制模型电子琴电路设计

实验目的：学习对 PS/2 键盘数据程序的设计，掌握 PS/2 键盘应用技术。

实验原理：图 7-32 是 PS/2 键盘控制模型电子琴电路顶层设计。除了 PS/2 通信模块 PS/2_PIANO 和图 7-32 中的 CODE3 模块（例 7-41）等稍有不同，此电路所有其他模块及电

路功能与图 7-29 完全相同，工作原理也类似。对此不再重复说明。

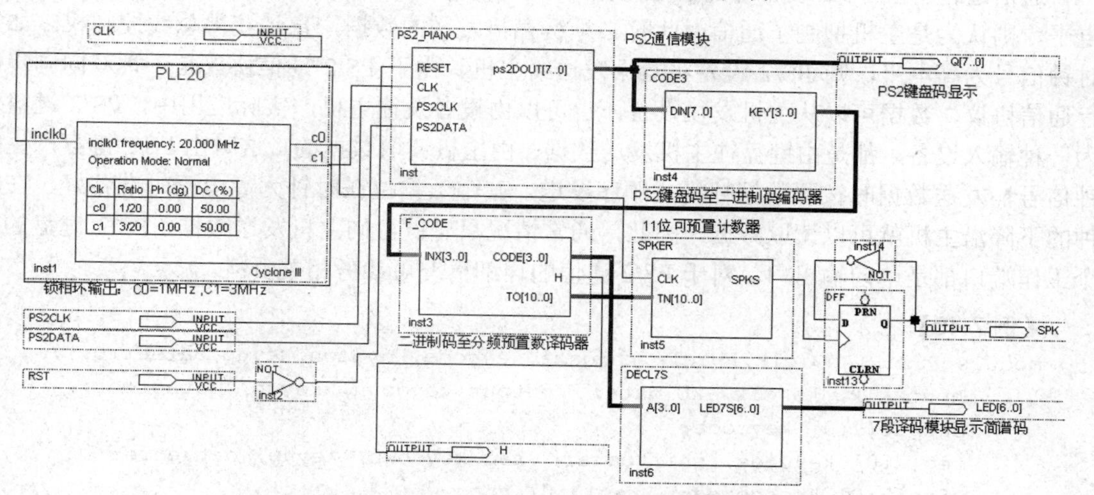

图 7-32 PS/2 键盘控制模型电子琴电路顶层设计

例 7-40 是根据来自 PS/2_PIANO 模块的键盘码，即图 7-33 的 PS/2 键盘码设计的。PS/2 键盘接口是个 6 脚连接器。PS/2 的 4 个脚的功能分别是时钟端口、数据端口、+5V 电源端口和电源接地端口。PS/2 键盘依靠 PC 的 PS/2 端口提供+5V 电源。PS/2 是双端口双向通信模式，即遵循双向同步通信协议。通信的双方过时钟口同步，然后通过数据口进行数据通信。通信中，主机若要控制另一方通信选择，把时钟拉至低电平即可。

Key	A	B	C	D	E	F	G	H	I	J	K	L	M	N	O
Data	1C	32	21	23	24	2B	34	33	43	3B	42	4B	3A	31	44
Key	P	Q	R	S	T	U	V	W	X	Y	Z	0	1	2	3
Data	4D	15	2D	1B	2C	3C	2A	1D	22	35	1A	45	16	1E	26
Key	4	5	6	7	8	9	`	-	=	\	]	;	'	,	.
Data	25	2E	36	3D	3E	46	0E	4E	55	5D	5B	4C	52	41	49
Key	/	[	F1	F2	F3	F4	F5	F6	F7	F8	F9	F10	F11	F12	KP0
Data	4A	54	05	06	04	0C	03	0B	83	0A	01	09	78	07	70
Key	KP1	KP2	KP3	KP4	KP5	KP6	KP7	KP8	KP9	KP.	KP-	KP+	KP/	KP*	END
Data	69	72	7A	6B	73	74	6C	75	7D	71	7B	79	4A	7C	69
Key	BKSP	SPACE	TAB	CAPS	L SHFT	L CTRL	L CUI	L ALT	R SHFT	R CTRL	R CUI				
Data	66	29	0D	58	12	14	1F	11	59	14	27				
Key	R ALT	APPS	ENTER	ESC	INSERT	HOME	PG UP	DELETE	PG DN	NUM					
Data	11	2F	5A	76	70	6C	7D	71	7A	77					
Key	U ARROW	L ARROW	D ARROW	R ARROW	KP EN	SCROLL	PRNT SCRN	PAUSE							
Data	75	6B	72	74	5A	7E	12 7C	14							

图 7-33 PS/2 键盘键控与输出码对照表

PS/2 通信过程中，数据以帧为单位进行传输，每帧包含 11～12 位数据，具体方式如下。

（1）数据的第 1 个位为起始位，其逻辑恒为 0。

（2）接下来是 8 个数据位，低位在前；时钟下降沿读取。

（3）然后是 1 个 1 位奇偶校验位，作奇校验；接下来的第 11 位是停止位，恒为 1。

（4）必要时设 1 个答应位，用于主机对设备的通信。

通信过程中当 PS/2 设备等待发送数据时，首先检查时钟端以便确认其高电平；如果为低电平，则认为是主机抑制了通信，此时必须缓存待发送的数据，直到获得总线控制权。如果时钟信号为高电平，则 PS/2 设备将数据发送给主机。由于 PS/2 通信协议是一种双向同步串行通信协议，数据可以从主机发往设备，也可以由设备发往主机。实际应用中，PS/2 键盘作为一种输入设备，都是由键盘往主机发送数据、由主机读取数据的。这时由 PS/2 键盘产生时钟信号，发送数据时按照数据帧格式顺序发送。其中数据位在时钟为高电平时准备好，在时钟的下降沿主机就可以读取数据。因此，通常情况只有键盘向主机发送数据，PS/2 键盘的两个工作端口都是单向输出口。对于 PS/2 通信的详细情况可参考相关资料。

【例 7-40】

```
module PS2_PIANO(clk,kb_clk,kb_data,keycode,keydown,keyup,dataerror);
    input clk, kb_clk, kb_data;   output keydown, keyup, dataerror;
     output[7:0] keycode;
     reg[7:0] keycode, shiftdata;   reg keydown, keyup, dataerror;
     wire[7:0] kbcodereg;   reg[3:0] cnt;
     reg datacoming, kbclkfall, kbclkreg, parity, isfo;
     always @(posedge clk)   begin
       kbclkreg <= kb_clk ;
       kbclkfall <= kbclkreg & (~kb_clk) ;    end
     always @(posedge clk)   begin
       if (kbclkfall == 1'b1 & datacoming == 1'b0 & kb_data == 1'b0)
       begin
         datacoming<=1'b1; cnt<=4'b0000;  parity<=1'b0;    end
       else if (kbclkfall == 1'b1 & datacoming == 1'b1)
       begin  if (cnt == 9)
         begin
           if (kb_data == 1'b1)
            begin   datacoming<=1'b0; dataerror<=1'b0; end
           else  begin  dataerror<=1'b1;  end
           cnt <= cnt + 1 ;   end
         else if (cnt == 8)   begin if (kb_data == parity)
           begin  dataerror <= 1'b0 ;  end
           else  begin  dataerror<=1'b1; end
           cnt <= cnt + 1 ;   end
         else   begin  shiftdata <= {kb_data, shiftdata[7:1]} ;
           parity <= parity ^ kb_data;  cnt <= cnt + 1 ;   end
       end   end
     always @(posedge clk)   begin
       if (cnt == 10)   begin  if (shiftdata==8'b11110000)
         begin  isfo<=1'b1 ;   end
         else if (shiftdata!=8'b11100000)   begin  if (isfo==1'b1)
           begin   keyup<=1'b1;   keycode<=shiftdata;   end
           else  begin  keydown<=1'b1;  keycode<=shiftdata;  end
         end     end
       else  begin  keyup<=1'b0;  keydown<=1'b0;  end   end
endmodule
```

【例 7-41】

```
module CODE3 (input[7:0] DIN,  output reg [3:0] KEY ) ;
     always @(DIN)   begin
       case (DIN)
         8'b00010110 : KEY<=4'b0001;        8'b00011110 : KEY<=4'b0010;
         8'b00100110 : KEY<=4'b0011;        8'b00100101 : KEY<=4'b0100;
         8'b00101110 : KEY<=4'b0101;        8'b00110110 : KEY<=4'b0110;
         8'b00111101 : KEY<=4'b0111;        8'b00111110 : KEY<=4'b1000;
         8'b01000101 : KEY<=4'b1001;
       default : KEY<=4'b0000;
       endcase end
endmodule
```

实验任务 1：查阅 PS/2 键盘通信协议资料，根据电路原理图，完成模型电子琴设计。

实验任务 2：修改例 7-40，要求使此电子琴在弹奏过程中，按键时有音，松键后无音。

实验任务 3：为此模型电子琴增加一到两个 RAM，用以记录弹琴时的节拍、音符和对应的分频预置数。当演奏乐曲后，可以通过控制功能自动重播曾经弹奏的乐曲。

实验任务 4：为此电子琴设计一个 VGA 显示模块，显示出琴键图像。当按下电子琴某键后，VGA 所显示的琴键键盘出现对应的变化。

实验任务 5：查阅 PS/2 鼠标相关通信协议的资料或改写例 7-40，实现鼠标通信控制。然后设计 VGA 显示图像，使鼠标移动图像显示于 VGA 显示器上。

实验 7-6 FIR 数字滤波器设计实验

实验目的：学习并掌握利用 MATLAB FDA Tool 和 Quartus 设计不同类型的 FIR 滤波器进行仿真、硬件实现与测试。

实验任务 1：设计一个 5 阶常数系数 FIR 滤波器。已知其系统函数为

$$h(n)=C_q(h(0)x(n)+h(1)x(n-1)+h(2)x(n-2)+h(3)x(n-3)+h(4)x(n-4)+h(5)x(n-5)),$$

其中，C_q=0.04，$h(0)$=25，$h(1)$=93，$h(2)$=212，$h(3)$=212，$h(4)$=93，$h(5)$=25。

试用 Verilog 设计，并给出仿真结果。

实验任务 2：完成 16 阶直接 I 型滤波器模型设计。

实验任务 3：设计一个 64 阶的直接 I 型滤波器模型，设计参数为：高通滤波器；采样频率 Fs 为 48kHz，滤波器 Fc 为 10.8kHz；输入序列位宽为 9 位（最高位为符号位）。

实验任务 4：在一般应用中，需要设计的 FIR 滤波器往往是线性相位的，其滤波器系数是对称的，可以通过优化滤波器结构来减少 FIR 滤波器实现的运算量。例如对于实验任务 2，就是一个线性相位的 FIR 滤波器，其中

$$h(0)=h(5)=25，h(1)=h(4)=93，h(2)=h(3)=212，$$

那么就有

$$h(n)=C_q[h(0)(x(n)+x(n-5))+h(1)(x(n-1)+x(n-4))+h(2)(x(n-2)+x(n-3))]。$$

试按照上式重新构建线性相位 FIR 滤波器模型。

实验任务 5：使用 FIR Compiler IP Core 设计一个 128 阶 FIR 低通滤波器。

实验报告：根据以上要求和实验任务，记录并分析所有实验结果，完成实验报告。

第8章　状态机设计技术

有限状态机及其设计技术是实用数字系统设计中的重要组成部分，也是实现高效率、高可靠性和高速控制逻辑系统的重要途径。有限状态机应用广泛，特别是对那些操作和控制流程非常明确的系统设计，在数字通信、自动化控制、CPU 设计以及家电设计等领域都拥有重要的和不可或缺的地位。尽管到目前为止，有限状态机的设计理论并没有增加多少新的内容，然而面对先进的 EDA 工具、日益发展的大规模集成电路技术和强大的硬件描述语言，有限状态机在其具体的设计和优化技术以及实现方法上却有了许多崭新的内容。

本章重点介绍用 Verilog 设计不同类型有限状态机的方法，同时考虑 EDA 工具和设计实现中许多必须重点关注的问题，如优化、毛刺的处理及编码方式等方面的问题。

8.1　Verilog 状态机的一般形式

就理论而言，任何时序模型都可以归结为一个状态机。如只含一个 D 触发器的二分频电路或一个普通的 4 位二进制计数器都可算作一个状态机；前者是两状态型状态机，后者是 16 状态型状态机，只是都属于一般状态机的特殊形式，而且它们并非基于明确自觉的状态机设计方案下的时序模块。从一般意义上讲，可以有不同表达方式、不同功能和不同优化形式的 Verilog 状态机，但基于现代数字系统设计技术自觉意义上的状态机的 Verilog 表述形态和表述风格还是具有一定的格律化的。它们有相对固定的语句和程序表达方式。只要把握了这些固定的语句表达部分，就能根据实际需要写出各种不同风格和面向不同实用目的的 Verilog 状态机。据此，综合器能从不同表述形态的 Verilog 代码中轻易地识别出状态机，并加以多方面的优化。不断涌现的优秀的 EDA 设计工具已使状态机的设计和优化的自动化达到了相当高的程度。

8.1.1　状态机的特点与优势

这里首先从数字系统设计的一些具体的技术层面来讨论设计状态机的目的。

往往有这种情形，面对同一个设计目标的不同形式的逻辑设计方案中，如果利用有限状态机的设计方案来描述和实现将可能是最佳选择。大量实践也已证明，无论与基于 HDL 的其他设计方案相比，还是与可完成相似功能的 CPU 相比，在一些简单的控制方面，有限状态机都有其巨大的优越性，这主要表现在以下几个方面。

（1）高效的过程控制模型。状态机克服了纯硬件数字系统顺序方式控制不灵活的缺点。状态机的工作方式是根据控制信号按照预先设定的状态进行顺序运行的。状态机是纯硬件数字系统中的顺序控制模型，因此状态机在其运行方式上类似于控制灵活和方便的 CPU，是高速、高效过程控制的首选。

（2）容易利用现成的 EDA 工具进行优化设计。由于状态机构建简单，设计方案相对固定，特别是可以做一些独具特色的规范、固定的表述，这一切为 HDL 综合器尽可能自动地发挥其强大的优化功能提供了便利条件。而且，性能良好的综合器都具备许多可控或自动的优化状态机的功能，如编码方式选择、安全状态机生成等。

（3）系统性能稳定。状态机容易构成性能良好的同步时序逻辑模块，这对于解决大规模逻辑电路设计中令人深感棘手的竞争冒险现象无疑是一个上佳的选择。因此，与其他的设计方案相比，在消除电路中的毛刺现象、强化系统工作稳定性方面，同步状态机的设计方案将使设计者拥有更多的可供选择的解决方案。

（4）高速性能。在高速通信和顺序控制方面，状态机更有其巨大的优势。然而就运行速度而言，尽管 CPU 和状态机都是按照时钟节拍以顺序时序方式工作的，但 CPU 是按照指令周期，以逐条执行指令的方式运行的；每执行一条指令，通常只能完成一项单独的操作，而一个指令周期须由多个机器周期构成，一个机器周期又由多个时钟节拍构成，一个含有运算和控制的完整设计程序往往需要成百上千条指令。相比之下，状态机状态变换周期只有一个时钟周期。而且由于在每一状态中，状态机可以并行同步完成许多运算和控制操作，因此，一个完整的 HDL 模块控制结构即使由多个并行的状态机构成，其状态数也是十分有限的。例如，超高速串行或并行 A/D、D/A 器件的控制，硬件串行通信模块 RS232、PS/2、USB、SPI 的实现，FPGA 高速配置电路的设计，自动化控制领域中的高速过程控制系统、通信领域中的许多功能模块的构建等。

（5）高可靠性能。其常应用于要求高可靠性的特殊环境中的电子系统中，原因如下。首先，状态机是由纯硬件电路构成的，它的运行不依赖软件指令的逐条执行；其次，状态机的设计中能使用各种完整的容错技术；最后，当状态机进入非法状态并从中跳出时，进入正常状态所耗的时间十分短暂，通常只有 2～3 个时钟周期，数十纳秒，尚不足以对系统的运行构成损害。

8.1.2 状态机的一般结构

用 Verilog 设计的状态机根据不同的分类标准可以分为多种不同的形式，具体如下。

- 从状态机的信号输出方式上分，有 Mealy 型和 Moore 型两种状态机。
- 从状态机的描述结构上分，有单过程状态机和多过程状态机。
- 从状态表达方式上分，有符号化状态机和确定状态编码的状态机。
- 从状态机编码方式上分，有顺序编码、一位热码编码或其他编码方式状态机。

然而，最一般和最常用的状态机结构中通常都包含了说明部分、主控时序过程、主控组合过程、辅助过程等几个部分。下面分别说明。

1．说明部分

说明部分包含状态转换变量的定义和所有可能状态的说明，必要时还要确定每个状态的编码形式。一个易读易懂、在表述形式上简洁规范且容易让 HDL 综合器在状态机优化方面有足够发挥空间的状态机程序，最好是纯抽象的符号化状态机，即所定义的状态序列和状态转换变量都不涉及具体的数值、编码，甚至数据类型或变量类型。

在 Verilog 状态机程序说明部分，各状态元素是用参数说明关键词 parameter 来定义的。

其中各状态元素所取的数值或编码必须写出具体值，如设 s1=1，或 s1=3'B101 等。而关键词 parameter 旁的位宽说明[2:0]可写可不写，因为在下面还有附加定义。在下句的定义中，则分别定义现态和次态变量 current_state, next_state 的位宽是 3 的 reg 类型。

```
parameter[2:0]  s0=0, s1=1, s2=2, s3=3, s4=4;
reg[2:0] current_state, next_state;
```

2．主控时序过程

所谓主控时序过程，是指负责状态机运转和在时钟驱动下负责状态转换的过程。状态机是随外部时钟信号，以同步时序方式工作的。因此，状态机中必须包含一个对工作时钟信号敏感的过程，用作状态机的“驱动泵”。时钟 clk 相当于这个“驱动泵”中电机的驱动功率电源。当时钟发生有效跳变时，状态机的状态才发生改变。状态机向下一状态（包括可能再次进入本状态）转换的实现仅取决于时钟信号的到来。许多情况下，主控时序过程不负责下一状态的具体状态取值，如 s0、s1、s2、s3 中的某一状态值。

当时钟的有效跳变到来时，时序过程只是机械地将代表次态的信号 next_state 中的内容（某状态元素）送入现态的信号 current_state 中，而信号 next_state 中的内容完全由其他过程根据实际情况来决定。当然，在此时序过程中也可以放置一些同步或异步清零或置位方面的控制信号。总体来说，主控时序过程的设计比较固定和单一。

3．主控组合过程

如果将状态机比喻为一台机床，那么主控时序过程即为此机床的驱动电机，clk 信号为此电机的功率电源，而主控组合过程则为机床的复杂机械加工部分。它本身的运转有赖于电机的驱动，它的具体工作方式则依赖于机床操作者的控制。

图 8-1 所示是一个状态机的一般结构框图。其中，COM 过程即为一个主控组合过程，它通过信号 current_state 中的状态值进入相应的状态，并在此状态中根据外部的信号（指令），如 state_inputs 等向内或/和外发出控制信号，如 comb_outputs；同时确定下一状态的走向，即向次态信号 next_state 中赋入相应的状态值。此状态值将通过 next_state 传给图中的 REG 时序过程，直至下一个时钟脉冲的到来，状态机再进入另一次的状态转换周期。

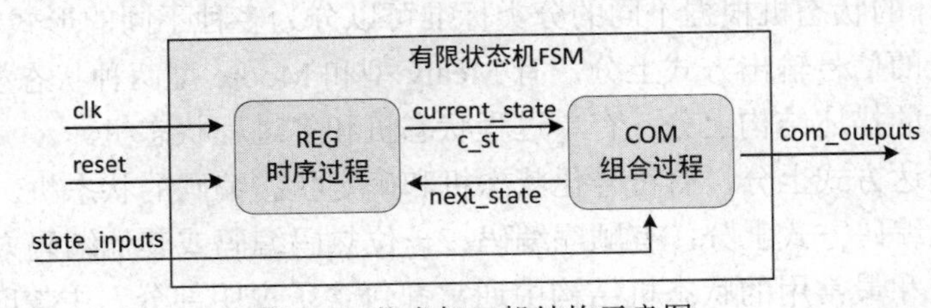

图 8-1　状态机一般结构示意图

因此，主控组合过程也可称为状态译码过程，其任务是根据外部输入的控制信号，以及来自状态机内部其他非主控的组合或时序过程的信号，或/和当前状态的状态值，确定下一状态（next_state）的取向，即 next_state 的状态元素确定，以及确定对外输出或对内部其他组合或时序过程输出控制信号的内容。

4．辅助过程

辅助过程用于配合状态机工作的组合过程或时序过程。例如，为了完成某种算法的过程，或存储数据的存储过程，或用于配合状态机工作的其他时序过程等。

例 8-1 描述的状态机是由两个主控过程构成的，其中含有主控时序过程和主控组合过程，其结构可用图 8-1 来表示。为了便于在仿真波形图上进行显示，在程序中将现态信号 current_state 简写为 c_st。8.2.1 节例 8-2 的现态表述 cs，也是同样目的。

【例 8-1】

```
module FSM_EXP (clk, reset, state_inputs, comb_outputs);
  input clk;                                      //状态机工作时钟
  input reset;                                    //状态机复位控制
  input [0:1] state_inputs;                       //来自外部的状态机控制信号
  output [3:0] comb_outputs;                      //状态机向外部发出的控制信号输出
  reg [3:0] comb_outputs;
  parameter  s0=0,s1=1,s2=2,s3=3,s4=4;            //定义状态参数
  reg [4:0]  c_st, next_state;                    //定义现态和次态的状态变量
   always @(posedge clk or negedge reset) begin  //主控时序过程
    if (!reset)  c_st<=s0;                        //复位有效时，下一状态进入初态 s0
     else    c_st<=next_state ;   end
   always @(c_st or state_inputs) begin           //主控组合过程
     case (c_st)          //为了在仿真波形中容易看清，将 current_state 简写为 c_st
      s0 : begin  comb_outputs<=5 ;               //进入状态 s0 时，输出控制码 5
       if (state_inputs==2'b00)  next_state<=s0;   //条件满足，回初态 s0
           else  next_state<=s1;   end            //条件不满足，到下一状态 s1
      s1 : begin  comb_outputs<=8 ;               //进入状态 s1 时，输出控制码 8
       if (state_inputs==2'b01)  next_state<=s1;
           else  next_state<=s2 ;  end
      s2 :  begin  comb_outputs<=12 ;
       if (state_inputs==2'b10)  next_state<=s0;
           else  next_state<=s3 ;  end
      s3 : begin  comb_outputs<=14 ;
       if (state_inputs==2'b11)  next_state<=s3;
           else   next_state<=s4 ;  end
      s4 :   begin  comb_outputs<=9 ; next_state<=s0 ;    end
        default : next_state<=s0 ;              //现态若未出现以上各态，返回初态 s0
     endcase    end
 endmodule
```

在此例的模块说明部分定义了 5 个文字参数符号，代表 5 个状态。对于此程序，如果异步清零信号 reset 有过一个复位脉冲，当前状态即刻被异步设置为 s0，即当前状态 c_st 即刻处于初始态 s0；与此同时，启动组合过程，执行条件分支语句。

图 8-2 和图 8-3 分别是此状态机的状态转换图和工作时序。读者可以结合例 8-1，通过分析图 8-2 和图 8-3，进一步了解状态机的工作特性。注意 reset 信号是低电平有效的，而 clk 是上升沿有效，所以 reset 有效脉冲后的第 1 个时钟脉冲是图 8-3 中第 3 个 clk 脉冲。如图 8-3 所示，此脉冲的上升沿后，现态 c_st 即进入状态 s1，同时输出 8，即“1000”。

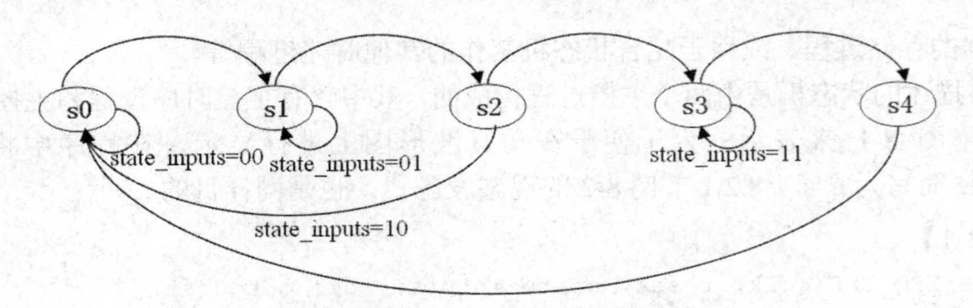

图 8-2　例 8-1 状态机的状态转换图

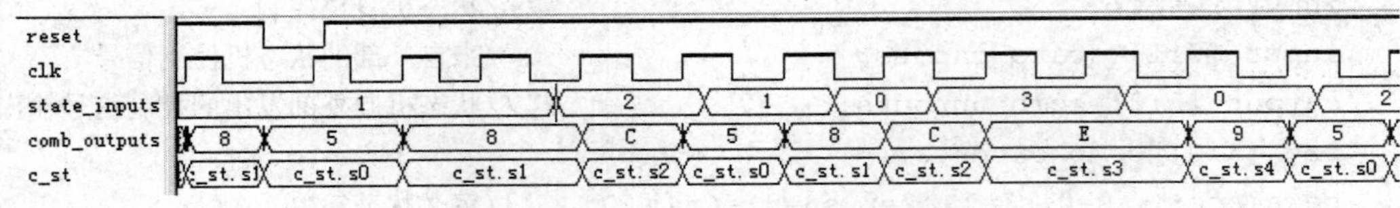

图 8-3　例 8-1 状态机的工作时序

一般地，就状态转换这一行为来说，时序过程在时钟上升沿到来时，将首先运行完成状态转换的赋值操作。它只负责将当前状态转换为下一状态，而不管将要转换的状态究竟是哪一状态。即如果外部控制信号 state_inputs 不变，只有当来自时序过程的信号 c_st 改变时，组合过程才开始动作。在此过程中，将根据 c_st 的值和来自外部的控制码 state_inputs 共同决定（当下一时钟边沿到来后）时序过程的状态转换方向。设计者通常可以通过输出值间接了解状态机内部的运行情况，同时可以利用外部的控制信号 state_inputs 随意改变状态机的状态变化模式和状态转变方向。

设计中，若希望输出的信号具有锁存功能，则需要为此输出加入第三个过程。

8.1.3　初始控制与表述

关于 Verilog 状态机的表述结构和综合器的相关设置控制应注意以下几点。

（1）打开“状态机萃取”开关。如果确定自己描述的是状态机，并且希望综合器按状态机方式编译和优化，编译前不要忘了打开综合器的“状态机萃取”开关。方法是首先在 Quartus Prime Standard 18.1 的工程管理窗的设置项 Assignments 下拉菜单中，选择打开设置控制窗 Settings。在 Compiler Settings 栏点击 Advanced Settings (Synthesis)…，弹出 Advanced Analysis & Synthesis Settings 对话框，接着在列表框中单击状态机萃取选择项 Extract Verilog State Machines（见图 8-4），最后在其 Setting 栏中选择 On。

这个选择一旦打开，综合器就会努力辨别输入的设计是否属于状态机。一旦确认，就会施加状态机优化方案和各种约束，甚至对程序中一些非实际功能描述性的语句、设置或表达方式上的矛盾都不予理会。当然也要注意，状态机的形态很多，综合器如果对某些设计无法萃取或辨认出状态机，也不能就此认为一定不是状态机（如异步状态机），这就要靠设计者自己来确定了。

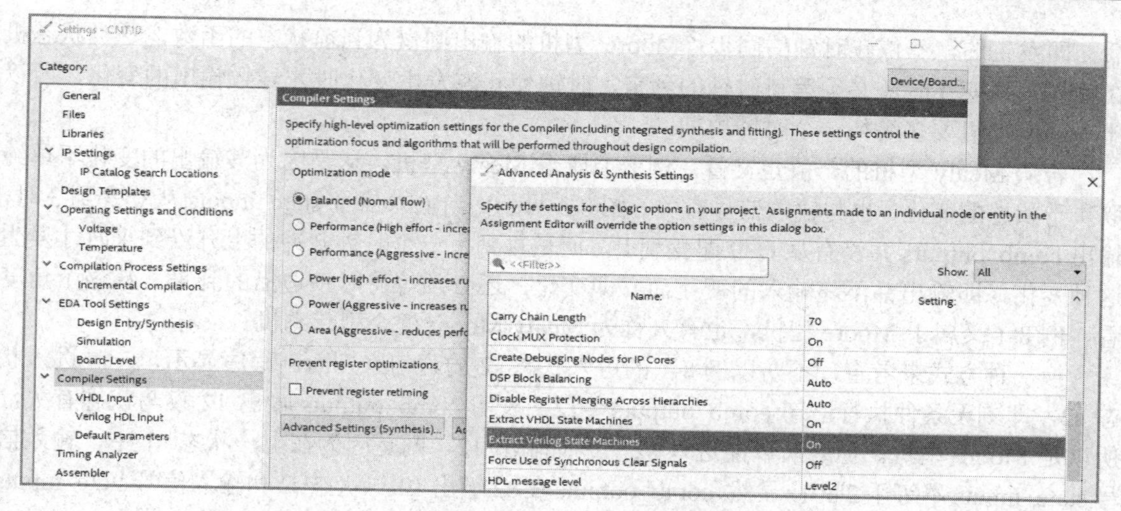

图 8-4　打开 Verilog 状态机萃取开关

（2）关于参数定义表述。在状态机设计中，用 parameter 进行参数定义虽然十分必要（综合器萃取状态机的主要依据），但一旦打开状态机萃取开关，其定义的形式便随意得多。如例 8-1 中的定义可以表述为“parameter s0=0,s1=1;”或“parameter s0=4'b1001, s1=4'0011;”等（实际上是定义了各状态的编码形式），因为最后状态机被综合的结果（即状态编码形式等）未必会按照此表述方式来构建。

当然，如果确实希望每一个状态的实际编码必须按照书写的方式来运行，则必须打开相关约束控制开关（后文介绍）。

（3）状态变量定义表述。正确定义状态变量的表述也是综合器萃取状态机的主要依据。例 8-1 的状态定义语句是“reg [2:0] c_st, next_state;”，其中定义了现态和次态变量 c_st 和 next_state，它们分别为寄存器型变量。如果已打开状态机萃取开关，定义句中位宽[msb:lsb]的表述可以比较随意，不必一定与状态数对应。如对于例 8-1 的 5 个状态，位宽表述至少是 reg [2:0]。但这个表述必须存在，并且建议位宽设定的位数等于状态的个数，如对于 5 状态的例 8-1，可设 reg [4:0]。对此后文也将说明。

此外，一旦打开了状态机萃取开关，就可以利用 Quartus 的状态图观察器直观地了解当前设计的状态图走向。方法是，首先在 Quartus 的工程管理窗口的设置项 Tools 菜单中，选择并打开网络文件观察器选项 Netlist Viewers，在其下拉菜单中选择 State Machine Viewer，即刻能看到类似于图 8-2 所示的状态图及其相关资料。

如上所述，请注意综合器未必能辨认出所有的状态机，所以当 Netlist Viewers 无法画出程序对应的状态图时，也不要肯定此程序就一定不是状态机。

8.2　Moore 型状态机

以上提到，从信号的输出方式上分，有 Moore 型和 Mealy 型两类状态机；若从输出时序上看，前者属于同步输出状态机，而后者属于异步输出状态机（注意工作时序方式都属于同步时序）。Mealy 型状态机的输出是当前状态和所有输入信号的函数，它的输出是在输入变化后立即发生的，不依赖时钟的同步；Moore 型机的输出则仅为当前状态的函数，这类状态机在输入发生变化时还必须等待时钟的到来，时钟使状态发生变化时才导致输出的变化，所以比 Mealy 型机要多等待一个时钟周期。

若从 Mealy 型机的一般定义看，例 8-1 属于 Mealy 型机。这是因为其输出的变化不单纯取决于状态的变化，也与输入信号有关。图 8-3 显示，当输入信号 state_inputs 从 0 变到 3 时，输出 comb_outputs 并没有从 C 立即变到 E，而是直到下一个时钟脉冲的上升沿到来时才发生这种变化，即输出并不随输入的变化而立即变化，还必须等待时钟边沿的到来。从这个角度看，例 8-1 又属于 Moore 型机，也有人称为 Mealy-Moore 混合型状态机。

换一种方式来考查，不妨以例 8-1 的进入状态 s2 的语句来判断。程序显示，一旦进入状态 s2，即刻无条件执行语句 comb_outputs<=12；表明 comb_outputs 输出 12 仅与状态有关，所以是 Moore 型机。但之所以能进入 s2，进而输出 12，则是因为在上一状态 s1 中，输入信号 state_inputs 不等于 2'b01；显然，comb_outputs 在 s2 输出 12 与状态 s2 和输入信号 state_inputs 的变化都有关，所以又应该是 Mealy 型机。

其实，单纯地讨论某状态机究竟属于 Moore 型还是 Mealy 型，或是孰优孰劣，都没有什么实际意义，本节的目的仅仅是通过一些讨论和分析为读者展示一些常用状态机的表述风格、各自的特色特点，以及它们的设计方法，以便在设计中有更多的选择。

8.2.1　多过程结构状态机

下面介绍 Moore 型状态机的一个应用实例，即用状态机设计一个 A/D 采样控制器。对 ADC 进行采样控制，传统方法多数是用单片机完成的。编程简单，控制灵活，但缺点明显，即速度太慢，特别是对于采样速度要求高的 A/D 或是需要快速控制的 A/D，如串行 A/D 等。CPU 不相称的慢速极大地限制了 A/D 性能的正常发挥。

为了便于说明和实验验证，以下以常用的 ADC0809 为例，说明控制器的设计方法。用状态机对 0809 进行采样控制首先必须了解其工作时序，然后据此做出状态图，最后写出相应的 Verilog 代码。图 8-5 和图 8-6 分别是 A/D 转换时序、0809 的引脚图和采样控制状态图。时序图中，START 为转换启动控制信号，高电平有效；ALE 为模拟信号输入选通端口地址锁存信号，上升沿有效；一旦 START 有效，状态信号 EOC 即变为低电平，表示进入转换状态，转换时间约为 100μs。转换结束后，EOC 变为高电平，控制器可以据此了解转换情况。此后外部控制可以使 OE 由低电平变为高电平（输出有效），此时，0809 的输出数据总线 D[7..0]从原来的高阻态变为输出数据有效。

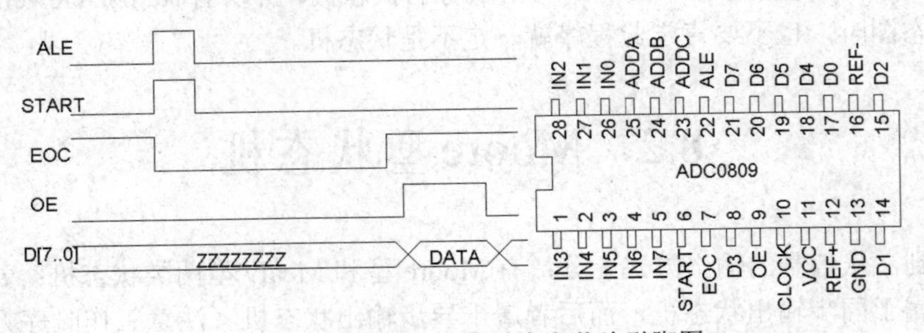

图 8-5　ADC0809 工作时序和芯片引脚图

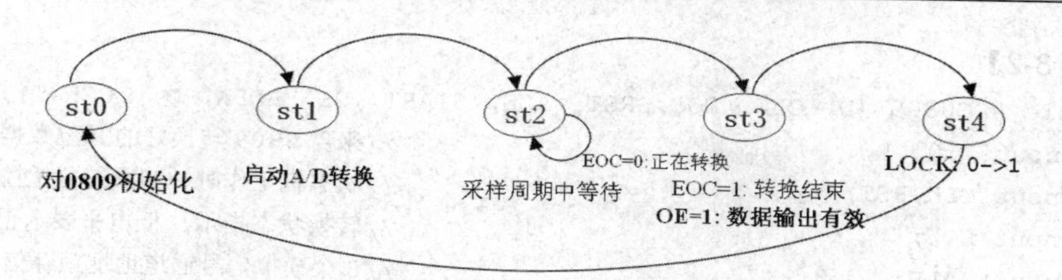

图 8-6　控制 ADC0809 采样状态图

由图 8-6 也可以看到，在状态 st2 中需要对 0809 工作状态信号 EOC 进行监测。如果为低电平，表示转换尚未结束，仍需要停留在 st2 状态中等待，直到变成高电平后才说明转换结束，于是在下一时钟脉冲到来时转向状态 st3。在状态 st3，由状态机向 0809 发出转换好的 8 位数据输出允许命令，这一状态周期同时作为数据输出稳定周期，以便能在下一状态中向锁存器中锁入可靠的数据。在状态 st4，由状态机向锁存器发出锁存信号（LOCK 的上升沿），将 0809 输出的数据进行锁存。0809 采样控制器的程序如例 8-2 所示，其程序结构可以用图 8-7 所示的框图描述。

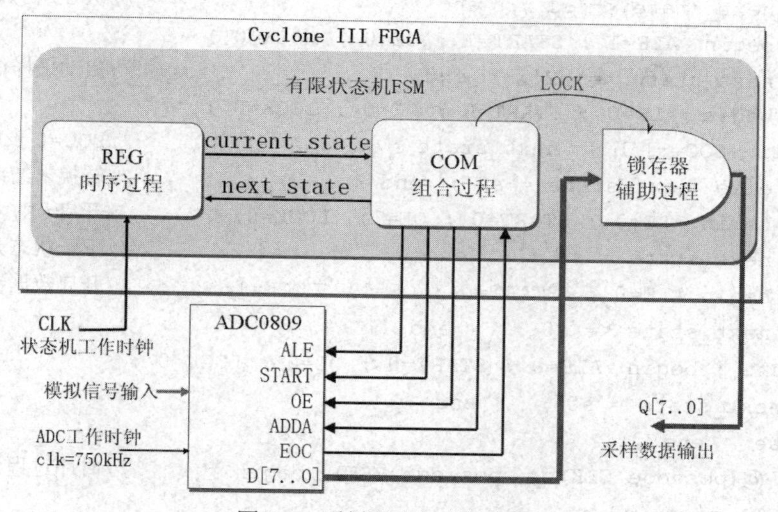

图 8-7　采样状态机结构框图

程序包含 3 个过程结构，图中的 REG 过程是时序过程，它在时钟信号 clk 的驱动下，不断将 next_state 中的内容（状态元素）赋给现态信号 cs，并由此信号将状态变量传输给 COM 组合过程结构。COM 组合过程有两个主要功能。

（1）状态译码器功能。即根据从现态 cs 信号中获得的状态变量，以及来自 0809 的状态线信号 EOC，决定下一状态的转移方向，即确定次态的状态变量。

（2）采样控制功能。即根据 cs 中的状态变量确定对 0809 的控制信号 ALE、START、OE 等输出相应的控制信号。当采样结束后还要通过 LOCK 向锁存器过程 LATCH 发出锁存信号，以便将由 0809 的 D[7..0]数据输出口输出的 8 位已转换好的数据锁存起来。

例 8-2 描述的状态机属于一个多过程结构的 Moore 型机，有两个主控过程，外加一个辅助过程，即锁存器过程 LATCH 构成。层次清晰，各过程结构分工明确。

【例 8-2】

```
module ADC0809 (D, CLK, EOC, RST, ALE, START, OE, ADDA, Q, LOCK_T);
   input[7:0] D;                                  //来自 0809 转换好的 8 位数据
   input CLK,RST;                                 //状态机工作时钟和系统复位控制
   input EOC;                                     //转换状态指示，低电平表示正在转换
   output ALE;                                    //8 个模拟信号通道地址锁存信号
   output START,OE;                               //转换启动信号和数据输出三态控制信号
   output ADDA,LOCK_T;                            //信号通道控制信号和锁存测试信号
   output[7:0] Q;    reg ALE, START, OE;
   parameter s0=0,s1=1,s2=2,s3=3,s4=4;           //定义各状态子类型
   reg[4:0] cs, next_state;                      //为了便于仿真显示，现态名简写为 cs
   reg[7:0] REGL;  reg LOCK;                     //转换后数据输出锁存时钟信号
  always @(cs or EOC)  begin                     //组合过程，规定各状态转换方式
   case (cs)
    s0 : begin  ALE=0 ; START=0 ; OE=0 ; LOCK=0 ;
         next_state <= s1 ;   end                             //0809 初始化
    s1 : begin  ALE=1 ; START=1 ; OE=0 ; LOCK=0 ;
         next_state <= s2 ;    end                            //启动采样信号 START
    s2 : begin  ALE=0 ; START=0 ; OE=0 ; LOCK=0 ;
        if (EOC==1'b1)  next_state = s3 ;                     //EOC=0 表明转换结束
         else  next_state = s2 ;  end                         //转换未结束，继续等待
    s3 : begin ALE=0 ; START=0 ; OE=1;  LOCK=0;               //开启 OE，打开 AD 数据口
         next_state = s4 ;     end                            //下一状态无条件转向 s4
    s4 : begin ALE=0 ;  START=0 ; OE=1;  LOCK=1;              //开启数据锁存信号
         next_state <= s0 ;     end
    default : begin  ALE=0 ; START=0 ; OE=0 ; LOCK=0 ;
        next_state = s0 ;     end
   endcase   end
  always @(posedge CLK or  posedge RST)  begin                //时序过程
   if (RST) cs <= s0 ;
    else  cs <= next_state ; end                 //由现态变量 cs 将当前状态值带出过程
  always @(posedge LOCK)                         //寄存器过程
   if (LOCK)   REGL <= D ;   //此过程中，在 LOCK 的上升沿将转换好的数据锁入
    assign ADDA =0 ; assign Q = REGL ;           //选择模拟信号进入通道 IN0
    assign LOCK_T = LOCK ;                       //将测试信号输出
endmodule
```

在一个完整的采样周期中，状态机中最先被启动的是以 clk 为敏感信号的时序过程，接着组合过程被启动，因为它们以信号 cs 为敏感信号。最后被启动的是锁存器过程，它是在状态机进入状态 st4 后才被启动的，即此时 LOCK 产生了一个上升沿信号，从而启动过程 LATCH，将 0809 在本采样周期输出的 8 位数据锁存到寄存器中，以便外部电路能从 Q 端读到稳定正确的数据。当然，也可以另外再做一个控制电路，将转换好的数据直接存入 RAM 或 FIFO，而不是简单地存入锁存器中。

图 8-8 所示是这个状态机的工作时序图，显示了一个完整的采样周期。如图 8-8 所示，复

位信号后即进入状态 s0。第二个时钟上升沿后，进入状态 s1（即 CS=s1），由 START、ALE 发出启动采样和地址选通的控制信号。之后，EOC 由高电平变为低电平，0809 的 8 位数据输出端呈现高阻态“ZZ”；在状态 s2，等待了 CLK 数个时钟周期之后，EOC 变为高电平，表示转换结束；进入状态 s3，在此状态的输出允许 OE 被设置成高电平，此时 0809 的数据输出端 D[7..0]即输出已经转换好的数据 5EH；在状态 s4，LOCK_T 发出一个脉冲，其上升沿立即将 D 端口的 5E 锁入 Q 和 REGL 中。这里的 LOCK_T 是由内部 LOCK 信号引出的测试信号，当然也可以对 LOCK 使用属性说明，即(* synthesis, probe_port, keep *)，以便在仿真激励文件中直接调入内部信号 LOCK。为了方便仿真波形的观察，输出口增加了内部锁存信号 LOCK_T。在图 8-8 所示的仿真波形中，应该注意激励信号的编辑。图中的所有输入信号即激励信号都必须根据图 8-5 的 ADC 控制时序人为地设定，若设定不对，就无法得到正确的输出波形。

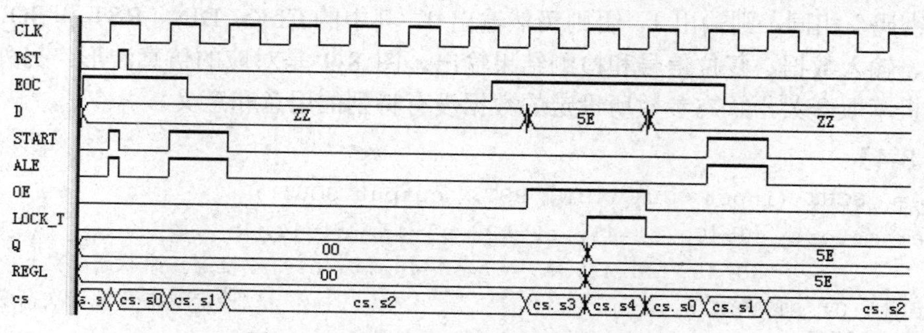

图 8-8 ADC0809 采样状态机工作时序

其实例 8-2 中的主控组合过程可以分成两个组合过程，一个负责状态译码和状态转换，另一个负责对外控制信号输出，从而构成一个 3 过程结构的有限状态机。例 8-3 即为修改后的示例，其功能与前者完全一样，但程序结构更清晰，功能分工更明确。

【例 8-3】

```
always @(cs or EOC)  begin
 case (cs)
   s0 : next_state <= s1 ;
   s1 : next_state <= s2 ;
   s2 : if (EOC==1'b1)  next_state=s3 ; else  next_state=s2 ;
   s3 : next_state = s4 ;
   s4 : next_state <= s0 ;
    default : next_state = s0 ;
  endcase   end
always @(cs)  begin
  case (cs)
   s0 : begin  ALE=0 ; START=0 ; OE=0 ; LOCK=0 ;  end
   s1 : begin  ALE=1 ; START=1 ; OE=0 ; LOCK=0 ;  end
   s2 : begin  ALE=0 ; START=0 ; OE=0 ; LOCK=0 ;  end
   s3 : begin  ALE=0 ; START=0 ; OE=1 ; LOCK=0 ;  end
   s4 : begin  ALE=0 ; START=0 ; OE=1 ; LOCK=1 ;  end
  default : begin  ALE=0 ; START=0 ; OE=0 ; LOCK=0 ;  end
  endcase   end
```

8.2.2　序列检测器及其状态机设计

序列检测器可用于检测一组或多组由二进制码组成的脉冲序列信号。当序列检测器连续收到一组串行二进制码后，如果这组码与检测器中预先设置的码相同，则输出 1，否则输出 0。由于这种检测的关键在于正确码的收到必须是连续的，因此要求检测器必须记住前一次的正确码及正确序列，直到在连续的检测中所收到的每一位码都与预置数的对应码相同。在检测过程中，任何一位不相等都将回到初始状态重新开始检测。

这里再举一例从另一侧面说明 Moore 型机的使用方法。例 8-4 描述的电路完成对 8 位序列数“11010011”的检测，当这一串序列数高位在前（左移）串行进入检测器后，若此数与预置的“密码”相同，则输出 1，否则仍然输出 0。其中的 CLK、DIN、RST 和 SOUT 分别是时钟信号、输入数据、复位信号和检测结果输出。图 8-9 是对应的仿真波形。另外，由于已打开状态机萃取开关，状态参数所设定的数据没有特别的用意和意义。

【例 8-4】

```
module SCHK (input CLK, DIN, RST,  output SOUT);
  parameter  s0=40, s1=41, s2=42, s3=43, s4=44,
             s5=45, s6=46, s7=47,s8=48 ;          //设定 9 个状态参数
  reg[8:0] ST,NST ;                                //设定现态变量和次态变量
 always @(posedge CLK or posedge RST)
  if (RST)  ST<=s0 ; else  ST<=NST ;
 always @(ST or DIN)  begin                        //11010011 串行输入，高位在前
   case (ST )
     s0 :  if (DIN==1'b1)  NST<=s1; else NST<=s0;
     s1 :  if (DIN==1'b1)  NST<=s2; else NST<=s0;
     s2 :  if (DIN==1'b0)  NST<=s3; else NST<=s2;
     s3 :  if (DIN==1'b1)  NST<=s4; else NST<=s0;
     s4 :  if (DIN==1'b0)  NST<=s5; else NST<=s2;
     s5 :  if (DIN==1'b0)  NST<=s6; else NST<=s1;
     s6 :  if (DIN==1'b1)  NST<=s7; else NST<=s0;
     s7 :  if (DIN==1'b1)  NST<=s8; else NST<=s0;
     s8 :  if (DIN==1'b0)  NST<=s3; else NST<=s2;
   default : NST<=s0;
  endcase        end
  assign  SOUT=(ST==s8);
endmodule
```

图 8-9　例 8-4 之序列检测器时序仿真波形

从图 8-9 的波形显示中可以看出，当有正确序列进入，到了状态 s8 时，输出序列正确标

志 SOUT=1；而当下一位数据为 0 时，即 DIN=0，则进入状态 s3。这是因为这时测出的数据 110 恰好与原序列数的头 3 位相同。

8.3　Mealy 型状态机

与 Moore 型机相比，Mealy 型机的输出变化要领先一个周期，即一旦输入信号或状态发生变化，输出信号即刻发生变化。Moore 型机和 Mealy 型机在设计上基本相同，稍有不同之处是，Mealy 型机的组合过程结构中的输出信号是当前状态和当前输入的函数。

首先来考查一个两过程结构的 Mealy 型机示例（例 8-5），过程 REG 是时序与组合混合型过程，它将状态机的主控时序电路和主控状态译码电路同时用一个过程来表达；过程 COM 则负责根据状态和输入信号给出不同的对外控制信号输出。

【例 8-5】

```
module MEALY1 (input CLK, DIN1,DIN2, RST, output reg [4:0] Q);
  reg[4:0] PST;     parameter st0=0, st1=1, st2=2, st3=3, st4=4;
  always @(posedge CLK or posedge RST)  begin : REG
    if (RST) PST <= st0 ;     else  begin
     case (PST)
       st0 : if (DIN1==1'b1)  PST<=st1 ; else PST<=st0 ;
       st1 : if (DIN1==1'b1)  PST<=st2 ; else PST<=st1 ;
       st2 : if (DIN1==1'b1)  PST<=st3 ; else PST<=st2 ;
       st3 : if (DIN1==1'b1)  PST<=st4 ; else PST<=st3 ;
       st4 : if (DIN1==1'b0)  PST<=st0 ; else PST<=st4 ;
       default :              PST<=st0 ;
     endcase    end    end
  always @(PST or DIN2)  begin  :  COM      //输出控制信号的过程
    case (PST)
      st0 : if (DIN2==1'b1)  Q=5'H10 ; else  Q=5'H0A ;
      st1 : if (DIN2==1'b0)  Q=5'H17 ; else  Q=5'H14 ;
      st2 : if (DIN2==1'b1)  Q=5'H15 ; else  Q=5'H13 ;
      st3 : if (DIN2==1'b0)  Q=5'H1B ; else  Q=5'H09 ;
      st4 : if (DIN2==1'b1)  Q=5'H1D ; else  Q=5'H0D ;
      default :              Q=5'b00000 ;
    endcase   end
endmodule
```

这是一个比较通用的 Mealy 型机模型，由程序可知，其中各状态的转换方式由输入信号 DIN1 控制；对外的控制信号码输出则由 DIN2 控制。

图 8-10 是例 8-5 的仿真时序波形图。图中的 PST 是现态转换情况。根据程序设定，当复位后且 DIN1=0 时，都处于状态 st0，输出码 0AH；而当 DIN1 都为 1 时，每一个时钟上升沿后都转入下一状态，直到状态 s4，同时输出设定的控制码。一直到 DIN1 为 0，才回到初始态 s0。此外，此例中可以看到输出信号有毛刺。

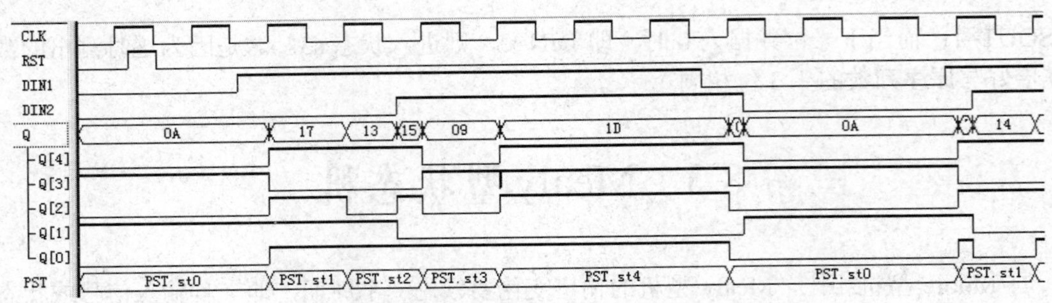

图 8-10　例 8-5 之双过程 Mealy 型机仿真波形

为了排除毛刺，可以通过选择可能的优化设置，也可以将例 8-5 的输出通过寄存器锁存，滤除毛刺。因此可以将此例改为单过程结构的 Mealy 型机。例 8-6 即为改进型，除结构不同外，对输入输出的设定没有其他改变。图 8-11 是例 8-6 的仿真波形图。

【例 8-6】

```
module MEALY2 (input CLK, DIN1,DIN2, RST,  output reg [4:0] Q);
  parameter st0=0, st1=1, st2=2, st3=3, st4=4;   reg[4:0] PST;
 always @(posedge CLK or posedge RST)   begin
   if (RST)  PST <= st0 ;     else
     case (PST)
       st0 :  begin  if (DIN2==1'b1)  Q=5'H10  ; else Q=5'H0A;
              if (DIN1==1'b1)  PST<=st1 ; else PST<=st0;      end
       st1 :  begin  if (DIN2==1'b0)  Q=5'H17  ; else Q=5'H14 ;
              if (DIN1==1'b1)  PST<=st2 ; else PST<=st1;      end
       st2 :  begin if (DIN2==1'b1)  Q=5'H15 ;  else Q=5'H13;
              if (DIN1==1'b1)  PST<=st3 ; else PST<=st2;      end
       st3 :  begin if (DIN2==1'b0)  Q=5'H1B ;  else Q=5'H09;
              if (DIN1==1'b1)  PST<=st4 ; else PST<=st3;      end
       st4 :  begin if (DIN2==1'b1)  Q=5'H1D ;  else Q=5'H0D ;
              if (DIN1==1'b0)  PST<=st0 ; else PST<=st4;      end
        default :     begin  PST<=st0 ; Q=5'b00000 ;            end
      endcase      end
endmodule
```

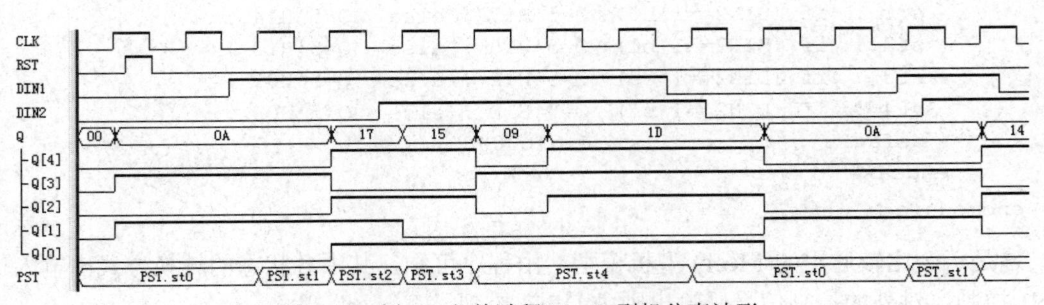

图 8-11　例 8-6 之单过程 Mealy 型机仿真波形

由于此状态机的输出信号与时钟同步，所以其仿真波形，特别是随状态改变而输出的数据与例 8-5 的波形不尽相同。这是因为每一待输出的数据必须等到时钟边沿到后才能输出，而在时钟边沿未到时，如果数据输出控制信号 DIN2 发生改变，则必定影响时钟后的输出数据。这就是尽管两个程序的设计意图相同，状态图（见图 8-12）相同，而对应的两个波形图中输出码却有所不同的原因。

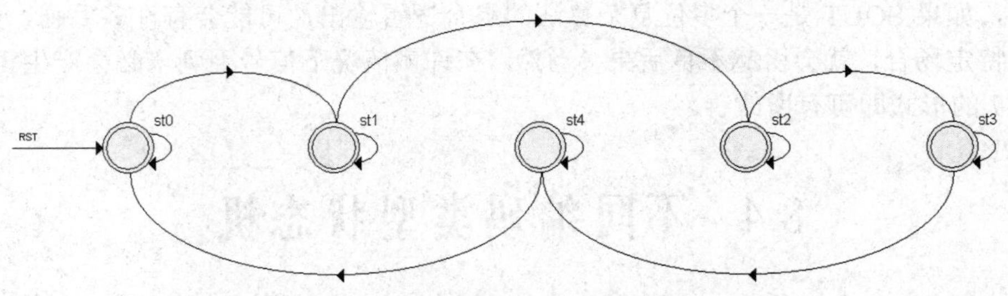

图 8-12　例 8-6 和例 8-5 的状态图

事实上，只要将例 8-5 下面 COM 过程的 always 引导语句改成以下形式：

```
always @ (posedge CLK )   begin  : COM
```

例 8-5 就和例 8-6 的功能全等了，即电路结构、仿真波形和状态图都相同。

将描述序列检测器的例 8-4 的双过程结构 Moore 型机写成单过程的 Mealy 型机即为以下的例 8-7，对应的仿真波形如图 8-13 所示。

【例 8-7】

```
module SCHK  (input  CLK, DIN, RST, output reg SOUT);
  parameter s0=0, s1=1, s2=2, s3=3, s4=4, s5=5, s6=6, s7=7, s8=8;
  reg[8:0] ST ;
  always @(posedge CLK)   begin
    SOUT=0;
    if (RST)  ST<=s0 ;   else  begin
      casex (ST )   //预置检测比较数 11010011
        s0 :  if (DIN==1'b1)  ST<=s1; else  ST<=s0;
        s1 :  if (DIN==1'b1)  ST<=s2; else  ST<=s0;
        s2 :  if (DIN==1'b0)  ST<=s3; else  ST<=s0;
        s3 :  if (DIN==1'b1)  ST<=s4; else  ST<=s0;
        s4 :  if (DIN==1'b0)  ST<=s5; else  ST<=s0;
        s5 :  if (DIN==1'b0)  ST<=s6; else  ST<=s0;
        s6 :  if (DIN==1'b1)  ST<=s7; else  ST<=s0;
        s7 :  if (DIN==1'b1)  ST<=s8; else  ST<=s0;
        s8 :  begin SOUT=1 ;
               if (DIN==1'b0)  ST<=s3; else  ST<=s0;  end
       default :  ST<=s0;
      endcase    end    end
endmodule
```

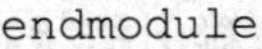

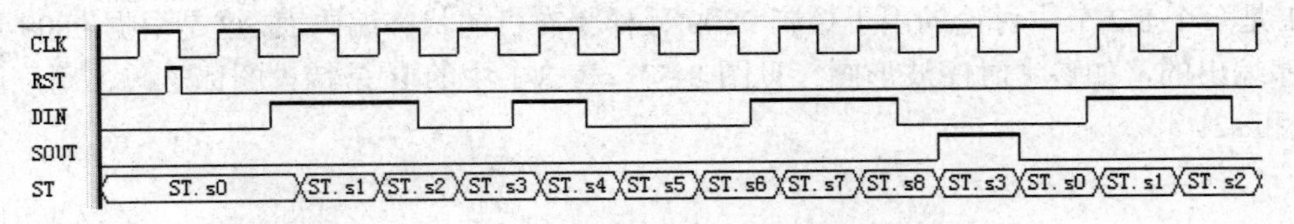

图 8-13　例 8-7 之单过程 Mealy 型机仿真波形

与图 8-9 的波形相比，不同之处仅有 SOUT 的输出延迟了一个时钟。这种延迟输出具有滤波作用，如果 SOUT 是一个多位复杂算法的组合逻辑输出，可能会有许多毛刺。如果这些信号用在特定场合，就会引起不良后果（当然，在许多情况下信号毛刺未必会产生害处），若利用例 8-7 的形式即可有所改善。

8.4 不同编码类型状态机

在状态机的设计中，用文字符号定义各状态元素的状态机称为符号化状态机，其状态元素，如 s0、s1 等的具体编码由 Verilog 状态机的综合器根据预设的约束来确定。状态机的状态编码方式有多种，这要根据实际情况来决定，可以人为控制，也可以由综合器自动对编码方式进行选择和干预。为了满足一些特殊需要，状态机设计中可直接将各状态用具体的二进制数来定义，而不使用文字符号，即直接编码方式。下面讨论状态机直接编码或非符号化编码定义方式及其他编码方式的状态机。

8.4.1 直接输出型编码

这类编码方式最典型的应用就是计数器。如前所述，计数器本质上就是一个状态机，它的计数输出就是各状态的状态码。图 8-14 就是作为状态机特殊形式下的 n 位二进制加法计数器。其计数进制数（或模 n）由比较器输入口的“计数控制常数”决定。此计数器的计数输出即为此状态机状态码输出，而当计数值等于“计数控制常数”时，如 m，比较器即输出一个控制信号对寄存器的异步复位端发出清零信号，从而此计数器即可称模 m 计数器。若比较器输出值控制计数器的同步清零，则为模 m+1 计数器。

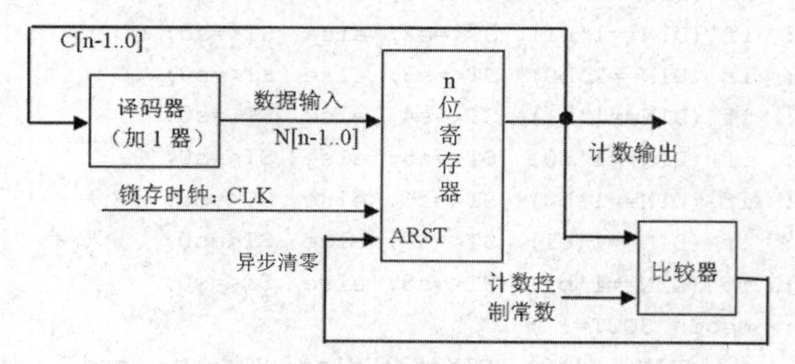

图 8-14　加法计数器一般模型

对状态机来说，将状态编码直接输出作为控制信号，即 output=state，要求对状态机各状态的编码做特殊的安排，以适应控制对象的要求。这种状态机称为状态码直接输出型状态机。表 8-1 是一个 8.2 节中讨论的用于控制 0809 采样状态机的状态编码表，这是根据 0809 逻辑控制时序编出的，如参考时序波形图（见图 8-5）。表 8-1 中的 B 是特设的标志码，用于区别状态 s0 和 s2。

表 8-1　控制信号状态编码表

状　　态	状态编码					功能说明
	START	ALE	OE	LOCK	B	
s0	0	0	0	0	0	初始态
s1	1	1	0	0	0	启动转换
s2	0	0	0	0	1	若测得 EOC=1，则转下一状态 ST3
s3	0	0	1	0	0	输出转换好的数据
s4	0	0	1	1	0	利用 LOCK 的上升沿将转换好的数据锁存

【例 8-8】此程序的硬件实测方法可参考实验 8-2。

```
module ADC0809  (D, CLK, EOC, RST, ALE, START, OE, ADDA, Q,LOCK_T);
  input[7:0] D;  input CLK,RST,EOC;
  output START,OE , ALE, ADDA,LOCK_T ;   output[7:0] Q;
  parameter s0=5'B00000,s1=5'B11000,s2=5'B00001,s3=5'B00100,s4=5'B00110;
   reg[4:0] cs ,SOUT, next_state ;  reg[7:0] REGL;  reg LOCK;
 always @  (cs or EOC)  begin
  case  (cs)
    s0 : begin  next_state<=s1 ;  SOUT=s0 ;    end
    s1 : begin  next_state<=s2 ;  SOUT=s1 ;    end
    s2 : begin  SOUT=s2 ;
     if  (EOC==1'b1)  next_state=s3 ;  else  next_state=s2;   end
    s3 : begin  SOUT=s3 ;  next_state = s4 ;   end
    s4 : begin  SOUT=s4 ;  next_state = s0 ;   end
     default : begin  next_state=s0 ;  SOUT=s0; end
  endcase
    end
 always @  (posedge CLK or  posedge RST)  begin //时序过程
    if  (RST) cs <= s0 ;  else  cs<=next_state ; end
 always @ (posedge SOUT[1] )                       //寄存器过程
    if  (SOUT[1])   REGL <= D ;
  assign ADDA=0;    assign Q=REGL;   assign LOCK_T=SOUT[1];
  assign OE=SOUT[2] ; assign ALE=SOUT[3];  assign  START=SOUT[4];
endmodule
```

根据 8.2 节，这个状态机由 5 个状态组成，从状态 s0~s4 各状态的编码可分别设为 00000、11000、00001、00100、00110。每一位的编码值都赋予了实际的控制功能。

根据状态编码表给出的状态机，示例程序如例 8-8 所示，其工作时序如图 8-15 所示。经比较可以发现，图 8-15 对应 0809 的控制时序与图 8-8 中的完全一样。

这种状态位直接输出型编码方式的状态机的优点是输出速度快，不大可能出现毛刺现象（因为控制输出信号直接来自构成状态编码的触发器）；缺点是程序可读性差，用于状态译码的组合逻辑资源比其他以相同触发器数量构成的状态多，而且对控制非法状态出现的容错技术要求较高，因此，可靠性技术要求高。对此下面还要讨论。

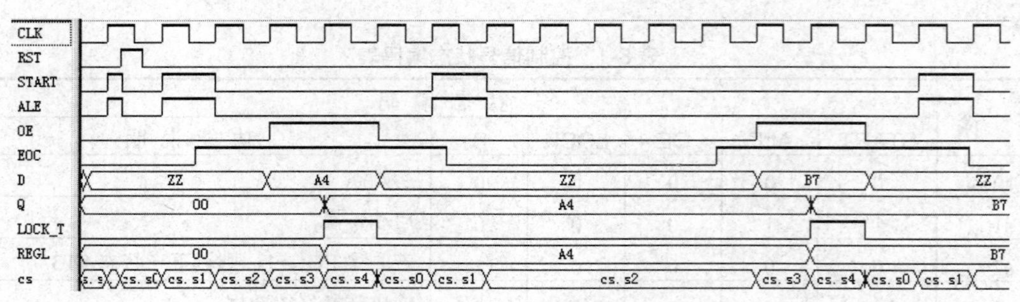

图 8-15　例 8-8 状态机工作时序图

8.4.2　用宏定义语句定义状态编码

也可以使用宏定义方式，即用宏替换语句 'define 来定义各状态的编码。例 8-9 与例 8-8 程序的功能完全相同，只是状态编码定义上有所不同。例 8-9 没有使用 parameter 语句，而是使用了宏替换语句 'define 来定义状态元素。注意，程序中定义的参数或状态元素在使用中必须在左上方加撇号'，撇号在键盘的左上角。

【例 8-9】

```
 'define s0  5'B00000
 'define s1  5'B11000
 'define s2  5'B00001
 'define s3  5'B00100
 'define s4  5'B00110
module ADC0809 (D, CLK, EOC, RST, ALE, START, OE, ADDA, Q,LOCK_T);
   input[7:0] D;   input CLK,RST,EOC;
   output START,OE, ALE, ADDA,LOCK_T ;  output[7:0] Q;
   reg[4:0] cs;  reg[4:0] SOUT, next_state; reg[7:0] REGL; reg LOCK;
  always @ (cs or EOC)  begin
   case (cs)
     's0 : begin  next_state<='s1 ;  SOUT='s0 ;  end
     's1 : begin  next_state<='s2 ;  SOUT='s1 ;  end
     's2 : begin  SOUT='s2 ;
       if (EOC==1'b1)  next_state='s3;  else  next_state='s2;  end
     's3 : begin  SOUT='s3 ;  next_state = 's4 ;   end
     's4 : begin  SOUT='s4 ;  next_state = 's0 ;   end
       default : begin  next_state='s0 ;  SOUT='s0; end
     endcase    end
  always @ (posedge CLK or  posedge RST)  begin //时序过程
     if (RST) cs <= 's0 ;  else  cs<=next_state ; end
  always @ (posedge SOUT[1] )                    //寄存器过程
     if (SOUT[1])   REGL <= D ;
   assign ADDA =0 ;   assign Q = REGL ;
   assign LOCK_T = SOUT[1] ;    assign  START = SOUT[4] ;
   assign    ALE = SOUT[3] ;     assign     OE = SOUT[2] ;
 endmodule
```

用'define 或 parameter 来定义状态元素的编码的区别是前者定义可以针对整个设计全局，它定义的可以是全局符号常量，可以在各个不同的模块中通用，所以这时定义语句必须放在模块语句 module 外；而后者定义在某个模块语句 module 中，只有局部特征（当然，也可以将'define 语句放在模块中）。用宏定义的一个可能的好处是可以在状态机的仿真波形中看到各状态的编码。可以将例 8-8 仿真波形图与例 8-9 的仿真波形图（见图 8-16）进行比较。

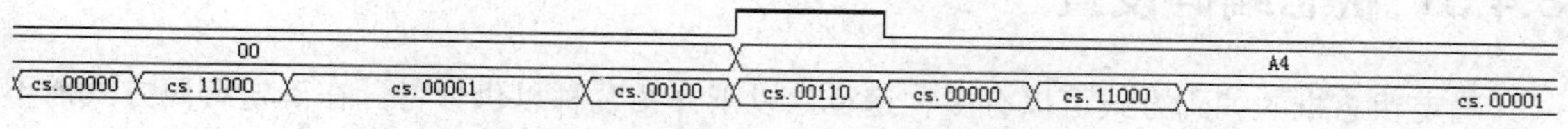

图 8-16　例 8-9 状态机的仿真波形

8.4.3　顺序编码

这种编码方式最为简单，在传统设计技术中最为常用，其使用的触发器数量最少，剩余的非法状态也最少，容错技术最为简单。以上面 5 状态的状态机为例，只需 3 个触发器，可以节省较多的触发器，其状态机编码方式可做如表 8-2 所示的改变。

表 8-2　状态机编码方式

状态 States	顺序编码 Sequential-Encoded	一位热码编码 One-Hot-Encoded	约翰逊码编码 Johnson-Encoded
State0	000	100000	0000
State1	001	010000	1000
State2	010	001000	1100
State3	011	000100	1110
State4	100	000010	1111
State5	101	000001	0111

然而这种顺序编码方式的缺点与优点一样多，如常常会占用状态转换译码组合逻辑较多的资源，特别是有的相邻状态或不相邻的状态转换时涉及多个触发器的同时状态转换，因此将耗用更长的转换时间（相对于以下讨论的一位热码编码方式），而且容易出现毛刺现象。这对于触发器资源丰富而组合逻辑资源相对珍贵的 FPGA 器件意义不大，也不合适。当选择符号化状态机设计时，Quartus 一般并不默认选择顺序编码形式。设计者若有必要，可以通过后文介绍的方法实现顺序编码状态机的设计。

8.4.4　一位热码编码

一位热码编码（One-Hot Encoding，也译成独热码）方式如表 8-2 所示，就是用 n 个触发器来实现具有 n 个状态的状态机。状态机中的每一个状态都由其中一个触发器的状态表示。即当处于该状态时，对应的触发器为 1，其余的触发器都置 0。例如，6 个状态的状态机需由 6 个触发器来表达，其对应状态编码如表 8-2 所示。一位热码编码方式尽管用了较多的触发器，但其简单的编码方式简化了状态译码逻辑，提高了状态转换速度，增强了状态机的工作稳定性，这对于含有较多的时序逻辑资源、相对较少的组合逻辑资源的 FPGA 器件是好的解决方案。因此，一位热码编码方式是状态机最常用的编码方式。现在许多面向 FPGA 设计的综合器都有默认优化为一位热码状态的功能。

还有一些其他的编码方式，如格雷码（Binary Gray Lode）、约翰逊码（Johnson-Encoded：将最低位取反后反馈到最高位）等，都各有特点。

8.4.5 状态编码设置

确定状态机的编码方式可以有多种途径，以下介绍几种以供参考。在确定编码方式前不要忘了打开状态机萃取开关，以便编译时计算机可自动考虑编码设置。

1. 用户自定义方式

所谓用户自定义方式，就是将需要的编码方式直接写在程序中，不需要 EDA 软件工具进行干预。例如，例 8-8 就是一种自定义编码方式，而且是状态编码直接输出型状态机，例 8-7 也属于编码自定义型状态机。其实，与 VHDL 状态定义方式相比，所有 Verilog 状态机都属于用户自定义编码型的状态机。

因此，用户自定义编码型的状态机的编码设计方法并无特色，只是要控制好综合器，使其不要干预程序的编码方式，而让程序按照自己的书面表述方式编译。这就需要预先做好设置，即设为用户自定义编码方式——User-Encoded。

2. 用属性定义语句设置

直接在 Verilog 程序中使用属性定义指示编译器按照要求选择编码方式。这种方法最简洁。这里以例 8-7 的序列检测器程序为例来说明。具体方法如例 8-10 所示。

【例 8-10】

```
module SCHK  (input  CLK, DIN, RST, output reg SOUT);
 parameter s0=0, s1=1, s2=2, s3=3, s4=4, s5=5, s6=6, s7=7,s8=8 ;
 (* syn_encoding = "one-hot" *) reg[8:0] ST ;
always @(posedge CLK)   begin
```

例 8-10 是例 8-7 中以上的部分，其中增加了规定编码方式的属性表述。

```
(* syn_encoding = "one-hot" *)
```

括号中的表述"one-hot"就是对编码的约束语句。注意，即使有了属性语句，在编译前仍然需要打开状态机萃取开关。

表 8-3 给出了 Quartus 所能提供的所有常用编码属性设置说明。只要套上相关的语句，即能得到对应的编码形式。表 8-3 还给出了例 8-7 对应于编码属性的逻辑宏单元和寄存器的耗用情况。以一位热码为例，综合与适配后，其占用了 13 个逻辑宏单元，在这 13 个宏单元中共占用了 10 个时序元件，即 D 触发器。这是因为，此程序共有 9 个状态元素：s0～s8。"one-hot"编码要占 9 个 D 触发器，由于例 8-7 属于单过程的 Mealy 型机，其输出信号需要锁存，所以还要占用一个触发器。

表 8-3　编码方式属性定义及资源耗用参考

编 码 方 式	编码方式属性定义	逻辑宏单元数 LCs	触发器数 REGs
一位热码	(* syn_encoding = "one-hot" *)	13	10
用户自定义码	(* syn_encoding = "user" *)	12	5
格雷码	(* syn_encoding = "gray" *)	8	5
顺序码	(* syn_encoding = "sequential" *)	10	5
约翰逊码	(* syn_encoding = "johnson" *)	23	6
默认编码	(* syn_encoding = "default" *)	13	10
最简码	(* syn_encoding = "compact" *)	9	5
安全一位热码	(* syn_encoding = "safe, one-hot" *)	21	10

另外，从表 8-3 中还能看出，当选用默认型编码"default"时，计算机自动选择"one-hot"型编码。表 8-3 中的"safe, one-hot"是安全状态机属性选择，其中的"user"选择就是按照程序书面表达的编码方式综合。

需要指出，表 8-3 中不同编码方式的选择对应于不同的逻辑单元的占用率，并没有一般性意义，因为这仅是对例 8-7 特定设计项目的某种特殊情况，只能做参考。

3．直接设置方法

编码方式也可以在 Quartus 的相关对话框（见图 8-4）中直接设置。使用方法是，在 Assignments 窗口中选择 Settings 命令，然后在 Category 栏中选择 Analysis & Synthesis Settings 选项，在弹出的窗口中单击 More Settings 按钮；然后在弹出的 More Analysis & Synthesis Settings 对话框的 Existing option settings 列表框中选择 State Machine Processings 选项，在其下拉菜单中选择需要的编码方式。

8.5　安全状态机设计

在有限状态机的技术指标中，除了满足需求的功能特性和速度等基本指标，安全性和稳定性也是状态机性能的重要考核内容，实用状态机和实验室状态机的本质区别也在于此。一个忽视了可靠容错性能的状态机在实际使用中将存在巨大隐患。

在状态机设计中，无论使用枚举数据类型还是直接指定状态编码的程序中，特别是使用了一位热码编码方式后，总是不可避免地出现大量剩余状态，即未被定义的编码组合。这些状态在状态机的正常运行中是不需要出现的，通常称为非法状态。在状态机的设计中，如果没有对这些非法状态进行合理的处理，在外界不确定的干扰下，或是随机上电的初始启动后，状态机都有可能进入不可预测的非法状态，其后果是对外界出现短暂失控，或是完全无法摆脱非法状态而失去正常的功能，除非使用复位控制信号 Reset。但在无人控制情况下，就无法获取复位信号。因此，对于重要且稳定性要求高的控制电路，状态机的剩余状态的处理，即状态机系统容错技术的应用是设计者必须考虑的问题。

另外，剩余状态的处理会不同程度地耗用逻辑资源，这就要求设计者在选用何种状态机结构、何种状态编码方式、何种容错技术及系统的工作速度与资源利用率等诸多方面做权衡比较，以适应自己的设计要求。如例 8-1，该程序共定义了 5 个合法状态（有效状态），即 s0、s1、s2、s3 和 s4。如果使用顺序编码方式指定状态，则最少需 3 个触发器，这样最多有 8 种可能的状态，编码方式如表 8-4 所示，最后 3 个状态 s5、s6、s7 都是非法状态，对应的编码都是非法状态码。如果要使此 5 状态的状态机有可靠的工作性能，必须设法使系统在任何不利情况下进入这些非法状态后，还能返回正常的状态转移路径。为了使状态机能可靠运行，有多种方法可资利用，以下分别给予说明。

表 8-4　剩余状态

状　态	顺 序 编 码
s0	000
s1	001
s2	010
s3	011
s4	100
s5	101
s6	110
s7	111

8.5.1　状态导引法

状态导引法即在状态元素定义中针对所有的状态，包括多余状态都做出定义，并在以后的语句中加以处理。即在语句中对每一个非法状态都做出明确的状态转换指示，如在原来的 case 语句中增加以下语句。

```
parameter s0=0,s1=1,s2=2,s3=3,s4=4, s5=5, s6=6,s7=7;
   ...
S5 :  next_state = s0 ;
S6 :  next_state = s0 ;
S7 :  next_state = s0 ;
default : begin  next_state=s0 ;
```

在以上剩余状态的转向设置中，并不一定都将其指向初始态 s0，只要导向专门用于处理出错恢复的状态中即可。这种方法的优点是直观可靠，但缺点是可处理的非法状态少，如果非法状态太多，则耗用逻辑资源太大，所以只适用于顺序编码类状态机。

当然，之前必须确定采取哪种编码方式。读者或许会想，按照 default 语句字面的含义，它本身就能排除所有其他未定义的状态编码，最上面的 3 条语句程序好像是多余的。需要提醒的是，对于不同的综合器，default 语句的功能也并非一致，多数综合器并不会如 default 语句（但又必须加上此句）指示的那样，将所有剩余状态都转向初始态或指定态，特别对于一位热码编码。所以，绝不要指望用这种方法来避免非法状态，形成可靠状态机。

8.5.2　状态编码监测法

对于采用一位热码编码方式来设计状态机，其剩余状态数将随有效状态数的增加呈指数方式剧增。例如，对于 6 状态的状态机来说，将有 58 种剩余状态，总状态数达 64 个，即对于有 n 个合法状态的状态机，其合法与非法状态之和的最大可能状态数有 $m=2^n$ 个。如前所述，选用一位热码编码方式的重要目的之一，就是要减少状态转换间的译码数据的变化，提高变化速度。但如果使用以上介绍的剩余状态处理方法，势必导致耗用太多的逻辑资源。所以，可以选择以下的方法来对付一位热码编码方式产生的过多剩余状态的问题。

鉴于一位热码编码方式的特点，正常的状态只可能有一个触发器的状态为 1，其余所有触发器的状态皆为 0，即任何多于一个触发器为 1 的状态都属于非法状态。据此，可以在状态机设计程序中加入对状态编码中 1 的个数是否大于 1 的监测判断逻辑，当发现有多个状态触发器为 1 时，产生一个警告信号 alarm，系统可根据此信号是否有效来决定是否调整状态转向或复位。对此情况的监测逻辑可以有多种形式。

如将任一状态的编码相加，大于 1，则必为非法状态，于是发出警告信号。即当 alarm 为高电平时，表明状态机进入了非法状态，可以由此信号启动状态机复位操作。对于更多状态的状态机的报警程序也类似于此。对于类似例 8-8 的程序，也是同样的处理方法。即设计一个逻辑监测模块，只要发现出现表 8-2 所示的 5 个状态码以外的码，必为非法，即可复位。这样的逻辑模块所耗用的逻辑资源不会大。这是一种排除法。

其实无论怎样的编码方式，状态机的非法状态总是有限的，所以利用状态码监测法从非法状态中返回正常工作情况总是可以实现的。相比之下，CPU 系统就不会这么幸运。因为 CPU 跑飞后进入死机的状态几乎是无限的。所以在无人复位情况下，用任何方式都不可能绝对保证 CPU 的恢复（除非有所谓的看门狗电路）。

8.5.3　借助 EDA 工具自动生成安全状态机

更便捷、可靠的状态机的设计可以利用如图 8-4 所示的对话框直接选择安全状态机，即先在 Existing option settings 列表框中选择 Safe State Machine 选项，再于此栏选择 On，如图 8-17 所示。但需注意，对于此项设计选择不要忘记通过仿真，验证综合出的电路确实增加了安全措施。另外一个办法是用属性，即如表 8-3 所示用“(* syn_encoding = "safe, one-hot" *)”。

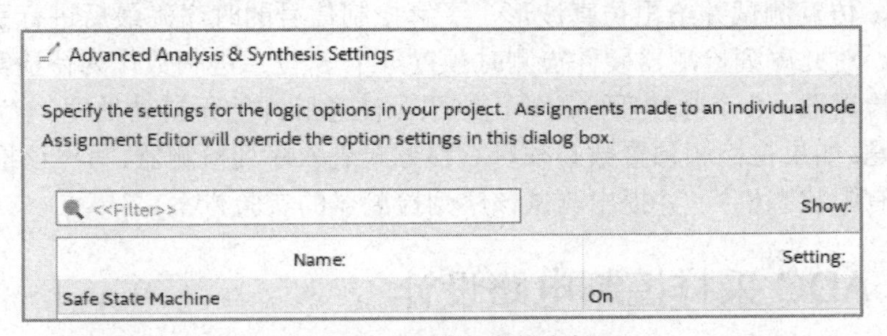

图 8-17　打开安全状态机

习　题

8-1　举两个例子，说明有哪些常用时序电路是状态机比较典型的特殊形式，并说明它们属于什么类型的状态机（编码类型、时序类型和结构类型）。

8-2 修改例 8-1，将其主控组合过程分解为两个过程，一个负责状态转换，另一个负责输出控制信号。

8-3 改写例 8-1，用宏定义语句定义状态变量，给出仿真波形（含状态变量），与图 8-3 做比较。注意设置适当的状态机约束条件。

8-4 为例 8-2 的 LOCK 信号增加 keep 属性，再给出此设计的仿真波形（注意删去 LOCK_T）。

8-5 给出例 8-3 的完整程序。

8-6 用 Mealy 型机，写出控制 ADC0809 采样的状态机。

8-7 以例 8-6 作为考查示例，按照表 8-3，分别对此例设置不同的编码形式和安全状态机设置。给出不同约束条件下的资源利用情况（如 LCs、REGs 等），详细讨论比较不同情况下的状态机资源利用、可靠性等方面的问题。

8-8 曼彻斯特码（Manchester Code）又称裂相码、双向码，是信道编码常用码型。查阅相关资料，设计曼彻斯特码编码器和译码器。

实验与设计

实验 8-1 序列检测器设计

实验目的：用状态机实现序列检测器的设计，了解一般状态机的设计与应用。

实验任务：根据 8.2.2 节有关的原理介绍，利用 Quartus Prime Standard 18.1 对例 8-4 进行文本编辑输入、仿真测试并给出仿真波形，了解控制信号的时序，最后进行引脚锁定并完成硬件测试实验。对此序列检测器硬件检测时预置一个 8 位二进制数作为待检测码，随着时钟逐位输入序列检测器，8 个脉冲后检测输出结果。注意脉冲的无抖动处理。

实验思考题：如果待检测预置数必须以右移方式进入序列检测器，写出该检测器的 Verilog 代码（两过程有限状态机），并提出测试该序列检测器的实验方案。

实验 8-2 ADC 采样控制电路设计

实验目的：学习设计状态机对 A/D 转换器 ADC0809 采样的控制电路。

实验原理：ADC0809 的采样控制原理已在 8.2.1 节中做了详细说明（实验程序如例 8-2 所示，查阅 ADC0809 的详细电器性能和控制方法）。主要控制信号如图 8-5 所示。START 是转换启动信号，高电平有效；ALE 是 3 位通道选择地址（ADDC、ADDB、ADDA）信号的锁存信号。当模拟量送至某一输入端（如 IN0 或 IN1 等）时，由 3 位地址信号选择，而地址信号由 ALE 锁存；EOC 是转换情况状态信号，当启动转换约 100μs 后，EOC 产生一个负脉冲，以示转换结束；在 EOC 的上升沿后，若使输出使能信号 OE 为高电平，则控制打开三态缓冲器，把转换好的 8 位数据结果输至数据总线。至此，ADC0809 的一次转换结束。

实验任务 1：利用 Quartus 对例 8-2 进行文本编辑输入和仿真测试。最后进行引脚锁定并进行测试，硬件验证例 8-2 电路对 ADC0809 的控制功能。为此，图 8-18 给出了此项实验的原理图顶层设计。图中的锁相环输入 20MHz，设置两个时钟输出：c0 输出 5MHz，作为状态机工作时钟；c1 频率是 500kHz，作为 0809 的工作时钟。

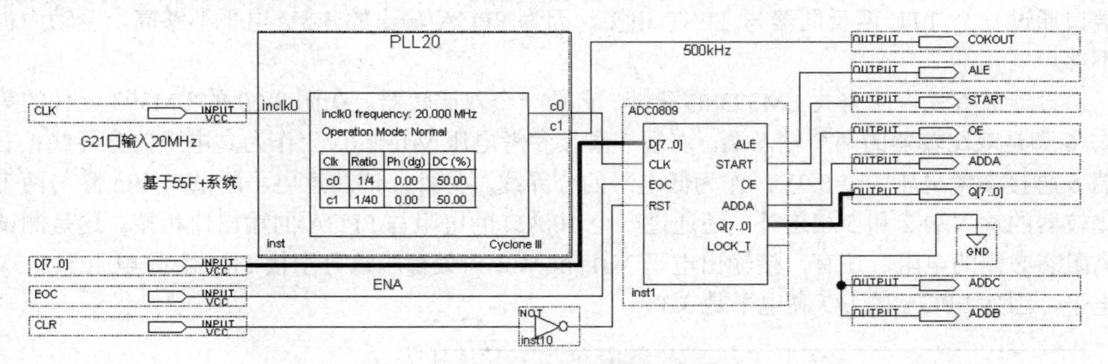

图 8-18 ADC0809 采样控制实验电路

建议仿真前先除去锁相环。ADC/DAC 板可选扩展模块。假设实验系统是 KX 系列教学实验平台，实验验证时可以首先用两条 10 芯线将主系统板上的两个插口分别接 ADC/DAC 板的对应 0809 的数据口和控制口。待采样的外部电压可以来自 ADC/DAC 板上的电位器，其信号已接入 0809 的 IN0 口。实验操作：复位信号可接核心板上的某个键。但要注意，首先要了解此键按下是低电平还是高电平。如果实验顺利，当旋转电位器时可以看到数码管显示的采样数据的变换。

实验任务 2：利用 8.4 节介绍的内容采用不同的编码形式设计此例。例如，在不改变原代码条件下将例 8-2 表达成用状态码直接输出型的状态机（如用例 8-8 或例 8-9 取代图 8-18 所示的 ADC0809 模块，重复此实验），或用其他编码形式设计此状态机，然后进行硬件验证和讨论。

实验任务 3：利用多种方法设计安全、可靠的状态机，并对这些方法做比较，总结安全状态机设计的经验。

实验任务 4：试调用 In-System Sources and Probes Editor 对图 8-18 所示电路进行调试测试，从硬件角度详细了解状态机控制 ADC 采样的工作过程。注意，应暂时撤除锁相环。

实验任务 5：利用以上的设计完成一个简易数字电压表的设计。测试电压范围是 0～5V（可直接利用 ADC 扩展模块上的电位器输出电压），精度为 1/256；在数码管上用十进制数显示，如 3.1V 等。提示：首先找到 ADC 转换的十六进制数与满度电压的对应关系，如可利用实验 6-1 的查表式计算技术获得相关的数据，利用 ROM 存储计算表格。当 ADC 转换好的 8 位二进制数作为 ROM 的地址信号输入 ROM 后，ROM 的数据线将能直接输出对应的电压值显示。

实验报告：根据以上实验要求、实验任务和实验思考题写出实验报告。

实验 8-3　五功能智能逻辑笔设计

实验目的：学习用 Verilog 状态机设计实用电路。

实验原理：图 8-19 所示是五功能智能逻辑笔电平信号采样电路。它有 3 个端口与 FPGA 相接：Vo1、Vo2 和 TEST。Vo1 和 Vo2 输入进 FPGA；TEST 由 FPGA 输出。此信号从 FPGA 端口通过一个 TTL 两反向器与 TEST 相接，因为 FPGA 输出的 3.3V 电平不够高，驱动力也不够。

设计前首先查阅有关 LM393 的资料，它是一个双比较器。在图 8-20 的 LM393 元件的第 3、6 脚是双比较器的两个输入端。左端 3 脚接参考电压 Vrh=2.6V，作为高电平的分界线；右端 6 脚接参考电压 Vrl=0.9V，作为低电平的分界线。另外，请注意电平测试口 Vin 除与两个比较器的输入端 2 和 5 相连外，还通过一个 100kΩ 的电阻与 FPGA 的输出口相接。这是测试高阻态必需的电阻。还有，接输出电平 Vo1 和 Vo2 口处都应该分别接 5K1 上拉电阻于 3.3V 电平，因为 FPGA 的 I/O 高电平是 3.3V。

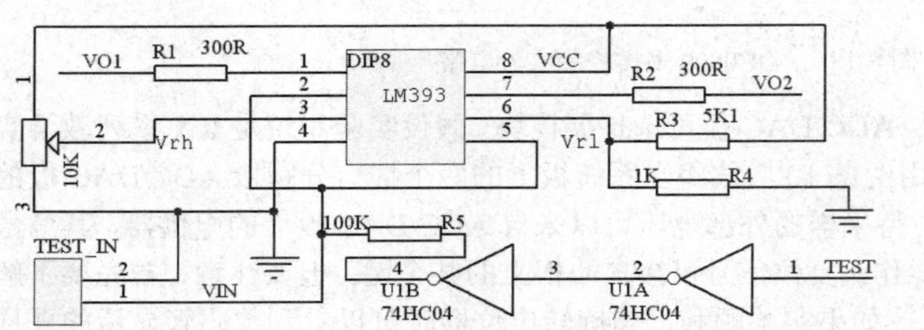

图 8-19　五功能智能逻辑笔电平信号采样电路

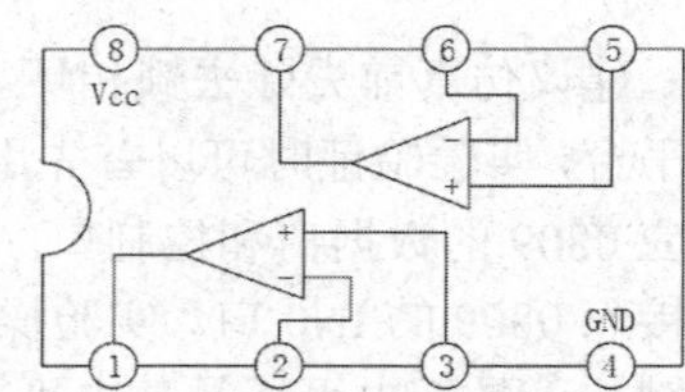

图 8-20　LM393 引脚图

通过 FPGA 的状态机对 TEST 分别输出 1 或 0，同时结合 Vo1 和 Vo2 测试到的电平组合，完全可以判断出测试端 Vin 的逻辑信号是高电平、低电平、中电平、高阻态还是连续脉冲信号。

可以这样来定义：测到的电平 Vin 大于 Vrh，判定为高电平 1；小于 Vrl，则判定为低电平 0；若所测结论是 Vrl < Vin <Vrh，则判定为中电平（即不稳定电平）；再若 TEST 输出 1 时判定为高电平，TEST 输出 0 时判定为低电平，则最终判定为高阻态。又若高低电平不断变化，则判定为连续脉冲。建议状态机的工作时钟频率在 250Hz 左右。若基于附录 A 的 KX 系列教学实验平台系统，可选择对应此实验的扩展模块。

实验任务：利用状态机设计五功能逻辑笔，要求能测高电平（大于 2.5V）、低电平（低于 1V）、中电平（低于 2.5V，大于 1V）、高阻态，以及脉冲（即快速变化的电平）。要求用 5 个发光管分别显示这 5 种结果。请注意“中电平”反映的是一个不稳定的电平，可以借此判断被测电路可能有问题，如发生线与或部分短路等；也可以用一个点阵液晶显示结果，如显示文字 H、L、M、Z、P。当然，也可以使用 In-System Sources and Probes Editor 来模拟比较器的输出，并显示逻辑笔的测试情况。

实验思考题：讨论电路中 R5 电阻的大小对测试结果的影响。

【例 8-11】五功能智能逻辑笔参考程序。

```
module  LGC_PEN (CLK, VO,TEST,LED);
    input  CLK; input  [2:1] VO;//状态机时钟及输入来自 LM393 中两个比较器的输出信号
```

```
   output[4:0] LED; output TEST;   //外接 5 个指示发光管以及测试高阻态信号 TEST
    parameter   s0=0, s1=1, s2=2, s3=3, s4=4, s5=5, s6=6, s7=7,
                s8=8,s9=9, s10=10, s11=11, s12=12, s13=13 ;
     reg[4:0] ST,NST ; reg TEST;  reg[3:0] LED ;
 always @(posedge CLK )    ST<=NST ;
 always @(ST or VO)  begin
   case (ST )
     s0: begin  TEST <=1'b1;  NST<=s1;  end
     s1: begin  TEST<=1'b1;  if (VO==2'b10)  NST<=s2; else NST<=s4; end
     s2: begin  TEST <=1'b0;   NST<=s3;  end
     s3: begin  TEST <=1'b0 ;
         begin if (VO==2'b01)  begin LED<=4'b1000; NST<=s0;  end
          else NST<=s4; end end
     s4: if(VO==2'b01)  NST<=s5; else NST<=s7;
     s5: if(VO==2'b01)  NST<=s6; else NST<=s7;
     s6: if(VO==2'b01)  begin LED<=4'b0001; NST<=s0; end  else NST<=s7;
     s7: if(VO==2'b10)  NST<=s8; else NST<=s10;
     s8: if(VO==2'b10)  NST<=s9; else NST<=s10;
     s9: if(VO==2'b10)  begin LED<=4'b0010; NST<=s0; end  else NST<=s10;
    s10: if(VO==2'b11)  NST<=s11; else NST<=s13;
    s11: if(VO==2'b11)  NST<=s12; else NST<=s13;
    s12: if(VO==2'b11)  begin LED<=4'b0100; NST<=s0; end  else NST<=s13;
    s13: begin  LED<=4'b1111; NST<=s0;   end
  default :  NST<=s0;
  endcase
  end
endmodule
```

实验 8-4　数据采集模块设计

实验目的：掌握 LPM RAM 模块的定制、调用和使用方法；熟悉 ADC 和 DAC 与 FPGA 接口的电路设计；了解 HDL 文本描述与原理图混合设计方法。学习串行 ADC 的用法。

实验原理：主要内容参考实验 8-2 和图 8-18。本设计项目是利用 FPGA 直接控制 0809 对模拟信号进行采样，然后将转换好的二进制数据迅速存储到 RAM 中，在完成对模拟信号一个或数个周期的采样后，通过 DAC 由示波器直接显示出来，或将 RAM 中的数据显示在液晶上。电路系统可以绘成图 8-1 所示的电路原理图。其中元件功能描述如下。

（1）元件 ADC0809。程序与模块功能与图 8-18 的同名模块相同。

（2）元件 CNT9B。CNT9B 中有一个用于 RAM 的 9 位地址计数器，此计数器的工作时钟(与输出时钟 CLKOUT 同步)由 RAM 的写允许 WE 控制：当 WE=1 时，工作时钟是 LOCK0；LOCK0 来自 0809 采样控制器的 LOCK_T（每一采样周期产生一个锁存脉冲），这时处于采样允许阶段，RAM 的地址锁存时钟 inclock=CLKOUT=LOCK0；每一个 LOCK0 的脉冲通过 0809 采到一个数据，同时将此数据锁入 RAM（RAM8B 模块）中。而当 WE= 0 时，处于采样禁止阶段，此时允许读出 RAM 中的数据，工作时钟等于 CLK，而 CLKOUT=CLK，即采样状态机的工作时钟（一般取 65 536Hz）。

由于 CLK 的频率比较高，所以扫描 RAM 地址的速度很快，这时在 RAM 数据输出口 Q[7..0] 可以接上 DAC0832 扩展模块，通过它就能从示波器上看到刚才通过 0809 采入的波形数据。

（3）元件 RAM8B。这是 LPM_RAM，8 位数据线，9 位地址线。wren 是写使能，高电平有效。

实验任务 1：由于 ADDA=0，模拟信号（可用 ADC 扩展模块的电位器产生被测模拟信号）0809 的 IN0 口进入完成此项设计。给出仿真波形及其分析，将设计结果在硬件上实现。用 Quartus 的 In-System Memory Content Editor 了解锁入 RAM 中的数据。此外，对电路图 8-21 进行仿真，检查此项设计的 START 信号是否有毛刺，如果有，改进设计。

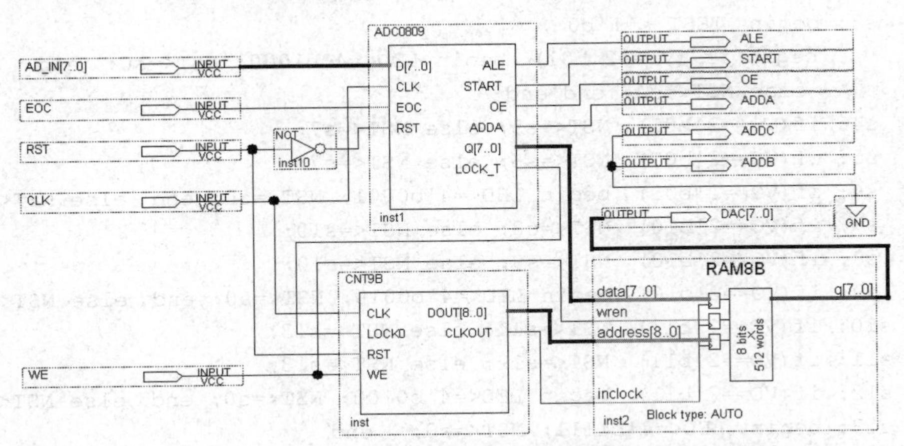

图 8-21　ADC0809 采样电路及简易存储示波器控制系统

实验任务 2：对电路图 8-21 完成设计和仿真后锁定引脚，进行硬件测试。参考实验 8-2 的引脚锁定。WE 用键 K1 控制。由于使用了 0832 和相关的运放，需要接上±12V 电源。实验中首先使 WE=1，即键 K1 置高电平，允许采样，通过调节实验板上的电位器（此时的模拟信号是手动产生的），将转换好的数据锁入 RAM 中；然后按键 K1，使 WE=0，工作时钟可选择 1024Hz（或更高频率），即能从示波器中看见被存于 RAM 中的数据，或通过 RAM 内容在系统编辑器观察 RAM 中的数据。

实验任务 3：在程序中设置 ADDA=1，模拟信号将由 IN1 口进入，即输入模拟信号来自外部信号源的模拟连续信号。

实验任务 4：仅按照以上方法会发现示波器显示的波形并不理想，原因是从 RAM 中扫描出的数据不是一个完整的波形周期。试设计一个状态机，结合被锁入 RAM 中的某些数据，改进元件 CNT9B，使之存入 RAM 中的数据和通过 D/A 在示波器上扫描出的数据都是一个前后衔接的完整波形。

实验任务 5：在图 8-21 的电路中增加一个锯齿波发生器，扫描时钟与地址发生器的时钟一致。锯齿波数据通过另一个 D/A 输出，控制示波器的 X 端（不用示波器内的锯齿波信号），而 Y 端由原来的 D/A 给出 RAM 中的采样信息，由此完成一个比较完整的存储示波器的显示控制。

实验任务 6：修改图 8-20 的电路（如将 RAM 改成 12 位等），以便适应将 ADC0809 模块改成对串行高速 ADS7816 进行控制的状态机模块，然后重复完成以上各实验任务的要求。如果要按照图 8-21 的方式，将采样所得的数据通过 DAC 输出至示波器显示，可取高 8 位输出。

第9章　16/32位CPU创新设计

本章将先以一款具有一定实用意义的16位复杂指令集微处理器系统为例，展开基于EDA技术的CPU创新设计，详细介绍其工作原理和设计方法，再以RISC-V（32位基本整数指令集版本）为例介绍32位RISC处理器的设计方法。

对于16位CPU设计，主要包括此系统的结构设计、基本组成部件设计、指令系统设计、优化方案及相关的仿真测试，直至在FPGA上执行硬件实现和调试运行。这里为此CPU命名为KX9016。

从结构、性能和实用性方面看，KX9016的特色有以下5点。

（1）系统优化特别容易，包括指令功能优化、速度优化和整个系统的设计优化。

（2）适应性强。整个体系结构和指令系统能方便地为特定的工作对象量身定做。

（3）由于全部由逻辑单元构建，结构单一，因此设计ASIC专用芯片版图简单。

（4）速度高。由于状态机具有并行和顺序同时进行的工作特点，容易构建高速指令。

（5）工作可靠性好。在随机的强电磁干扰信号下，一般计算机都有可能跳出正常运行状态，出现所谓死机现象而无法自动恢复。这是执行软件指令导致的不可抗拒的现象，而利用微程序工作的计算机在运行时，实际上是在同时运行两套软件程序，所以其不可靠性加倍；相比之下，KX9016的指令系统及译码控制系统完全由状态机担任，而用Verilog表述的状态机是可以通过HDL综合器的优化而自动生成安全状态机的。

RISC-V是当今流行的开放指令集RISC架构，结构简约，短小精悍，其具有32位基本整数指令集，非常适合用于CPU设计教学，本章将做简单介绍。

9.1　KX9016的结构与特色

KX9016的顶层结构如图9-1所示，根据此图完成的实际电路设计如图9-2所示。这是一个采用单总线系统结构的复杂指令集系统结构的16位CPU。此处理器中包含了各种最基本的功能模块，它们包括由寄存器阵列构建的8个16位的寄存器R0～R7、一个运算器ALU、一个移位器Shifter、一个输出寄存器OutReg、一个程序计数器ProgCnt、一个指令寄存器InstrReg、一个比较器Comp、一个地址寄存器AddrReg和一个控制器，还有一些对外部设备的输入输出电路模块。所有这些模块共用一组16位的数据总线，在其上传送指令信息和数据信息。系统的控制信息由控制器通过单独的通道分别向各功能模块发出。

控制器模块中包含了此CPU的所有指令系统硬件设计电路，全部由状态机描述。控制器负责通过总线从外部程序存储器读取指令，通过指令寄存器进入控制器，控制器根据指令的要求向外部各功能模块发出对应的控制信号。

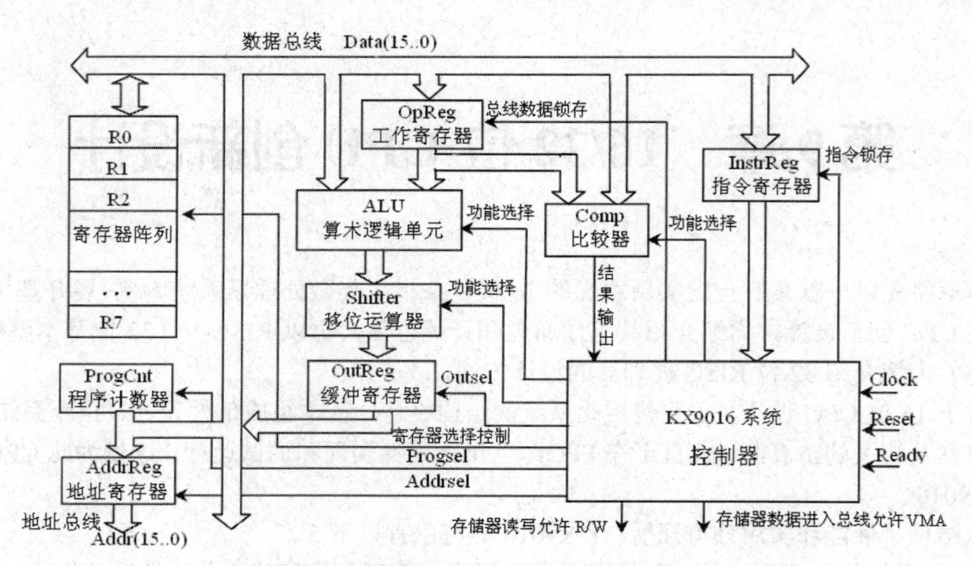

图 9-1　16 位 KX9016 CPU 顶层结构图

由 R0～R7 组成的 8 个寄存器构建的寄存器阵列的优势是节省资源、使用方便和功能强大。它们由控制器选择与数据总线相连。这些寄存器地位平等。

此 CPU 的工作寄存器分别为比较器和 ALU 提供一组操作数的缓存单元，而另一操作数则直接来自数据总线，并没有像一般 CPU 那样设置另一个操作数缓冲寄存器。

这种省资源、高效率的特色在其他许多方面都有所表现。如图 9-1 所示，有一组电路结构是将 ALU、移位器和缓冲寄存器串接起来，由控制器统一控制来共同完成原本需要更复杂模块完成的任务。如需要缓存总线上的某个数据，控制器可以选择 ALU 和移位器为直通状态；而若仅需要移位，可使 ALU 为直通状态。注意，这个缓冲寄存器向总线输出的输出端由控制器决定是否向总线释放此寄存器的数据。

又如，这里的移位器采用纯组合电路，速度高且节省一个寄存器，因为输出口的缓冲寄存器可以帮助存储数据。移位器是纯组合电路的另一好处是，如果某项运算同时需要计算和移位，不但不需要传统情况下的两条指令完成，甚至一条指令也用不完，因为只需一个状态，即一个并行微操作就可实现，速度显然很高。此外，此电路结构中，比较器的功能由控制器直接控制，其输出结果直接进入控制器，速度快；而传统早期 CPU 的比较结果通常需经过总线或特定寄存器才能获得，反应速度要慢些。

此 CPU 还有一个高速结构特点，即各功能模块全部由控制器通过单独的通道直接控制，而不像传统早期 CPU 那样通过数据总线或控制总线来传输控制信息。

此系统是冯 · 诺依曼结构，只安排了一个地址寄存器，因此程序存储器与数据存储器共用一套地址，程序和数据可以只放在一个存储器中。如果利用 FPGA 中的嵌入式 RAM 模块，即调用 LPM_RAM 来担任这个存储器是很方便的。因为尽管是 RAM，但 FPGA 上电后，其程序会自动从配置 Flash ROM 向 FPGA 中的 RAM 加载初始数据，而此 RAM 在工作中又可随机读写，从而使基于 KX9016 的系统可以在 FPGA 中实现单片系统 SOC。

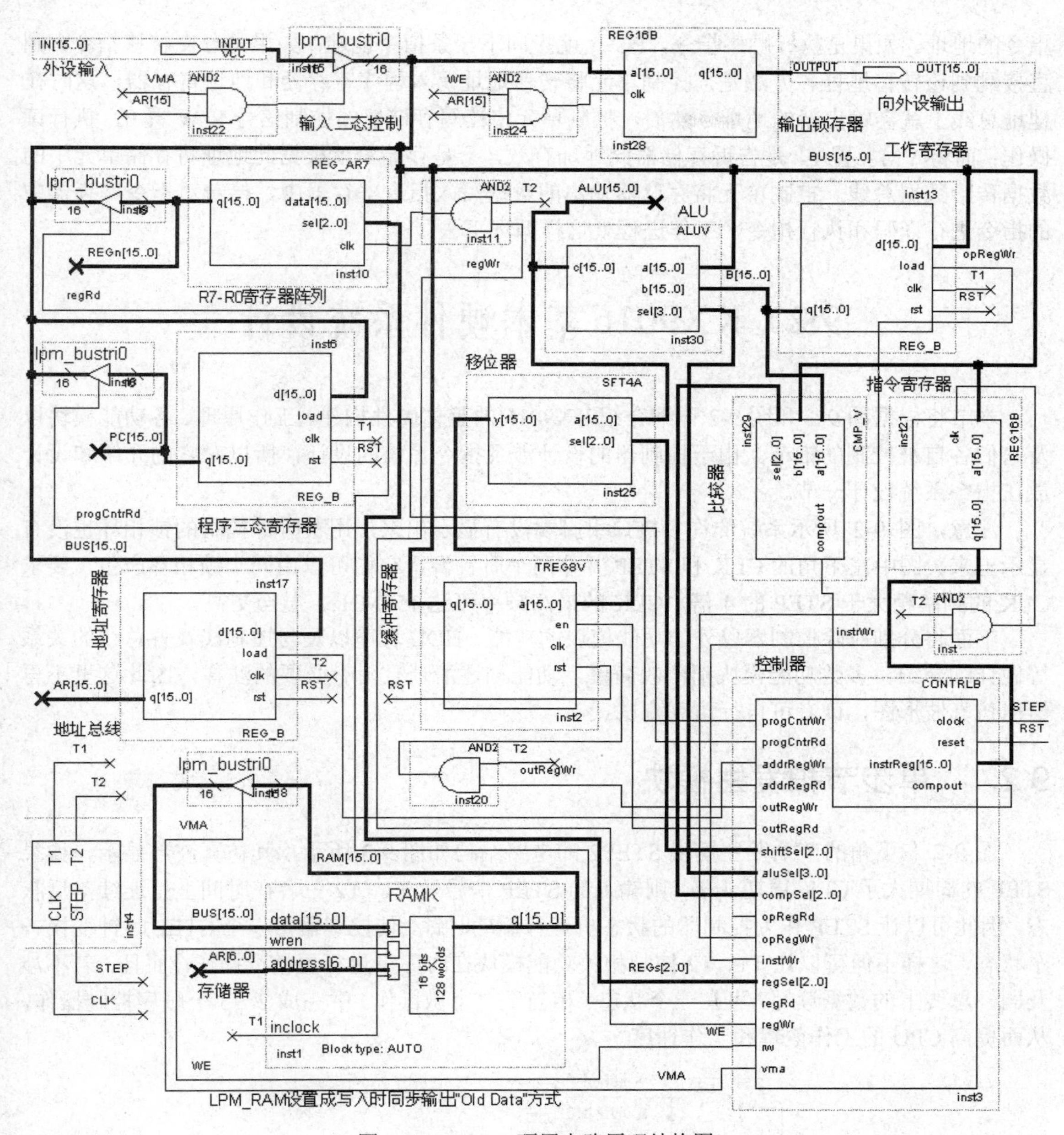

图 9-2　KX9016 顶层电路原理结构图

整个系统可以采用自顶向下的方法进行设计。系统由 CPU 和存储器通过一组双向数据总线连接，系统中所有存在向总线输出数据的模块，其输出口都使用三态总线控制器隔离。地址总线则是单独单向的，所以不必加三态控制器。在 Intel-Altera 的 FPGA 内部可编程逻辑中是没有三态可编程资源的，仅仅在 FPGA 的 IO 上可以真正实现三态。在 Intel-Altera FPGA 中是用多路选择器来实现三态总线的等效功能的，这里为了便于读者理解，仍然使用三态总线的形式来进行描述。

系统运行的过程与普通 CPU 的工作方式基本相同，对于一条指令的执行也分多个步骤进行：首先地址寄存器保存当前指令的地址，当一条指令执行完成后，程序寄存器指向下一条指令的地址。如果是执行顺序指令，PC+1 就指向下一条指令地址；如果是分支转移指令，则直接跳到该转移地址。方法是，控制单元将转移地址写入程序寄存器和地址寄存器，这时在地址总线上就会输出新的地址。然后，控制单元将读写存储器的控制信号 R/W 置 0，执行读操作；而将 VMA 置 1，是告诉存储器此地址有效，于是存储器就根据此地址将存储单元中的数据传给数据总线。控制单元将存储器输出的数据写入指令寄存器中，接着对指令寄存器中的指令进行译码和执行指令，工作进程就这样循环下去。

9.2　KX9016 基本硬件系统设计

本节将根据图 9-1 和图 9-2 详细介绍 KX9016 的整体硬件构建、工作原理、各功能模块以及它们各自被控制的细节。由于控制器的设计涉及指令系统的设计，所以对它的介绍和设计放在指令系统设计一节。

注意，图 9-2 所示系统的许多接口引脚端没有显示出来，用于时钟控制的锁相环也没有显示出来。图中左下角的 CLK 和 STEP 并非两个时钟源，它们可以由同一锁相环产生，要求 CLK 的频率稍大于 STEP 的 4 倍。CLK 的最高频率可达 150MHz，甚至更高。

下面将分别对除控制器以外的功能模块的功能、HDL 表述以及与控制线及各总线的关系等做详细介绍。多数功能模块都比较简单，功能描述清晰且附有必要的注释，因此这里不再给出仿真波形图，读者可自行仿真测试。

9.2.1　单步节拍发生模块

图 9-2 左下角的节拍发生模块 STEP2 的电路结构如图 9-3 所示，其仿真波形显示，如果 STEP 的周期大于 CLK 周期 4 倍，则输入的 STEP 信号及 T1、T2 三者在时间上呈连续落后状态，因此可以让 STEP 作为控制器的状态机运行驱动时钟，使控制器每一个 STEP 时钟变换一个状态，这样不但可以让 T1、T2 控制相关功能模块在时序上进行更精准操作，而且，若不涉及同一总线上的数据读写，可在一个状态（相当于一个微操作）中完成 2～3 个顺序控制操作，从而提高 CPU 的工作效率和工作速度。

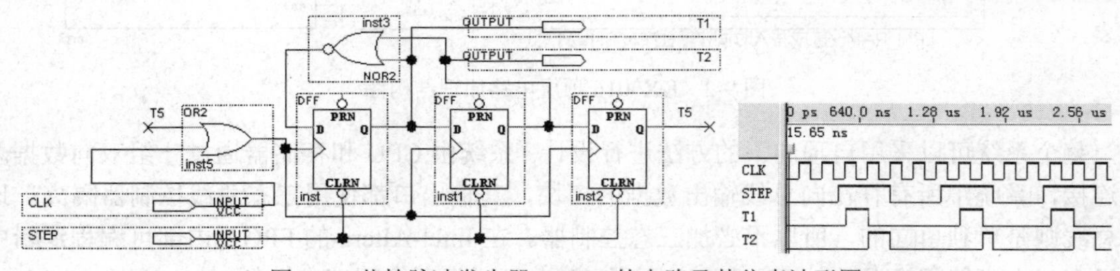

图 9-3　节拍脉冲发生器 STEP2 的电路及其仿真波形图

9.2.2 ALU 模块

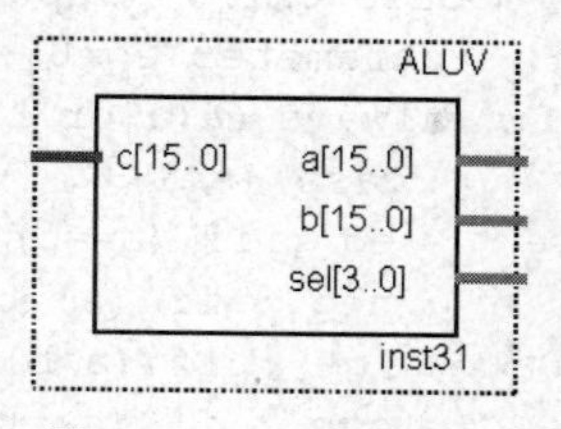

图 9-4　ALU 模块符号

算术逻辑单元 ALU 的模块符号如图 9-4 所示。a[15..0]和 b[15..0]是运算器的操作数输入端口，a[15..0]直接与数据总线相接，b[15..0]与工作寄存器的输出相接。c[15..0]为运算器运算结果输出端口，直接与移位器输入口连接。4 位控制信号 sel[3..0]来自控制器，用于选择运算器的算法功能。运算器 ALU 的 Verilog 描述如例 9-1 所示。

【例 9-1】

```
module ALUV (input[15:0] a, b, input[3:0] sel, output reg [15:0] c);
    parameter  alupass=0, andOp=1, orOp=2, notOp=3, xorOp=4, plus=5,
   alusub=6,  inc=7, dec=8, zero=9;
    always @(a or b or sel)
      case (sel)
        alupass : c <= a ;                  //总线数据直通 ALU
          andOp : c <= a & b ;              //逻辑与操作
           orOp : c <= a | b ;              //逻辑或操作
          xorOp : c <= a ^ b ;              //逻辑异或操作
          notOp : c <= ~a ;                 //取反操作
           plus : c <= a + b ;              //算术加操作
         alusub : c <= a - b ;              //算术减操作
            inc : c <= a + 1 ;              //加 1 操作
            dec : c <= a - 1 ;              //减 1 操作
           zero : c <= 0 ;                  //输出清零
        default : c <= 0 ;
      endcase
endmodule
```

9.2.3 比较器模块

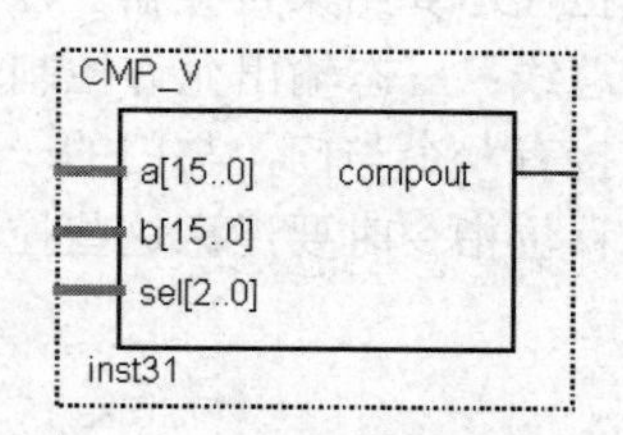

图 9-5　比较器模块符号

比较器的实体名为 CMP_V。CMP_V 模块对两个 16 位输入值进行比较，输出结果是 1 位，即 1 或 0，这取决于比较对象的类型和值。比较器模块符号如图 9-5 所示。

对两个数进行比较的类型方式及输出值含义取决于来自控制器的选择信号 sel[2..0] 的值。例如，欲比较输入端口 a 和 b 的值是否相等，控制器须先将 eq=3'b000 传到端口 sel，这时如果 a 和 b 的值相等，则 compout 的值为 1；如果不相等，则为 0。显然，两个输入值的比较操作将得到一个位的结果，这个位是执行指令时用来控制进程中的操作流程的。

比较器代码如例 9-2 所示。其中含有 case 语句，针对每一个来自控制器的 sel 的 case 选项，还含有一个 if 语句；如果条件为真，输出 1；否则，输出 0。

【例 9-2】

```
module CMP_V (input[15:0] a, b,  input[2:0] sel,  output reg compout);
  parameter eq=0, neq=1, gt=2, gte=3, lt=4, lte =5;
  always @(a or b or sel)
   case (sel)
    eq : if (a==b)  compout<=1; else  compout<=0; //a 等于 b，输出为 1，否则是 0
    neq : if (a!=b)  compout<=1; else  compout<=0; //a 不等于 b，输出为 1
     gt : if (a>b)   compout<=1; else  compout<=0; //a 大于 b，输出为 1
    gte : if (a>=b)  compout<=1; else  compout<=0; //a 大于等于 b，输出为 1
     lt : if (a<b)   compout<=1; else  compout<=0; //a 小于 b，输出为 1
    lte : if (a<=b)  compout<=1; else  compout<=0; //a 小于等于 b，输出为 1
    default :        compout<=0;
   endcase
endmodule
```

9.2.4 基本寄存器与寄存器阵列组

在 CPU 中寄存器常用来暂存各种信息，如数据信息、地址信息、指令信息、控制信息等，以及与外部设备交换信息。图 9-1 和图 9-2 的 CPU 结构中的寄存器有多种用途及多种不同结构，下面将分别给予介绍。

1. 基本寄存器

由图 9-2 可见，KX9016 使用了 3 种不同受控方式的寄存器。

（1）只含锁存控制时钟的寄存器。这是最简单的寄存器（见图 9-6），在此 CPU 中担任缓冲寄存器和指令寄存器。代码如例 9-3 所示，也可直接调用 LPM_FF 模块来实现。对于指令寄存器的锁存时钟端，注意图 9-2 中还接了一个与门（这有助于对时序进行精确控制，以下用意相同）。它的一端接来自控制器的写允许 instrWr 信号，另一端接节拍时钟信号 T2。同样，对于输出寄存器的锁存时钟端，电路中也接了与门，但一端接 RAM 的写允许控制信号 WE，另一端接地址信号的最高位 AR[15]，设计输出指令时要注意控制。

（2）含三态输出控制的寄存器（见图 9-7）。此寄存器没有对应的 LPM 模块，它实际上就是例 9-3 的寄存器在输出端加上一个三态控制门，其代码如例 9-4 所示。在系统中此寄存器担任运算结果寄存器。注意，此寄存器的数据输入口接移位器的数据输出口，输出口接数据总线；三态输出允许控制端接来自控制器的读寄存器允许信号 outRegRd；锁存时钟端也同样接有一个与门，与门的一端接寄存器写允许控制信号 outRegWr，另一端接 T2，设计运算或移位指令时要注意这些控制信号。

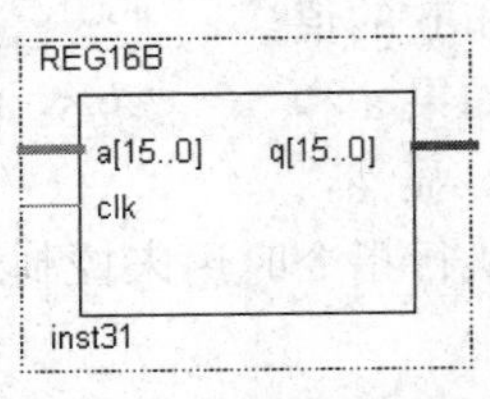

图 9-6　基本寄存器

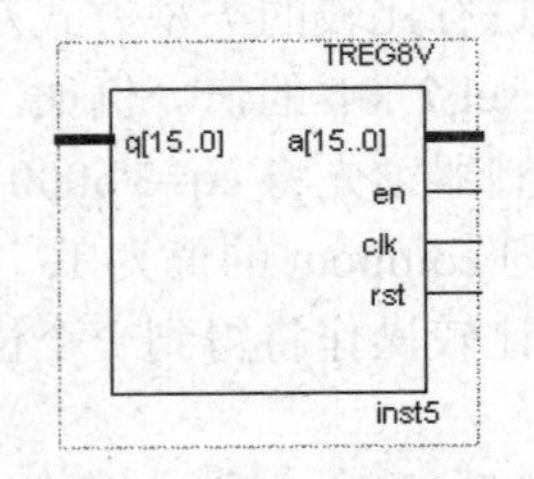

图 9-7　含三态门的寄存器

【例 9-3】

```
module REG16B (input[15:0] a, input clk, output reg [15:0] q);
    always @(posedge clk)     q <= a ;
endmodule
```

【例 9-4】

```
module TREG8V (a, en, clk,rst, q);
    input rst,en, clk; input[15:0] a;   output[15:0] q;  reg[15:0] q, val;
    always @(posedge clk or posedge rst)
      if (rst==1'b1)  val <= {16{1'b0}} ;  else  val <= a ;
    always @(en or val)
      if (en == 1'b1)  q <= val ; else  q <= 16'bZZZZZZZZZZZZZZZZ ;
endmodule
```

（3）含清零和数据锁存同步使能控制的寄存器（见图 9-8）。代码如例 9-5 所示。这个寄存器的功能相当于在图 9-6 的寄存器基础上，加上一个清零的功能，并于其时钟端加一个与门，而与门的一端接允许控制 load，另一端接 clk。

在此 CPU 系统中此寄存器有 3 个角色，即地址寄存器、PC 寄存器和工作寄存器。

- 地址寄存器。其数据输出口接地址总线，数据输入口接数据总线；同步加载允许 load 端接来自控制器的地址寄存器写允许信号 addrRegWr；锁存时钟端 clk 接 T2。
- PC 寄存器。其数据输出口接三态门输入口，三态门输出至数据总线；三态门的控制端接来自控制器的 PC 值读允许信号 progCntrRd；数据输入口直接接数据总线；同步加载允许 load 端接来自控制器的 progCntrWr 信号；锁存时钟端 clk 接 T1。为了提高工作效率，其实可以用一个如图 9-9 所示的计数器来替代这个寄存器。
- 工作寄存器。其数据输出口接 ALU 和比较器的一个数据输入端；数据输入口接数据总线；同步加载 load 端接来自控制器的 opRegWr 信号；锁存时钟端 clk 接 T1。

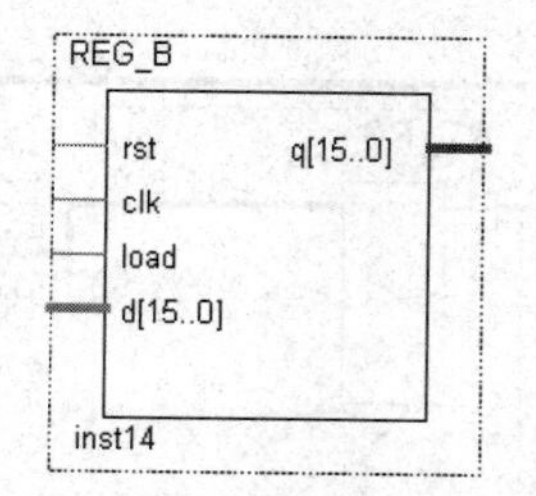

图 9-8　含加载使能的寄存器

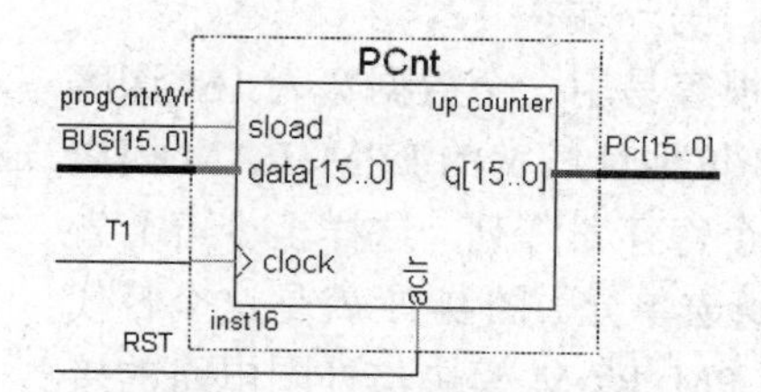

图 9-9　计算器替代电路

【例 9-5】REG_B.v

```
module REG_B (input rst, clk, load, input[15:0]d, output reg [15:0] q);
      always @(posedge clk or posedge rst)
        if (rst==1'b1)  q <= {16{1'b0}} ;    else
        begin  if (load == 1'b1)   q <= d ;  end
endmodule
```

2．寄存器阵列

寄存器阵列是 KX9016 中最有特色的寄存器。寄存器阵列符号 REG_AR7 如图 9-10 所示。在执行指令时，此寄存器中存储指令所处理的立即数可对寄存器进行读或写操作。此类寄存器组相当于一个 8×16 位的 RAM。对此寄存器的读写操作与对 RAM 的读写操作相同，例如，当向 REG_AR7 的一个单元（即其中一个寄存器）写入数据时，首先输入寄存器选择信号 sel 作为单元地址，即此寄存器的地址码；当 clk 上升沿到来时，输入数据就被写入该单元中。

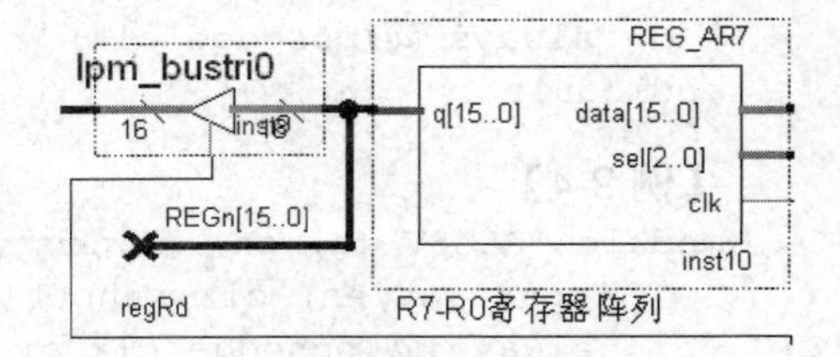

图 9-10　寄存器阵列元件与三态控制门电路

若需从 REG_AR7 的一个单元（即某一寄存器）中读出数据，也必须首先输入对应的 sel 选择数据作为读的单元地址，然后使其输出端接的三态输出允许控制信号为 1，这时此单元的数据就会输出至总线。此寄存器的代码程序如例 9-6 所示。首先用语句 reg[15:0] ramdata [0:7]定义了一个二维寄存器变量 ramdata。在过程语句中，它模拟 RAM 存储数据，在时钟有效时，将输入的数据按指定地址（即 sel）锁入二维寄存器变量 ramdata 中；而在赋值语句中，其动作正好相反，它模拟从 RAM 中按地址 sel 读取数据再输出。

【例 9-6】

```
module REG_AR7 (data, sel, clk, q);
    input[15:0] data;  input[2:0] sel; input clk;   output[15:0] q;
    reg[15:0] ramdata[0:7];
    always @(posedge clk)    ramdata[sel] <= data;
    assign q = ramdata[sel] ;
endmodule
```

此寄存器阵列模块的接口情况是这样的，由图 9-2 可见，此寄存器的数据输入口接数据总线；输出口接三态门输入端，三态门的控制端接来自控制器的 RegRd 信号；三态门输出与总线相接；寄存器组选择信号 sel[2..0]来自控制器的 RegSel[2..0]。寄存器的时钟 clk 端接一个与门，与门的一端接寄存器写允许控制信号 RegWr，另一端接 T2。

其实很容易用一个数据宽为 16、深度为 8，即 3 位地址线宽的 LPM_RAM 模块来替代这个寄存器阵列，这样至少可节省 128 个逻辑宏单元。图 9-11 就是这个替代方案。此 LPM_RAM 模块与外围电路的接口方式即如此图所示。由于这是最小深度的 RAM，所以可将地址线的高 2 位置 0。

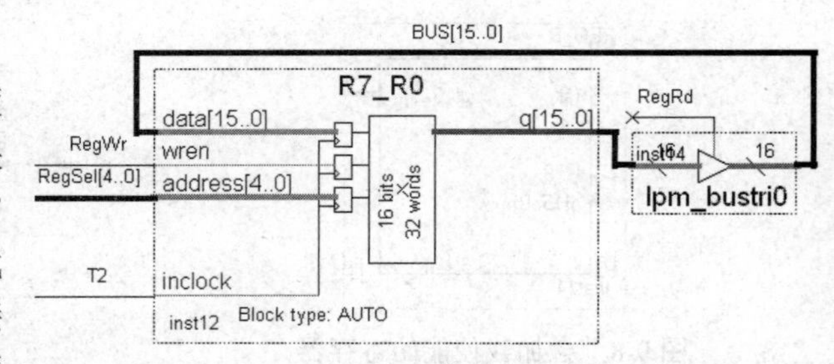

图 9-11　用 LPM_RAM 替代寄存器阵列的电路

9.2.5　移位器模块

移位器模块符号如图 9-12 所示，它在 CPU 中实现移位和循环操作。移位器输入信号 sel 决定执行哪一种移位方式。移位器对输入的 16 位数据的移位操作类型有 4 种：左移、右移、循环左移和循环右移。此移位器还有一个功能就是通过控制，可以允许输入数据直接输出，即数据直通，不执行任何移位操作（ALU 也有这样的功能）。这个功能在此 CPU 的操作中十分方便，不但速度提高，而且节省了

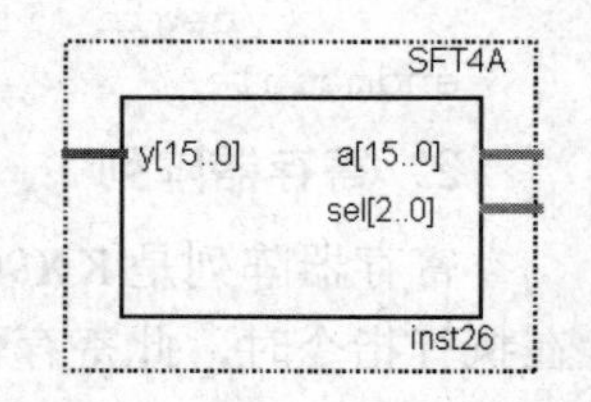

图 9-12　移位器符号

硬件资源。移位器的代码如例 9-7 所示。在系统中移位器的接口比较清晰，此处不再叙述。特别注意这个移位器在 KX9016 这样的结构中作为组合电路的必要性（因此，它不可能有使用 LPM 模块的替代方案）。

【例 9-7】

```
module SFT4A (input[15:0] a, input[2:0] sel, output reg[15:0] y);
    parameter shftpass=0, sftl=1, sftr=2, rotl=3, rotr=4;
  always @(a or sel)
    case (sel)
  shftpass :  y<=a ;                     //数据直通
      sftl :  y<={a[14:0], 1'b0};        //左移
      sftr :  y<={1'b0, a[15:1]};        //右移
      rotl :  y<={a[14:0], a[15]};       //循环左移
      rotr :  y<={a[0], a[15:1]};        //循环右移
   default :  y<=0 ;
  endcase
endmodule
```

9.2.6 程序与数据存储器模块

此 CPU 接口的存储器采用 LPM 模块，容量规格和端口选择如图 9-13 所示，16 位数据宽度，128 单元深度。其数据输入端 data[15..0]接数据总线，输出端接三态控制门；三态门的输出端仍接数据总线。地址端口 address[6..0]接地址总线，wren 接来自控制器的 RAM 读写控制信号 rw，时钟输入端 inclock 接 T1。

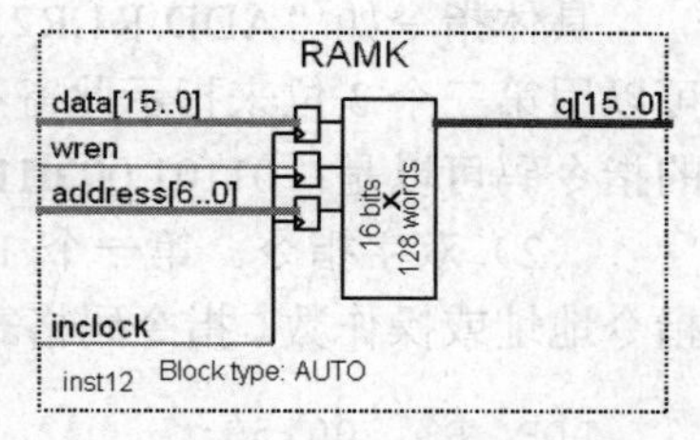

图 9-13　存储器符号

注意，此项目的实验测试对此 LPM_RAM 模块在写数据设置上，选择了写允许信号 wren 有效时，同时读出原数据 Old Data。具体设置可参考图 6-16。RAM 的这项选择将使其每写入一个数据，同时向输出口输出同一 RAM 单元的写入新数据前的老数据，即 Old Data。这个性能可以在此后的 CPU 仿真波形中看到。

9.3　KX9016 指令系统设计

如果要设计一款专用处理器，必须要确定此处理器的工作（或控制）对象是什么，需要完成哪些任务，需要怎样的 CPU 程序功能，从而确定此处理器的 CPU 应该具有哪些功能，并针对这些功能采用哪些指令，然后确定指令的具体格式。

本节将重点介绍针对 KX9016 的指令格式、指令设计方案、指令系统要求、软件编程加载方法以及控制器的原理和设计。最后以实例形式给出指令设计的详细流程。

9.3.1 指令格式

若作为专业处理器，这里假设最多 30 条指令就能包括 KX9016 所有可能的操作。所以可

以设定所有的指令都包含 5 位操作码，使控制器用于判别具体指令类别。

设单字指令在其低 6 位中包含两个 3 位来指示寄存器名，如 R3(011)、R4(100)。其中一个 3 位指示源操作数寄存器，另一个 3 位指示目的操作数寄存器。某些指令，如 INC（加 1）指令只用到其中的一部分；但是另外一些单字指令，如 MOVE（转移）指令，用到从一个寄存器传送到另外一个寄存器的功能，这就要用到两个操作数。

设双字指令的第一个字中包含目标寄存器的地址，第二个字中包含指令地址或者立即操作数。它们的常用指令格式如下。

（1）单字指令。16 位指令的高 5 位是操作码，低 6 位指示出源操作数寄存器和目的操作数寄存器。指令码格式如表 9-1 所示。当然，也可以利用其他闲置的位为单字节指令设置 3 个操作数寄存器。例如，可以设计这样一条加法指令。

```
ADD  Rd, Rs1, Rs2;
```

表 9-1　单字指令格式

操作码 Opcode							源操作数2 SRC			源操作数1 SRC			目的操作数 DST		
15	14	13	12	11	10	9	8	7	6	5	4	3	2	1	0

具体指令如“ADD R1,R2,R3”，即将 R1、R2 寄存器的内容相加后存入寄存器 R3。于是可以用第三个 3 位来指示此寄存器名。此时，若加法指令的操作码是 01101，则对于这条指令的指令码可以是：01101 00 **011** 010 001 = 68D1H。显然，指令设计可以不拘一格。

（2）双字指令。第一个 16 位字中包含操作码和目标寄存器的地址，第二个字中包含了指令地址或操作数。指令码格式如表 9-2 所示。例如，立即装载指令 LDR 可以有这样的表述。

```
LDR  R1, 0015H;
```

表 9-2　双字指令格式

操作码 Opcode													目的操作数 DST		
15	14	13	12	11	10	9	8	7	6	5	4	3	2	1	0
16 位操作数															
15	14	13	12	11	10	9	8	7	6	5	4	3	2	1	0

这条指令表示，将十六进制数 0015H 装载到寄存器 R1 中。设这条指令的高 5 位操作码是 00100；在低 3 位中指示寄存器 R1 的目的操作数代码是 001。于是指令码如表 9-3 所示，这条指令的十六进制指令码就是：2001H　0015H。

表 9-3　双字指令

操作码													目的操作数		
0	0	1	0	0									0	0	1
0	0	0	0	0	0	0	0	0	0	0	1	0	1	0	1
0				0				1				5			

在控制器对此双字指令进行译码时，第一个字的操作数决定了该指令的长度为两个字。因此，在装载第二个字后才成为完整的指令。

9.3.2　指令操作码

本章为此 KX9016 处理器预设的指令、指令名称和相应的操作码已列于表 9-4 中，此表展示的主要指令有数据存/取、数据搬运、算术运算、逻辑运算、移位运算和控制转移类。如果需要，还可以加入其他功能的指令，甚至可为此增加操作码位数。

表 9-4　KX9016 预设指令及其功能表

操作码	指令	功能	操作码	指令	功能
00000	NOP	空操作	01100	NOT	寄存器求反
00001	LD	装载数据到寄存器	01101	ADD	两个寄存器加运算
00010	STA	将寄存器的数存入存储器	01110	SUB	两个寄存器减运算
00011	MOV	在寄存器间传送操作数	01111	IN	外设数据输入指令
00100	LDR	将立即数装入寄存器	10000	JMPLTI	小于时转移到立即数地址
00101	JMPI	转移到由立即数指定的地址	10001	JMPGT	大于时转移
00110	JMPGTI	大于转移至立即数地址	10010	OUT	数据输出指令
00111	INC	加 1 后放回寄存器	10011	MTAD	16 位乘法累加
01000	DEC	减 1 后放回寄存器	10100	MULT	16 位乘法
01001	AND	两个寄存器间与操作	10101	JMP	无条件转移
01010	OR	两个寄存器间或操作	10110	JMPEQ	等于时转移
01011	XOR	两个寄存器间异或操作	10111	JMPEQI	等于时转移到立即数地址
11000	DIV	32 位除法	11011	SHR	右逻辑移位
11001	JMPLTE	小于等于时转移	11100	ROTR	循环右移
11010	SHL	左逻辑移位	11101	ROTL	循环左移

表 9-5 给出了由几条指令组成的程序示例。在这些指令中有单字指令和双字指令，操作码都是 5 位。对于源操作数寄存器 SRC 和目的操作数寄存器 DST，分别用 3 位二进制数表示，指示出寄存器的编号。双字指令中的第二个字是立即操作数。表中的 x 表示可以是任意值，可取为 0。表 9-5 的汇编程序的功能是，将 RAM 地址区域 0025H～0036H 段的数据块，搬运到地址区域以 0047H 开头的 RAM 存储区域中。此系统的存储器可分成两个部分，第一部分是指令区，第二部分是数据区。指令部分包含了将被执行的指令，开头地址是 0000H。CPU 指令从 0000 开始到 000DH 结束。实际程序可以将此汇编程序代码与 0025H～0036H 段的数据块一并安排在 RAM 的初始化配置文件中。

表 9-5　示例程序

指令	机器码	字长	操作码	闲置码	源操作数	目的操作数	功能说明
LDR　R1, 0025H	2001H	2	00100	xxxxx	xxx	001	立即数 0025H 送 R1
	0025H		0000 0000 0010 0101				
LDR　R2, 0047H	2002H	2	00100	xxxxx	xxx	010	立即数 0047H 送 R2
	0047H		0000 0000 0100 0111				

续表

指令	机器码	字长	操作码	闲置码	源操作数	目的操作数	功能说明
LDR　R6, 0036H	2006H	2	00100	xxxxx	xxx	110	立即数 0036H 送 R6
	0036H		0000 0000 0011 0110				
LD　R3, [R1]	080BH	1	00001	xxxxx	001	011	从 R1 指定的 RAM 存储单元读取数据并送 R3
STA　[R2], R3	101AH	1	00010	xxxxx	011	010	将 R3 的内容存入 R2 指定 RAM 单元
JMPGTI　0000H	300EH	2	00110	xxxxx	001	110	若 R1>R6，则转向地址[0000H]
	0000H		0000000000000000				
INC　R1	3801H	1	00111	xxxxx	xxx	010	R1+1 → R1
INC　R2	3802H	1	00111	xxxxx	xxx	010	R2+1 → R2
JMPI 0006H	2800H	2	00101	xxxxx	xxx	xxx	绝对地址转移指令：转向地址 0006H
	0006H		0000000000000110				

9.3.3　软件程序设计示例

为了便于说明和实验演示，本章列出的控制器 Verilog 代码（例 9-8）中只包含了 7 条指令。现将这 7 条指令组织成的一个简单的汇编程序示例列于表 9-6 中。

表 9-6　7 条指令的汇编程序示例

地　址	机 器 码	指　令	功 能 说 明
0000H 0001H	2001H 0032H	LDR　R1, 0032H	将立即数 0032H 送寄存器 R1
0002H 0003H	2002H 0011H	LDR　R2, 0011H	将立即数 0011H 送寄存器 R2
0004H	680AH	ADD　R1, R2, R3	将寄存器 R1 和 R2 的内容相加后送 R3
0005H	1819H	MOV　R1, R3	将寄存器 R3 的内容送入 R1
0006H	3802H	INC　R2	R2+1→R2
0007H	101AH	STA　[R2], R3	将 R3 的内容存入 R2 指定地址的 RAM 单元
0008H	080BH	LD　R3, [R1]	将 R1 指定地址的 RAM 单元的数据送 R3
0009H	0000H	NOP	空操作

该程序的功能是将置于 R1 和 R2 寄存器的两个数据相加后放到 R3 中，再将 R3 的内容转移到 R1，并将 R2 的内容加 1 后放回到 R2。再将 R3 的内容存入 R2 指定地址的 RAM 单元中，并将 R1 指定地址的 RAM 单元的数据放到 R3 单元中。

表中列出了对应的地址。这 7 条指令的一般形式如下。

- 立即数装载指令的一般形式是“LDR　Rd, Data”。

其中的 Rd 代表 R7～R0 中任何一个寄存器，Data 是 16 位立即数。

- 根据例 9-8 的控制器代码程序，此加法指令的一般形式是“ADD　Rs1,Rs2,R3”。

其中的 Rs1 和 Rs2 代表 R7～R0 中任何一对不同的寄存器，而目标寄存器 R3 是固定的。以下 Rs、Rd 等也是相同情况。

- 数据搬运指令的一般形式是：MOV　Rd1,Rs2。
- 加 1 指令的一般形式是：INC　Rs。
- 存储指令的一般形式是：STA　[Rd],Rs。
- 取数指令的一般形式是：LD　Rd,[Rs]。

若希望 KX9016 能正常执行表 9-6 中的程序，必须将表 9-6 中汇编程序对应的机器码按左侧的地址写入图 9-2 的 LPM_RAM 中。最方便的方法就是将这些机器码按序编辑在 mif 格式的文件中，然后按路径设置于原理图中的 LPM_RAM 中。

根据表 9-6 制作的 mif 文件已列于表 9-7 中，此文件这里名取为 RAM_16.mif。注意在地址 0012H 和 0043 处安排了两个数据，分别是 1524H 和 A6C7H，以便在仿真中用于验证某些指令功能和 Cyclone 4E 系列 FPGA 中的 RAM 模块的特性。

表 9-7　存储器初始化文件 RAM_16.mif 的内容

WIDTH = 16;	03　: 0011;	0B　: 0000;	13　: 0000;
DEPTH = 256;	04　: 680A;	0C　: 0000;	...
ADDRESS_RADIX = HEX;	05　: 1819;	0D　: 0000;	41　: 0000;
DATA_RADIX = HEX;	06　: 3802;	0E　: 0000;	42　: 0000;
CONTENT BEGIN	07　: 101A;	0F　: 0000;	43　: A6C7;
00　: 2001;	08　: 080B;	10　: 0000;	…
01　: 0032;	09　: 0000;	11　: 0000;	4F　: 0000;
02　: 2002;	0A　: 0000;	12　: 1524;	END;

在第 6 章已经介绍了编辑 mif 文件的多种方式及将它载入 RAM 中的流程。如果仅用于仿真，只需在全程编译中将此文件编译进去即可。

如果是为了硬件调试和测试 CPU，可以向 FPGA 下载编译后的 SOF 文件，或利用存储器内容在系统编辑器直接向 RAM 下载此文件，按复位键后即可执行程序。为了能单步运行，可以用 KX 系列教学实验平台系统上的键模拟产生 CLK 时钟（选择模式 5 或 3）。也可以用 In-System Sources and Probes 来产生时钟信号，并收集 CPU 在工作中输出的必要的数据信号。若作为实用，可将 SOF 文件进行转换，通过 JTAG 接口间接下载至 FPGA 片外配置用 Flash 中。

9.3.4　KX9016 控制器设计

KX9016 系统的关键功能模块是控制器，它由一个完整的混合型状态机构成，负责对运行程序中所有指令译码、各种“微操作”命令的生成和对 CPU 中各个功能模块的控制。这 7 条指令的控制器程序代码如例 9-8 所示。

1．程序代码结构

例 9-8 的端口描述部分是此程序的第一部分，每个输入或输出信号后给出了详细注释，这样有助于读者对照图 9-2 的电路迅速理解控制器对 CPU 其他模块的控制关系，了解程序中各指令在不同状态中对外部模块实现控制的原理，以及能正确利用这些控制信号编制新的指令。例 9-8 程序的第二部分用 parameter 语句定义了 5 个常数，以便容易读懂相关的语句。注意，其中定义 shftpass 和 alupass 都等于 0 的两个 0 的二进制矢量位的含义是不同的；程序代码的第三部分用 parameter 语句为状态机的两个状态变量可能包含的所有的状态元素定义了名称；程序的第四部分为状态机的现态 current_state 和次态 next_state 信号定义了 reg 数据类型。

程序的第五部分是核心部分，是一个组合过程“COM”，它包含了所有指令的译码和对外控制的操作行为。在这个过程的一开始，首先对各相关控制信号做初始化设置，主要动作是对相关寄存器清零、关闭写操作和各三态总线开关，以便总线处于随时可输送数据的状态。如语句“regRd<= 0;”将关闭寄存器阵列输出口上的三态开关，禁止其中的数据进入总线。需要特别注意的是，由于它们处于组合过程结构内部，这部分语句不属于 CPU 初始化操作的核心动作，它们属于常规动作，即各条指令执行的每一状态结束后都必须回过来重复执行一遍它们所有的语句。而实现 CPU 初始化的各 reset 状态语句只在按复位键后执行一遍。

程序的第六部分是状态变换的核心部分，这部分能分成 3 个功能模块。

（1）CPU 复位模块。这部分由 reset1～reset3 共 3 个状态构成，每一状态需要一个 STEP 周期，最终完成 CPU 复位。在计算机正常运行过程中也不会再次进入这 3 个状态。

（2）指令辨认分支模块。当进入执行状态 execute 时，由此状态的 case 语句从来自指令寄存器的高 5 位指令操作码辨认出指令类型，于是在下一 STEP 周期中跳到对应指令的处理状态序列中。

（3）指令处理状态序列。例如，对于 LD 指令，从 load2 到 incPc3 所引导的状态处理语句全部属于对具体指令动作进行译码与控制的语句，每一个状态就是一个指令微操作。

程序的余下部分是一个时序过程，结构与功能比较简单。

2．指令的语句结构

在例 9-8 中，对于一条具体指令的操作行为，除了在执行状态 execute 时的操作码识别，主要分为两个状态，即指令控制行为状态和 PC 处理状态；后者是公共状态，它像一段子程序，任何指令在完成了自己的控制操作状态序列后都必须进入 PC 处理状态。

例如，加法指令 ADD。它的控制操作状态序列由 add2、add3、add4 引导的 3 个状态组成。每一个状态时间是一个 STEP，每一 STEP 有两个节拍，即 T1、T2。完成后将转入 incPc、incPc2、incPc3 共 3 个状态组成的 PC 处理状态序列。最后将回到“COM”进程入口端。由此可见，一个加法指令要经历 7 个状态，至少 14 个时钟节拍（假设 STEP 脉冲的占空比接近 100%）。如果此 CPU 的时钟频率是 200MHz，则此 16 位数相加的加法指令的指令周期约为 7ns，比普通 51 单片机的速度高得多。因为对于 12MHz 时钟频率的 51 单片机，一条 8 位相加的加法指令需要一个机器周期，即 1000ns 的执行时间。

【例 9-8】

```
module CONTRLB (clock, reset, instrReg, compout, progCntrWr, progCntrRd,
  addrRegWr, addrRegRd, outRegWr, outRegRd, shiftSel, aluSel, compSel,
  opRegRd, opRegWr, instrWr, regSel, regRd, regWr, rw, vma);
   input clock;    input reset;                       //时钟和复位信号
   input[15:0] instrReg; input compout;//指令寄存器操作码输入及比较器结果输入
         output progCntrWr;          //程序寄存器同步加载允许，但需 T1 的上升沿有效
         output progCntrRd;          //程序寄存器数据输出至总线三态开关允许控制
   output addrRegWr;                 //地址寄存器允许总线数据锁入，但需 T2 有效
   output addrRegRd;                 //地址寄存器读入总线允许
   output outRegWr;                  //输出寄存器允许总线数据写入，但需 T2 有效
   output outRegRd;                  //输出寄存器数据进入总线允许，即打开三态门
```

```
output[2:0] shiftSel; output[3:0] aluSel;    //移位器功能选择和ALU 功能选择
output[2:0] compSel;  output opRegRd;   //比较器功能选择和工作寄存器读出允许
output opRegWr;              //总线数据允许锁入工作寄存器，但需 T1 有效
output instrWr;              //总线数据允许锁入指令寄存器，但需 T2 有效
output[2:0] regSel;          //寄存器阵列选择
output regRd;                //寄存器阵列数据输出至总线三态开关允许控制
output regWr;                //总线上数据允许写入寄存器阵列，但需 T2 有效
output rw;                   //rw=1, RAM 写允许; rw=0, RAM 读允许
output vma;                  //存储器 RAM 数据输出至总线三态开关允许控制
 reg progCntrWr, progCntrRd, addrRegWr, addrRegRd, outRegWr, outRegRd,
     opRegRd, opRegWr, instrWr, regRd, vma, regWr, rw;
 reg[2:0] shiftSel, regSel;  wire[2:0] compSel;  reg[3:0] aluSel;
 parameter shftpass=0,  alupass=0, zero=9, inc=7, plus=5;//参见例 8-1
 parameter reset1=0, reset2=1, reset3=2, execute=3, nop=4, load=5, store=6,
load2=7, load3=8, load4=9, store2=10, store3=11, store4=12,incPc=13,
incPc2=14,incPc3=15,loadI2=19,loadI3=20,loadI4=21,loadI5=22,loadI6=23,
inc2=24, inc3=25, inc4=26,move1=27,move2=28,add2=29,add3=30,add4=31;
   //在状态机中增加 3 个做加法微操作的状态变量元素 add2, add3, add4
reg[4:0] current_state, next_state;          //定义现态和次态状态变量
always @(current_state or instrReg or compout)  begin :COM//组合过程
progCntrWr<=0; progCntrRd<=0; addrRegWr<=0; addrRegRd<=0; outRegWr<=0;
outRegRd<=0; shiftSel<=shftpass; aluSel<=alupass;  opRegRd<=0; opRegWr<=0;
instrWr<=0; regSel<=0;  regRd<=0;  regWr<=0; rw<=0; vma<=0;
  case (current_state)
   reset1 : begin  aluSel<=zero; shiftSel<=shftpass;
             outRegWr<=1'b1; next_state<=reset2;   end
   reset2 : begin  outRegRd<=1'b1; progCntrWr<=1'b1;
             addrRegWr<=1'b1; next_state<=reset3;  end
   reset3 : begin  vma<=1'b1; rw<=1'b0; instrWr<=1'b1;
              next_state<=execute;                 end
  execute : begin
   case (instrReg[15:11])                    //不同指令识别分支处理
     5'b00000 : next_state <= incPc ;        //转 nop 指令处理
     5'b00001 : next_state <= load2 ;        //转 load 指令处理
     5'b00010 : next_state <= store2 ;       //转 store 指令处理
     5'b00100 : begin progCntrRd<=1'b1; aluSel<=inc; shiftSel<=shftpass;
              next_state<=loadI2; end        //转 loadI 指令处理
     5'b00111 : next_state <= inc2 ;         //转 inc 指令处理
     5'b01101 : next_state <= add2 ;         //增加一个加法 ADD 指令分支
     5'b00011 : next_state <= move1 ;        //转 move 指令处理
     default : next_state <= incPc ;         //转 PC 加 1
    endcase          end
  load2 :  begin  regSel<=instrReg[5:3]; regRd<=1'b1;
             addrRegWr<=1'b1; next_state<=load3; end
```

```
  load3 :  begin  vma<=1'b1; rw<=1'b0; regSel<=instrReg[2:0];
                  regWr<=1'b1; next_state<=incPc; end
   add2 :  begin  regSel <= instrReg[5:3];      //选择寄存器阵列的R1
  regRd <= 1'b1 ;                       //允许R1寄存器数据进入总线
        next_state<=add3; opRegWr<=1'b1;  end //将此数据锁入工作寄存器
                                         //以上4步在一个STEP脉冲完成，以下相同
   add3 :  begin  regSel <= instrReg[2:0] ;     //选择寄存器阵列的R2
     regRd<=1'b1; aluSel<=plus;//允许R2寄存器数据进入总线，同时选择ALU做加法
   shiftSel<=shftpass; outRegWr<=1'b1;//使ALU输出直通移位器，
                                              //同时将数据锁入输出寄存器
    next_state<=add4; end //此时相加结果尚未进入总线。此5步在一个STEP脉冲完成
   add4 :   begin  regSel <= 3'b011 ;           //固定选择寄存器阵列的R3
  outRegRd<=1'b1; regWr<=1'b1;                  //允许输出寄存器的数据进入总线
                                                 //将此数据锁入工作寄存器R3
   next_state <= incPc ; end  //加法操作结束，最后转入做PC加1操作的状态
   move1 : begin  regSel<=instrReg[5:3]; regRd<=1'b1; aluSel<=alupass;
           shiftSel<=shftpass; outRegWr<=1'b1; next_state<=move2; end
   move2 : begin  regSel<=instrReg[2:0]; outRegRd<=1'b1;
           regWr<=1'b1; next_state<=incPc;  end
   store2 : begin  regSel<=instrReg[2:0]; regRd<=1'b1;
           addrRegWr<=1'b1;  next_state<=store3; end
   store3 : begin  regSel<=instrReg[5:3]; regRd<=1'b1;
           rw<=1'b1;  next_state<=incPc;  end
   loadI2 : begin  progCntrRd<=1'b1;  aluSel<=inc ; shiftSel<=shftpass;
           outRegWr <= 1'b1 ;  next_state <= loadI3 ;   end
   loadI3 : begin  outRegRd<=1'b1;  next_state<=loadI4;       end
   loadI4 : begin  outRegRd <= 1'b1 ;  progCntrWr <= 1'b1 ;
           addrRegWr <= 1'b1 ;   next_state <= loadI5 ; end
   loadI5 : begin  vma<=1'b1; rw<=1'b0; next_state<=loadI6;  end
   loadI6 : begin  vma <= 1'b1;  rw <= 1'b0 ;  regSel <= instrReg[2:0] ;
           regWr <= 1'b1 ;  next_state <= incPc ;        end
   inc2 : begin  regSel <= instrReg[2:0] ; regRd <= 1'b1 ; aluSel <= inc ;
           shiftSel<=shftpass;  outRegWr<=1'b1; next_state<=inc3; end
   inc3 : begin  outRegRd <= 1'b1 ; next_state <= inc4 ; end
   inc4 : begin  outRegRd<=1'b1; regSel<=instrReg[2:0];
         regWr<=1'b1; next_state<=incPc; end
   incPc : begin  progCntrRd<=1'b1;  aluSel<=inc;  shiftSel<=shftpass;
         outRegWr <= 1'b1 ;  next_state <= incPc2 ; end
   incPc2 : begin  outRegRd <= 1'b1 ;  progCntrWr <= 1'b1 ;
         addrRegWr <= 1'b1 ;   next_state <= incPc3 ;  end
   incPc3 : begin  outRegRd <= 1'b0 ;  vma <= 1'b1 ; rw <= 1'b0 ;
         instrWr <= 1'b1 ;  next_state <= execute ;    end
   default :   next_state <= incPc ;
   endcase   end
 always @(posedge clock or posedge reset) //时序过程
   if (reset==1) current_state<=reset1; else current_state<=next_state;
endmodule
```

3. CPU 复位操作

由例 9-8 的时序过程可见，程序从 CPU 复位开始，当 reset 为高电平时，CPU 被复位，程序运行中，reset 须保持低电平。复位过程经过了 reset1～reset3 共 3 个状态，在此期间控制器对各个部件和控制信号进行初始化。当进行到 reset3 时，本应检测存储器就绪信号 ready 才能进入正常执行状态，但考虑到使用了 LPM 存储器，它的速度与逻辑单元的速度基本一致甚至更高，所以就省去了这个步骤。以下对 CPU 的复位过程加以说明。

复位包括将程序计数器 PC 清零，指向第 1 条指令。由于这里的 PC 只是一个普通的寄存器，没有清零和自动加 1 的功能，因此需要通过 ALU 来完成对 PC 内容的修改。

具体初始化过程如下。

（1）reset1。ALU 清零操作：ALU 输出的数据通过移位寄存器 shift 输出。aluSel<=zero：使 ALU 输出 0000H；shiftSel<=shftpass，移位器设为直通状态；outRegWr<=1，将移位器的输出写入缓冲寄存器 outReg 中。

（2）reset2。outRegRd<=1，使缓冲寄存器的内容送到数据总线上；progCntrWr<=1，使缓冲寄存器的内容写入程序计数器 PC；addrRegWr<=1，将总线的数据写入地址寄存器。

（3）reset3。rw<=0，即读程序存储器有效（从存储器中读出指令）；vma<=1，即存储器数据允许进入总线；instrWr<=1，将总线上的指令操作码锁入指令寄存器中。最后进入程序执行状态。

9.3.5 指令设计示例

这里以设计一条加法指令为例，详细说明 KX9016 的指令设计方法与流程。对于加法指令需要加入的所有相关语句已经在例 9-8 程序中加粗，很容易辨别。其他指令的加入可如法炮制，具体流程如下。

（1）确定功能。首先确定这条加法指令的具体功能。设指令表述如下。

```
ADD  R3, Rs1, Rs2
```

即希望这条指令的功能是将寄存器 Rs1 和 Rs2 中的数据相加后放到寄存器 R3 中，Rs1 和 Rs2 是任何一对不同的寄存器，R3 寄存器是固定的。

（2）确定指令的操作码。根据表 9-4，这条指令的最高 5 位的操作码取 01101。

（3）设定相关常数。为了在例 9-8 中加入一条与新指令相关的语句，必须在原有程序中多处加入相关语句。如果不是大改动，通常的指令无须改变控制器的端口信号。为了提高程序的可读性，先定义一些要用到的常数，如在例 9-8 的常数定义段中定义常数 plus 等于 0101。这是因为需要向 ALU 模块发出功能选择编码 0101，以便 ALU 做加法运算。

（4）增加状态元素。完成加法指令，肯定要涉及数个状态的转换，所以需要在参数定义语句中加入几个状态元素名称，如 add1、add2、add3、add4 等。究竟是几个，开始还不能定下来，可以先多写几个，待确定了做加法的状态数后再回来删去多余的元素名。

（5）加入指令操作码译码语句。在例 9-8 程序中 execute 状态内的 case 语句下加一条加法指令操作码 01101 的识别分支语句，即“5'b01101 : next_state<=add2”。此后就可以在以下的状态转换语句的任何位置插入实现加法的状态语句了。第一条语句的状态名称必须是 add2。此后究竟要加几条语句，这要看完成整个加法操作的需要。

（6）加入完成实际指令功能的状态转换语句。究竟加入哪些语句、加几条、每一状态语句中加入什么控制语句，这都要看对 CPU 电路系统各模块控制的结果，也挑战指令设计者如何处理并行和顺序控制问题的能力。通常，状态与状态之间的语句在时序上有先后顺序控制关系；而同一状态中的所有控制语句都是并行的、同时的。但如果对状态语句的时序操作得好，在一个状态中同样可以实现顺序控制。因为一个 STEP 周期对应一个状态，而在这一状态中，有 T1、T2 两个有先后的节拍脉冲；利用它们的先后关系，同样可以完成一些顺序工作，从而提高指令的效率。因为指令占用的状态越少，指令的执行速度就越快。当然，这也有赖于控制器以外的功能模块足够丰富、功能足够强等因素。

这里相关的状态语句已在程序中加粗，并对所有语句的功能做了详细注释，读者可以对照图 9-2 的电路，逐条理解这些语句的用处，这里不再重复。

（7）处理 PC。任何指令在完成了自身的所有控制功能后，在最后一个状态要跳转到 PC 处理状态语句上，进行加 1 操作，即要加上语句"next_state<= incPc"。

至此，加法指令相关的所有语句都已完全加入。其他类型指令的加入也类似。显然，若选择加法指令表述为"ADD　R3, R1, R2"，则其指令码为 680AH。注意，如果改变了控制器以外的模块的功能、控制方式和结构，那么对例 9-8 的程序就要做较大变动。

9.4　KX9016 的时序仿真与硬件测试

本节首先通过时序仿真在整体上测试 KX9016 CPU 在执行指令的过程中软硬件的工作情况，以便了解整个系统的软硬件运行情况是否满足原设计要求。Quartus 的仿真工具完全可以依据指定目标器件的硬件时序特性严格给出整个硬件系统的工作时序信息，因此，只要仿真的对象选择正确、观察的信息充分完整、给出的激励信号恰当，那么如果系统的工作情况能经得起时序仿真的考查，也基本能经得起实际硬件的验证。

最后，在时序仿真通过后就可按照附录介绍的 FPGA 实验系统的要求，为 KX9016 电路加上配合实测的模块，如锁相环、复位延时模块等；再将 KX9016 系统的各端口，如时钟、复位、输出显示等端口，锁定于适当的引脚；将编译后的 SOF 文件下载于开发板后进行硬件测试，以便在硬件环境中确认 KX9016 系统的软硬件工作性能。

9.4.1　时序仿真与指令执行波形分析

KX9016 的验证程序采用表 9-6 的程序。将程序代码加载于存储器的方法，前面也已有详细介绍。本节的重点是分析获得的仿真波形。注意，仿真中必须卸去锁相环。

由于这段测试程序对应的仿真波形图比较长，因此只截取了其中两段完成几个具体指令的时序波形。图 9-14 给出了加法和数据搬运指令运行的完整波形；而图 9-15 则给出了向存储器存数与取数指令运行的完整波形。读者应该在同时参阅图 9-2 所示的电路、表 9-6 所示的软件代码以及例 9-8 所示的 HDL 硬件控制程序的情况下，详细分析仿真波形图。

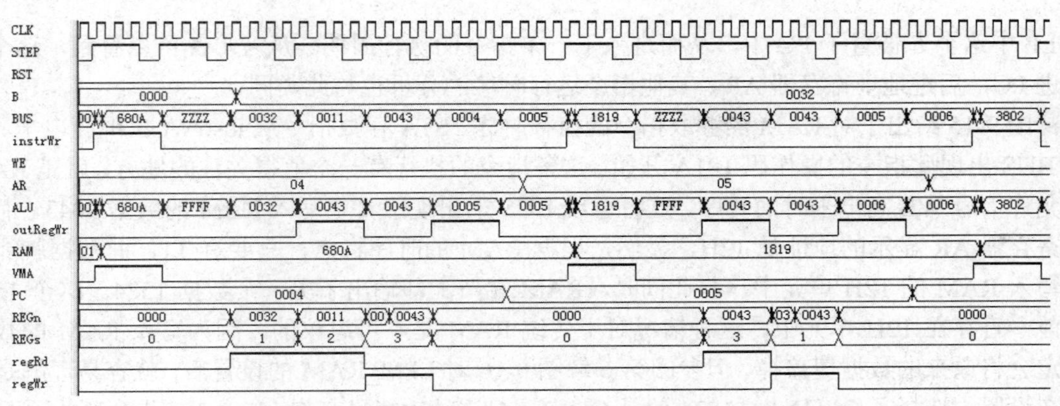

图 9-14　KX9016 的仿真波形（含 ADD 指令和 MOV 指令的时序）

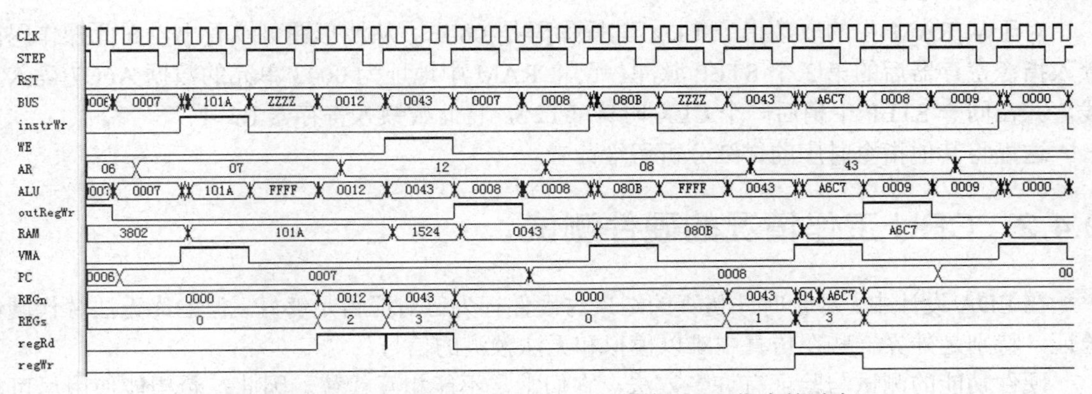

图 9-15　KX9016 的仿真波形（含 STA 指令和 LD 指令的时序）

首先来观察图 9-14 所示的加法指令执行情况。当最左上的 instrWr 出现高电平时，ADD 指令的操作码 680A 出现在总线 BUS 上，这时也被同时锁入指令寄存器中，且与此同时进入控制器进行译码。也就是说，此刻 ADD 指令才算正式被执行。此时，图形下方的 PC 早已是 4。这是因为在上一条指令的 PC 处理状态运行中，已对 PC 加 1。注意，这一时刻 RAM 输出口的数据也是 680A，而信号 VMA 为高电平。说明在 VMA 打开三态门后，RAM 中的 680A 经总线被锁入指令寄存器。从总线上出现 680A，到出现下一指令的操作码 1819 为止，这段时间约含 7 个 STEP 周期，是 ADD 指令的完整指令周期。

在图 9-14 中可以看到，当阵列寄存器读总线数据的信号 regRd 第一次出现高电平时，将总线上的数据 0032 锁进寄存器 R1 中，因为此时波形信号 REGs 显示 1；与此同时，此数据被锁入工作寄存器（此时 B 信号出现了 0032）。可以看到波形中 B 出现的 0032 要晚于总线上出现此数据的时间。

下一个 STEP 周期中，REGs 输出了 2，REGn 出现了数据 0011，且 regRd 为高电平。这说明将原来已存于 R2 中的 0011 送入总线。果然，此时总线 BUS 上也出现了 0011。

由于总线与工作寄存器是与加法器直接相连的，所以 ALU 的波形信号立即输出了相加后的和：0043。与此同时，outRegWr 也是高电平，于是 ALU 输出的 0043 在这个 STEP 周期中 T2 的上升沿后被锁入缓冲寄存器。缓冲寄存器的这个数据在下一 STEP 周期被释放于总线 BUS 上，与此同时，在 regWr 为高电平的情况下被锁入 R3 中。

此后进入 PC 处理状态，当前的 PC 值 4 被送到总线，经 ALU 后加 1 等于 5。在下一个

STEP 中这个 5 被置于 PC 中，从而进入下一条指令的执行周期。从波形图可以看到，这个 5 先进 PC，后进地址寄存器 AR。其他指令运行时序的分析也与此类同。

图 9-15 给出了对 RAM 的存取指令的执行时序。STA 存数指令从 instrWr 出现高电平、总线 BUS 出现此指令的操作码 101A 开始。这条指令的执行有一个值得关注的地方，就是 RAM 写允许信号 WE 高电平时的时序。这时总线 BUS 上出现了希望写入 RAM 的数据 0043，而地址寄存器 AR 显示的地址是 12H，显然，根据 RAM 的时序特点，只要有 T1，此数据就能够被写入 RAM 的 12H 单元中。与此同时，RAM 端口上却输出了另一个数据 1524。这个 1524 之前一直存在 12H 单元中。这种情况对于传统 RAM 是不可思议的，因为写入 RAM 的数据一定会将原来的数据覆盖掉。但参阅第 6 章图 6-16 对 LPM_RAM 的设置后，就容易理解是因为在设置中选择了 Old Data。1524 就是 Old Data，这种功能只有 Cyclone 3 或更高版本系列的 FPGA 中的 RAM 才有。

对于从 RAM 中的取数指令 LD，其操作码是 080B。从波形图可以看出，在此操作码被锁入指令寄存器后的第 3 个 STEP 脉冲，已将 RAM 中地址为 0043 单元的数据 A6C7 读入总线，并在同一 STEP 中稍后一个 CLK 时钟（T2），将此数锁入寄存器 R3 中。

这里将其他指令时序的详细分析留给读者。

9.4.2　CPU 工作情况的硬件测试

在 EDA 设计中，尽管时序仿真的结果与硬件行为已对应得足够好，但始终无法替代硬件验证，特别是外界一些在仿真中难以模拟和无法预测的信号。

硬件功能的测试与验证有许多方法，它们常常不能相互代替。因此，希望能使用尽可能多的工具、方法测试和验证数字系统的功能与硬件行为，特别是对于类似 CPU 这样的复杂数字系统，更需要在真实环境下谨慎测试。下面分别讨论几种硬件测试工具的应用。

1. 用 Signal Tap 测试与分析

Signal Tap 的用法已在前面做了介绍。但要注意，由于是硬件测试，若用法不得当，或信号安排不对，或采样时钟频率不相称等，都有可能无法得到正确结果。

为了能正确使用 Signal Tap，在图 9-2 所示的电路中加入了如图 9-16 所示的电路。此电路的 STEP 脉冲可手动输出，这样可以在逻辑分析仪的波形观察界面上，按需要逐个状态地观察波形和数据的变化。图中的锁相环输出 4kHz 的频率，用作 CLK 及键消抖动工作时钟。STEP 可由实验系统上的键来产生（复位信号无须消抖动）。图中的 ERZP 是消抖动模块。当然，若参与实验的键无抖动，如使用附录 A 介绍的系统，并选择诸如模式 5 或模式 3 等实验电路进行测试，就可以不用消抖动模块。

来自 Signal Tap 对 KX9016 执行从 RAM 写数据指令的实时测试波形如图 9-17 所示。在这种时序情况下，逻辑分析仪一次只能显示最多两个 STEP 周期的采样波形。

图 9-17 的实时测试波形显示了存数指令 STA 在对 RAM 发出写允许信号 WE（=1）前后两个 STEP 周期的主要通道上的数据情况。虚线以左的是 WE=1 以前的信号，以右是进入写操作的时序。对图 9-17 的虚线左右的数据变化情况与图 9-15 的第 4、第 5 个 STEP 脉冲的时序进行比较，可以发现，时序和数据完全相同。

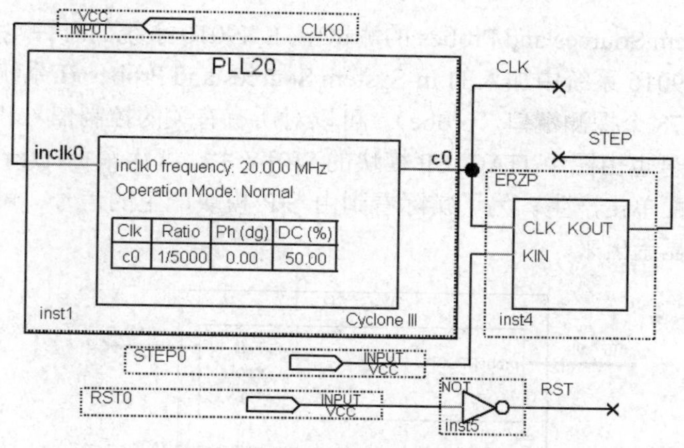

图 9-16　加入锁相环的电路方案

Instance	Status	LEs: 1385	Memory: 11264	M512,MLAB: 0/0	M4K,M9K: 4/260	M-RAM,M144K: 0/0
CPU16B	Waiting for trigger	1385 cells	11264 bits	0 blocks	3 blocks	0 blocks

log: 2012/03/24 21:36:09 #0　　click to insert time bar

Type	Alias	Name	-16 … 0	0 … 56
		ALU	0012h	0043h
		AR		12h
		BUS	0012h	0043h
		PC		0007h
		RAM	101Ah	1524h
		REGn	0012h	0043h
		WE		

图 9-17　Signal Tap 对 KX9016 执行从 RAM 写数据指令的实时测试波形

2．利用 In-System Memory Content Editor 进行实时测试

利用 In-System Memory Content Editor 可以了解 CPU 在运行过程中，其内部 RAM 中数据的实时变化情况。图 9-18 所示是利用 In-System Memory Content Editor 读取 KX9016 内 LPM_RAM 的数据情况。从图 9-18 可见，前面部分的数据是程序的指令编码，0012 单元的数据是 0043。这就是在执行了存数指令后的结果。另外，0043 单元有数据 A6C7，这是在执行了取数指令 LD 后将要取出放到 R3 的数据，这可以从图 9-15 中看出。

```
0   RAM8:
000000  20 01  00 32  20 02  00 11  68 0A  18 19  38 02  10 1A  08 0B  00 00  00 00  00 00  00 00  00 00  00 00  00 00
000010  00 00  00 00  00 43  00 00  00 00  00 00  00 00  00 00  00 00  00 00  00 00  B3 B4  B5 B6  B7 B8  D1 D2  D3 D4
000020  D5 D6  D7 D8  D9 DA  E1 E2  E3 E4  E5 E6  20 08  20 09  20 0A  20 0B  20 0C  20 0D  20 0E  20 0F  20 10  20 11
000030  D5 D6  D7 D8  D1 23  E1 E2  E3 E4  E5 E6  20 08  20 09  20 0A  20 0B  20 0C  00 00  00 00  00 00  00 00  00 00
000040  00 00  00 00  00 00  A6 C7  00 00  00 00  00 00  00 00  00 00  00 00  00 00  00 00  00 00  00 00  00 00  00 00
```

图 9-18　In-System Memory Content Editor 对 KX9016 内 RAM 数据变化情况的实测情况

此外，还可以在图 9-2 中增加一些通信和控制模块，使 CPU 工作时的时序控制信号和相关数据传送到外部显示器实时显示出来。这些显示器可以是各类液晶显示器。这也是值得作为创新设计的一些项目。

3．利用 In-System Sources and Probes 进行实时测试

实际上，相比于 Signal Tap，In-System Sources and Probes 在测试中除了具有双向对话控制的优势，还能同时观察到此 CPU 多个 STEP 周期的时序变化情况。

在使用 In-System Sources and Probes 的测试中，KX9016 系统的时钟电路也是图 9-16 的电路。在图 9-2 的 KX9016 系统中加入的 In-System Sources and Probes 在系统测试模块如图 9-19 所示，其中设置了 78 个探测端口（probe），可以对所有有关的控制信号和数据线进行采样观察；CPU 的复位信号也由图中 JTAG_SP 模块的 S[0]产生，即用鼠标在 In-System Sources and Probes 的编辑器界面单击产生。为了实际看到由 S/P 模块产生的信号，可以将 S[0]信号通过实验板上的发光管显示出来。

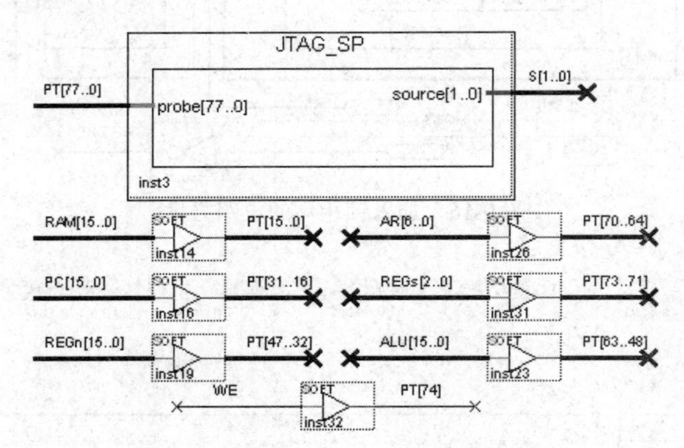

图 9-19　S/P 模块对 KX9016 端口的连接情况

图 9-20 是 S/P 在系统测试模块对此 CPU 在执行 STA 指令时的实时测试情况。对照图 9-15 的仿真波形图中，RAM 写允许信号 WE 为高电平的 STEP 周期内，以及其之前的 4 个 STEP 周期所对应的波形情况，即共 5 个 STEP 周期的波形；可以发现，图 9-20 展示的数据和时序完全一致。对于 CPU 测试，S/P 在系统测试工具这方面优势明显。当然，应该承认，在测毛刺信号和波形信号方面，仍非 Signal Tap 莫属。

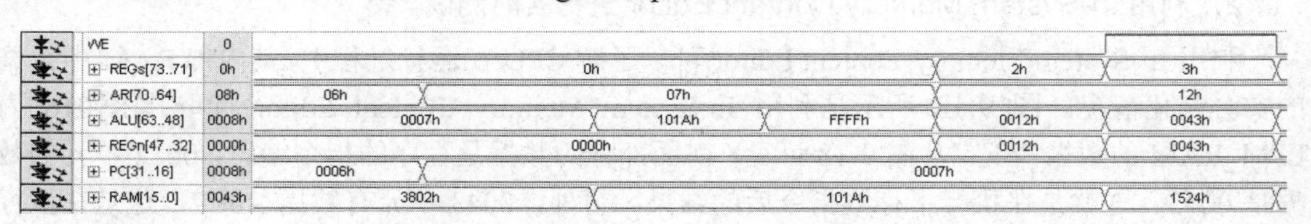

图 9-20　在系统 S/P 模块对 KX9016 执行从 RAM 写数据指令 STA 的实时测试波形

9.5　KX9016 应用程序设计示例和系统优化

当 KX9016 CPU 的硬件结构和指令系统确定以后，就可以在此硬件平台和所设计的指令系统的基础上进行应用程序设计。在实际应用中，加、减、乘、除是常用的算术运算，为 KX9016 增加乘法和除法运算指令十分必要。事实上，利用已有加减、移位和分支转移指令，编写一段应用程序完全可以实现乘法和除法运算。

下面将介绍通过加法器和移位运算器实现 16 位乘法和 16 位除法的运算。通过对乘法和除法运算算法的改进，可以减少硬件资源的占用、减少循环次数、提高运算速度。因此，在设计应用程序时，对程序算法的优化是非常重要的。当然，也可利用这个流程将软件程序转化为硬件指令。本节最后探讨 KX9016 系统的功能模块优化及指令设计优化方案。

9.5.1 乘法算法及其硬件实现

在图 9-21 所示的算法中，初始化时先将 16 位被乘数寄存器和 16 位乘数寄存器赋值，并将 32 位乘积寄存器清零。如果乘数的最低有效位为 1，则将被乘数寄存器中的值累加到乘积寄存器中。如果不为 1，则转而执行下一步，将乘积寄存器右移一位，然后将乘数寄存器右移一位。这样的步骤一共循环 16 次。

为了进一步节省硬件资源，图 9-22 所示的算法对图 9-21 给出的算法进行了改进。将乘积的有效位（低位）和乘数的有效位组合在一起，共用一个寄存器。这种算法在初始化时，将乘数赋给乘积寄存器的低 16 位，而高 16 位清零。

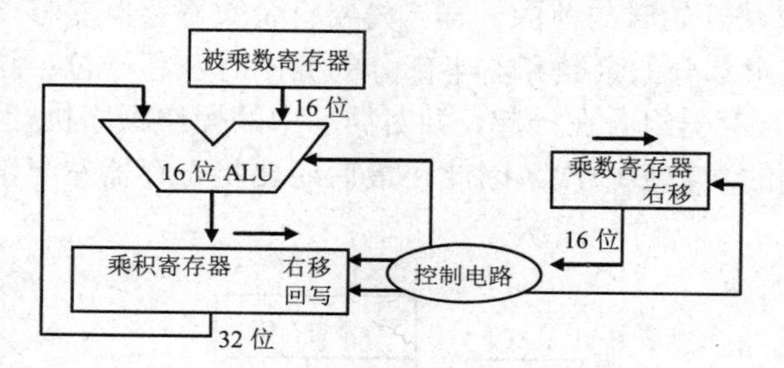

图 9-21 乘法算法 1 的硬件实现

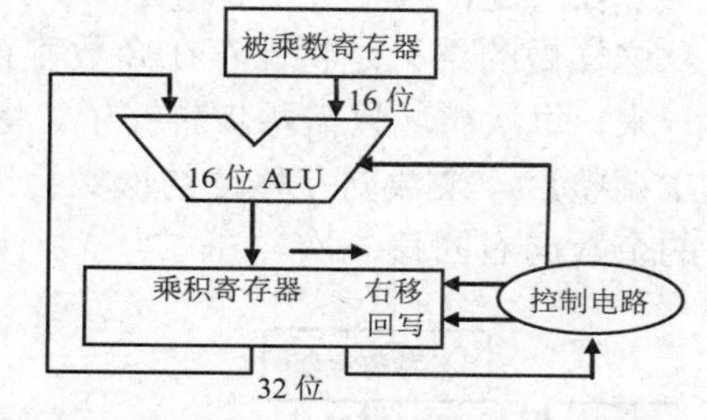

图 9-22 改进后的乘法算法 2 的硬件实现

乘法算法 1 的流程如图 9-23 所示，乘法算法 2 的程序流程如图 9-24 所示。由于将乘积寄存器和乘数寄存器合并在一起，乘法算法的步骤被压缩到了两步。在硬件占用上算法 2 比算法 1 少用一个 16 位的乘数寄存器，在运算流程的循环过程中算法 2 比算法 1 减少一个乘数寄存器右移的步骤，因此提高了乘法运算速度。

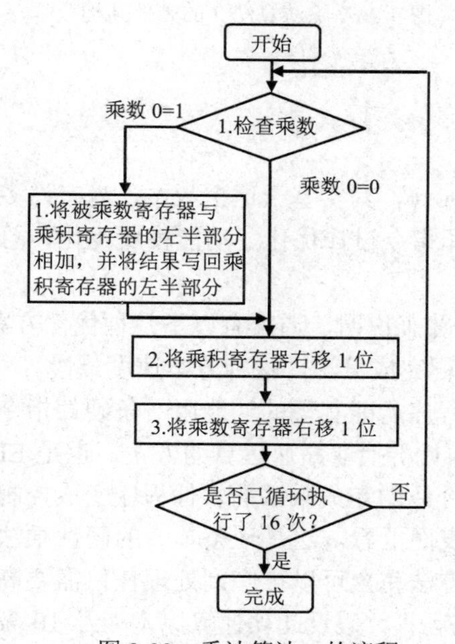

图 9-23 乘法算法 1 的流程

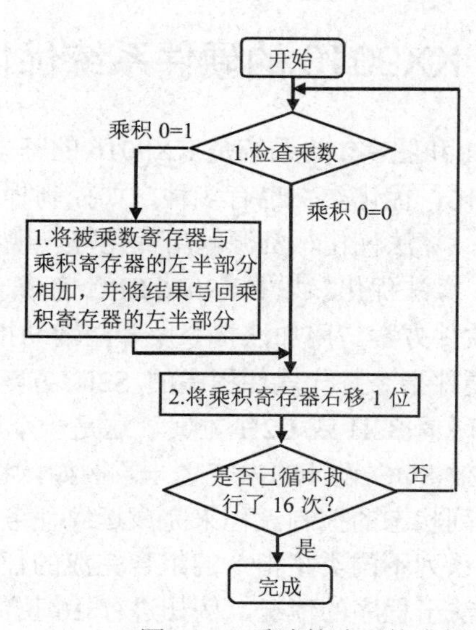

图 9-24 乘法算法 2 的流程

9.5.2 除法算法及其硬件实现

为了完成除法运算，在初始化时，将 32 位被除数存入余数寄存器，除数存入 16 位除数寄存器，16 位商寄存器清零。计算开始时，先将余数寄存器左移一位，然后将余数寄存器的左半部分与除数寄存器相减，并将结果写回余数寄存器的左半部分。检查余数寄存器的内容，若余数大于等于 0，则将余数寄存器左移 1 位，并将新的最低位置 1；若余数小于 0，则将余数寄存器的左半部分与除数寄存器相加，并将结果写回余数寄存器的左半部分，恢复其原值，再将余数寄存器左移 1 位，并将最低位清零。以上的运算共循环 16 次。除法算法 1 的硬件结构如图 9-25 所示。

为了提高运算效率，图 9-26 是改进后的除法算法硬件结构，这里将商寄存器和余数寄存器合并在一起，共用一个 32 位的寄存器。算法开始时与前面一样，先要将余数寄存器左移一位。这样做的结果是将保存在余数寄存器左半部分的余数和右半部分的商同时左移一位；这样一来，每次循环只需两步就够了。将两个寄存器组合在一起，并对循环中的操作顺序执行，此次调整后，余数向左移动的次数会比正确的次数多一次。因此，最后还要将寄存器左半部分的余数向右回移一次。

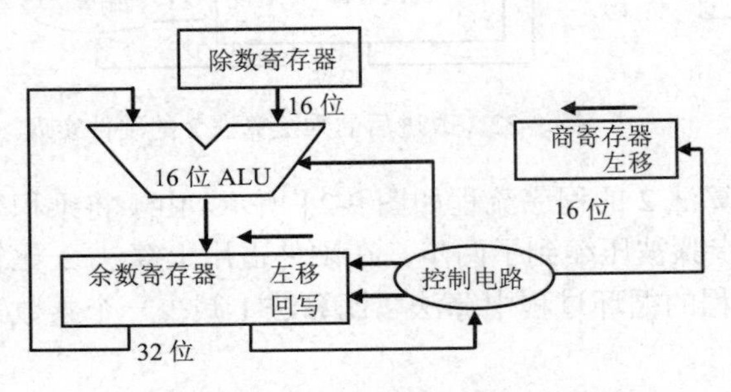

图 9-25　除法算法 1 的硬件结构

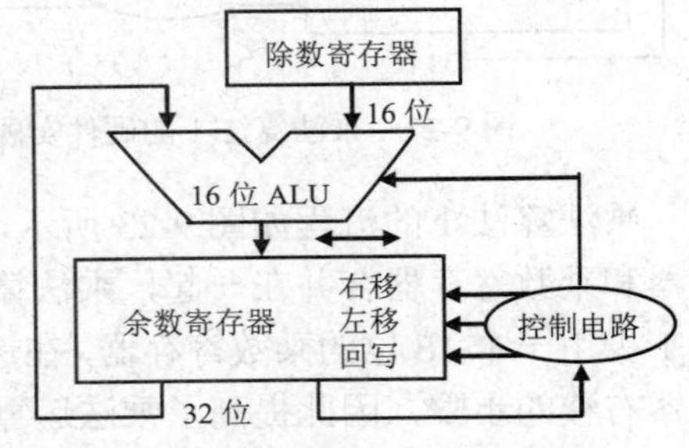

图 9-26　除法算法 2 的硬件结构

9.5.3 KX9016 的硬件系统优化

图 9-1 和图 9-2 的系统是 KX9016 的基本版本 KX9016，其实基于这个版本，尚有许多方面值得优化。优化类别也有多种，如控制程序优化，即指令设计优化、功能模块优化、总线方式优化、算法优化、资源利用优化等。现举例如下。

（1）算法优化。以 KX9016 CPU 完成一次乘法运算来说明，通常有以下几种优化方案。

① 软件方案。用加法指令及一些辅助指令通过编程完成算法，这种方案速度最慢。

② 硬件指令替代软件程序的 S2H 方案。将软件程序所能实现的功能用一条硬件指令来代替，即所谓 S2H 或 C2H 方案，这是一个以硬件资源代价换取高速运算的方案，也是 EDA 技术和高效 SOC 设计的内容之一。例如，将 9.5.1 节介绍的完成乘法的软件程序变成控制器中的一系列状态的控制流程来完成运算任务，从而从表面上看，这是一条单一的硬件乘法指令而非一系列不同类型指令的组合完成的任务。这种方法完全可以推广到处理任何需要高速运算的算法子程序的情况，例如进行 16 位的复数乘法运算。假设此项计算原本涉及 10 条汇编软件指令，每条指令在控制器中需要经历平均像 ADD 指令一样的 7 个状态。根据 9.3.5 节

所述，这 7 个状态中有 4 个状态是公共状态，包括 1 个操作码辨认状态、3 个 PC 加 1 状态，实际工作只有 3 个状态。如果将这 10 条汇编指令放在控制器中直接作为状态来运行，则可省去所有公共状态，而只需约 30 个状态即可完成计算任务。

③ 调用专用乘法器硬件模块。为 KX9016 系统单独设立一个硬件乘法器，这个乘法器直接调用 FPGA 中的嵌入式 DSP 模块（即 LPM 硬件乘法器模块）来构建，其运算速度可大幅提高。一个 16 位或 32 位乘法运算最快仅需两三个状态，不到 1ns 的时间即可完成计算。这个方案甚至可以使结构简单的 KX9016 完成一些 DSP 算法。

利用 LPM 的 DSP 模块完成乘法还有一个方便之处，就是非常容易实现有符号数乘法。有符号数据的乘法与加法是通信领域中信号处理方面的算法需要经常面对的问题。

（2）可以增加对寄存器选通的地址线宽度，用图 9-11 所示的 LPM_RAM 模块取代寄存器阵列，使寄存器阵列增加到一个内部 RAM 的存储规模，从而像 51 单片机的 128/256 个内部 RAM 单元那样具有规模巨大，使用方便和灵活的寄存器块，且节省资源。

（3）用一个计数器取代 KX9016 中的 PC 寄存器，将使所有指令的运行状态数有所减少。对于此变化，必要时控制器可以增加对计数器的控制线。在这个基础上，可以不必在每一条指令完全执行完后进入公共的 PC 加 1 的处理状态程序，而是在执行指令本身操作时就同步发出 PC 加 1 的控制操作。这样可以进一步提高 CPU 的运行速度。

（4）为了进一步提高 CPU 的速度，可以将程序代码和需要随时交换的数据分别放在两个不同的存储器中，程序放在 LPM_ROM 中，随机存取的数据放在 LPM_RAM 中。再增加一条专用的指令总线（可与地址总线合并），将控制器与 LPM_ROM 连起来。

（5）对于图 9-2 所示系统的情况，执行一次移位指令只能完成一位移位操作。如果希望执行一次移位指令就能移位指定位数的移位操作，从而优化指令功能，则需要改进移位器的功能和控制器的控制方式。当然，指令内容和形式也要改变。

（6）优化设计 STEP2 脉冲发生模块。从图 9-3 的时序图可见，只有在 STEP 的高电平区域，才有可能出现指定的时钟脉冲序列。如果像 KX9016 那样，只需要每个 STEP 产生 T1、T2 两个序列脉冲，那么，假设 STEP 的占空比是 50%，则要求 CLK 的频率比 STEP 的频率至少高 4 倍，而且在 STEP=0 的期间，CPU 完全没有运行，处于怠工状态，从而大大降低了 CPU 的工作速度。除非 STEP 的占空比能接近 100%，则 CLK 的频率可稍高于 STEP 的两倍。所以应该为 STEP2 模块设计一个新电路，使在收到 STEP 的上升沿之后的一个周期内，只会出现两个脉冲的序列。究竟选择 CPU 系统适应一个 STEP 周期中脉冲序列尽可能少还是多（为使一个状态中可以顺序完成更多的任务），这要综合权衡。

（7）为了完成宽位加减法，需要改进现有的 ALU，使之能处理和记录低位的进位/借位及高位的进位/借位问题。

其实，关于 KX9016 的改进和优化设计还有许多方面值得探索。作为数字系统硬件设计练习项目，读者可对其提出更好的方案。

9.6　32 位 RISC-V 处理器设计

RISC-V 是美国加州大学伯克利分校研究团队提出的一种开放指令集处理器架构，也是第

5 代 RISC 架构，因此称为 RISC-V（RISC five），按 BSD License 方式进行发行。RISC-V 原先只是作为一个教学用的 CPU 架构，但它特有的简单与精巧，使其很快被工业界所接受，成立了 RISC-V 基金会，进行了全球推广。RISC-V 的基本指令集具有很少的指令数，这一点使它很容易被设计者所接受，但它的扩展是庞杂的，而且还在发展中。RISC-V 最初是 32 位 CPU 架构，现在已经发展为具有 64 位、128 位指令集的 CPU 架构，同时也有 16 位压缩指令集，但本节中只介绍 32 位基本指令集及其相关内容。有兴趣的读者可以在 RISC-V 官方网站上发现更多内容。

现今主流的 x86、ARM 指令集架构都是长期发展的产物，因为需要维持软件的兼容性，不得不继承一些陈旧的指令集设计，使指令集过于复杂而难以学习。RISC-V 不同于 x86、ARM 架构，是一种全新设计的 CPU 架构，而且足够简单，EDA 技术的学习者可以很快上手进行自己的 CPU 设计。

如果读者已经完全了解了 KX9016 的设计过程，可以很容易理解 RISC-V 的基本结构与工作原理，甚至可以部分重用 KX9016 的 HDL 代码。

9.6.1 RISC-V 基本结构与基本整数指令集 RV32I

RISC-V 的 32 位基本整数指令集 RV32I 是 RISC-V 处理器的必备指令集，无论何种类型的 RISC-V 处理器都具有该指令集，同时也决定了 RISC-V 处理器的基本结构。

RV32I 共有 6 种指令类型，分别为 R、I、S、B、U、J 类型，其指令格式如表 9-8 所示。

表 9-8　RV32I 指令类型与格式

<table>
<tr><th>格　式</th><th>含　义</th><th colspan="2">31~25</th><th>24~20</th><th>19~15</th><th>14~12</th><th colspan="2">11~7</th><th>6~0</th></tr>
<tr><td>R-type</td><td>Register</td><td colspan="2">funct7</td><td>rs2</td><td>rs1</td><td>funct3</td><td colspan="2">rd</td><td>opcode</td></tr>
<tr><td>I-type</td><td>Immediate</td><td colspan="3">imm[11:0]</td><td>rs1</td><td>funct3</td><td colspan="2">rd</td><td>opcode</td></tr>
<tr><td>S-type</td><td>Store</td><td colspan="2">imm[11:5]</td><td>rs2</td><td>rs1</td><td>funct3</td><td colspan="2">imm[4:0]</td><td>opcode</td></tr>
<tr><td>B-type</td><td>Branch</td><td>imm[12]</td><td>imm[10:5]</td><td>rs2</td><td>rs1</td><td>funct3</td><td>imm[4:1]</td><td>imm[11]</td><td>opcode</td></tr>
<tr><td>U-type</td><td>Upper
Immediate</td><td colspan="5">imm[31:12]</td><td colspan="2">rd</td><td>opcode</td></tr>
<tr><td>J-type</td><td>Jump</td><td>imm[20]</td><td>imm[10:1]</td><td>imm[11]</td><td colspan="2">imm[19:12]</td><td colspan="2">rd</td><td>opcode</td></tr>
</table>

所有 RV32I 指令的指令码长度均为 32 位。操作码 opcode 占用 7 位指令码，源操作寄存器 rs1、rs2 与目的操作寄存器 rd 均指向 RISC-V CPU 中的 32 个 32 位通用寄存器，各占用 5 位指令码。立即数 imm 在不同类型的指令中长度有所不同。而 funct3 与 funct7 是指令的功能选择码，funct3 占用 3 位指令码，funct7 占用 7 位指令码。

与 KX9016 对比可以发现 R 类型指令格式接近 KX9016 的单字节指令，而 I 类型接近 KX9016 的双字节指令。只是 KX9016 的通用寄存器是 8 个 16 位寄存器，而 RISC-V 的通用寄存器是 32 个 32 位寄存器，也一样可以使用 FPGA 内嵌的 RAM 模块来进行实现。另外 KX9016 单种指令格式中，存在多种操作数寻址方式混合，而 RV32I 为了简化设计，把各种操作数寻址方式用不同类型的指令码格式以作区分。

在通用寄存器的设计上，RISC-V 也进行了简化，它的通用寄存器在物理实现时只有 31 个，另外一个被固定设置为 0，如表 9-9 所示，这样做可以大大减少指令的数量。

表 9-9　RV32I 通用寄存器

索　引	名　称	别　名	功能描述
R0	x0	zero	硬连线 0
R1	x1	ra	返回地址
R2	x2	sp	堆栈指针
R3	x3	gp	全局指针
R4	x4	tp	线程指针
R5~R7	x5~x7	t0~t2	临时变量
R8	x8	s0/fp	保存的寄存器，帧指针
R9	x9	s1	保存的寄存器
R10~R11	x10~x11	a0~a1	函数参数，返回值
R12~R17	x12 ~x17	a2~a7	函数参数
R18~R27	x18 ~x27	s2~s11	保存的寄存器
R28~R31	x28~x31	t3~t6	临时变量

程序计数器 PC 在 RISC-V 中是一个 32 位隐含的寄存器，分支、转挑、返回、调用指令都会修改 PC 值，在功能上与 KX9016 的 PC 类似。但 RISC-V 在存储空间设计上采用哈弗结构，即数据存储空间与指令存储空间是分离的，这个更为高效。数据总线位宽、指令总线位宽、数据地址位宽、指令地址位宽均为 32 位，采用小端模式。

RISC-V 中没有专门的堆栈寄存器，除了硬连线为 0 的通用寄存器 x0，任何一个通用寄存器都可以作为堆栈指针寄存器，编译器一般把 x2 作为堆栈寄存器。也没有 CPU 状态寄存器，因此没有 Z、AC、C、OV 等计算结果标志，因此在中断或者调用函数时候，无须保存状态寄存器内容，简化了 CPU 的设计。

但 RSIC-V 有控制状态寄存器 CSR，CSR 是 RISC-V CPU 设计中比较复杂的部分，功能可以按照用户需要进行定制。CSR 不是一个寄存器，而是一个 CSR 寄存器地址空间内所有寄存器的统称。某些特定功能的 CSR 的地址已经被定义，不能随意使用。

表 9-10 显示了所有的 RV32I 的指令，总共只有 33 条指令。在表中列的指令均不涉及外部储存器的访问，因此没有 S 类型的指令。一般情况下，实用完整的 RISC-V CPU 系统具有外部存储器与 CSR 寄存器，对应外部存储器访问有 8 条存储器放问指令：LB（取字节）、LH（取半字）、LW（取字）、LBU（去无符号字节）、LHU（取无符号半字）、SB（存字节）、SH（存半字）、SW（存字）；对应 CSR 访问有 6 条指令：CSRRW（CSR 原子写）、CSRRS（CSR 原子读并置位）、CSRRC（CSR 原子读并清零）、CSRRWI（CSR 位原子写）、CSRRSI（CSR 位原子读并置位）、CSRRCI（CSR 位原子读并清零）。

表 9-10　RV32I 基本整数指令集

RV32I 基本指令	格　式	Opcode	funct7	funct3		功能描述
SLL rd,rs1,rs2	R	0110011	0000000	001	--	逻辑左移
SLLI rd,rs1,shamt	I	0010011	0000000	001	--	逻辑左移（立即数）
SRL rd,rs1,rs2	R	0110011	0000000	101	--	逻辑右移
SRLI rd,rs1,shamt	I	0010011	0000000	101	--	逻辑右移（立即数）
SRA rd,rs1,rs2	R	0110011	0100000	101	--	算术右移

续表

RV32I 基本指令	格　式	Opcode	funct7	funct3		功 能 描 述
SRAI rs,rs1,shamt	I	0010011	0100000	101	--	算术右移（立即数）
ADD rd,rs1,rs2	R	0110011	0000000	000	--	加
ADDI rd,rs1,imm	I	0010011	--	000	--	加立即数
SUB rd,rs1,rs2	R	0110011	0100000	000	--	减
LUI rd,imm	U	0110111	--	--	--	装载高 20 位立即数
AUIPC rd,imm	U	0010111	--	--	--	加高 20 位立即数至 PC 且取回
XOR rd,rs1,rs2	R	0110011	0000000	100	--	异或
XORI rd,rs1,imm	I	0010011	--	100	--	异或立即数
OR　rd,rs1,rs2	R	0110011	0000000	110	--	逻辑或
ORI rd,rs1,imm	I	0010011	--	110	--	逻辑或立即数
AND rd,rs1,rs2	R	0110011	0000000	111	--	逻辑与
ANDI rd,rs1,imm	I	0010011	--	111	--	逻辑与立即数
SLT rd,rs1,rs2	R	0110011	0000000	010	--	比较置数<
SLTI rd,rs1,imm	I	0010011	--	010	--	立即数比较置数<
SLTU rd,rs1,rs2	R	0110011	0000000	011	--	无符号比较置数<
SLTIU rd,rs1,imm	I	0010011	--	011	--	无符号立即数比较置数<
BEQ rs1,rs2,imm	B	1100011	--	000	--	分支=
BNE rs1,rs2,imm	B	1100011	--	001	--	分支≠
BLT rs1,rs2,imm	B	1100011	--	100	--	分支<
BGE rs1,rs2,imm	B	1100011	--	101	--	分支≥
BLTU rs1,rs2,imm	B	1100011	--	110	--	分支无符号<
BGEU rs1,rs2,imm	B	1100011	--	111	--	分支无符号≥
JAL rd,imm	J	1101111	--	--	--	跳转&PC 暂存
JALR rd,rs1,imm	I	1100111	--	000	--	寄存器跳转&PC 暂存
FENCE	I	0001111	--	000	0	同步数据访问
FENCE.I	I	0001111	--	001	1	同步指令与数据
ECALL	I	1110011	--	000	0	CALL 调用
EBREAK	I	1110011	--	000	1	BREAK 打断

通过对 RV32I 指令编码的分析，可以参考 KX9016 的 ALU 与移位器的设计，为 RV32I 定制 ALU。该 ALU 应该同时完成加法、逻辑运算与移位运算。减法指令、比较指令都可以使用 ALU 的加法功能。其实，细心的读者可能发现 RV32I 中没有 MOV 指令，无须奇怪，因为通用寄存器 x0 是硬连线 0.，所以从 x2 传送数据到 x10，仅仅使用下列指令即可。

```
ADD x10, x2 ,x0
```

对于控制器的设计，可以采用状态机的方式，但更为高效的是结合流水线优化进行设计，由于 RV32I 的指令数较少，控制器的设计相对于其他 32 位处理器设计会简单很多。

环境调用指令 call 与环境中断指令都不是函数调用指令，而是用于调试器的。函数调用需要使用 jal 指令。jal 除了正常的跳转功能，如果在跳转前先把下一条指令的地址保存到 ra，则可以实现函数调用的返回，这也是 RISC-V 在设计上的精巧之处。

9.6.2　32 位乘法指令集 RV32M

RV32M 是 RISC-V 对于 32 位整数乘法和除法的指令集扩展，可以完成有符号乘法、无符号乘法、有符号数乘无符号数、除法、取余数等操作，如表 9-11 所示。因为两个 32 位数相乘会得到 64 位的结果，这样一个乘法操作会产生对两个 32 位寄存器的读写，这种读写会增加 CPU 设计的复杂性，因此 RV32I 采用两条指令来获得该 64 位结果。

表 9-11　RV32M 整数乘除指令集

类　别	RV32M（乘除）		格　式	Opcode	funct	功能描述
乘法 Multiply	MUL	rd,rs1,rs2	R	0110011	000	乘
	MULH	rd,rs1,rs2	R	0110011	001	乘取高位
	MULHSU	rd,rs1,rs2	R	0110011	010	有符号与无符号乘取高位
	MULHU	rd,rs1,rs2	R	0110011	011	无符号乘取高位
除法 Divide	DIV	rd,rs1,rs2	R	0110011	100	除
	DIVU	rd,rs1,rs2	R	0110011	101	无符号除
取余 Remainder	REM	rd,rs1,rs2	R	0110011	110	取余
	REMU	rd,rs1,rs2	R	0110011	111	无符号取余

在 RV32M 指令集中还有求余数的操作，有些时候这种计算也常常被使用，因此专门设计了 3 条指令。RV32M 的指令格式都是 R 类型的指令，指令的实现可以参照 KX9016 扩展乘法除法指令的例子。

9.6.3　16 位压缩指令集 RVC

为了用于低成本小体积的嵌入式应用，RISC-V 专门设计了压缩指令集 RV32C（或者简称为 RVC），采用 16 位指令码进行编码，以便减少存储程序代码的 Flash 容量。不同于 ARM、MIPS 的独立的 16 位压缩指令集设计，RV32C 只是 RISC-V 32 位指令的简单编码缩减，通过减少操作数、只使用 16 个通用寄存器等方式压缩指令编码。编译器、汇编器的设计者无须专门为 RVC 指令进行设计。从 32 位指令代码转为 RVC 指令代码由最后的目标代码生成时，自动转换。

表 9-12 显示了 RVC 指令类型与指令码编码格式，可以发现这些类型基本与 RISC-V 32 位指令的指令类型是对应的。表 9-13 列出了部分 RVC 指令与 RISC-V 32 位指令的对应关系。

表 9-12　RVC 指令类型与格式

格　式	含　义	15~13	12	11	10~6	5	4~2	1~0
CR	寄存器	funct4		rd/rs1		rs2		op
CI	立即数	funct3	imm	rd/rs1		imm		op
CSS	堆栈相对存储	funct3	imm			rs2’		op
CIW	宽立即数	funct3	imm				rd’	op

续表

格　式	含　义	15~13	12	11	10~6	5	4~2	1~0
CL	装载	funct3	imm		rs1’	imm	rd’	op
CS	存储	funct3	imm		rs1’	imm	rs2’	op
CB	分支	funct3	offset		rs1’	offset		op
CJ	跳转	funct3	Jump target					op

表 9-13　部分 RVC 及与 32 位指令对照

RVC		RISC-V　32 位等效指令		功 能 表 述
C.LW	rd',rs1',imm	LW	rd',rs1',imm*4	字加载
C.LWSP	rd,imm	LW	rd,sp,imm*4	SP 制作相关字加载
C.SW	rs1',rs2',imm	SW	rs1',rs2',imm*4	字存储
C.SWSP	rs2,imm	SW	rs2,sp,imm*4	SP 指针相关字存储
C.ADD	rd,rs1	ADD	rd,rd,rs1	加
C.ANDI	rd,imm	ANDI	rd,rd,imm	加立即数
C.OR	rd,rs1	OR	rd,rd,rs1	或
C.XOR	rd,rs1	AND	rd,rd,rs1	异或

如果设计用于 MCU 的 RISC-V CPU，一般来说，需要同时选择 RV32I、RV32M、RV32C 指令集进行实现。如果只是在 FPGA 上验证 RISC-V 处理器，那么可以不实现 RV32C，这样的 CPU 仅需要实现 41 条指令。

习　题

9-1　修改 CPU，为其增加一个状态寄存器 FLAG，它可以保存进位标志和零标志。

9-2　修改 CPU，为其加入一条带进位加法指令 ADDC，给出 ADDC 指令的运算流程，对控制器的控制程序做相应的修改。此外，再根据控制器的程序，详细说明指令“MOVE R1,R2”的执行过程。

9-3　详细说明在此 16 位 CPU 中“PC←PC+1”操作是如何执行的，并列举动用了哪些控制信号和模块。

9-4　根据图 9-24 和图 9-26 的电路结构和流程图，设计乘法应用程序，在 Quartus 上进行仿真验证程序功能，并在 KX9016 上硬件调试运行，最后把它做成一条乘法指令。

9-5　根据习题 9-4 和图 9-25、图 9-26 所示的电路结构和流程图，分别设计除法程序和指令。

9-6　参考相关资料，试说明例 9-8 控制器程序中的两个过程各自的作用及相互间的关系。

实验与设计

实验 9-1　16 位 CPU 设计综合实验

实验目的： ① 理解 16 位 CPU 的结构和功能；② 学习各类典型指令的执行流程；③ 学习掌握部件单元电路的设计技术；④ 掌握应用程序在用 FPGA 所设计的 CPU 上仿真和软硬件综合调试方法。

实验任务 1： 根据图 9-2 电路图，以原理图方式正确无误地编辑并建立此 16 位 CPU 的完整电路；根据表 9-6 的汇编程序编辑此程序的机器码及对应的.mif 文件，以待加载到 LPM_RAM 中。

实验任务 2： 根据 9.4 节，进行验证性设计和测试。参考仿真波形图（见图 9-14 和图 9-15），对 CPU 电路进行仿真。注意在这之前，把含程序机器码和相关数据的.mif 文件编辑好，以待调用。

根据仿真情况逐步调整系统设计，排除各种软硬件错误，特别是把 CPU 中各个部件模块的功能调整好。使之最后获得的仿真波形与图 9-14 与图 9-15 一致。

实验任务 3： 根据图 9-16 建立硬件测试电路。然后利用 Signal Tap 对下载于 FPGA 中的 CPU 模块进行实测。尽量获得与时序仿真波形基本一致的实时测试波形。

实验任务 4： 根据图 9-19 调入 In-System Sources and Probes 测试模块，多设置一些 Probes 端口，争取将尽可能多的数据线和控制信号线加入，以便更详细地实时了解此 CPU 的工作情况，包括对每一个指令执行详细的控制时序情况、相关模块的数据传输和处理情况、控制器的工作情况等。将获得的波形与时序仿真波形进行对照。记录所有 7 条指令的执行情况细节。

在实测中还要使用 In-System Memory Content Editor 工具及时了解 LPM_RAM 中的数据及相关数据的变化情况，最后完成实验报告。

实验 9-2　新指令设计及程序测试实验

实验目的： 学习为实用 CPU 设计各种新的指令。学习调试和测试新指令的运行情况。

实验任务 1： 参考表 9-4、9.3.5 节及例 9-8 程序，设计两条新指令，即转跳指令 JMPGTI 和 JMPI。将它们的相关程序嵌入例 9-8 所示的控制器程序中，并通过以上实验已建立好的 CPU 电路，对这两个指令在 CPU 中的执行情况进行仿真测试，直至调试正确。

实验任务 2： 根据表 9-5 的程序，编辑程序机器码和.mif 文件，设此文件名是 ram_16.mif。此文件中还要包括指定区域待搬运的数据块。文件数据即对应地址，如图 9-27 所示。最后在 CPU 上运行调试这个程序，包括软件仿真和硬件测试。这是一个数据块搬运程序，硬件实测中用 In-System Sources and Probes 和 In-System Memory Content Editor 工具最方便直观。图 9-28

所示是用 In-System Memory Content Editor 实测到的数据搬运前的 RAM 中所有数据的情况。试给出执行搬运程序后 In-System Memory Content Editor 实测到的数据图。

RAM_16.mif

Addr	+0	+1	+2	+3	+4	+5	+6	+7
00	2001	0021	2002	0058	2006	0040	080B	101A
08	300E	0000	3801	3802	2800	0006	0000	0000
10	0000	0000	0000	0000	0000	0000	0000	0000
18	0000	0000	0000	0000	0000	0000	0000	0000
20	0000	FF00	4321	5432	6543	4433	5544	2DFF
28	1234	2345	3456	2030	3033	3068	2D2D	3466
30	A1A2	B2B3	C3C4	D5D6	E6E7	F8F9	ABCD	EF01
38	1212	2323	3434	5656	7878	8989	ABAB	CDCD
40	EFEF	0000	0000	0000	0000	0000	0000	0000
48	0000	0000	0000	0000	0000	0000	0000	0000
50	0000	0000	0000	0000	0000	0000	0000	0000
58	0000	0000	0000	0000	0000	0000	0000	0000

图 9-27　编辑 ram_16.mif 文件

```
0  RAM:
000000  20 01  00 21  20 02  00 58  20 06  00 40  08 0B  10 1A  30 0E  00 00  38 01   ..!...X.
00000B  38 02  28 00  00 06  00 00  00 00  00 00  00 00  00 00  00 00  00 00  00 00   8.(.......
000016  00 00  00 00  00 00  00 00  00 00  00 00  00 00  00 00  00 00  00 00  00 00   ..........
000021  FF 00  43 21  54 32  65 43  44 33  55 44  2D FF  12 34  23 45  34 56  20 30   ..C!T2eCD3
00002C  30 33  30 68  2D 2D  34 66  A1 A2  B2 B3  C3 C4  D5 D6  E6 E7  F8 F9  AB CD   030h--4f..
000037  EF 01  12 12  23 23  34 34  56 56  78 78  89 89  AB AB  CD CD  EF EF  00 00   ....##44VV
000042  00 00  00 00  00 00  00 00  00 00  00 00  00 00  00 00  00 00  00 00  00 00   ..........
00004D  00 00  00 00  00 00  00 00  00 00  00 00  00 00  00 00  00 00  00 00  00 00   ..........
000058  00 00  00 00  00 00  00 00  00 00  00 00  00 00  00 00  00 00  00 00  00 00   ..........
000063  00 00  00 00  00 00  00 00  00 00  00 00  00 00  00 00  00 00  00 00  00 00   ..........
00006E  00 00  00 00  00 00  00 00  00 00  00 00  00 00  00 00  00 00  00 00  00 00   ..........
000079  00 00  00 00  00 00  00 00  00 00  00 00  00 00                               ..........
```

图 9-28　用 In-System Memory Content Editor 读取的数据

实验任务 3：在图 9-2 所示的顶层电路中加入适当控制输出的电路模块，将 CPU 在 FPGA 中运行时产生的主要数据输出至不同类型的液晶显示器显示出来。

实验任务 4：参考表 9-4，分别设计新指令 XOR 和 ROTL。在 CPU 上调试嵌入例 9-8 程序的这些新指令的程序，直至获得正确仿真波形。最后利用已有指令，编写一段应用程序进一步测试这两条指令。

实验 9-3　16 位 CPU 的优化设计与创新

实验目的：深入了解 CPU 设计的优化技术，学习为实现 CPU 高速运算的硬件实现方法以及为节省资源降低成本的巧妙安排，启迪创新意识，培养自主创新能力。

实验任务 1：学习将软件汇编程序向单一硬件指令转化的设计技术，即所谓 S2H。参考表 9-4，根据图 9-21～图 9-24 所示的流程，首先设计一个乘法汇编程序，然后在此 CPU 上运行测试这段程序，给出详细的时序仿真波形。最后根据此程序的功能，将其转化成 Verilog 硬件描述语言，嵌入例 9-8 的控制器程序中，形成一条单一硬件乘法指令，测试这条指令的功能，将计算结果与汇编软件程序运行的结果比较。比较这条单一乘法指令与乘法软件程序的运行速度及系统资源耗用情况。

实验任务 2：根据实验任务 1 的要求和流程，先设计 16 位数的复数乘法汇编程序，再于此基础上设计一条 16 位复数的硬件乘法指令，实现 S2H，并给出时序仿真和硬件测试以及比较结果。

实验任务 3：为图 9-2 的 CPU 电路单独增加一个硬件乘法器模块及相关功能模块。这个乘法器可利用 LPM 的 DSP 模块来实现。编制一条新的乘法指令，要求能完成 16 位有符号数据的乘法运算。给出时序仿真和硬件测试结果。考查这条乘法指令的运算速度（几个 STEP，耗时多少）。

实验任务 4： 用 LPM_RAM 替换图 9-2 的 CPU 电路中的阵列寄存器。增加对此寄存器（RAM 模块）选通的地址线宽度为 6，设计与此寄存器相适应的数据交换指令，并编写一段程序显示此大规模寄存器的优势，顺便了解一下逻辑宏单元的耗用情况。

实验任务 5： 用一个计数器取代图 9-2 中的程序寄存器，构建新的 PC 计数器，这样就可以在 PC 计数器内部获得计数改变，而不必通过 ALU 和总线（除非遇到转跳指令）。修改例 9-8 的程序，以便控制器能适应新的控制对象。在程序修改中尽可能减少 PC 处理的状态，甚至取消专门的 PC 处理状态，而在指令执行控制中顺便处理 PC，提高 CPU 运行速度。

实验任务 6： 为了进一步提高 CPU 的指令执行速度，设计一个方案，例如可以将程序代码和需要随时交换的数据分别放在两个不同的存储器中，程序放在 LPM_ROM 中，随机存取的数据放在 LPM_RAM 中。再增加一条专用的指令总线（或可与地址总线合并），将控制器与 LPM_ROM 连起来。

实验任务 7： 为了提高 CPU 的运行速度，优化时钟，给出一个 STEP2 脉冲发生模块的优化设计方案。当然，也可以考虑 STEP2 只生成一个 T 脉冲的方案。然后证明设计方案是行之有效的。

实验任务 8： 为了实现执行一次移位指令就能移位指定位数的移位操作，修改 CPU 中的必要模块，包括移位器、控制器等，并设计对应的移位指令。

实验任务 9： 为 KX9016 CPU 增加一个定时计数模块，并为此模块配置一个中断控制器，使定时中断后跳转到指定地址。注意堆栈模块的设计。

实验任务 10： 给出创意，提出新的优化方案，如更好的 CPU 的高速、高可靠、低成本设计方案，并验证之。

第 10 章　Verilog HDL 仿真

在 Quartus 的各个版本中，Quartus II 9.x 以及以前的版本都是内置门级波形仿真器，这种只能针对综合后的门级网表文件进行各类仿真的门级仿真器，不适合进行超大规模的数字逻辑系统专业级的仿真验证。因此，Quartus II 9.1 版本后，Intel-Altera 已将软件中曾经一贯内置的波形仿真器移除了。与 Quartus 中原来的门级仿真器不同，专业的 HDL 仿真器可以支持几乎所有的 HDL 语句语法，以及各种类型、多个设计层次的仿真。显然，学习这类在业界广泛支持的专业仿真器的使用方法十分重要。

本章简要介绍 Siemens EDA（原 Mentor Graphics）公司的 ModelSim 的使用方法，以及它与 Quartus Prime Standard 18.1 版本之间的接口方式。作为专业仿真器，ModelSim 在 EDA 领域早已被广泛使用，甚至 Quartus Ⅱ 13.1 版本和 16.1 版本的波形仿真器也用到了 ModelSim ASE 版本。

ModelSim 是一个基于单内核的 Verilog/VHDL/SystemVerilog/System C 混合仿真器，是 Siemens EDA（原 Mentor Graphics）的子公司 Model Technology 的产品。ModelSim 可以在同一个设计中单独或混合使用 Verilog HDL、VHDL 和 SystemVerilog HDL；允许 Verilog 模块调用语句来调用 VHDL 的实体，或反之。由于 ModelSim 是编译型仿真器，使用编译后的 HDL 库进行仿真，因此在进行仿真前，必须编译所有待仿真的 HDL 文件成为 HDL 仿真库。在编译时获得优化，提高仿真速度和仿真效率，同时也支持了多语言混合仿真。

作为专业仿真器，ModelSim 提供了易于使用的 EDA 工具接口，可以方便地与其他 EDA 工具（如 Quartus）相连。ModelSim 可以帮助 Quartus 完成多个层次的 HDL 仿真，如系统级或行为级仿真、RTL 级仿真（即对可综合的 Verilog/VHDL 文件直接进入 ModelSim 进行功能仿真）、综合后门级仿真、适配后门级仿真（时序仿真）等。

ModelSim 针对不同的使用者与应用环境分成多个版本，常见的有 ModelSim SE、ModelSim AE、ModelSim ASE 等。本章给出的示例是结合 Intel-Altera 的 Quartus Prime Standard 18.1 版本来介绍的，因此，涉及的 ModelSim 的版本为 ModelSim-Altera Starter Edition（简称 ModelSim ASE 版本）。该版本是 Mentor 为 Intel-Altera FPGA 公司做的入门级的 OEM 版本，不需要额外配置 license，它已编译好了 Intel-Altera 的 FPGA 的一些器件库，可以直接与 Quartus 软件相接，但在功能上做了一些限制，如代码总行数限制。对于一般的使用者，ModelSim ASE 版本已经足够用了；如果是大型设计，可以使用需要 license 授权的 ModelSim AE（Altera OEM 版）或 ModelSim SE 等其他版本。ModelSim SE 是 ModelSim 各个版本中功能最为强大的版本，但与 ModelSim ASE、ModelSim AE 相比，没有编译好的 Altera 相关的器件仿真库，在与 Quartus 相连接时，需要另外编译 Intel-Altera FPGA 相关仿真库。

本章主要介绍基于 Quartus Prime Standard 18.1 版本及对应的 ModelSim ASE 版本的 Verilog HDL 的一般仿真流程、Test Bench（测试平台）及其示例，以及与 Test Bench 相关的 Verilog HDL 专用仿真语句的用法。

10.1 Verilog HDL 仿真流程

基于 EDA 工具的关于 Verilog 设计的仿真，可以称为 Verilog 仿真。Verilog 仿真有多种形式和目标，如功能仿真可在早期对系统的设计可行性进行快速评估和测试，在短时间内以极低的代价对多种方案进行测试比较、系统模拟和方案论证，以期获得最佳系统设计方案；而时序仿真则可获得与实际目标器件电气性能最为接近的设计模拟结果。时序仿真与功能仿真最大的差异在于时序仿真是结合模拟对象的时延特性的，而功能仿真仅仅对电路逻辑功能进行验证，忽略实际电路固有的时延。从仿真的真实度来说，显然时序仿真更好。但时序仿真是建立在已知模拟对象的时序模型的前提下，而且在仿真过程中需要处理延时参数，往往导致时序仿真耗时较多。时序仿真与功能仿真是从是否考虑电路时延特性而对 Verilog 仿真类型的分类。事实上，一项 Verilog 描述的较大规模的数字系统的最后完成，一般都需要经历多层次的仿真测试过程。从电路逻辑描述层次的角度，对 Verilog 仿真还有另外一种分类，其中包括针对系统的系统级与行为级仿真、针对具体分模块的 RTL 仿真，以及针对综合后网表进行的门级仿真。

图 10-1 所示为硬件描述语言对现代数字逻辑系统的描述层次，对这些层次分类的理解有助于了解 Verilog 仿真的目标。对于现代数字系统，如果从系统的角度进行描述而忽略电路的实际构成，则此层次的描述被称为系统级建模；如果从设计模型的功能行为的实现出发而不考虑具体的电路构成，则此层次上的描述可以称为行为级描述；如果从信号的传输、寄存器的设置，也就是寄存器传输的角度对系统进行描述，则称为寄存器传输级，即 RTL 描述；如果考虑最基本的门级元件（如与非门、或门等）构成系统，则此类描述称为门级描述；如果从比基本门更为基础的 MOS 开关、晶体管、电阻开始，对构成的数字逻辑进行描述，则称为开关级（或管子级）描述；由此再深入一步，如果以基本电子物理模型，如载流子迁移或能级模型角度来描述数字逻辑，则可称为物理级描述。就 HDL 描述的数字系统而言，通常不考虑物理级描述，物理级描述只有在模拟电路建模时才会用到。

Verilog 的描述层次涵盖了开关级、门级、RTL 级描述，而对于行为级与系统级，描述的能力稍弱。对于 Verilog 语言的后续发展版本 SystemVerilog，则对系统级、行为级的描述能力大为加强。图 10-2 说明了 Verilog 的描述层次及其对应的仿真层次，可以看到对于系统级与行为级的涉及，但并不完整包含。

图 10-2 显示，Verilog 仿真的层次可分为行为级仿真、RTL 仿真、门级仿真和开关级仿真（建模）。和 VHDL 一样，Verilog 源程序可以直接用于仿真。

能够完成 Verilog 仿真功能的软件工具称为 Verilog 仿真器。Verilog 仿真器对于程序代码的仿真处理有不同的实现方法，大致有以下 3 种。

（1）解释型仿真方式。解释型仿真方式采用了早期的 HDL 仿真器的仿真方式，直接逐句读取 HDL 源程序，逐句解释执行模拟。这种方式的仿真速度慢，仿真效率低。

（2）编译型模拟方式。目前常用的仿真器，如 ModelSim，就采用编译型仿真方式。经过编译后，在基本保持原有描述风格的基础上生成仿真数据（即为仿真库）。在仿真时，对这些数据进行分析和执行。这种方式能较好地保留原设计系统的基本信息，故便于做成交互式的、有 DEBUG 功能的仿真模拟系统。这对用户检查、调试和修改其源程序描述提供了很大的便利；此外，还可以以断点、单步等方式调试 Verilog 程序。

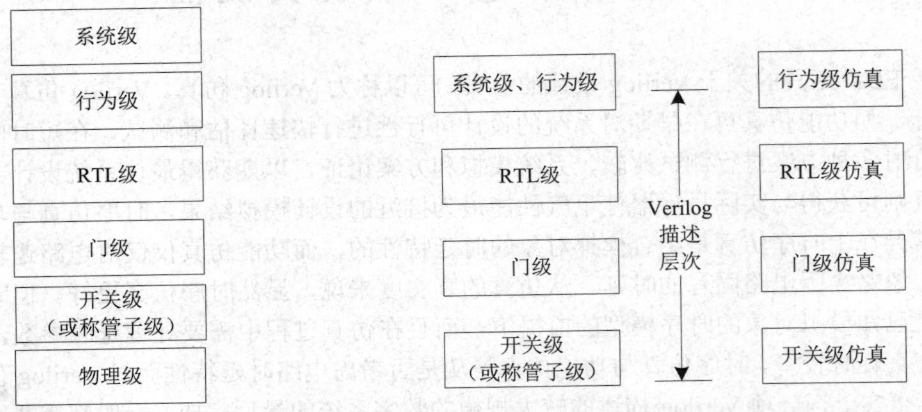

图 10-1　HDL 系统设计描述层次　　图 10-2　Verilog 描述层次与对应的仿真层次

（3）编译后执行方式。另一种需要编译的仿真方式，是将源程序结构描述展开成纯行为模型，并编译成目标程序，然后通过语言编译器编译成类似机器码形式的可执行文件，再运行此执行文件以实现仿真模拟。这种方式以最终验证一个完整电路系统的全部功能为目的，采用详细的、功能齐全的输入激励波形，用较多的模拟周期进行模拟。基于 System C 的仿真往往采用这种方式。

如图 10-3 所示，为了实现 Verilog 仿真，首先可用文本编辑器完成 Verilog 源程序的设计，送入 Verilog 仿真器中的编译器进行编译。Verilog 编译器首先对 Verilog 源文件进行语法及语义检查，然后将其转换为中间数据格式。中间数据格式可以是 Verilog 源程序描述的一种仿真器内部表达形式，能够保存完整的语义信息以及仿真器调试功能所需的各种附加信息。中间数据结果将送给仿真数据库保存。

除了由 Verilog 源代码编译而来的中间数据，仿真数据库（简称仿真库）还有一些默认的仿真数据，可以是 Verilog 的基本仿真库，也可以有针对具体器件的仿真模型库（在这些库中，有可能包含时延信息）。Verilog 仿真器一般都有一套仿真库的管理机制，可以让仿真器在仿真时快速、有效地调用到相应的仿真库数据。一般而言，设计者的 Verilog 源代码编译过来的仿真库是 WORK 库。

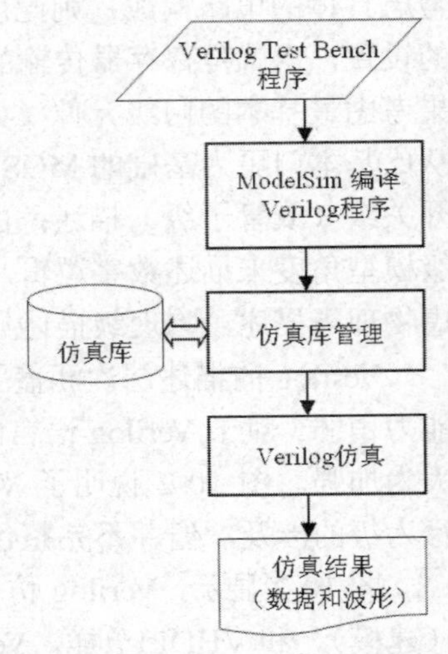

图 10-3　Verilog 仿真流程

Verilog 仿真器进行模拟的结果是以波形或者数据形式来显示的。在仿真过程中，设计者可以干预仿真的过程，改变仿真的输入激励，或者改变仿真结果的输出方式。同样，也允许设计者在给定激励、预设结果匹配方法的前提下，完全不干预仿真器的仿真过程。

Test Bench 就是给定激励、预设结果匹配方法的一种有效手段。Verilog 仿真可以从不同层次进行，如可以是考虑延时或者不考虑延时等。最终仿真结果的正确与否，需设计者自行判断。

对于大型设计，采用 Verilog 仿真器对源代码进行仿真可以节省大量时间，因为大型设计的综合、布局、布线要花费很长时间，不可能针对某个具体器件内部的结构特点和参数在有限的时间内进行多次综合、适配和时序仿真。而且大型设计一般都是模块化设计，在设计完成之前即可进行分模块的 Verilog 源代码仿真模拟。

10.2　Verilog 测试基准示例

Verilog 测试平台，也称为测试基准（Test Bench），是指用来测试一个 Verilog 实体的程序。Verilog 测试平台本身也是由 Verilog 程序代码组成的，它用各种方法产生激励信号，通过元件例化语句以及端口映射，将激励信号传送给被测试的 Verilog 设计实体，然后将输出信号波形由仿真工具软件写到文件中，或直接用波形浏览器显示输出波形。

Verilog 测试平台 Test Bench 的主要功能有：①例化待验证的模块实体；②通过 Verilog 程序的行为描述，为待测模块实体提供激励信号；③收集待测模块实体的输出结果，必要时将该结果与预置的所期望的理想结果进行比较，并给出报告；④根据比较结果自动判断模块的内部功能结构是否正确。

显然，若需对一个设计模块实体进行仿真，需首先编写一个称为 Test Bench 的 Verilog 程序，在此程序中将这个先前已完成的待测试的设计实体进行例化，然后在程序中对这个实体的输入信号用此 Verilog 程序（Test Bench）加上激励波形表述。最后在 Verilog 仿真器中编译运行这个新建的 Verilog Test Bench 程序，即可对此设计实体进行仿真测试。

一般情况下，Verilog 测试平台程序不需要定义输入/输出端口，测试结果全部通过内部信号或变量来观察、分析和判断。在某些场合（如 Test Bench 程序）中，如果设计者的 Verilog 程序仅仅是为了对电路功能或者电路外加激励的描述，那么，完全可以使用不可综合的 Verilog 语句进行行为级描述。Test Bench 的程序结构如图 10-4 所示，程序中主要包含两个部分：第一部分是待测的 Verilog 设计实体模块程序，它是通过例化语句加入 Test Bench 程序中的；第二部分是针对例化模块进行测试的激励信号描述和对待测模块输出信号的监测和判断程序。

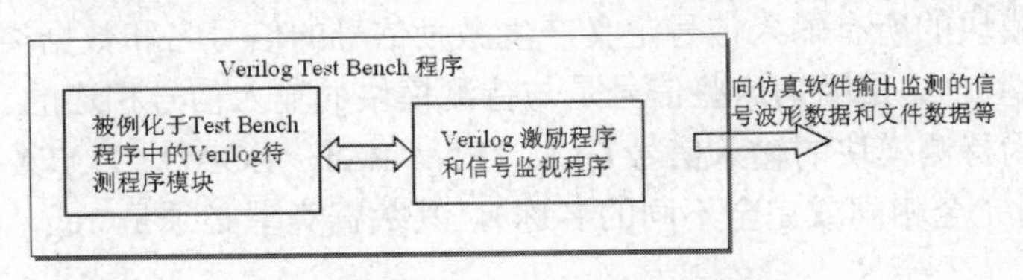

图 10-4　Verilog Test Bench 结构

例 10-1 是针对待测计数器程序例 3-17 的 Test Bench 程序（注意，这个 Verilog 程序的 module 没有描述端口信号），其中只对例 3-17 的例化语句和此模块的激励信号进行了描述。各语句的用意已在程序中做了注释。对例 10-1 的仿真流程将在 10.3 节介绍。

实际上许多 EDA 工具，包括综合器或仿真器，或诸如 Quartus、MATLAB 等大型软件都可以根据被测试的实体自动生成 Test Bench，或者是一个测试基准文件框架，然后由设计者在此基础上加入自己的激励波形及其他各种测试手段。例如在图 4-14、图 4-15 所示波形图编辑窗口中，建立好激励波形准备启动仿真器仿真时，也可以选择生成 Test Bench 文件，方法是在 Simulation 菜单中选择 Generate Modelsim Testbench and Script 命令。

【例 10-1】Test Bench 文件名：CNT10_TB.v。

```
'timescale 10ns/1ns        //Test Bench 中，此仿真时间标度语句必须存在
module CNT10_TB ();        //注意此 module 不必给出端口描述
  reg clk, en, rst, load; reg [3:0] data ; //定义激励信号的数据类型是 reg
  wire [3:0] dout ;  wire cout ;    //定义激励信号的数据类型是 reg
  always #3 clk=~clk; //产生时钟的语句，每隔 3 个时间单元，即 30ns，clk 翻转一次
   initial
   $monitor ("DOUT=%h",dout);  //以十六进制形式打印待测模块 DOUT 的输出数据
   initial begin                //一次性过程语句
     #0  clk=1'b0;              //0 时间单元时，设定 clk 电平是 0
     #0  rst=1'b1;  #20 rst=1'b0;  #2  rst=1'b1;  //注意，是顺序赋值语句
   end
   initial begin
     #0  en  = 1'b0;  #5   en  = 1'b1;
   end
   initial begin
    #0  load=1'b1; #49 load=1'b0; #3  load=1'b1;
   end
   initial begin
    #0  data=4'h7; #30 data=4'h2; #30 data=4'h5; #30 data=4'h4;
   end
   CNT10 U1  (.CLK(clk), .RST(rst), .DATA(data), .LOAD(load),
             .EN(en), .COUT(cout), .DOUT(dout));        //例化语句
endmodule
```

编写例 10-1 所示的简单类型的 Test Bench 程序应该注意以下几点。

（1）首句的'timescale 10ns/1ns 的仿真时间标度语句必须存在。

（2）整个程序仍然在 module_endmodule 语句中，但不必写出端口描述。

（3）为待测模块的所有输入信号定义产生激励信号的信号名和数据类型，且要求其数据类型必须是 reg 类型。这是因为这些信号是与待测模块的输入信号相连的。

如例 10-1 中为待测模块的输入信号 CLK、EN、RST、LOAD，DATA 定义了同名小写信号（当然，也可用完全相同或完全不同的名称），其数据类型必须是 reg，因为它们是作为输出信号用的。

（4）为待测模块的所有输出信号定义信号名和数据类型，且要求其数据类型必须是 wire。这是因为这些信号是与待测模块的输出信号相连的。

10.3　Verilog Test Bench 测试流程

为了使读者熟悉 ModelSim 的具体仿真过程，下面以例 10-1 的 Test Bench 程序 CNT10_TB.v 为例介绍仿真流程。

1．安装 ModelSim

实际上，在安装 Quartus Prime Standard 18.1 时就已经安装好了 ModelSim-Altera 仿真软件，而且已经与 Quartus Prime Standard 18.1 自动接口完毕。路径和查看方法可参考第 4 章的图 4-10，即 C:\intelFPGA\18.1\modelsim_ase\win32aloem。

2．为 Test Bench 仿真设置参数

首先在 Quartus 平台为例 3-17 创建一个工程 CNT10，并将 Test Bench 程序例 10-1 编辑后存入与例 3-17 程序同一路径的文件夹中。然后为 Test Bench 设置相关参数。

在 Quartus 的工程管理窗的 Assignments 菜单中选择 Settings 命令，在弹出的对话框的 Category 列表框中选择 EDA Tool Settings 下的 Simulation 选项。具体情况如图 10-5 所示。

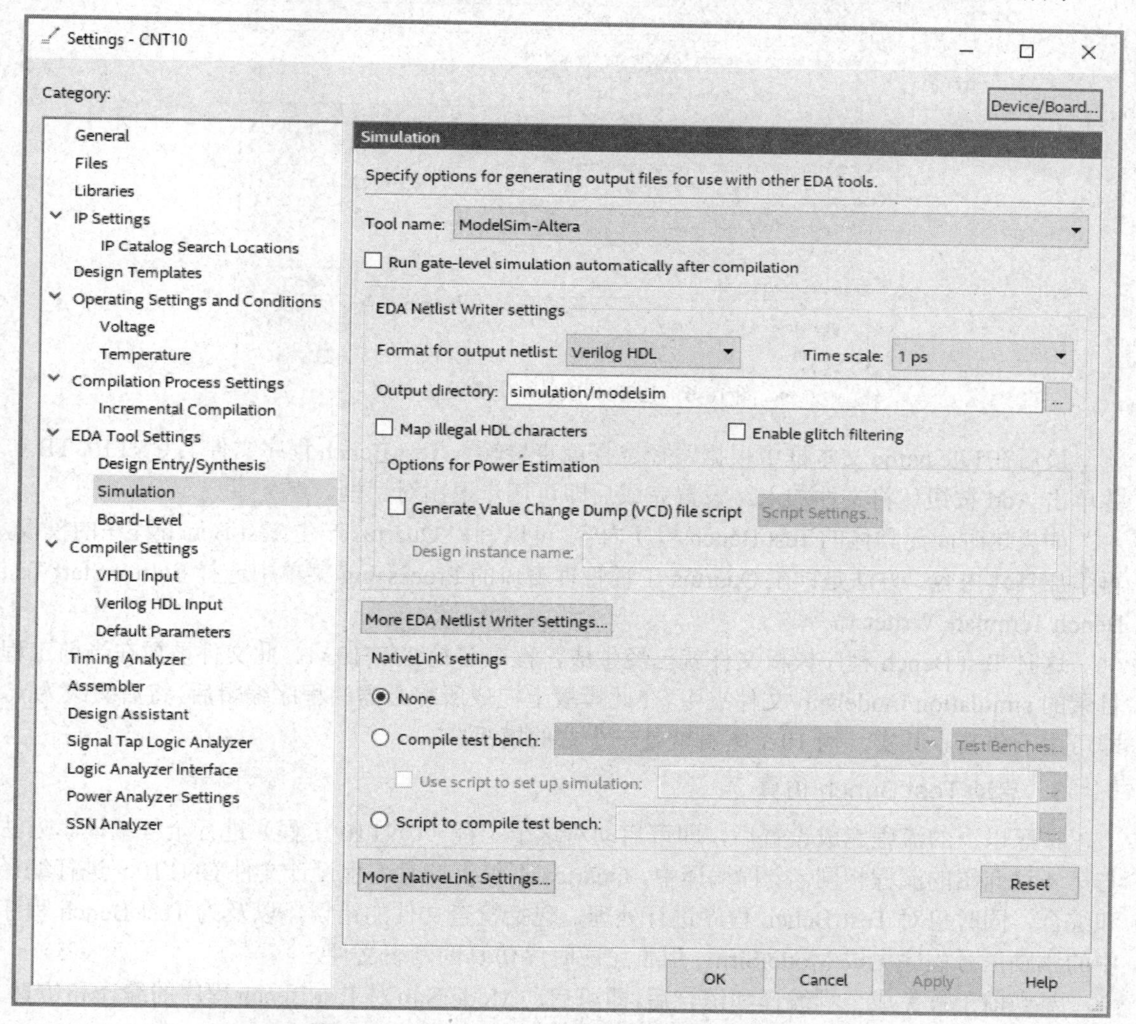

图 10-5　选择仿真工具名称和输出网表语言形式

在图 10-5 所示窗口的 Tool name 下拉列表框中选择仿真工具名 ModelSim-Altera；在输出网表文件栏的 Format for output netlist 下拉列表框中选择 Verilog HDL 选项；在 NativeLink settings 栏中选中 Compile test bench 单选按钮，并单击 Test Benches 按钮，准备设置相关参数。

单击 Test Benches 按钮后弹出 New Test Bench Settings 对话框，如图 10-6 所示。在 Test bench name 文本框中输入 Test Bench 名，如 CNT10_TB；在 Top level module in test bench 文本框中输入 Test Bench 程序的模块名，即 CNT10_TB；在 Design instance name in test bench 文本框中输入 Test Bench 程序中例化的待测模块名 CNT10 对应的例化元件名 U1。再于 Simulation period 栏中选中 End simulation at 单选按钮，在其中设置 2μs。这是仿真周期，具体数据应该根据 Test Bench 程序中激励信号程序描述情况来定，通常可以稍长一点。

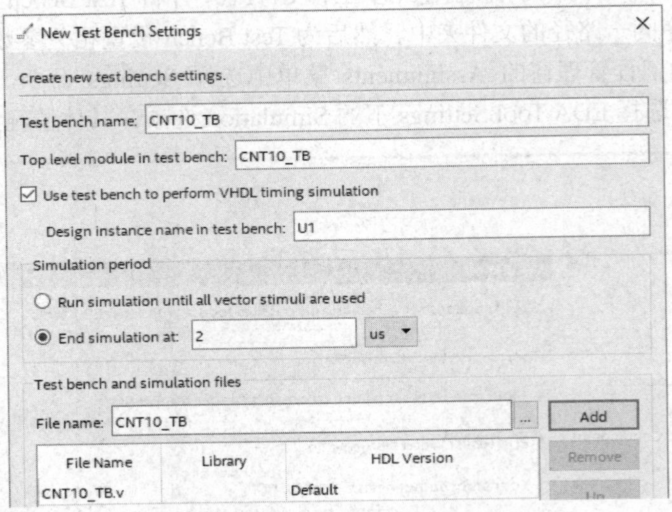

图 10-6　为 Test Bench 仿真设置参数

最后在 File name 文本框中根据路径选择或直接输入 Test Bench 程序文件名 CNT10_TB.v，并单击 Add 按钮，将文件加入。设置完成后即可逐步退出对话框。

如果这时尚无具体的 Test Bench 程序内容，可以利用 Quartus 产生 Test Bench 程序的模板，再添加具体内容。方法是：在 Quartus 工程管理窗口的 Processing 菜单中选择 Start→Start Test Bench Template Writer 命令。

这时 Test Bench 程序模板文件就已经生成，程序名是 CNT10.vt。此文件被放在当前工程目录的 simulation/modelsim/文件夹中。在此模板上完成所有必需的程序编辑后，将后缀改为.v，即可用于仿真。其实，例 10-1 本身就是一个好的模板。

3. 启动 Test Bench 仿真

按照以上的流程完成设置后，即可启动对这个工程（CNT10 工程）进行全程编译。方法与第 4 章介绍的流程相同。全程编译中，Quartus 不仅仅针对工程设计文件 CNT10.v 进行编译和综合，同时也对 Test Bench 程序进行处理，包括检查文件的错误，以及为 Test Bench 程序中的激励信号程序生成 ModelSim，用于完成时序仿真的网表文件。

对当前工程完成全程编译和综合后，即可启动 ModelSim 对 Test Bench 程序的编译和仿真。方法是在 Quartus 工程管理窗口的 Tools 菜单中选择启动仿真的命令，即 Run Simulation Tool 命令。其有两个子命令，即 RTL Simulation 和 Gate Level Simulation。前者对应功能仿真，是直接对 Test Bench 程序代码，特别是例化模块 CNT10 代码进行仿真；而后者是门级仿真，对应时序仿真，是对例化模块 CNT10 基于目标 FPGA 综合与适配后的文件进行的仿真，因此其输出结果包含了 CNT10 设计在指定 FPGA 目标器件的时序信息。

若选择后者进行仿真，将弹出一个 Gate Level Simulation 选择窗口，对时序模式 Timing mode 进行选择，通常选择默认值。

4. 分析 Test Bench 仿真结果

图 10-7 所示的波形是选择了 EDA Gate Level Simulation 的结果，即时序仿真的结果。

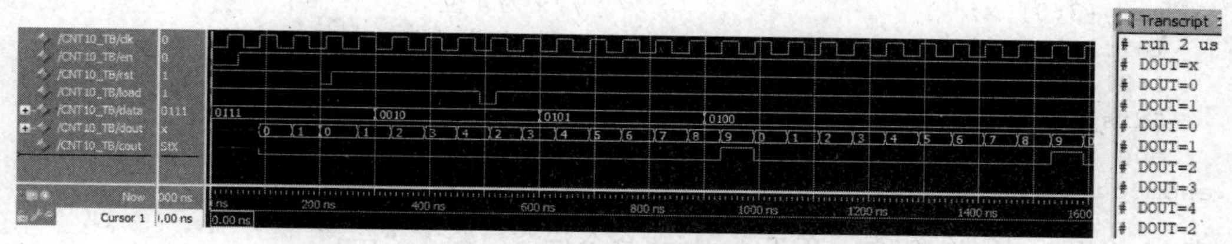

图 10-7　Test Bench 输出的仿真波形及数据（右侧）

可以将 Test Bench 程序代码与此波形图对照起来分析，特别是对照图 10-7 下面的时间轴。对于总线数据，如 dout、data，可以在右键菜单中选择 Radix 命令，确定显示的数据格式。在图 10-7 中，dout 输出数据的格式是十六进制数，data 是二进制数。注意，rst 的清零和 en 的时钟允许功能，以及 load 的加载数据功能。图 10-7 显示，当 load 为 0 时，且恰好包括了时钟的有效边沿，即将 data 的 0010 加载进计数器中。另外注意，计数至 7 与 8 间，有一个毛刺脉冲。这个脉冲在功能仿真中是不存在的。

图 10-7 右侧的 DOUT 输出数据是 Test Bench 在运行中于 ModelSim 的 Transcript 命令行窗口打印的结果，它来自例 10-1 的语句“$monitor ("DOUT=%h",dout);”。

10.4　Verilog 系统任务和系统函数

此后的内容将逐步给出一些常用的 Verilog 仿真语句及其用法说明，对于正确编写 Test Bench 程序，以及利用 Test Bench 进行成功的仿真很有帮助。对于之前提到过的语句，如 initial 等，在此略去。本节首先介绍 Verilog 的系统任务和系统函数，然后补充部分预编译语句的用法。需要提醒的是，以下知识能够帮助读者通过在 ModelSim 上的仿真进一步了解 Verilog 中许多重要语句的含义和功能。

10.4.1　系统任务和系统函数

系统任务和系统函数可经常与 Verilog 的预编译语句联合使用，主要用于 Verilog 仿真验证，例 10-1 已给出了使用示例。Verilog 的系统任务和系统函数很丰富，限于篇幅，这里只介绍必要和常用的内容。

系统任务和系统函数的名字都使用“$”符号开头。下面分别进行说明。

1. $display

$display 的使用频度较高，其用法格式如下。

```
$display ("带格式字符串", 参数 1, 参数 2, ... );
```

其中的带格式字符串是用双引号括起来的，支持类似于 C/C++语言的 printf 语句中的转义符。例 10-2 是$display 的一个使用示例。

【例 10-2】

```
module sdisp1;
  integer i;                                  //i 为整型
  reg [3:0] x;                                //x 为 4 位
  initial begin                               //initial 块，只执行一次
  i=21;        x=4'he;
  $display("1\t%d\n2\t%h\\",i,x);             //输出显示
  end
endmodule
```

在 ModelSim 中进行仿真，在 Transcript 命令行窗口输入“run”。

启动仿真，在命令行窗口返回的结果如下。

```
# 1        21
# 2        e\
```

在例 10-2 的$display 的格式字符串“"1\t%d\n2\t%h\\"”中，有些字符前面是“\”，有些是“%”。这两个符号是规定的转义字符的引导符。在这里，“\t”表示 Tab；“\n”表示换行；“\\”仅表示一个“\”字符；“%d”表示以十进制格式输出；格式字符串后跟的对应的参数值“%h”，表示以十六进制格式输出参数值。对于熟悉 C 语言的读者可以发现 Verilog 中规定的转义符和 C 语言的基本一致。表 10-1 为 Verilog 的转义符含义表。

表 10-1　Verilog 转义符

转 义 符	含　义	转 义 符	含　义	转 义 符	含　义
\n	换行	%b	二进制格式	%v	显示信号强度
\t	Tab	%o	八进制格式	%m	显示层次名
\\	字符\	%d	十进制格式	%s	字符串格式
\"	字符"	%h	十六进制格式	%t	显示当前时间
\ddd	1～3 位八进制表示的 ASCII 字符	%l	显示：库绑定信息	%u	未格式化二值数据
%%	字符%	%c	字符格式	%z	未格式化四值数据
%e	以科学记数法显示实数值	%f	以十进制显示实数值	%g	取%e、%f 格式中最短的显示

在表 10-1 中，“%”后的字符可以是大写也可以是小写，含义都是一样的。Verilog 允许指定输出最小区域宽度值，该指定位于%字符后面（如%5h）。对于十进制，输出前面的 0 用空格代替，但对于其他进制，前面的 0 要显示出来。

一般情况下，用“%d”输出时，结果显示是右对齐的。如果一定要让它左对齐，可以使用“%0d”，规定最小区域宽度为 0，最后输出显示就是左对齐。

上述转义符的用途，可通过以下例 10-3 比较形象地说明。

【例 10-3】

```
module sdisp2;               //注意无输入输出端口
  reg [31:0] rval;           //32 位 reg 类型
  pulldown (pd);             //pd 接下拉电阻，plldown 用法见本章后续内容
```

```
    initial begin           //initial 块
    rval = 101;             //赋整数 101
    $display("rval = %h hex %d decimal",rval,rval);  //十六进制、十进制显示
    $display("rval = %o octal\nrval = %b bin",rval,rval); //八进制、二进制显示
    $display("rval has %c ascii character value",rval);  //字符格式显示输出
    $display("pd strength value is %v",pd);              //pd 信号强度显示
    $display("current scope is %m");                     //当前层次模块名显示
    $display("%s is ascii value for 101",101);           //字符串显示
    $display("simulation time is %t", $time);            //显示当前仿真时间
    end
endmodule
```

在 ModelSim 中进行仿真，在命令行窗口返回的结果如下。

```
# rval = 00000065 hex        101 decimal
# rval = 00000000145 octal
# rval = 00000000000000000000000001100101 bin
# rval has e ascii character value
# pd strength value is StX
# current scope is sdisp2
#   e is ascii value for 101
# simulation time is   0
```

2. $write

与$display 一样，$write 也是输出显示到标准输出（一般是仿真器的命令行窗口）。但$write 与$display 稍有不同，在输出文本结束时，$display 会在文本后加一个换行，而$write 是不加的。$write 的语句用法格式如下。

```
$write ("带格式字符串", 参数 1, 参数 2, ... );
```

3. $strobe 和$monitor

由例 10-2 和例 10-3 可以看到，$display 可以很方便地插入需要观察的 Verilog 语句后面，即时显示出所需要观察的信号变量，而且还可以以多种格式显示出来。但不是所有情况$display 都可以胜任。例如，需要某一个信号变量变化时，显示当前值；或者在非阻塞语句使用时，$display 显示值需要分析。在显示任务中还有$strobe 和$monitor，它们在有些情况下可以弥补$display 的不足。下面是它们的语法格式。

```
$strobe  ("带格式字符串", 参数 1, 参数 2, ... );
$monitor ("带格式字符串", 参数 1, 参数 2, ... );
```

$strobe 和$monitor 的作用与$display 类似。带格式字符串中的转义字符规定也是一样的，但在使用过程中这三者之间是有差别的，通常从仿真器上看到的结果可能较难理解。下面的示例描述的情况很典型，可以通过所附的注释进一步分析理解。

【例 10-4】

```
module sdisp3;                                     //无输入输出信号
  reg [1:0]a;                                      //a 为 2 位 reg
```

```
    reg b;
    initial $monitor("\$monitor: a = %b", a);  //$monitor 监测 a 的变化
    initial begin                              //initial 块，只执行一次
    b = 0;a = 0;                               //b、a 赋值 0，阻塞式赋值
    $strobe ("\$strobe : a = %b", a);          //$strobe 显示 a 的赋值
    a = 1;                                     //a 赋值 1
    $display ("\$display: a = %b", a);         //$display 显示 a 的当前赋值
    a = 2;                                     //a 赋值 2
    $monitor("\$monitor: b = %b", b);          //$monitor 取代前一个$monitor
    a = 3;                                     //a 赋值 3
    #30 $finish;                               //延时 30 个时间单位后，仿真终止
    end
    always #10 b = ~b;                         //b 每隔 10 个时间单位，值反转，Clock 信号
endmodule
```

ModelSim 仿真输出的数据结果如下。

```
# $display: a = 01
# $strobe : a = 11
# $monitor: b = 0
# $monitor: b = 1
# $monitor: b = 0
```

从上面的仿真结果看，$display 最容易理解，在$display 语句的上一句对 a 赋值 1，所以$display 打印出“a = 01”。

$strobe 的显示结果则不容易理解，它是在 a 赋值为 1 前就执行了，但没有显示“a = 11”，似乎显示的是 a 的最后赋值，原因在哪里呢？

其实，$strobe 不是单纯地显示 a 的当前值。$strobe 的功能是，当该时刻的所有事件处理完后，在这个时间的结尾显示格式化字符串。虽然 a 有了多次赋值，但都属于初始时刻的赋值，在这个时刻的结尾 a 被赋值为 3，所以$strobe 才开始显示“a = 11”。即无论$strobe 是在该时刻的哪个位置被调用，只有当$strobe 被调用的时刻，所有活动（如赋值）都完成了，$strobe 才显示字符串，对于阻塞式和非阻塞式赋值都一样。

在例 10-4 中，$monitor 的结果更为奇特，明明有两个$monitor，但只显示 b 的$monitor 在起作用。显示 b 的$monitor 任务，在每次 b 发生改变时，显示 b 的值。这是因为$monitor 的功能是当一个或多个指定的信号变量改变值时，显示格式化字符串。$monitor 是用于监控信号变量的变化情况，在此，信号变量指 wire 或者 reg。

此外，使用$monitor 还要符合一些约定。仿真过程中，只能允许一个$monitor 被执行，如果有多个$monitor 语句，那么在执行时，后一个被执行的$monitor 取代前一个$monitor 的执行。这个可以很好地解释示例中为什么仅一个 b 的$monitor 被执行。

如果需要同时对多个信号变量进行监控，可以在参数表上多加几个参数，参数的多少是不受限制的。当其中一个参数发生变化时，$monitor 的显示就被启动。一条$monitor 语句可以显示多次，每次都是在参数表中的信号变量发生变化时启动的。

可以使用$monitoroff 禁止$monitor 监控，使用$monitoron 重新启动$monitor 监控。使用

这两个系统函数可以更为灵活地控制 $monitor。

4．$finish 和 $stop

在例 10-4 中还使用了$finish，这个是仿真控制任务。$finish 表示仿真结束，也可以使用$stop 来停止仿真。这两个系统任务的语法格式如下。

```
$finish;
$stop;
```

虽然$finish 和$stop 都是停止仿真，但它们还是有差异的。在 ModelSim 仿真时，当仿真器执行到该语句$finish 时会弹出一个对话框，询问是否结束仿真；如果同意结束，整个仿真环境就会被退出。而$stop 则不会，仿真器会停在$stop 语句上。

在例 10-5 中就使用了$stop，示例中还涉及其他的系统函数$time。下面可借此对$monitor、$strobe、$displa 进行更为深入的比较和理解。

【例 10-5】

```
module sdisp4();
 reg [3:0]a,b;                                                //a、b 都为 4 位 reg
 initial $monitor($time," \$monitor:a=%0d,b=%d",a,b);  //显示变化及当前时间
 initial begin                                                //initial 块，只执行一次
 b = 0;                                                       //b 赋值 0
 $strobe ($time," \$strobe : a = %0d", a);                    //显示 a 的赋值结果
 $monitoron;                                                  //开启$monitor
 a = 1;                                                       //a 赋值 1，阻塞式赋值
 a <= 2;                                                      //a 赋值 2，非阻塞式赋值
 $display ($time," \$display: a = %d", a);                    //显示 a 的当前值
 a = 3;                                                       //a 赋值 3，阻塞赋值
 #25 $monitoroff;                                             //关闭$monitor
 #10 $stop;                                          //10 个时间单位后，暂停仿真器仿真
 end
 always #10 b = b+1;                                 //b 每隔 10 个时间单位，加 1
endmodule
```

ModelSim 仿真的输出结果如下。

```
#                    0 $display: a =  1
#                    0 $strobe : a = 2
#                    0  $monitor:a=2,b= 0
#                   10  $monitor:a=2,b= 1
#                   20  $monitor:a=2,b= 2
```

在此示例中，读者需要关注“a<=2;”这条非阻塞式赋值语句。$display 是出现在“a<=2;”后的，但$display 显示的结果完全忽略了这个语句的存在；而$strobe 却显示了 a=2，而不是 a=3。说明这个时刻最后对 a 赋值的是 2，而不是表面看上去的 3。通过此示例，可以更清晰和深入地了解阻塞式与非阻塞式赋值的原理。

在例 10-5 中还使用了$monitoron 和$monitoroff 对$monitor 进行控制，开启$monitor 或者

关闭$monitor。虽然$monitor 可以用被监视的变量（如 a 或 b）的变化来激活显示，但有时候不希望在仿真过程中每次被监视变量的变化都激活显示，这时可以使用$monitoron 和$monitoroff 来控制$monitor 在合适的时间显示变化信息。

5. $time

在例 10-5 中还使用了函数$time，这是一个时间的系统函数，可以返回当前的单位时间。常用的时间系统函数还有$realtime、$stime 等。$stime、$realtime 也可以返回当前时间，返回值使用'timescale 定义的时间单位。它们的语法格式如下。

```
$time                                   //返回一个 64 位整数时间值
$stime                                  //返回一个 32 位整数时间值
$realtime                               //返回一个实数时间值
$timeformat                             //控制时间的显示方式
```

这些时间系统函数也可以写作如下形式。

```
$monitor("%d d=%b,e=%b", $stime, d, e);     //$time 显示当前时间的另一种形式
```

6. 文件操作

用于大型数字系统仿真验证的复杂的 Test Bench，在仿真过程中往往需要读入或写出文件。Verilog 中也有针对文件操作的系统函数和系统任务。它们的语法格式如下。

```
文件句柄 = $fopen("文件名")                                //打开文件
$fstrobe(文件句柄, "带格式字符串", 参数列表)                  //strobe 到文件
$fdisplay(文件句柄, "带格式字符串", 参数列表 t)               //display 到文件
$fmonitor(文件句柄, "带格式字符串", 参数列表 t)               //monitor 到文件，可以多个进程
$fwrite(文件句柄, "带格式字符串", 参数列表)                   //write 到文件
$fclose(文件句柄);                                         //关闭文件
$feof(文件句柄);                                           //查询是否已到文件末尾
```

下面是用于仿真输出的 VCD 文件导出的系统任务与函数，语法格式如下。

```
$dumpfile("文件名");                 //导出到文件，这里文件后缀为 vcd
$dumpvar;                            //导出当前设计的所有变量
$dumpvar(1, top);                    //导出顶层模块中的所有变量
$dumpvar(2, top);                    //导出顶层模块和顶层下第 1 层模块的所有变量
$dumpvar(n, top);                    //导出顶层模块到顶层下第 n-1 层模块的所有变量
$dumpvar(0, top);                    //导出顶层模块和所有层次模块的所有变量
$dumpon;                             //导出初始化
$dumpoff;                            //停止导出
```

下面举例说明有关文件操作的系统函数的用法。

【例 10-6】

```
module fileio_demo;                  //文件读写
  integer fp_r, fp_w, cnt;           //定义文件句柄，整型
  reg [7:0] reg1, reg2, reg3;        //3 个 8 位 reg 值
initial begin
```

```
    fp_r = $fopen("in.txt", "r");                    //以只读方式打开 in.txt
    fp_w = $fopen("out.txt", "w");                   //以写方式打开 out.txt
    while(!$feof(fp_r)) begin                        //循环读写文件，直到 in.txt 末尾
      cnt = $fscanf(fp_r, "%d %d %d", reg1, reg2, reg3);     //读一行
      $display("%d %d %d", reg1, reg2, reg3);                //显示读到的值
      $fwrite(fp_w, "%d %d %d\n", reg3, reg2, reg1);         //反序写一行
    end
     $fclose(fp_r);                                  //关闭文件 in.txt
     $fclose(fp_w);                                  //关闭文件 out.txt
  end
endmodule
```

在例 10-6 中，使用$fopen 打开了两个文件，即 in.txt 和 out.txt，分别以只读和写方式打开。这种操作的语法格式和 C 语言中的文件打开函数 fopen 几乎是一样的。然后使用$fscanf 读取 in.txt 中的一行（3 个值），赋值给 reg1、reg2、reg3，用$display 显示读取到的值，用$fprintf 按相反的次序在 out.txt 中写 reg3、reg2、reg1 的值，最后使用$fclose 关闭两个文件的读写。

10.4.2　预编译语句

在仿真时，往往还需要有预编译指令的配合。Verilog 的预编译指令的功能主要是通知编译器或仿真器一些控制信息，在前面章节中也曾提过相关语句。主要语句如下。

1．'define 宏定义

前面曾提到过的宏定义语句'define 的用法与 C 语言中的#define 很类似。用法如下。

```
'define dnand(dly) nand #dly
'dnand(2) g121 (q21, n10, n11);
'dnand(5) g122 (q22, n10, n11);
```

可以自定义延迟可控的与非门。特别注意，define 前的“'”，是标准键盘左上角的那个符号（反引号），而不是简单的单引号。

2．translate_on 与 translate_off

在用 Verilog 来描述硬件时，往往要考虑到代码的可综合问题，但同时也希望能加入一些专门用于仿真的语句，便于仿真测试。由于上述原因，大多数综合器都提供在 Verilog 程序中嵌入特别的指示，以忽略不可综合的代码。而在仿真器上这些代码是可以正常执行的。具体的实现方式是在 Verilog 源代码中插入一段特别的注释，格式如下。

```
//synthesis translate_off
//synthesis translate_on
```

注意，这里的“//synthesis translate_off”和“//synthesis translate_on”不是简单的注释，其中包含了关闭综合开关（//synthesis translate_off）和开启综合开关（//synthesis translate_on）的含义。

“//synthesis translate_off”和“//synthesis translate_on”使设计者可以方便地在用于综合

的 Verilog 的代码中插入用于仿真的语句，同时又不影响综合。

从严格意义上说，这两句不是标准的预编译指令，但与预编译指令一样，都是在代码编译前需要处理的内容，所以就把它们放在了这里。在有些早期的 Verilog 代码中，可能会有“//synopsys translate_off”和“//synopsys translate_on”，这两句的含义其实是与“//synthesis translate_off”和“//synthesis translate_on”等效的。

10.5 延 时 模 型

在时序仿真时，就要涉及电路的时延特性；编写的 Test Bench 也需要按一定的时间延迟，进行信号的赋值。这些情况都需要使用 Verilog 的延时模型。

10.5.1 # 延时和门延时

在仿真中，最常见的是赋值延迟，例如下面语句。

```
#10 rout = cin;
```

其中的时间单位可以用'timescale 来定义。门延迟表述有 3 种格式。

- # 延时时间单位数。
- #（上升延迟，下降延迟）。
- #（上升延迟，下降延迟，转换到 z 的延迟）。

基本门在例化时也可以做延时，例如下面语句。

```
nand #20 inand2(a,b,c);
```

例 10-7 是一个双参数的延时示例。

【例 10-7】

```
module dnot ();
        reg in; wire out;
        not #(3,4) (out,in); //例化 not，同时说明门延时
        initial begin
          $monitor ("%g in = %b out=%b", $time, in, out); //监控 in、out
          in = 0;                  //初始赋值 0
          #10 in = 1;              //10 个时间单位后，赋值 1
          #10 in = 0;              //10 个时间单位后，赋值 0
          #10 $stop;               //10 个时间单位后，暂停仿真
        end
endmodule
```

在 ModelSim 上进行仿真，在命令行窗口输入 run –all，可观察如下输出信息。

```
# 0 in = 0 out=x
# 3 in = 0 out=1
# 10 in = 1 out=1
# 14 in = 1 out=0
# 20 in = 0 out=0
# 23 in = 0 out=1
```

从结果上看，在时间 14、23 这两个点，out 发生了变化，正好符合“(3,4)”的延时定义。上升沿延时了 3 个时间单位，而下降沿延时了 4 个时间单位。

对于 3 个参数的延迟格式，最后一个参数指的是转换到高阻态 z 所经历的延时，一般是针对三态门的。限于篇幅，这里不再深入讨论。

10.5.2 延时说明块

Verilog 还提供了 specify 块，可以让设计者自由地指定设计中一条路径的延迟。如例 10-8 中的 a 到 out 的路径延迟。specify 也是一个块，以 specify 开始、endspecify 结束，以独立的块存在于 module 中。specify 对于仿真延时的仿真验证有较多的功能，例 10-8 给出了 specify 最为简单的用法。

【例 10-8】

```
module veridelay(output out,  input a,b,c,d);
      wire e,f;
      specify                    //specify 延时说明块
          (a=>out)=3;            //a 到 out 延时 3 个时间单位
          (b=>out)=3;            //b 到 out 延时 3 个时间单位
          (c=>out)=5;            //c 到 out 延时 5 个时间单位
          (d=>out)=51;           //d 到 out 延时 51 个时间单位
      endspecify
      and U1(e,a,b); and U2(f,c,d);  and U3(out,e,f);  //例化 3 个元件
endmodule
```

10.6 其他仿真语句

Verilog 语言产生的最初目的是对系统仿真的描述。尽管随着 Verilog 的成熟和发展，已到了被广泛用于可综合设计的程度，但在仿真验证时，那些不可综合的语句仍可以为仿真测试者带来极大的便利。下面介绍几则常用的 Verilog 仿真语句。

10.6.1 fork-join 块语句

在 Verilog 中有两种过程块，一种是 begin-end，是可综合的，在前面章节已做了详细介绍；另一种是 fork-join。begin-end 语句块中的语句是顺序执行的，而 fork-join 语句块中的语句是并行执行的，即 fork-join 块中的语句是被并行启动的，但 fork-join 语句块的执行终结要等待语句块中执行最慢的语句来结束。

例 10-9 使用了 fork-join 并行块。从仿真结果（见图 10-8）看，在 clk 上升沿后，a 在 30ns 后获得了 1 值，而 b 在 10ns（设置单位时间为 1ns）后就获得了 1 值；在 fork-join 块里面的两个赋值是同时进行的。这证明了 fork-join 的并行性。

例 10-10 使用了 begin-end 顺序块，只有当“#30 a=1”执行完才能执行“#10 b=a”。所以

a 在 30ns 后发生电平变化，b 在 40ns 后发生电平变化（见图 10-9）。

例 10-11 采用的是 fork-join 块。虽然 #30 a=1 写在 #10 b=a 前面，但执行时，上述两个语句是同时启动的；当时刻 10ns 到后，b 取到的 a 值还是 0，所以仍旧保持低电平不变，再过 20ns 后，a 值才变为 1，a 输出高电平（见图 10-10）。

【例 10-9】

```
module forkA(clk,a,b);
  input clk;
  output reg a, b;
  initial begin
    a=0;  b=0;  end
 always @(posedge clk)
  fork
    #30 a = 1;
    #10 b = 1;
  join
endmodule
```

【例 10-10】

```
module forkB(clk,a,b);
  input clk;
  output reg a, b;
  initial begin
 a=0;   b=0;   end
always @(posedge clk)
  begin
    #30 a = 1;
    #10 b = a;
end
endmodule
```

【例 10-11】

```
module forkC(clk,a,b);
  input clk;
  output reg a, b;
  initial begin
 a=0;   b=0;  end
always @(posedge clk)
  fork
    #30 a = 1;
    #10 b = a;
  join
endmodule
```

图 10-8　例 10-9 的仿真波形

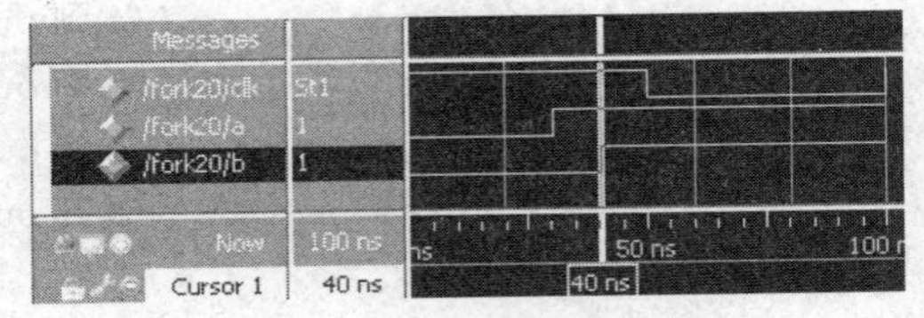

图 10-9　例 10-10 的仿真波形

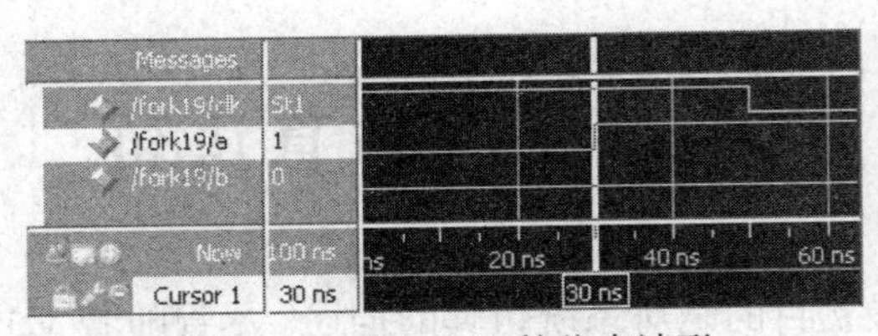

图 10-10　例 10-11 的仿真波形

10.6.2　wait 语句

wait 语句也是一条不可综合的语句，只能用于仿真。它的语法格式如下。

```
wait （条件表达式） 语句;
```

可以通过以下方式来使用。

```
forever  wait(start) #10  go = ~go;
```

功能是等待 start 为 true，然后延迟 10 个时间单位后，输出 go 的反相信号。也就是在 go 上输出周期为 20ns 的方波，而 start 是一个启动信号。

10.6.3 force、release 语句

force 语句是 Verilog 语言中信号的强制赋值，该语句只能出现在 initial 或 always 块中。如果需要取消强制赋值，可以使用 release 语句进行释放。force 可以对 wire 类型赋值，也可以对 reg 类型赋值。这两条语句的使用示例如例 10-12 所示。

【例 10-12】

```
module testforce;                                  //force 语句测试示例
       reg a, b, c, d;     wire e;
       and and1 (e, a, b, c);
       initial begin                               //监控 d、e 的变化
       $monitor("%d d=%b,e=%b", $stime, d, e);
       assign d = a & b & c;                       //连续赋值 d
       a = 1;  b = 0;   c = 1;
       #10;                                        //延迟 10 个时间单位
       force d = (a | b | c);                      //强制赋值 d
       force e = (a | b | c);                      //强制赋值 e
       #10 $stop;                                  //暂停仿真
       release d;                                  //释放 d
       release e;                                  //释放 e
       #10 $stop;                                  //暂停仿真
       end
endmodule
```

在 ModelSim 上仿真，先在命令行窗口输入以下语句。

```
run -all
```

输出结果如下。

```
#          0 d=0,e=0
#         10 d=1,e=1
```

然后仿真器暂停，再次输入 run –all，输出结果如下。

```
#         20 d=0,e=0
```

10.6.4 deassign 语句

在使用 assign 进行连续赋值后，还可以使用 deassign 来取消 assign 的赋值，如下列程序。

```
always @(clear or preset)
  if (clear)
    assign q = 0;
  else if (preset)
    assign q = 1;
```

```
  else
    deassign q;
always @(posedge clock) q = d;
```

当 clear 有效，q 赋值 0；当 clear 无效而 preset 有效，q 赋值 1；否则，放弃对 q 的赋值。当然，这样的写法只能在仿真器上可以使用，综合器不支持 deassign 语句。

10.7　仿真激励信号的产生

为了获得电路的性能信息，仿真时需要在输入端加上激励信号。可以使用 Verilog 以多种方法产生仿真驱动信号。如可以在 Test Bench 程序中加入激励信号，或用 Verilog 单独设计一个波形发生器，也可以将波形数据或其他数据放在文件中，用文件操作的系统任务语句来读取文本文件，还可将仿真的一些中间结果写到文件中。此外，Verilog 仿真器本身也提供了设置输入激励波形的命令。下面通过仿真一个 4 位加法器的示例（例 10-13），介绍两种激励信号的产生方法。

【例 10-13】

```
module adder4(input[3:0] a, input[3:0] b, output reg[3:0] c, output reg co);
                                                   //4 位加法器
  always @ *
    {co,c} <= a + b;                               //co 为进位，c 为和
endmodule
```

1．方法一

用 Verilog 写一个波形信号发生器，源程序如例 10-14 所示。

【例 10-14】

```
'timescale 10ns/1ns                                //时间设置
module signal_gen(output reg [3:0] sig1,output reg [3:0] sig2);
  initial begin
    sig1 <= 4'd10;                                 //依序列出输入信号变化
    sig2 <= 4'd3;
    #10 sig2 <=4'd4;      #10 sig1 <=4'd11;    #10 sig2 <=4'd6;
    #10 sig1 <=4'd8;      #10 $stop;
  end
endmodule
```

然后将此波形发生器与 adder4 组装设计成一个 Verilog 仿真测试模块，示例程序如例 10-15 所示，这实际上是一个 Test Bench 程序。在仿真器的波形图上加入 a、b、c 3 个内部信号，然后运行仿真过程。在 ModelSim 中即可得到对应的波形图。

【例 10-15】

```
module test_adder4();                              //用于仿真的顶层文件
  wire [3:0] a,b,c;    wire co;
  adder4 U1(.a(a),.b(b),.c(c),.co(co));           //例化被测元件 DUT
```

```
    signal_gen TU1(.sig1(a),.sig2(b));        //例化激励发生模块
endmodule
```

2. 方法二

利用仿真器的波形设置命令施加激励信号。在 ModelSim 中，使用 force 命令可以交互地施加激励，force 命令的格式如下。

```
force <信号名> <值> [<时间>][, <值> <时间> ...] [-repeat <周期>]
```

例如以下语句。

```
force a 0                          //强制信号的当前值为 0
force b 0 0, 1 10                  //强制信号 b 在时刻 0 的值为 0，在时刻 10 的值为 1
force clk 0 0, 1 15 -repeat 20     //clk 为周期信号，周期为 20
```

可以直接用模块 adder4 的结构体进行仿真，在初始化仿真过程后，在 ModelSim 的命令行中输入以下命令。

```
force a 10 0, 5 200, 8 400
force b 3 0, 4 100, 6 300
```

然后连续执行 run 命令或 run 500 命令，同样可以得到仿真波形。

在此示例中，还可以执行 run –all 命令，这样可以让仿真器仿真执行到 signal_gen.v 文件中的“#10 $stop;”语句，达到自动暂停仿真的目的。

不同的 Verilog 仿真器的命令及操作方式有所不同，可参考相关资料。

10.8 数字系统仿真

Verilog 设计通常要通过各种软件仿真器进行功能和时序模拟验证。目前，由于大多数 Verilog 仿真器支持标准的接口，如 PLI 接口，已方便地与 C/C++程序链接，制作通用的仿真模块及支持系统级仿真。这里所谓仿真模块，是指许多公司为某种器件制作的 Verilog 仿真模型，这些模型一般是经过预编译的（也有提供源代码的）。然后在仿真时，将各种器件的仿真模型用 Verilog 程序组装起来，成为一个完整的电路系统。设计者的设计文件成为这个电路系统的一部分。这样，在 Verilog 仿真器中可以得到较为真实的系统级的仿真结果，支持系统仿真已经成为目前 Verilog 应用技术发展的一个重要趋势。当然，这里所谈的还只是在单一目标器件中的一个完整的设计。

对于一个可应用于实际环境的完整的电子系统来说，用于实现 Verilog 设计的目标器件常常只是整个系统的一部分。如对于芯片进行单独仿真，仅得到针对该芯片的仿真结果。但对于整个系统来说，仅对某一目标芯片的仿真往往无法将许多实际的情况考虑进去，而若对整个系统都进行仿真，则可使芯片设计风险大为减少，因为可以找出一些整个系统一起工作时才会出现的问题。

即使没有使用 Verilog 设计的数字集成电路，同样可以设计出 Verilog 仿真模型。现在已有许多公司可提供许多流行器件的 Verilog 模型，如 8051 单片机模型、ARM7 模型、x86 模型

等。利用这些模型可以将整个电路系统组装起来。许多公司提供的某些器件的 Verilog 模型甚至可以进行综合。这些模型有了双重用途，它们既可用来仿真，又可作为实际电路的一部分（即 IP 核）。例如，现有的 PCI 总线模型大多是既可仿真又可综合的。

习　题

10-1　简述基于 Test Bench 的 Verilog 仿真流程。

10-2　试举例说明$display、$monitor、$strobe 之间的差别。$time 与$stime 有什么差别？

10-3　如何生成时钟激励信号？什么是 Test Bench？

10-4　如何使用 Verilog 语句生成异步复位激励信号和同步复位激励信号？

10-5　试说明 fork-begin 与 begin-end 的区别。

10-6　编写一个 Verilog 仿真用程序，产生一个 reset 复位激励信号，要求 reset 信号在仿真开始保持低电平，过 10 个时间单位后变高电平，再过 100 个时间单位，恢复成低电平。

10-7　编写一个用于仿真的时钟发生 Verilog 程序，要求输出时钟激励信号 clk，周期为 50ns。

10-8　试探索用多种方式在仿真时实现如同习题 10-6 所描述的时钟激励信号。

实验与设计

实验 10-1　在 ModelSim 上对计数器的 Test Bench 进行仿真

实验任务 1：根据 10.2 节和 10.3 节的介绍和仿真流程，在 ModelSim 上对 Test Bench 程序例 10-1 进行仿真，验证所有结果。

实验任务 2：为了对例 5-2 的 BCD 码加法器和例 3-22 的 4 位乘法器在 ModelSim 上进行仿真测试，首先分别为它们编写适当的 Test Bench 程序，然后根据 10.2 节和 10.3 节介绍的流程，分别在 ModelSim 上进行 RTL 仿真和门级仿真，并给出相应的实验报告。

实验 10-2　在 ModelSim 上进行 16 位累加器设计仿真

实验目的：熟悉 ModelSim 的 Verilog 仿真流程全过程，学习仿真激励产生的方法；学习简单的 Test Bench 的编写。

实验任务 1：首先利用 ModelSim 完成 16 位累加器（见例 10-16）的文本编辑输入和编译、仿真等步骤。设计 16 位累加器的复位和时钟激励的 Verilog 程序，并且在 ModelSim 上进行验证。

【例 10-16】

```
module acc16(  input [15:0] a,  input rst,   input clk,
                    output reg [15:0] c );
    always @(posedge clk,negedge rst)  if(!rst) c=0;  else c=c+a;
endmodule
```

实验任务 2: 为 acc16 设计一个 Test Bench。要求 Test Bench 的仿真时间为 2000ns；在 100ns 前完成复位，clk 时钟激励为周期 10ns，增加对 acc16 模块的 a 端口的仿真激励，让 a 端口的值在仿真前 1000ns 为 1，仿真后 1000ns 为 5。在 ModelSim 上验证 Tech Bench，观察仿真波形结果。

实验任务 3: 修改 ModelSim 的 wave 波形观察窗中 c 的显示格式，修改成"模拟"(Analog)波形显示。

实验思考题：如何在 acc16 上添加模块，构成一个输出周期可控的波形发生器（例如正弦波发生器）？如何在 ModelSim 上验证该设计？

补充实验列表

补充实验详见二维码。

附录A　EDA 教学实验平台系统及相关软件

本书中给出的所有 Verilog HDL 示例及绝大多数实验设计项目测试和验证的 EDA 软件平台是 Quartus Prime 18.1 Standard（与 Quartus Ⅱ 13.1 的用法基本相同）；而实验涉及的硬件平台是杭州康芯公司提供的 EDA 教学实验平台（见图 A-1），其 FPGA 核心板主要来自康芯公司的 KX 系列。为了使读者熟悉 Intel-Altera 公司不同系列 FPGA 的性能与用法，以及考虑到教学与实验系统的延续性，在涉及 FPGA 硬件实验方面的示例中，本书主要选择了 Cyclone 10 LP 型和 Cyclone 4E 型 FPGA，对应图 A-4 所示的不同核心板。

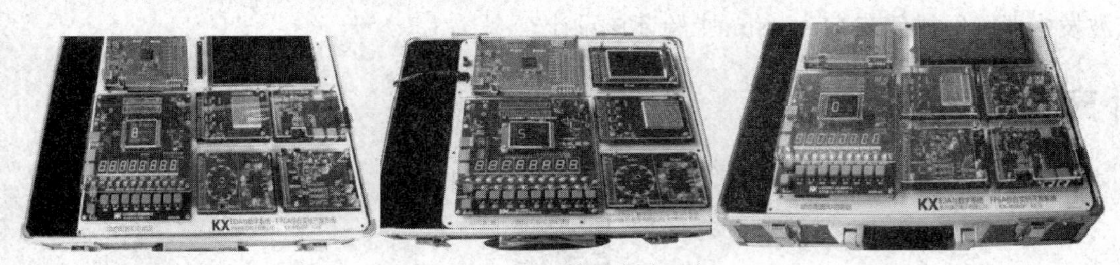

图 A-1　EDA 教学实验平台

本书给出的大量的实验和设计项目涉及许多不同类型的扩展模块，主系统平台（图 A-1 的中心模块）上有许多标准接口。以其为核心，对于不同的实验设计项目，可接插上对应的接口模块，如 HDMI 输入输出模块、网口、Wi-Fi、GPS 模块、彩色液晶模块、USB 模块、电机模块、LTE 通信模块、各类 ADC/DAC 模块、SD 卡、PS2 键盘和鼠标等。这些模块可以是现成的，也可以根据主系统平台的标准接口和创新要求由读者、教师或学生自行开发。

为了方便读者在家中或者学校宿舍也能跟随书中例子做实验，书中的大部分例子（尤其是基础部分的例子）也可以使用廉价的便携式学习板 HX1006A，该板子采用 Cyclone 10LP 系列的 FPGA 芯片，板载 USB-Blaster 下载器，USB 直接供电，紧凑小巧但功能强大。KX10C06（即 HX1006B）与 HX1006A 基本相同，只在接口上略有区别。两个学习板如图 A-2 所示。

图 A-2　便携式 FPGA 学习板 HX1006A（左侧）与 KX10C06（右侧，也是 HX1006B）

若读者手头已有 EDA 实验系统，也同样能完成本书的实验。但需注意，由于本书的示例和实验项目是以 Cyclone 10 LP 型 FPGA 作为主要目标器件的，如果是较低版本的 FPGA，如 Cyclone Ⅱ或 Cyclone Ⅲ等系列，除了引脚和封装，还需改变 LPM 存储器和锁相环等 IP 模块的设置。

本书实验选用的 FPGA 以 Cyclone 4E/Cyclone 10 LP 型 FPGA 为主，具备足够的 I/O 引脚。针对基于 Quartus 平台的时序仿真或 Signal Tap 的硬件测试都必须对所测引脚加入 I/O 端口才能被引入仿真或测试界面，然而对于不得不测试较多信号的大设计项目，如第 9 章的 CPU 设计，较少 I/O 端口的 FPGA 就不适合作为目标器件，除非选用 In-System Sources and Probes 来进行硬件测试（早期的 FPGA 系列可能不支持使用这一测试功能）。

为能更好地完成书中的实验设计项目，下面将简述 EDA 教学实验平台系统和相关模块的基本情况，以备读者查用或仿制，或调整自己原有的 EDA 实验设备。

A.1 KX系列 EDA-FPGA 教学综合实验平台

KX 系列 EDA-FPGA 教学综合实验平台系统是由 4 个既独立又相关的部分组成的，它们是含有 FPGA 和必要支撑电路的核心板、适用于自主创新实验与开发的模块化自由插件电路系统、彩色大尺寸液晶屏以及适用于初学者快速高效入门学习的动态配置 I/O 控制系统。这 4 部分可以综合应用，方便而高效地完成不同类型、不同层次和不同学科分支领域（如数字逻辑电路实验、FPGA 应用与实践、计算机组成原理实验、EDA 技术实验、计算机接口、DSP 实验、SOC 片上系统、自动化控制等）的 EDA 相关实验与开发。下面 3 个方面集中体现了 KX 系列系统的显著特征。

（1）模块化结构，支持兼容 Intel-Altera、安路、高云、紫光同创、AMD-Xilinx 的 FPGA 器件，便于开展模块化自主创新实验设计。核心板等模块可更换、可升级，资源利用充分且节约。

（2）动态配置 I/O 可进行高效实验控制。智能切换实验电路模式，让有限的 I/O“流动”起来，不局限于同一“岗位”。由浅入深、递交式教学，增量实验数目，涵盖实验项目，极力满足基础实验需求。

（3）预留升级通道，扩展模块自选或自定。扩展模块根据教学要求自选或定制，亦可自制。

KX 系列 EDA-FPGA 教学综合实验平台以及配套核心板的详细介绍可以扫描以下二维码获取。

A.1.1 模块化自主创新实验设计结构

通常，诸如 EDA、单片机及嵌入式系统、DSP、SOPC 等传统实验平台多数是整体结构型的，虽也可完成多种类型实验，但由于整体结构不可变动，实验项目和类型是预先设定和固定的，很难有自主发挥和技术领域拓展的余地，学生的创新思想与创新设计如果与实验系统的结构不吻合，便无法在此平台上获得验证；同样，教师若有新的创新型实验项目，也无法即刻融入固定结构的实验系统供学生实验和发挥。因此，此类平台不具备可持续拓展的潜力，也没有自我更新和随需要升级的能力。

因此，考虑到本书给出的设计类示例和实验数量大、种类广，且涉及的技术门类较多，如包括一般数字系统设计、EDA 技术、SOPC、计算机接口、计算机组成与设计、各类 IP 的应用、基于 MCU 核与 8088/8086 IBM 系统核的 SOC 片上系统设计、数字通信模块的设计、机电控制等，故选择 KX 系列模块自由组合型创新设计综合实验开发系统作为本书实验设计硬件实现平台（如图 A-1 所示系统的右侧，上面可根据需要换插其他模块），能较好地适应实验类型多和技术领域跨度宽的实际要求。

这种模块化实验开发系统的主要优势可归纳为以下几点。

- 由于系统的各实验功能模块可自由组合、增减，故不仅可实现的实验项目多，类型广，更重要的是很容易实现形式多样的创新设计。
- 由于各类实验模块功能集中、结构经典、接口灵活，对于任何一项具体实验设计，都能给学生带来独立系统设计的体验，甚至可以脱离系统平台。
- 面对不同的专业特点、不同的实践要求和不同的教学对象，教师甚至学生自己都可以动手为此平台开发并增加新的实验和创新设计模块。
- 由于系统上的各接口以及插件模块的接口都是统一标准的，可提供所有接口电路，因此此系统可以通过增加相应的模块而随时升级。

A.1.2　动态配置 I/O 高效实验控制系统

以上的模块化自主创新实验设计结构主要是面向 EDA 技术学习已有较好实践基础的学生，更有利于深入学习和创新实践。而对于初学者，如果仅仅需要验证或学习一些并不复杂的设计项目，则希望实验控制尽可能简单，尽可能少地动用系统资源，甚至尽可能少地动用各种陌生的开关插件。也就是说，尽快高效简洁地获得实验结果。此外，传统的手工插线方式虽然灵活，但是由于插线长、多、乱，也会严重影响系统速度、系统可靠性和电磁兼容性能，不适合以高速见长的 FPGA/SOPC 等电子系统的实验与设计。

为此，KX 系列主系统板上配置了动态配置 I/O 控制电路（位于图 A-1 的左下方）。该电路结构能仅通过一个键的控制，实现纯电子方式切换，选择十余种面向不同实验需要的针对 FPGA 目标芯片的硬件电路连接结构（下方二维码列出了部分可随意变换的实验电路图），并且毫不影响系统工作速度，大大提高了实验系统的连线灵活性，避免了传统情况下由于大量实验连接线导致的低效率、电路低可靠性以及实验目标系统的低速性。利用这个系统，实验者能很快上手，无须接插任何连线，就能在此实验系统上简洁而快速地完成大量不同类型的实验，迅速熟悉 FPGA 的硬件开发技术，为利用以上介绍的模块化自主创新实验结构，完成更高层次的创新实验奠定基础。

动态配置 I/O 控制系统（见图 A-3），具有可重构实验电路结构功能。标准版主要特性为：①提供 11 套实验电路模式，其中包括动态扫描实验电路；②FPGA 的 PIO 可在不同模式下锁定不同位置；③8 组数码管可选带译码器式、七段译码式、动态扫描式，可同时接收 32 位二进制数据，十六进制显示；④20 组 LED，其中 12 组可并行式、串行式、4 位累加式；⑤8 组按键可选消抖动式、非消抖动式、单脉冲式、高低电平式、琴键式、一键锁定，四位式，可同时输出 32 位二进制数据；⑥蜂鸣器、2 组 PS/2 座、温度传感器；⑦USB 与 PC 通信接口；⑧1.77 寸彩屏，实验模式、输入信号及输入时钟信号显示；一键选择从高到低 20MHz-0.5Hz，加核心板 50MHz，共 20 组时钟源供选择。

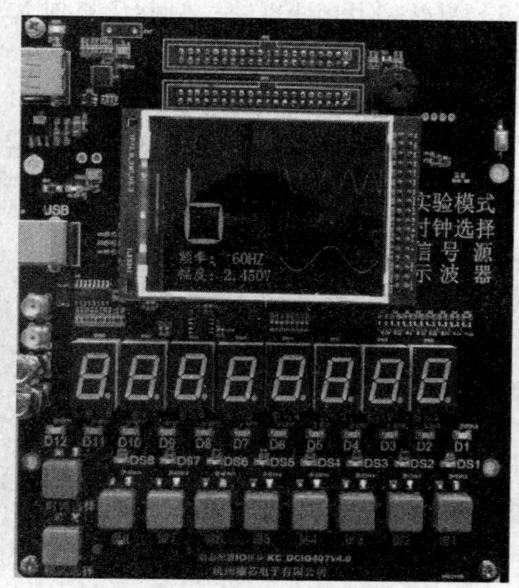

图 A-3　动态配置 I/O 控制系统（左：标准版；右：增强版）

增强版提供的实验电路模式在标准版基础上，增加 B、C 模式至 13 套。其中 B 模式增加信号源输入和输出功能；模式 C 增加 USB 2.0 功能。同时液晶更换成 2.8 寸，删除比较陈旧的 PS2 接口。

动态配置 I/O 控制系统可重构实验电路图可扫描以下二维码获取。

A.1.3　不同厂家不同功能类型的 FPGA 核心板

不同的实验实践者或学习者，以及不同的实验需要与开发目的，对核心板将会有不同的要求，这包括不同厂家、不同系列、不同封装、不同逻辑规模的 FPGA，以及不同的接口功能模块（例如不同的 ADC、DAC、网络接口、显示方式、各类通信模块、DDR/SDR/Flash、时钟源，不同频率的有源晶体振荡器，等等）。为了方便这些需求，KX 系列系统安排了这样一个通用电路结构（位于图 A-1 的左上方），在上面可以插不同厂家不同类型的核心板。这些核心板根据需要可以有多种选择（见图 A-4）。

（1）Intel-Altera FPGA。Cyclone10 系列 10CL055YF484，LE：55856 个；M9K：模块 260 个，容量 2340Kb；18×18 乘法器：156 个。板载 USB Cable 、USB-Blaster 编程器。掉电配置 16Mb/64Mb，SPI FLASH 64/128Mbit，256Mb SDRAM 或 2Gb DDR3，50MHz 时钟源，4 组 LED，4 组非消抖动按键。7 组 40 芯，共 252/216 个 I/O 脚扩展。USB-UART。TF 卡座。

Cyclone10 10CL055 增强版增加：USB 3.0 接口、千兆网口、HDMI 输出接口、立体声接口、摄像头接口。

（2）Intel-Altera FPGA：Cyclone10 系列 10CL006YU256。LE：6272 个；M9K：模块 30 个，容量 270Kb；18×18 乘法器：15 个。板载 USB Cable、USB-Blaster 编程器。SPI FLASH 64Mbit，50MHz 时钟源，4 组 LED，4 组非消抖动按键，4 组 40 芯或 5 组，USB-UART，TF 卡座。

（3）AMD-Xilinx FPGA：Artix 7 系列 XC7A75T-FGG484。75520 个 LC；94400 个 CLB；BRAM：892Kb；DSP：180。

XC7A5 光纤通信版：增加两组 GTP 串行高速收发器。

（4）安路 FPGA：EG4 系列 EG4S20BG256。LUTs：19600 个；RAM：156.8Kb；BRAM：1088Kb；SRA SDRAM：2M×32bits；18×18 乘法器：29 个。

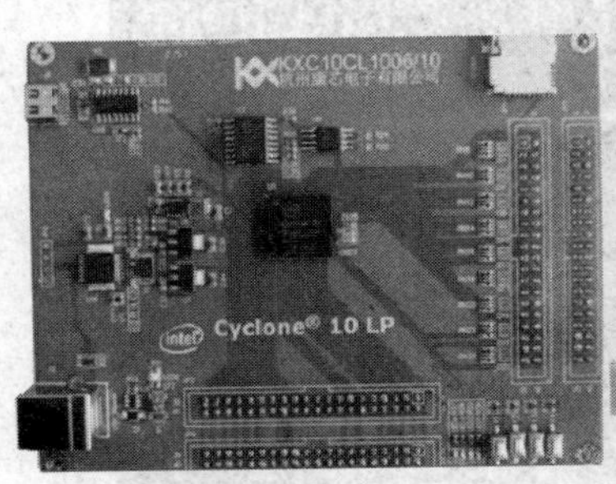

（a）Intel-10CL006/10

（b）安路-EG4S20B

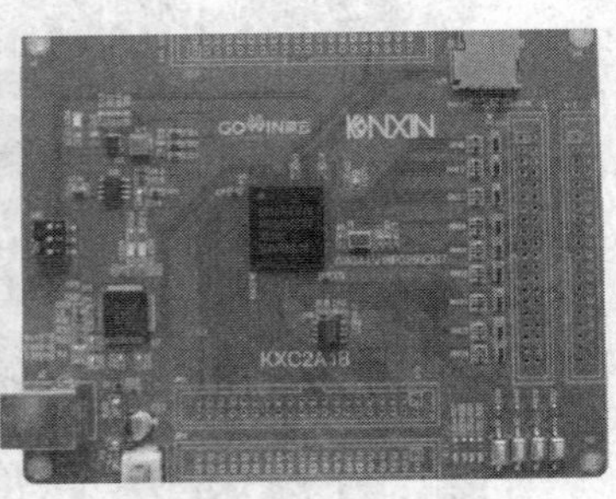

（c）高云-GW2A-LV18

（d）Intel-10CL055

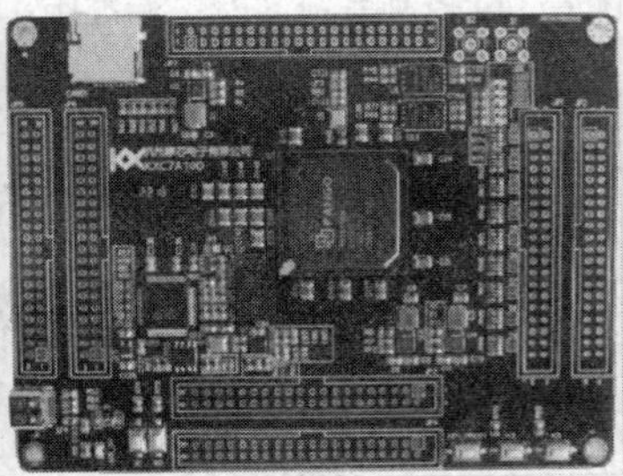
（e）紫光同创-PG2L100H

（f）XILINX-XC7A75/35

（g）XILINX-XC7A75 光纤通信

（h）Intel=10CL055 增强版

图 A-4　KX 系列系统核心板

（5）高云 FPGA：GW2A18 系列 GW2A-LV18PG256。LUT4：20736 个；寄存器：15 552；S-SRAM：41 742；B-RAM：828Kb；18×18 乘法器：48 个。

（6）紫光同创 FPGA：PG2L 系列 PG2L100H_FBG676。LUT4：99 900 个；DRAM：

1 273 600b；FF：133 200；专用 ADC：1 个。

A.1.4　引脚对照表

核心板 FPGA 扩展至 KX 系列教学实验开发平台系统的引脚对照表，可扫描以下二维码获取。

A.2　部分实验扩展模块

KX 系列系统中的标准扩展模块较多，为了满足不同专业的实验需求，还需扩展外设模块，比如 ADC、DAC、显示屏、电机、通信、计算机类等外设，表 A-1 中的扩展模块是目前可提供的，其他模块还在不断更新中，用户也可根据自己的需求自行设计，或向杭州康芯公司定制模块。

表 A-1　部分实验扩展模块列表

序　号	扩展模块名称	序　号	扩展模块名称
1	流水灯+交通灯	14	高速 12 位并行 ADC+双通道 10 位 DAC
2	16×16LED 点阵	15	8 位 AD+8 位双通道 DA
3	20×4 字符液晶	16	93C46+24C01+逻辑笔
4	128×64 点阵液晶	17	HDMI 输出模块
5	800×480TFT7 寸电容触摸屏	18	HDMI 输入模块
6	2.8 寸 TFT 液晶	19	音频输入输出、麦克输入语音处理
7	4×4 矩阵键盘	20	TF+CPLD+VGA+2 组 PS/2
8	36 组 LED 行列灯	21	500 万像素摄像头
9	36 组非消抖动单脉冲按键	22	CAN 模块
10	Wi-Fi 模块	23	直流电机+步进电机
11	基于 W5200 网口	24	ARM（树莓派）
12	GPS 通信模块	25	GPS 通信
13	高速 12 并行 ADC+12 位并行 DAC	26	16 组 LED+16 组开关

A.3 mif文件生成器使用方法

本书中给出的一些有关 LPM RAM 或 ROM 的设计项目都将用到 mif 格式初始化文件，这里介绍康芯公司为本书读者提供的免费 mif 文件生成软件 Mif Maker 的使用方法。

双击打开 Mif_Maker 2018（见图 A-5）。首先对所需的 mif 文件对应的波形参数进行设置（见图 A-6），选择“设定波形”，并于此菜单中选择“全局参数”命令。如选择波形参数：数据长度为 256（存储器的深度），输出数据位宽为 8，数据表示格式为十六进制，初始相位为 120 度，还有符号类型（有符号数或无符号数）的选择。如实验中的 AM 信号发生器的设计需要有符号正弦波数据。单击“确定”按钮后，将出现一个波形编辑窗口。然后选择波形类型。选择“设定波形”→“正弦波”命令，如图 A-7 所示。

图 A-5 打开 Mif_Maker2018

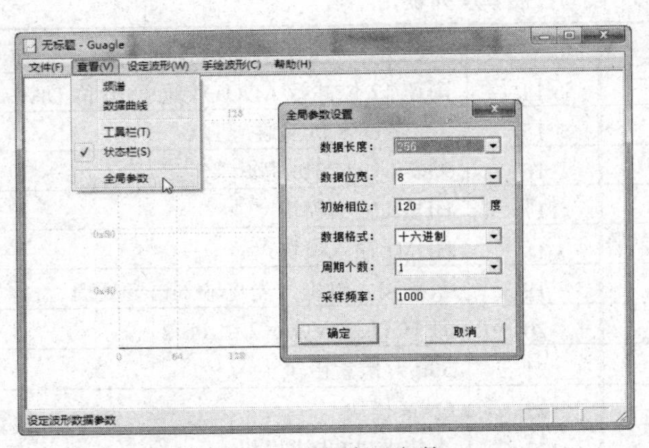

图 A-6 设定波形参数

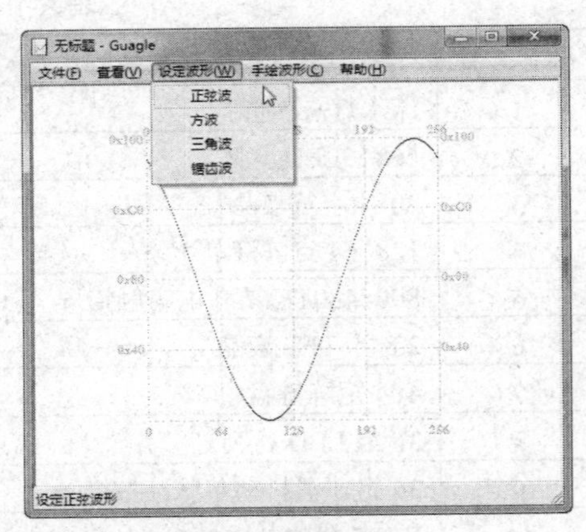

图 A-7 选择波形类型

这时，图 A-7 将出现正弦波形。如果要编辑任意波形，可以选择“手绘波形”菜单，在其子菜单中选择“线条”命令（见图 A-8），表示可以手动绘制线条。然后即可在图形编辑窗口中原来的正弦波形上绘制任意波形（见图 A-8）。最后选择“文件”→“保存”命令，将此编辑好的波形文件以 mif 格式保存（见图 A-9）。如果要了解编辑波形的频谱情况，可以选择“查看”→“频谱”命令，如图 A-10 所示的锯齿波的归一化频谱显示于图 A-11 上。

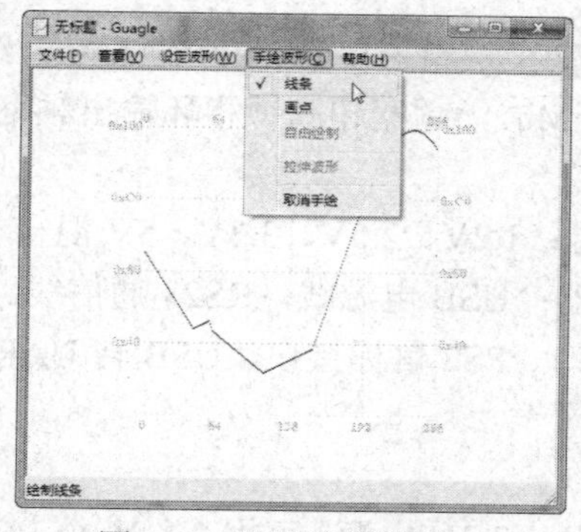

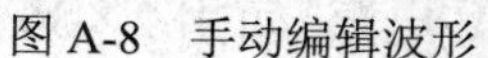
图 A-8　手动编辑波形

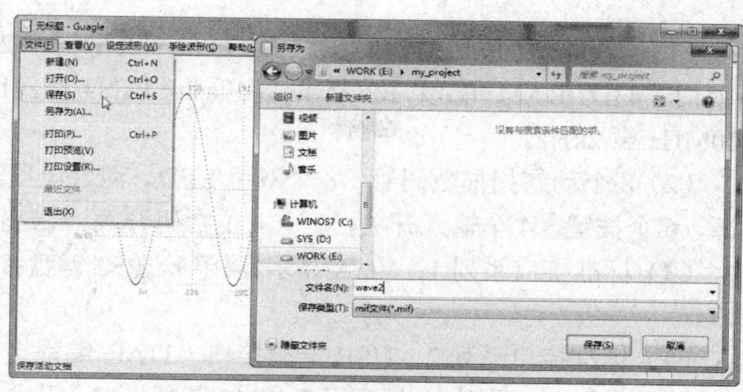

图 A-9　存储波形文件

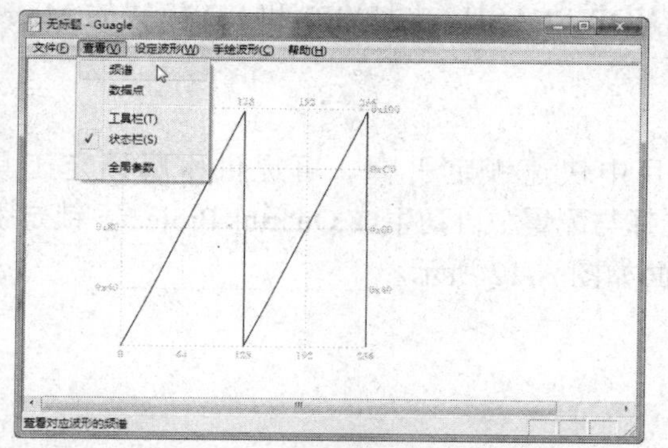

图 A-10　选择频谱观察功能

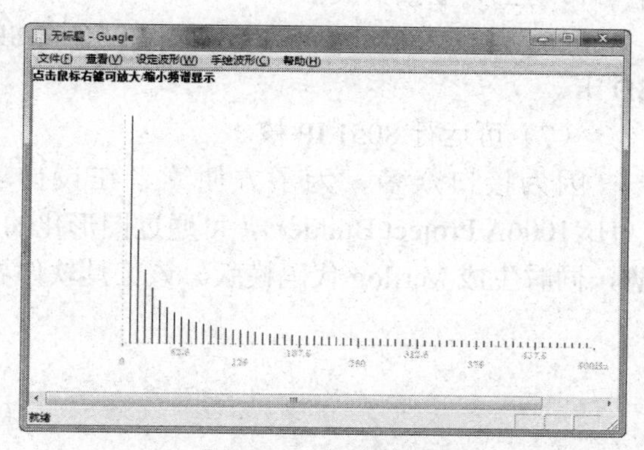

图 A-11　锯齿波频谱

A.4　HX1006A 及其引脚锁定工具软件

便携式 FPGA 学习开发板 HX1006A 也可作为课外自主实验开发。由于 HX1006A 开发板（见图 A-12）本身配置比较完整且结构紧凑，同时含许多标准接口，因此除可完成大量实验外，还可通过接插各类扩展模块实现更多实验和创新设计。该板包含如下硬件配置。

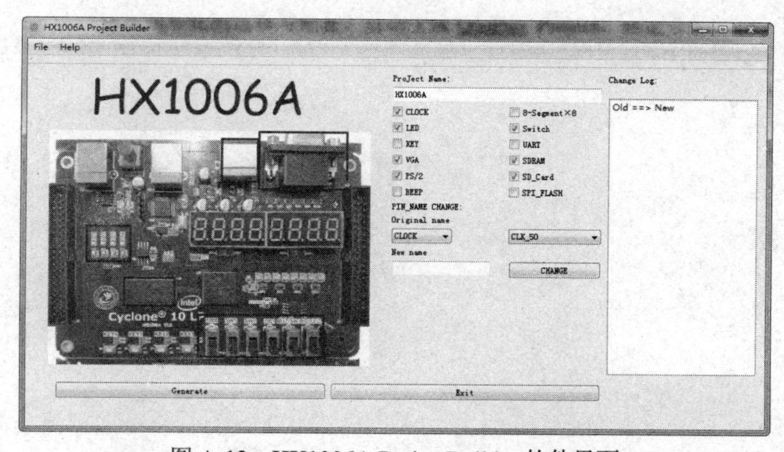

图 A-12　HX1006A ProjectBuilder 软件界面

（1）Cyclone 10 LP 型 FPGA，10CL006YU256，含 6272 个逻辑宏单元、2 个锁相环，约 90 万门、43 万 RAM 单元；FPGA 配置 Flash EPCS4/16（16Mb），超宽超高锁相环输出频率：1300MHz 至 2kHz。

（2）8 个动态扫描数码管、8 个双色 LED、混合电压源：1.2V、2.5V、3.3V、5V 混合电压源，6 个按键，4 个输入开关，1 个 4 位拨码开关，蜂鸣器；USB 电源线，RS23 通信线。

（3）标准接口系列 1：VGA 显示器接口、PS2 键盘接口、PS2 鼠标接口、USB 转 UART 接口。

（4）标准接口系列 2：USB 电源接口、JTAG 编程接口。

（5）标准接口系列 3：标配了 2 组 40 芯外扩口，提供 5V、3.3V 电源，可用 2×36 个 I/O，兼容市场上大多数扩展板。

（6）板载 256Mbits SDRAM、W25Q64 SPI NOR FLASH、支持 SPI 和 SD 模式的 Micro SD 卡。

（7）可运行 8051 IP 核。

因为接口众多，为了方便读者在设计项目中快速锁定引脚，可提供引脚锁定工具（HX1006A Project Builder），可通过图形化的选择与配置，自动生成 Quartus Project，锁定引脚，同时生成 Verilog 代码模版。该工具软件界面如图 A-12 所示。

参 考 文 献

[1] 黄正谨，徐坚，章小丽，等．CPLD 系统设计技术入门与应用[M]．北京：电子工业出版社，2002.

[2] 蒋璇，臧春华．数字系统设计与 PLD 应用技术[M]．北京：电子工业出版社，2001.

[3] 黄继业，潘松．EDA 技术实用教程：Verilog HDL 版[M]．6 版．北京：科学出版社，2018.

[4] 潘松，潘明，黄继业．现代计算机组成原理[M]．2 版．北京：科学出版社，2013.

[5] 乔庐峰．Verilog HDL 数字系统设计与验证[M]．北京：电子工业出版社，2009.

[6] 宋万杰，罗丰，吴顺君．CPLD 技术及其应用[M]．西安：西安电子科技大学出版社，1999.

[7] 王金明．数字系统设计与 Verilog HDL[M]．3 版．北京：电子工业出版社，2009.

[8] 王锁萍．电子设计自动化（EDA）教程[M]．成都：电子科技大学出版社，2000.

[9] 徐志军，徐光辉．CPLD/FPGA 的开发与应用[M]．北京：电子工业出版社，2002.

[10] 云创工作室．Verilog HDL 程序设计与实践[M]．北京：人民邮电出版社，2009.

[11] 曾繁泰，侯亚宁，崔元明．可编程器件应用导论[M]．北京：清华大学出版社，2001.

[12] 詹仙宁，田耘．VHDL 开发精解与实例剖析[M]．北京：电子工业出版社，2009.

[13] 朱明程．XILINX 数字系统现场集成技术[M]．南京：东南大学出版社，2002.

[14] 任文平，申东娅，何乐生，等．基于 FPGA 技术的工程应用与实践[M]．北京：科学出版社，2018.

[15] 刘火良，杨森，张硕．FPGA Verilog 开发实战指南：基于 Intel Cyclone IV（进阶篇）[M]．北京：机械工业出版社，2021.

[16] 天野英晴．FPGA 原理和结构[M]．赵谦，译．北京：人民邮电出版社，2020.

[17] 刘军，阿东，张洋．原子教你玩 FPGA：基于 Intel Cyclone IV [M]．北京：北京航空航天大学出版社，2019.

[18] 袁玉卓，曾凯锋，梅雪松．FPGA 自学笔记：设计与验证[M]．北京：北京航空航天大学出版社，2017.

[19] IEEE Computer Society. IEEE Standard for Verilog Hardware Description Language: IEEE Std 1364-2005(Revision of IEEE Std 1364-2001) [M]. IEEE, 2026.

[20] 胡安·何塞·罗德里格斯·安蒂纳．FPGA 基础、高级功能与工业电子应用[M]．王志华，等译．北京：机械工业出版社，2020.

[21] 于斌，黄海．Verilog HDL 数字系统设计及仿真[M]．2 版．北京：电子工业出版社，2018.

[22] 王建民．Verilog HDL 数字系统设计原理与实践[M]．北京：机械工业出版社，2018.

[23] Kishore Mishra. Verilog 高级数字系统设计技术与实例分析[M]．乔庐峰，等译．北京：电子工业出版社，2018.